教育中国·畅销精品系列

普通高等教育"十一五"国家级规划教材

教育部高等学校材料类专业教学指导委员会规划教材

国家级一流本科专业建设成果教材

FUNDAMENTALS OF POLYMER MATERIALS

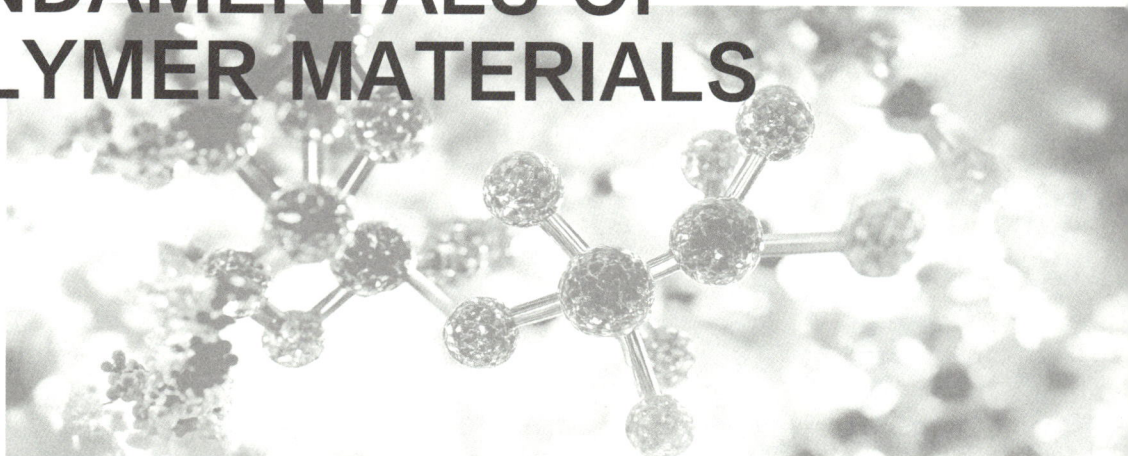

高分子材料基础

第四版

张留成　瞿雄伟　丁会利　编著

新形态教材

本书配有数字资源与在线增值服务

认准正版

1. 扫描左边二维码并关注"易读书坊"公众号
2. 刮开正版授权码涂层，点击资源，扫码认证

易读书坊

化学工业出版社
·北京·

I482714
刮开涂层
扫码认证

U0691023

内容简介

本书以高分子材料结构-性能-应用为主线，联系其他材料科学，阐述了高分子材料的合成方法、结构性能和主要应用领域，并简要介绍了各类高分子材料的基础知识。全书分为材料学概述、高分子材料的制备反应、高分子材料的结构与性能、通用高分子材料、功能高分子材料、聚合物共混物和聚合物基复合材料，共7章，每章末尾附有习题与思考题，高分子溶液、电流变材料等内容则编入拓展阅读材料中，可作为选讲内容。

本书为高等工科院校高分子材料类专业教科书，也可供材料科学与工程专业高分子材料方向的科研人员参考。

图书在版编目（CIP）数据

高分子材料基础 / 张留成，瞿雄伟，丁会利编著.
4 版 . -- 北京：化学工业出版社，2024.8. --（普通高等教育"十一五"国家级规划教材）（教育部高等学校材料类专业教学指导委员会规划教材）（国家级一流本科专业建设成果教材）. -- ISBN 978-7-122-46551-1

Ⅰ. TB324

中国国家版本馆 CIP 数据核字第 2024BG7700 号

责任编辑：王　婧	文字编辑：王　琳
责任校对：宋　玮	装帧设计：张　辉

出版发行：化学工业出版社（北京市东城区青年湖南街13号　邮政编码100011）
印　　装：高教社（天津）印务有限公司
787mm×1092mm　1/16　印张20　字数500千字　2025年5月北京第4版第1次印刷

购书咨询：010-64518888　　　　　　　　　　售后服务：010-64518899
网　　址：http://www.cip.com.cn
凡购买本书，如有缺损质量问题，本社销售中心负责调换。

定　　价：59.00元

第四版前言

《高分子材料基础》是一本面向高等学校高分子材料与工程专业的教科书，本书第一版是由北京工业大学牵头，河北工业大学、福州大学、浙江工业大学等单位参加的教育部教改项目"面向21世纪高等工程教育内容和课程体系改革"立项课题"一般工科院校培养的人才素质要求与培养模式的研究与改革实践"的教改成果之一。为满足工科院校材料学科的共同要求，在《高分子材料导论》的基础上改编成通用教材《高分子材料基础》，2002年由教育部批准作为"面向21世纪课程教材"出版。自2002年首版以来，依据教学改革的方向与发展思路，逐步修订、补充、完善，及时更新高分子材料领域的新知识、新技术、新发展，突出基础性、系统性、实用性，历经20余年的教学实践检验，受到众多高等院校高分子材料与工程专业教师和学生的欢迎，将此书选作教科书或主要教学参考书，2007年入选普通高等教育"十一五"国家级规划教材，2023年入选教育部高等学校材料类专业教学指导委员会规划教材。

随着科学技术的不断进步，高分子材料在能源、环境、医疗、信息、航空航天等领域的应用日益广泛，同时高分子材料的合成、结构、性能、加工等方面的理论和技术也不断创新和完善。为了适应高分子材料科学的发展和需求，我们在第三版的基础上，对本书进行了全面的修订和更新，力求使本书的内容更加贴近时代的脉搏，符合教学的要求，满足读者的期待。

本次修订第4章增加聚1-丁烯、聚丙烯酸酯压敏胶黏剂、疏水涂料和热固性聚苯腈树脂等；在第5章扩充"导电高分子材料"和"生物医用高分子材料"等；第6章扩展聚氯乙烯与核壳结构聚合物的增韧改性内容，增加"耐老化ABS共混物"小节。另外，当前随着石墨烯纳米复合材料的快速发展，在第7章增加"聚合物/石墨烯纳米复合材料"一节，能对该类材料更为深入的研究起到抛砖引玉的作用。本次修订的将一部分详细内容编入拓展阅读数字资源，可作为选讲内容。希望以习近平新时代中国特色社会主义思想为指导，更好地培养和造就新时代中国特色社会主义的建设者。

除了上述的内容修订外，每章末尾的思考题与习题旨在激发学生的探索兴趣和实践能力，而将高分子溶液、电流变体材料等内容编入选讲、拓展阅读材料中，则是为了提供更多自主学习的资源，满足不同层次学生的学习需求。

本次修订工作的分工是：第1、5、7章由张留成编写和改编，第3、4、6章由张留成、瞿雄伟、李国华共同编写和改编，第2章由张留成、丁会利共同编写和改编，刘宾元参与第2、4章改编，张旭、张庆新参与第4章改编，李国华、张效洁、张计敏、胡秀丽、邢成芬等参与第5章改编，陈胜利参与第7章改编。冯怡、潘明旺、刘国栋等也参加了部分改编工作，全书由张留成审校定稿。衷心感谢化学工业出版社及河北工业大学的同事们对本项工作的支持。

尽管我们长期致力于高分子材料科学与工程的教学与研究，但受限于自身能力，书中难免存在瑕疵与遗漏，恳请广大读者不吝赐教，予以指正。

编　者
2025年1月

目　录

第4章　通用高分子材料　117

第5章　功能高分子材料　178

第6章 聚合物共混物 211

第7章 聚合物基复合材料 264

附录 313

第 1 章 材料科学概述

1.1 材料与材料科学

1.1.1 材料及材料化过程

具有满足指定工作条件下使用要求的形态和物理性状的物质称为材料。因此，材料和物质这两个概念具有不同的涵义。对材料而言，可采用"好"或"不好"等字眼加以评价；对物质则不能这样，材料总是与特定的使用场合相联系的。材料可由一种物质或若干种物质构成；同一种物质，由于制备方法或加工方法不同，可成为使用场合各异的、不同类型的材料。例如，矾土（Al_2O_3）将其制成单晶体，就成为宝石或激光材料；制成多晶体，就成为集成电路用的放热基板材料、高温电炉用的炉管或切削用的工具材料；制成多孔的多晶体时，则可用作催化剂载体或敏感材料。但在化学组成上，它们则是同一种物质。又如化学组成相同的聚丙烯，由于制备方法和成型加工方法的不同，可制成塑料或高强度纤维。

由化学物质或原料转变成适于特定使用目的的材料，其转变过程称为材料化过程或材料工艺过程。例如 SiO_2 和 Na_2CO_3 制备玻璃的过程可由图 1-1 表示。步骤 a 中，碳酸钠分解为 Na_2O，Na_2O 与 SiO_2 反应，Na^+ 将 Si—O 键的一部分拆开，使体系黏度下降（发生化学反应即化学过程），成为熔融态并转变成透明状（形态和物性的变化称为材料化过程）。步骤b～d都属于材料化过程：步骤 b 是除去熔融物中的气泡及杂质，使透明性提高；步骤 c 是赋予材料一定的形状；步骤 d 是为了消除材料内部应力，以提高其强度。可见，为适应某种使用目的而对物质体系某种物性、强度、形状进行的操作或加工就是材料化过程，即材料工艺过程。

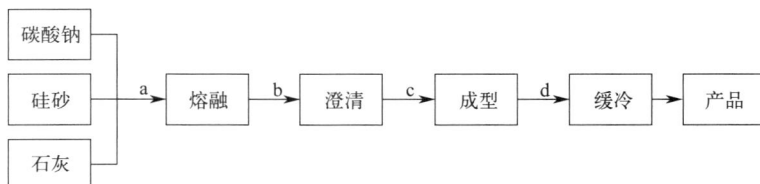

图1-1 玻璃的制备过程

对金属材料的铸造、热处理、焊接、机加工等，对聚合物材料的各种成型加工过程等，都属于材料化过程。

1.1.2 材料的类别

材料可从不同的角度进行分类。按化学组成分类，可分为金属材料、无机非金属材料和有机高分子材料三大类。按状态分类，有气态、液态和固态三类。通常使用的大多是固态材料。固态材料又分为单晶材料、多晶材料、非晶材料及复合材料等。按材料所起的作用分类，可分为结构材料和功能材料两种类型。结构材料主要是利用其力学性能，这类材料是机械制造、工程建筑、交通运输、能源利用等方面的物质基础。功能材料则是利用其特有的物理和化学特性，在电子、红外、激光、能源、通信等方面起关键作用，例如铁电材料、压电材料、光电材料、超导材料、声光材料、电光材料等都属于功能材料。此外，也可按照使用领域分为电子材料、耐火材料、医用材料、耐蚀材料、建筑材料等不同种类。材料的分类可概括如图1-2。

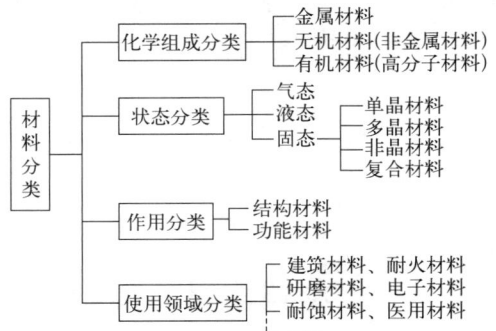

图1-2 材料分类

为便于阐明材料结构—性能—应用之间的关系，通常把材料分成金属材料、无机非金属材料、高分子材料和复合材料四种类别。

1.1.2.1 金属材料

金属材料有两种：一种是利用其固有特性，以纯金属状态使用的，如作为导体用的铜和铝等；另一种是由几种金属组成，或加入适当的其他成分以改善其原有特性使用的，如合金钢、铸铁等。金属的键合无方向性，其结晶多是立方、六方等最紧密堆砌的结构，富于展性和延性、良好的导电和导热性、较高的强度和耐冲击性。用不同热处理方法可以改变金属及其合金的组织结构，从而赋予其各种特性。这些特点使金属材料成为用途最广、用量最大的材料之一。

在工业上，通常将金属材料分成黑色金属（铁基合金）和有色金属两种类型。黑色金属主要是以铁-碳为基的合金，包括普通碳钢、合金钢、不锈钢和铸铁等。钢的性能主要由渗碳体的数量、尺寸、形状及分布决定，而渗碳体的数量、尺寸、形态由不同的热处理工艺决定。合金元素最重要的功能是改善热处理工艺，使形成的组织结构在高温下更加稳定。

不锈钢至少含12%铬（Cr），这种钢暴露在氧气中时能形成一层薄的氧化铬，对表面起到保护作用，因而具有优异的耐蚀性。铸铁为铁-碳-硅合金，典型的铸铁含有2%～4%的碳和0.5%～5%的硅。不同的铸造工艺可生成不同类型、不同用途的铸铁。

有色金属是除铁之外的纯金属或以某金属为基底的合金，常用的有铝合金、镁合金、铜合金、钛合金等。

铝是一种轻金属，密度约为钢的1/3。采用不同的强化机制，如固溶强化、弥散强化、时效强化等，与少量锰、镁等制成铝合金后，强度可比纯铝高30倍。铝合金广泛用于飞机及汽车制造业。但铝熔点较低，其耐高温性能不好，而且耐疲劳性、刚性及耐磨性等也不如钢材好。

镁轻于铝，熔点较低，强度/质量比值与铝相当。镁合金用于宇航、高速机器、运输和材料处理装置等。镁易于燃烧，故不宜用于铸造和机加工，并且镁对强化机制的响应性也比较差。

铍比铝轻，但其刚性比钢高。铍合金具有很高的强度/质量比值，其性能可以保持到较高温度，是一种极好的工程材料。其缺点是价贵、性脆且有毒，制造工艺复杂。

铜合金重于钢，具有抗疲劳、抗蠕变和耐磨的优点。许多铜合金也有很好的延展性、耐蚀性、导电及导热性。纯铜为红色，添加锌后变成黄色，添加镍后可生成银色，因此可制成各种色彩的装饰材料。工业纯铜用于电气，添加少量镉或银可改善其高温时的硬度，添加碲或硫可改善其加工性能，添加 Al_2O_3 可提高铜的硬度而不致使其导电性明显下降。常用的铜合金有铜锌合金（黄铜）、锰青铜、锡青铜、铝青铜、硅青铜等。

镍和钴合金具有高熔点、高强度、耐蚀等特点，用于阀、泵、叶轮、热交换器及化工设备等方面。钛合金质轻，强度/质量比值高，具有极好的耐蚀性和优异的耐高温性能。

1.1.2.2 无机非金属材料

无机非金属材料是由无机化合物构成的材料，其中包括锗、硅、碳等单质构成的材料。硅和锗是主要的半导体材料，由于其重要性，已独立成为材料领域的一个重要分支。

无机非金属材料主要指的是硅酸盐材料。硅酸盐是地壳上储存量最大的矿物，折合成 SiO_2 约占造岩氧化物的 60%。与 SiO_2 结合组成硅酸盐的氧化物主要有 Al_2O_3、Fe_2O_3、FeO、MgO、CaO、Na_2O、K_2O、TiO_2 等。以硅酸盐为主要成分的天然矿物，由于分布广、容易开采，很早就被人类用作材料。在石器时代，直接用它制成各种工具；在史前时期，用它制成陶器，随后发展到用它制成玻璃、瓷器、水泥等许多硅酸盐材料。

以硅酸盐为主要成分的材料包括玻璃、陶瓷和水泥三大类。硅酸盐材料在发展过程中，使用的原料除以硅酸盐为主要成分的天然硅石、黏土外，也采用其他不含 SiO_2 的氧化物和以碳为主要成分的石墨等，按类似的工艺方法制成了各种各样的制品。虽然这些材料已不是硅酸盐，但习惯上仍将其归属于硅酸盐材料。

自 20 世纪 40 年代以来，由于新技术的发展，在原有硅酸盐材料基础上相继研制成功了许多新型无机非金属材料，如用氧化铝制成的刚玉材料、用焦炭和石英砂制成的碳化硅材料以及钛酸钡铁电体材料等。也常常把这些材料称为新型无机非金属材料，但为了与传统的硅酸盐材料相区别，在欧美各国常把无机非金属材料通称为陶瓷材料。因此，上述新型无机非金属材料也被称为新型陶瓷材料。

无机非金属材料硬度大、性脆、强度高、抗化学腐蚀好，对电和热的绝缘性好。

1.1.2.3 有机高分子材料

有机高分子材料是由脂肪族和芳香族 C—C 共价键为基本结构的高分子构成的，也称为有机材料。人们使用有机高分子材料的历史很早。自然界的天然有机产物，如木材、皮革、橡胶、棉、麻、丝等，都属于这一类。自 20 世纪 20 年代以来发展了许多合成的高分子材料，其特点是质轻、耐腐蚀、绝缘性好、易于成型加工，但强度、耐磨性及使用寿命较差。因此，高强度、耐高温、耐老化的高分子材料是本领域的重要研究课题。

高分子材料有多种不同的分类方法。例如，按来源可分为天然高分子材料和合成高分子材料，按聚合物主链结构可分为碳链高分子材料、杂链高分子材料和元素有机高分子材料等。最常用的分类是根据高分子材料的性能和用途进行的。根据性能和用途不同，高分子材料可分为塑料、橡胶、纤维、胶黏剂（又名黏合剂）、涂料、功能高分子材料、聚合物共混物和聚合物基复合材料等类型。

1.1.2.4　复合材料

由两种或两种以上物理和化学性质不同的物质，用适当的工艺方法组合起来，得到的具有复合效应的多相固体材料，称为复合材料。复合效应就是指通过复合所得产物的性能优于组成它的单独材料或具有新的性能特点，多相体系和复合效应是复合材料区别于其他普通混合材料的两大特点。

广义而言，复合材料是指由两个或多个物理相组成的固体材料，如玻璃纤维增强塑料、钢筋混凝土、橡胶制品、石棉水泥板、三合板、泡沫塑料、多孔陶瓷等，都可归入复合材料的范畴。狭义地指用玻璃纤维、碳纤维、硼纤维、陶瓷纤维、晶须、芳香族聚酰胺纤维等增强的塑料、金属和陶瓷材料等。

从不同的角度，复合材料可分成不同的类型。

① 按构成的原料进行分类。在复合材料中，根据构成原料的形态，可分成基体材料和分散相材料。基体材料是构成连续相的材料，它能把纤维或颗粒等分散相材料连接成一体。现在常把复合材料归入基体材料所属类别的材料中，例如以金属材料为基体的复合材料归入金属材料的范畴，而以聚合物为基体的复合材料归入高分子材料的范畴。但是，对于像包层金属、胶合板之类的复合材料，就分不清楚哪部分是基体材料、哪部分是分散相材料。

根据这种分类方法，复合材料有三种命名方法：一是以基体材料为主，如聚合物基复合材料、金属基复合材料和陶瓷基复合材料等；二是以分散相材料为主，如玻璃纤维增强复合材料、碳纤维增强复合材料等；三是基体材料和分散相材料并用，如不饱和聚酯-玻璃纤维层压板、木材-塑料复合材料等。

② 按复合材料的形态和形状进行分类。可分为颗粒状、纤维状及层状三类。

在颗粒增强复合材料中，分散的硬质颗粒均匀地弥散在软而具有延性的基体中。根据颗粒的大小及其对复合材料性能产生的影响，颗粒状复合材料有两类，即弥散强化复合材料和真正颗粒状复合材料。弥散强化复合材料的颗粒很小，直径在 $10 \sim 250$ nm 之间，由于颗粒小，阻碍了位错运动，产生显著的强化作用，少量弥散颗粒就可得到显著的强化效应。弥散相通常是坚硬稳定的氧化物，必须能有效地阻止滑移。弥散颗粒必须有最佳的尺寸、形状、分布及数量。弥散相在基体中的溶解度必须很小，以保证多相结构的形成。这类复合材料的典型例子为：含 14% Al_2O_3 的烧结铝，用 1% $\sim$ 2% ThO_2 增强的镍、钨等合金。

真正颗粒状复合材料含有大量的粗大颗粒，这些颗粒并不能有效地阻止滑移，其目的往往不是为了提高强度，而是为了获得突出的综合性能。这类复合材料的例子包括：陶瓷颗粒分散于金属基体中，得到硬质合金。如将 Al_2O_3、SiC、金刚石颗粒用聚合物或玻璃粘在一起，制成各种磨料、填充聚合物、炭黑增强的橡胶等。

将强度高、刚性好的纤维加到柔软、有延性的基体中，可得到具有更高强度、抗疲劳、刚度及强度/质量比值大的纤维增强复合材料。这类复合材料的例子有钢筋混凝土、轮胎、玻璃钢等。

层状复合材料包括很薄的涂层、较厚的保护性表面层、包覆层、双金属、层压板等。很多层状复合材料是为了在保持价格低、强度高、质量轻的同时，又具有高的耐蚀、耐磨性以及好的外观。这类材料包括层压板、包覆金属、双金属等。

③ 按复合性质分类。可分为合体复合（物理复合）和生成复合（化学复合）两种。合体复合是指在复合前后原材料的性质、形态、含量总体上没有大的变化。常见的复合材料，如玻璃纤维增强塑料等，都属这类复合。生成复合是指在化学复合前后组成材料的性质、形态、含量等均发生显著变化，其特点是通过化学过程形成多相结构。例如动物、植物组织等天然材料即属这类复合材料。

④ 按复合效果分类。可分为结构复合材料和功能复合材料两大类，如图1-3所示。

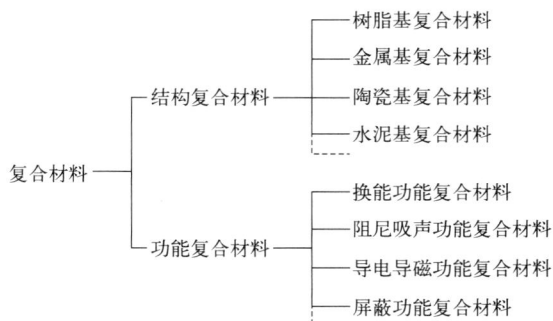

图1-3　复合效果分类

结构复合材料亦称力学复合材料，是以提高其力学性能为主要目的的复合材料。大量生产和应用的复合材料通常都是结构复合材料。

功能复合材料是指除力学性能外其他功能性能的复合材料，是重点发展的一类复合材料。功能复合材料的效能常优于一般单质功能材料。以压电型功能复合材料为例，由锆钛酸铅粉末与高分子树脂复合，可制成易于成型加工的压电材料，而且压电系数提高，远优于单一的锆钛酸铅。这类复合材料的发展前景十分广阔。

由于现代科学技术的发展，特别是航空、航天和海洋工程技术对材料提出新的要求，复合材料的发展十分迅速。虽然复合材料的品种很多，应用最广的主要还是聚合物基复合材料。但金属基复合材料和陶瓷基复合材料的发展速度十分迅猛。

1.1.3　材料科学的范畴及任务

20世纪70年代，人们把能源、信息和材料归纳为现代物质文明的三大支柱，而其中材料又是其他技术发展的物质基础。材料的使用和发展与生产力和科学技术水平密切相关。人类的历史也可以说是按使用材料的种类划分的，从史前的"石器时代"经过"青铜时代""铁器时代"发展到今天，材料的品种正日新月异地增加。事实上，一个国家使用的材料品种和数量是衡量这个国家科技和经济发展水平的重要标志。

以炼金术为开端发展起来的化学工业，为人类以人工方法制备和合成各种材料奠定了基础，开辟了广阔的前途。继铜和铁之后，又冶炼出许多种金属材料——利用天然石灰石、黏土烧制出了水泥；用石英砂、石灰石和苏打熔制出了玻璃；在此基础上建立了冶金和硅酸盐的庞大工业体系。随着石油化工和合成化学的发展，人工合成了橡胶、塑料、纤维、涂料等一系列高分子材料。

最初，各种材料的发展是分别进行、互不相关的。随着科学技术的发展，人们对材料的认识不断深化，吸取了近代物理、化学，特别是固体物理、量子化学等基础理论，并应用各种先进分析仪器和尖端技术研究和阐明材料的本性，为认识材料的结构—性能—应用之间的关系和探索新材料提供了理论基础。这样就在各种基础学科的渗透和现代科学仪器的帮助下，从 20 世纪 60 年代开始，形成了一门新的综合性学科——材料科学。

材料科学是一门以材料为研究对象，介于基础科学与应用科学之间的应用基础科学。材料科学的内容：一是从化学的角度出发，研究材料的化学组成、键性、结构与性能间关系的规律；二是从物理学角度出发，阐述材料的组成原子、分子及其运动状态与各种物性之间的关系。在此基础上，为材料的合成、加工及应用提供科学依据。因此，材料科学是一门多学科、综合性的应用基础科学。

前已指出，物质并不等于材料。作为材料还必须经过一系列材料化过程，即材料加工工艺过程，使之满足一定条件下的使用要求。所以，材料科学的内容不仅包含化学及物理学的科学问题，还包括材料制备工艺、材料性能表征及材料应用等技术性问题。整个材料科学体系如图 1-4 所示。

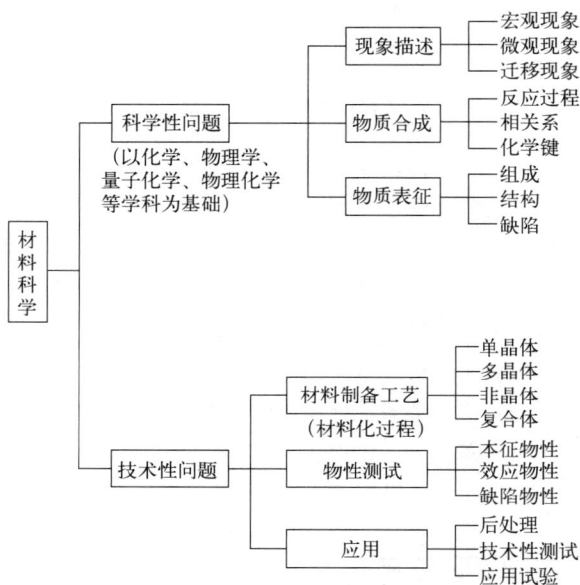

图1-4　材料科学体系

材料科学犹如一座桥梁，将许多基础科学的研究结论与工程应用连接起来。材料科学的主要任务就是以现代物理学、化学等学科理论为基础，从电子、原子、分子间结合力、晶体及非晶体结构、显微组织、结构缺陷等角度研究材料的各种性能以及材料在制造和应用过程中的行为，揭示结构—性能—应用之间的关系，提高现有材料的性能，发挥材料的潜力并能动地探索新型材料，满足工农业生产、国防建设和现代技术发展对材料日益增长的需求。

1.2　材料结构简述

从宏观到微观，材料结构可分为不同层次，即宏观组织结构、显微组织结构及微观结构。宏观组织结构是用肉眼或放大镜能观察到的晶粒、相的集合状态。显微组织结构也称亚微观结构，是借助光学显微镜、电子显微镜等可观察到的晶粒、相的集合状态或材料内部的微区结构，其尺寸为 $10^{-7} \sim 10^{-4}$ m。比显微组织结构更精细的一层结构即微观结构，包括原子和分子的结构以及原子和分子的排列结构。因为一般分子的尺寸很小，故把分子结构称为微观结构。但对高分子，其本身的尺寸可达到亚微观的范围。在亚微观结构的尺寸范围内，靠近微观结构一端，尺寸为 $1 \sim 100$ nm 范围的结构亦称为纳米结构。材料的性能依赖材料自身的结构，了解材料的结构是了解材料性能的基础。材料内部的结构与材料的化学组成及外部条件密切相关。因此，材料的性能与其化学组成及外部条件也是密切相关的。

1.2.1 原子结构

原子由原子核及围绕原子核的电子组成。原子核由中子及带正电的质子组成；电子通过静电吸引被束缚在原子核周围。

原子的质量主要集中在原子核，电子的质量可以忽略。元素的原子序数等于原子中质子的数目。原子核内的结合是非常牢固的，这种结合力称为核力，它比万有引力大 40 个数量级，但其作用范围很小，不超过 10^{-6} nm。在材料科学中，原子结构都指原子的电子结构。

根据量子力学原理，在原子内的电子具有不连续的能级，每个电子的能级和状态由 4 个量子数即主量子数、角量子数、磁量子数和自旋量子数决定。

主量子数 n 为正整数 1、2、3、4、…，它表示电子所处的量子壳层。量子壳层往往用一个大写字母表示，n=1、2、3、…的壳层分别用字母 K、L、M、…表示。

每个壳层又分若干能级，能级由角量子数 l 和磁量子数 m_l 决定。l=0、1、2、3、…、$n-1$，分别称为 s 能级、p 能级、d 能级、f 能级、……。

每个角量子数能级或轨道数由磁量子数决定。磁量子数的总数为 $2l+1$，$-l$ 和 l 之间的整数给出 m_l 的值。例如，l=2 时，磁量子数为 $2 \times 2+1$，其值为 -2、-1、0、$+1$、$+2$。

电子的自旋方向由自旋量子数 m_s 决定，m_s 取值为 $+\dfrac{1}{2}$ 和 $-\dfrac{1}{2}$。

在多电子原子中，电子的分布遵从以下两个原理：①泡利不相容原理。在一个原子中不可能有运动状态完全相同的两个电子。因此，主量子数为 n 的壳层，最多可容纳 $2n^2$ 个电子。②能量最低原理。原子核外的电子是按能量高低分层分布的，在同一电子层中，电子的能级依 s、p、d、f 的次序增大。在稳态时，电子总是按能量最低的状态分布，即从 1s 轨道开始，按照每个轨道中最多只能容纳 2 个自旋方向相反的电子这一规律，依次分布在能级较低的空轨道上，一直加到电子数等于原子序数 Z 时为止。例如，锗的原子序数为 32，其原子的电子结构可用简化符号表示为 $1s^2 2s^2 2p^6 3s^2 3p^6 3d^{10} 4s^2 4p^2$。

根据洪特规则，为减少电子间的排斥作用，在相同能量轨道上分布的电子将尽可能分占不同的轨道，而且自旋方向相同。例如，碳原子在 2p 轨道上的排布是 ⊞ ，而不是 ⊞ 。多电子原子的核外电子的能级常有交叉现象。例如，Sc、Ti、V、Mn、Fe、Co、Ni 等元素中，4s 电子的能量低于（但较接近）3d 电子的能量。

以上所述都是指孤立原子的电子结构。当众多相同或不相同的原子结合在一起构成聚集状态的材料时，材料内部的电子结构决定原子之间的结合键和材料的组织结构。例如，由金属键结合的金属材料内部有可自由流动的电子，因此，称为导体；由共价键结合的材料是绝缘体；而含有不同缺陷结构的硅和锗则具有不同的半导体性能。

1.2.2 结合键

原子之间或分子之间的结合力称为结合键或价键。原子通过结合键可构成分子，原子之间或分子之间亦依靠结合键凝聚成固体状态。

结合键可分为两大类：化学结合键（化学键即主价键）和物理结合键（物理键即次价键）。化学键包括离子键、共价键和金属键。物理键亦称范德华键，包括色散力、诱导力及偶极力3种。此外，有时还有氢键，它介于化学键和物理键之间，但归入物理键范畴。

当一种材料含有两种或两种以上原子时，一种原子将其价电子贡献给另一种原子，从而填满这种原子的外层壳层，所产生相反电荷的离子相互吸引，形成离子键。离子键无方向性，键能较大。因此，由离子键构成的材料具有结构稳定、熔点高、硬度大、膨胀系数小等特点。离子晶体无自由电子，故为绝缘体。但在高温下，可使离子本身运动而导电。

原子之间通过共用电子对产生的结合作用称为共价结合，即共价键。共价键具有方向性和饱和性两个基本特点。由共价键结合形成的材料通常是绝缘体。除高分子类由链状分子构成的材料外，大多数由共价键结合的材料延性和展性都比较差。

低价的金属元素往往失去其价电子，形成一个围绕原子的电子云。例如，铝原子失去3个价电子成为Al^{3+}，这时价电子不再与任何一个特定的原子有特殊的关系，而是在电子云中自由运动，成为与若干个Al^{3+}相关的电子。通过这种相互作用产生的结合力称为金属键。金属键无饱和性和方向性。当金属弯曲和改变原子之间的相互位置时，金属键不会破坏，使金属具有良好的延展性，并且由于自由电子的存在，金属通常具有良好的导电、导热等性能。

物理键有3个来源：偶极之间的色散力、诱导力和静电力。这3种力的比例取决于结构。物理键具有加和性，这可以解释高聚物大分子链之间何以具有较强的整体作用力。物理键在很大程度上可改变材料的性质。不同的高分子之所以具有不同的性能，分子间的次价键力不同是很重要的因素。

氢键是一种特殊的分子间作用力。它是由氢原子同时与两个电负性很大、原子半径较小的原子（O、F、N等）相结合产生的具有比一般次价键大得多的键力，而且氢键具有饱和性。氢键在高分子材料中特别重要，它是使如尼龙等聚合物具有较大分子间作用力和机械强度等的主要原因。

1.2.3 原子排列

金属、陶瓷及高分子材料的一系列特性都与原子的排列密切相关。原子的排列可分为3种情况：第一种情况是无序排列。例如在氩、氖等气体中原子的排列就是无序的。第二种情况是短程有序而长程无序。若材料中原子的规则排列只延伸至原子的最邻近区域，则此种原子排列是短程有序。例如在水蒸气中，由于氢原子与氧原子构成一定结构的水分子，对氢原子与氧原子而言是短程有序的，但就水分子的排列而言是无序的。第三种情况，原子排列的有序性遍及整个材料，即为长程有序。晶体中原子排列是短程和长程都有序；液体则是短程有序而长程无序。

材料通常是以固体状态使用的。按固体中原子排列的有序程度，固体有非晶态结构和晶态结构两种基本类型。

1.2.4 非晶态结构

原子排列近程有序而远程无序的结构称为非晶态结构或无定形结构。最典型的非晶态材料是玻璃，因此，非晶态结构又称为玻璃态结构。玻璃态结构的形成是由动力学因素决定的，即主要取决于熔体的黏度。当熔体黏度较大时，在冷却过程中难以实现分子或离子长程有序地排列而形成玻璃态结构。在形成玻璃态时，黏度大的熔体需含有聚合成链状或网状的大基团络合离子或分子。例如，SiO_2 熔化时形成紊乱的网状格子，而且 Si—O—Si 键又不会断开，黏度很大，故容易形成非晶态的玻璃。B_2O_3、P_2O_5、As_2O_5 等都是容易形成玻璃态的物质。由于具有长链状大分子，多数聚合物一般容易形成玻璃态结构。玻璃化的难易程度除黏度因素外，还与冷却速度密切相关。冷却速度越快，越易形成玻璃态结构。非晶态结构材料的共同特点是：结构是长程无序的，物理性质通常是各向同性的；没有固定的熔点，而是一个依冷却速度改变的转变温度范围；塑性形变较大，而热导率和热膨胀性都较小。

1.2.5 晶体结构

1.2.5.1 晶胞

晶体是原子在三维空间呈周期性地无限有序排列的结构，也称作点阵，即称为阵点的点的集合，这些阵点是按周期性方式排列的。这种周期性排列的最小单位是单位晶胞或称单位晶格，它是规定晶体形状和大小的基本单位。单位晶胞由 3 条晶轴 a、b、c 及它们之间的夹角 α、β、γ（α 为 b、c 之间的夹角；β 为 a、c 之间的夹角；γ 为 a、b 之间的夹角）共 6 个参数决定，称为晶胞常数或晶格常数。这 6 个常数组合起来共构成 7 个晶系，列于表 1-1。这 7 个晶系的对称性互不相同；7 个晶系包含有 14 种空间点阵。

■ 表 1-1　7 种晶系的特征

结构	轴	轴间夹角	空间点阵
立方	$a=b=c$	$\alpha=\beta=\gamma=90°$	体心立方，面心立方，简单立方
正方	$a=b\neq c$	$\alpha=\beta=\gamma=90°$	简单正方，体心正方
正交	$a\neq b\neq c$	$\alpha=\beta=\gamma=90°$	简单正交，底心正交，体心正交，面心正交
六方	$a=b\neq c$	$\alpha=\beta=90°$，$\gamma=120°$	简单六方
菱形	$a=b=c$	$\alpha=\beta=\gamma\neq90°$	简单菱形
单斜	$a\neq b\neq c$	$\alpha=\gamma=90°$，$\beta\neq90°$	简单单斜，底心单斜
三斜	$a\neq b\neq c$	$\alpha\neq\beta\neq\gamma\neq90°$	简单三斜

根据具体的阵点数可以确定晶胞的类别。在计算属于每个晶胞的阵点数时，必须考虑阵点可由几个晶胞共享。晶胞一个角上的阵点由 7 个近邻晶胞共享，每个角只有 1/8 属于一个特定的晶胞，即每个角给出 1/8 个点，每个面心给出 1/2 个点，体心位置给出 1 个整点。例如，简单立方晶胞的阵点数为 1，体心立方晶胞的阵点数为 2，面心立方晶胞的阵点数为 4。每个晶胞的原子数是每个阵点所包含的原子数和每个晶胞阵点数之积。大多数金属晶体每个阵点就是一个原子。但对较复杂的结构，如陶瓷材料、高分子材料等，每个阵点可能包含多个原子。

1.2.5.2 配位数及堆积因子

接触一特定原子（分子）的原子数（分子数）称为配位数。配位数是原子（分子）堆积紧密程度的一种指标。对于每个阵点只有一个原子的简单晶体而言，配位数直接由点阵结构决定。例如，在立方点阵结构中，每个原子的配位数为 6，体心立方点阵为 8，面心立方点阵为 12，这是最大的配位数。

原子堆积的紧密程度可用堆积因子表示。堆积因子就是原子占据空间的分数：

$$堆积因子 = \frac{每个晶胞的原子数 \times 每个原子的体积}{晶胞体积}$$

例如，在金属中，面心立方晶胞的堆积因子为 0.74，这是可能达到的最有效的堆积。体心立方晶胞的堆积因子为 0.68，简单立方晶胞的堆积因子为 0.52。表 1-2 列出了一般金属晶体的一些特征值。

■ 表 1-2　一般金属晶体的一些特征值

结构	配位数	堆积因子	典型金属
简单立方	6	0.52	无
体心立方	8	0.68	Fe，Ti，W，Mo，Ta，K，Na，V，Cr，Zr
面心立方	12	0.74	Fe，Cu，Al，Au，Ag，Pb，Ni，Pt
密排六方	12	0.74	Ti，Mg，Zn，Be，Co，Zr，Cd

1.2.5.3 晶面和晶向

在晶体中由原子组成的任一平面称为晶面。由原子组成的任一直线称为晶向。晶面和晶向可分别用晶面指数和晶向指数表征。在不同的晶面和晶向上原子的排列各不相同，显示出不同的性质，称为晶体的各向异性。

晶体中某些晶向和晶面是特别重要的，例如金属的变形就是沿着原子排列最紧密的方向和晶面发生的。

1.2.5.4 同素异构转变

组成相同的材料可以具有不同的晶体结构，因而性能也迥然不同。例如，石墨和金刚石都属于碳，但因晶体结构不同而具有显著不同的性质。又如，铁具有多种晶体结构，在低温时为体心立方结构，在高温时则转变成面心立方结构。许多陶瓷材料和高分子材料都有类似的情况。

改变温度或压力等条件可使固体从一种晶体结构转变为另一种晶体结构，这种现象称为同素异构转变。具有多种晶体结构的材料称为同素异构体或多晶型材料。

1.2.5.5 复杂晶体结构

对于共价键材料、离子键材料及金属键材料来说，为适应键、离子尺寸差别和价数引起的限制，它们往往具有较复杂的晶体结构。例如，硅、碳、锗和锡的晶体具有类似金刚石型立方结构，这是一种特殊的面心立方结构，堆积因子为 0.34。陶瓷晶体材料和高分子晶体材料都是复杂的晶体结构，不像金属晶体那样简单。

1.2.5.6 多晶结构

当有序性贯穿整块晶体时，该晶体称为单晶。如果晶体的长程有序性在某一确定的平面突然发生转折，并以这一平面为界的两部分晶体具有各自的长程有序性，则这种晶体称为孪晶，它可视为最简单的多晶体。由很多取向不同的晶粒（单晶或孪晶）组成的晶体称为多晶体。

晶粒之间的界面可以是两个晶粒直接接触形成的，也可以由玻璃态物质或其他杂质以及介入其间的空气形成。多晶体的特点是：它的各种性能不仅取决于构成它的晶粒，同时也与晶粒界面的性质密切相关。多晶体中晶粒若是混乱排列的，则表现为各向同性。不过，当晶粒足够大或使晶粒取向，就显示出晶粒本身所固有的各向异性。

1.2.6 结构缺陷

物质中的不均匀部分，例如微裂纹等，都可看作是结构缺陷。无论是晶体还是非晶体都会存在各种结构缺陷，这里所谈的结构缺陷主要指晶体的结构缺陷。

缺陷是属于结构变化的一部分。结构缺陷并不意味着材料有缺陷，实际上往往是为了获得所要求的力学及物理性能有意地造成某些结构缺陷。

材料的基本物理性质，如密度、比热容、折射率、介电性等，主要由材料的基本结构（结合键的性质和原子、离子的空间排列状态）决定，与结构缺陷的关系不太密切，因此又称为结构不敏感性能。材料另外的一系列物性，如导电性、介电损耗、塑性、脆性等，对材料的结构缺陷更为敏感，这类物性也称为结构敏感性能。基本物性也称为基础物性，结构敏感物性亦称为次生（派生）物性或高次物性。研究结构缺陷是掌握材料性能与结构关系十分重要的一个方面。

从几何学的角度，结构缺陷可分为点缺陷、线缺陷、面缺陷和体缺陷。这些缺陷对材料的性能（结构敏感性能）有极为重要的影响，与晶体的凝固、固态的相变、扩散等过程都有极密切的关系，特别是对塑性变形、强度及断裂等力学性能起着决定性作用。

点缺陷、线缺陷和面缺陷属于微观缺陷，它们并不是静止不变的，而是随着各种条件的改变不断变化，可以产生、发展、运动、相互作用或合并、消失。以下对这些结构缺陷出现的原因及其对材料性能的影响分别做概要的阐述。

1.2.6.1 点缺陷

点缺陷亦称零维缺陷，是涉及一个或几个原子范围点阵结构的局部扰乱。点缺陷的产生是热运动引起的。在实际晶体中，原子或离子围绕其平衡位置做高频率的热振动，并且各个原子或离子的振动能量时刻变化，即存在能量的起伏现象。获得较高能量的某些原子或离子可脱离原来的平衡位置而迁移到其他位置，从而产生各种类型的点缺陷，这也称为热缺陷，如图1-5所示。

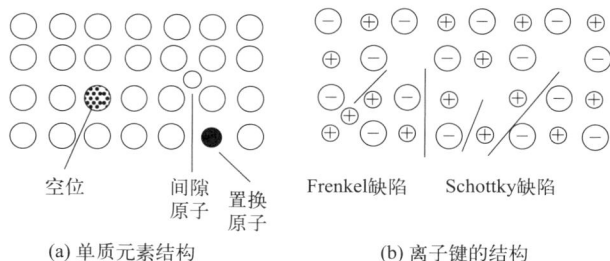

图1-5 点缺陷

图 1-5（a）是单质元素结构的点缺陷，这是在本应有原子存在的位置上出现了空位，同时在不应有原子存在的位置上多出一个原子，即成为间隙原子，这类点缺陷亦称为间隙缺陷。当原子被另一种原子取代时，就形成置换缺陷，置换原子处在原来正常的点阵上。间隙缺陷和置换缺陷会以复杂的形式存在于材料中，也可能是作为合金化元素被有意加到材料中。这些缺陷的数量与温度无关，因为它们不是热缺陷。图 1-5（b）是在离子键的结构中，小的阳离子脱离原来位置进入空隙中，形成阳离子空穴和填隙阳离子，这种缺陷叫弗伦克尔（Frenkel）缺陷。另一种是阳离子空位和阴离子空位成对地同时出现，叫肖特基（Schottky）缺陷。还有与原子排列无直接关系的电子缺陷，是在原子的价电子有多余能量时出现的。电子由原有位置逸出，变成载流子进入阴离子的空位，在它空出来的位置则留下空穴，这种并发的缺陷称为 F 色心。空穴进入阳离子空位的并发缺陷称为 V 色心。这种缺陷与离子晶体的导电性有密切关系。

点缺陷对材料的光、电等性能都有很大影响。例如，半导体材料、激光材料等，点缺陷往往起着关键作用。点缺陷对材料力学性能的影响则更为普遍，它扰乱了周围原子间的完整排列。当点阵中存在空位或小的置换原子时，周围的原子就向点缺陷靠拢，将周围原子间的键拉长，因而产生一个拉应力场。间隙原子与大的置换原子则将周围原子向外推开，产生压应力场。这样，通过点缺陷附近运动的位错遇到原子偏离平衡位置的点阵，要求施加更高的应力才能迫使位错通过缺陷，因此提高了金属材料的强度。将间隙原子或置换原子有意地加到材料结构中是材料固溶强化的基础。

1.2.6.2 线缺陷

线缺陷亦称位错，是以一条线为中心的结构错乱。位错学说最早是在晶体塑性变形的研究过程中逐步确立的，在近几十年中有了很大发展，已用来解释材料的许多现象。

晶体中最简单的位错是刃型位错和螺形位错，如图 1-6 所示。图 1-6（a）（c）为刃型位错和螺型位错形成前的结构。如果在晶体内部有一个中断的原子平面，这个中断处的边沿就是刃型位错，如图 1-6（b）所示。如果原子平面沿一根与原子平面相垂直的轴线盘旋上升，每绕轴一周，原子面上升一个晶面距离，在中间轴线处即为一个螺型位错，如图 1-6（d）所示，它没有中断的原子平面。当两种位错同时产生时，称为混合型位错。

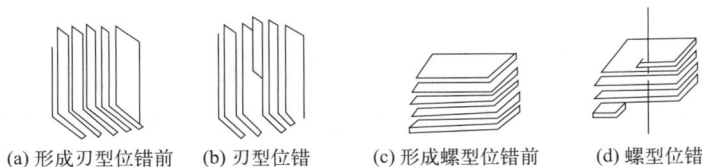

| (a) 形成刃型位错前 | (b) 刃型位错 | (c) 形成螺型位错前 | (d) 螺型位错 |

图1-6　晶体线缺陷

某一时刻晶体中已滑移部分与未滑移部分间的交界线称为位错线。位错线可用柏格斯（Burgers）矢量表征，它是位错的单位滑移距离，总是平行于滑移方向。刃型位错的柏格斯矢量与位错线垂直；螺型位错的柏格斯矢量与位错线平行；对混合型位错，柏格斯矢量与位错线组成一个非 90°的角。

位错在晶体内形成应力场。位错线附近原子的平均能量高于其他区域，故这些原子稳定性较低，容易被杂原子替代，因此位错附近的区域易受腐蚀。

晶体中位错的量可用位错密度表示。单位体积中所含位错线的总长度称为位错密度。

在晶体中，位错通常形成闭合的环线。位错线只能终止在晶界或表面，不能终止在晶体内部。

滑移是晶体塑性形变的最主要形式。滑移过程是定向的晶体学面（称为滑移面）沿一定晶体学方向（滑移方向）移动，如图1-7所示。图1-7（a）表示单晶体滑移前的形态，图1-7（b）表示单晶体右部分相对于左部分发生移动的情况。$ABCO$ 面为滑移面，CO 为滑移方向，$BB'C'C$ 为滑移带。滑移方向和滑移面组成滑移系。滑移方向总是密排方向，滑移面总是密排面。

假定将一单向应力 σ 作用于金属单晶圆柱体（图1-8），则在滑移方向的剪应力 τ 可由施密特（Schmidt）定律确定：

$$\tau = \sigma \cos\phi \cos\lambda$$

式中，$\sigma = F/A_0$，ϕ 是滑移面法线和作用力之间的夹角，λ 是滑移方向与作用力之间的夹角。

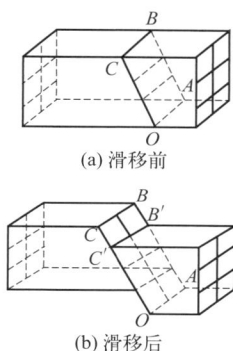

图1-7　单晶体的滑移

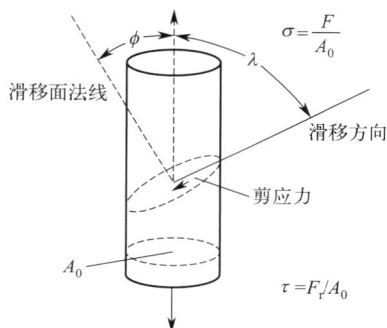

图1-8　滑移系上形成的分散应力

产生滑移所要求的足以破坏金属键的最小剪切应力称为临界分剪应力。当作用应力产生的分剪应力超过临界分剪应力时，就会出现滑移，从而引起金属变形。

对于完整的单晶体，原子面移动一个单位位移所需的切应力理论值是很大的。以单晶体锌为例，此理论值约为 0.35×10^{10} Pa，要比实测值大千余倍。这是由于滑移过程不是由原子面如同坚硬的物体一样彼此相对移动所形成，而是位错做直线运动的结果，即滑移的实质是位错运动的结果。由于位错的存在，晶体层片间的相对位移即滑移变形仅需在较小的切应力作用下，通过位错线的逐步移动实现。这是临界分剪应力较小的根本原因。

当分剪应力超过临界分剪应力时，位错很容易穿过完整的晶体部分向前运动。但是，如果遇到原子偏离正常位置的区域，就需较高的应力才能通过这个局部高能的区域，因而使强度提高。基于同样的原因，一个位错的运动经过另一位错附近时，其运动会受到阻碍。位错密度越大，位错的相互作用就越大。因此，增加位错密度能提高金属材料的强度。

金属在形变过程中会使其所含位错数目增殖、位错密度提高，因而得到强化作用。金属材料的应变强化现象就是基于这种原因。

1.2.6.3　面缺陷

面缺陷亦称二维缺陷，是原子或分子在一个交界面的两侧出现不同排列形成的缺陷。相界面、表面及晶界都属于面缺陷。

（1）界面与表面

相与相接触的面称为界面，这个界面对各相来说又是相表面，简称表面。界面的组合有多种，通常考虑的有固相-液相、固相-气相、液相-液相、液相-气相等界面。玻璃态固体，如玻璃态聚合物，在热力学的涵义上可视为液相。

物体表面层原子（分子）都有被拉向内部的趋势，如果把内部原子（分子）移到表面，成为表面层原子（分子），就必须克服向内的拉力而做功，所消耗的功就转变成表面层原子或分子的位能。因此，表面层原子或分子比内部的原子或分子具有过剩的能量，称为表面能。形成单位表面积所需的能量称为比表面能，它相当于界面单位长度的力。

实际表面层与其他界面都是很薄的，通常只有几个原子层（分子层）。表面层的原子（分子）既受到体内的束缚，又会受到环境的影响。因此，表面层的实际组成和结构在很大程度上与其所形成的条件及随后的处理相关。表面及界面因其能量较高，有通过原子、分子迁移或吸附其他组分调整其结构，从而自发降低体系能量的趋势。表面及界面的特性对材料及器件影响极大。例如，从表面开始的金属氧化、腐蚀与金属表面的结构和组成有密切关系。表面的机械损伤、周围的气氛、杂质玷污等可使半导体表面显著变化，严重影响半导体器件的性能。所以，对表面和界面的研究是材料科学的一个重要领域。

（2）晶界

多晶体中各晶粒的取向互不相同。不同取向晶粒之间的接触面称为晶界。晶界是厚度约几个原子范围的狭窄区域，其中原子（分子）的排列是异常的。原子（分子）在晶粒边界的某些部位可能过于密集，造成压应力；而另外一些部位可能过于松散，造成拉应力。因此，晶界与相界面及表面一样，是能量较高的区域。晶界可使位错运动受阻，使材料的强度提高。减少晶粒尺寸就会增加晶粒数目，从而扩大晶粒界面，导致位错运动受阻的概率增加，使材料的强度提高。细晶强化就是基于这一原理。

晶界根据两边晶粒取向差错角度的大小，有大角晶界与小角晶界之分。例如，嵌镶结构的晶块之间界面情况如图1-9所示。相邻晶粒取向小于15°的称为小角晶界，大于30°的称为大角晶界。小角晶界的界面能较小，所以不能有效地阻止滑移。此外，层错、孪晶界、有序界、生长层、电畴界、磁畴界等都属于面缺陷。这些结构缺陷对材料物性、制备工艺都有密切关系，特别是对结构敏感性能的影响尤为显著。

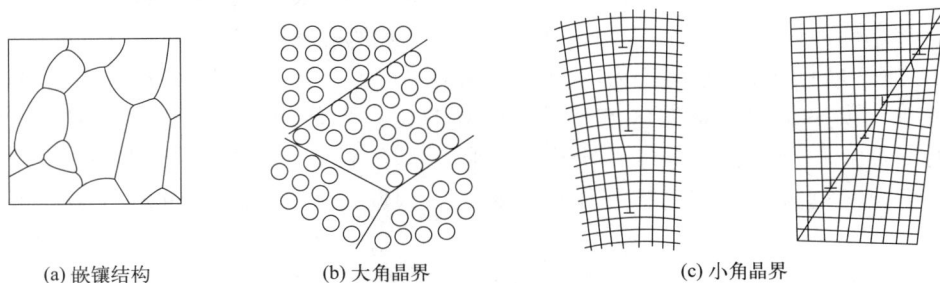

(a) 嵌镶结构   (b) 大角晶界   (c) 小角晶界

图1-9 面缺陷

1.2.6.4 体缺陷

体缺陷亦称三维缺陷，一般指宏观的结构缺陷，如空洞、裂纹、沉淀相、包裹物等。这些缺陷对材料的力学性能有很大影响。

1.3　材料的性能

材料的性能可分为两类：一类称为特征性能，包括热学、力学、电学、磁学、光学等性能，是属于材料本身所固有的性质；另一类称为功能性能，是指在一定条件下和一定限度内，对材料施加某种作用时，通过材料将这种作用转换为另一种作用的性质。

1.3.1　特征性能

材料的特征性能有以下几种：

① 热学性能。例如材料的热容、热膨胀率、热导率、熔化热、蒸发热、熔点、沸点等都属于热学性能。

② 力学性能。外加作用力与变形及破坏的关系称为力学性能。例如材料的弹性模量、拉伸强度、压缩强度、抗冲击强度、屈服强度、耐疲劳强度等。

③ 电学性能。包括电导率、电阻率、介电性能、击穿电压等。

④ 磁学性能。例如顺磁性、反磁性、铁磁性等。

⑤ 光学性能。包括光的反射、折射、吸收、透射以及发光、荧光等性能。

⑥ 化学性能。材料参与化学反应的活泼性和能力，这种能力用以表征材料耐腐蚀性的大小。与材料化学性能有关的问题还有催化性能、离子交换性能、吸收、吸附等性能。

1.3.2　功能性能

许多材料具有把力、热、电、磁、光、声等物理量通过"物理效应""化学效应""生物效应"等进行相互转换的特性，用来制作各种重要的器件和装置，在科学技术的发展中起着重要的作用。

对于这些功能物性举例如下：

① 热-电转换性能。这种性能应用于红外技术、温度测定，例如热敏电阻、热释电、红外探测。具有这种性能的材料如过渡金属氧化物以及 $LiTaO_3$、$PbTiO_3$ 等。

② 光-热转换性能。是使光转换成热能的一种性质。例如使太阳光转变成热能的平板型集热器就是实现这种转换的装置。

③ 光-电转换性能。是指材料受光照射时，其电阻会发生变化，有时会产生电动势或向外部逸出电子。在一些半导体中，这种光电效应表现得很明显。具有这种性能的材料如 Si、Ge、GaAs、CdS 等，用于制备光敏二极管或三极管、光电池、太阳能电池等器件。

④ 力-电转换性能。是指使机械能与电能相互转换的性能，最典型的表现就是压电效应。压电效应有两方面的含义：一种是在一些介电晶体中，由于施加机械应力而产生的电极化；另一种是压电效应的反效应，即在晶体的某些晶向间施加电压而使材料产生机械形变。具有这种性能的材料如石英晶体（单晶体）、钛酸钡和锆钛酸铅（多晶体）以及高分子材料如聚偏氟乙烯等。这类材料用于制备半导体测压元件、声呐、滤波器、压力二极管等，此外在压力测定、应变测定等方面都有广泛的应用。

⑤ 磁-光转换性能。是指在磁场作用下，材料的电磁特性发生变化，从而使光的传输特

性发生变化的一种性能。具有这类性能的材料如 $MnBi$、亚铁石榴石、尖晶石铁氧体等。这类材料用于光调制及记录、存储装置、激光雷达等方面。

⑥ 电-光转换性能。是指在外加电场作用下晶体以及某些液体和气体折射率发生变化的性能。例如 $LiNbO_3$、$LiTaO_3$ 等材料就有这种性能，用于激光信号调制、光偏转等方面。

⑦ 声-光转换性能。声波造成的介质密度（或折射率）的周期性疏密变化可看作一种条纹光栅，其间隔等于声波波长，这种声光栅的衍射现象称为声光效应。常用的声光材料有 α-碘酸、$PbMoO_4$、TeO_2、$GaAs$ 等。随着高频声学和激光技术的发展，声光材料获得迅速发展。

1.4 材料工艺及其与结构和性能的关系

1.4.1 材料工艺过程

前已述及，从原料到成品需要经过一定的材料工艺过程。材料工艺过程包括材料的制备工艺过程和加工工艺过程。材料的制备工艺过程主要涉及化学反应，常以化工工艺过程为基础。材料的加工工艺过程主要是物理过程，但也涉及一些化学过程，例如热固性塑料的成型加工过程就是这种类型。

对于高分子材料，其工艺过程包括加聚工艺或缩聚工艺、成型加工工艺（如压缩模塑、注射模塑、挤出、压延、铸塑、吹塑、混炼、纺丝）等。对于金属材料，其工艺过程有铸造、焊接、压制、粉末冶金、热处理、冷加工等。无机非金属材料的工艺过程包括：粉碎、配料、混合等工序，成型（陶瓷、耐火材料等）或不成型（水泥、玻璃等），在高温下煅烧成多晶态（水泥、陶瓷等）或非晶态（玻璃、铸石等），再经过进一步的加工，如粉磨（水泥）、上釉彩饰（陶瓷）、成型后退火（玻璃、铸石等），得到粉状或块状的制品。因此，不同材料有不同的工艺过程，这些不同的工艺过程又涉及不同的化学和物理过程。研究这些不同的化学、物理过程，可从热力学和动力学两个基本点出发。热力学是解决过程进行的可能性、方向及限度；动力学则是解决过程进行的速度，这涉及过程进行的推动力和阻力。

热力学的基础是热力学三个基本定律，用以解决系统宏观性质之间的关系。但不能解决微观性问题，例如过程进行的机制问题。过程进行的速度与材料体系的微观结构有关。因此，通过研究过程动力学，可了解过程进行的机制。

在材料工艺过程中，经常会涉及相变问题。物质从某一相转变为另一相称为相变。相变可以分为两种：①特性相变，它与电子或原子的集体特性发生变化有关。例如，通电的超导材料当温度降到一定的临界值后电阻突然消失，这就是特性相变。②结构相变，它与原子或分子的排列发生变化有关，又分为扩散型相变和非扩散型相变两种。气相、液相和固相之间的相互转变以及大多数固态相变都是扩散型相变；但某些相变，如金属材料工艺过程中的马氏体相变，则是通过原子做微小的移动实现的，为非扩散型相变。

相变可根据相律进行研究。根据相律和实验数据可做出相图。相图亦称状态图或平衡图，是用几何（图解）的方式描述处于平衡状态下物质的成分、相与外界条件的相互关系。相图在材料工艺过程的研究中和材料生产中是非常重要的手段。因为实际材料很少是纯元素的，而是由多种元素组成，这就需要弄清楚组元间的组成规律，了解不同成分在何种条件下形成何种相图，因而相平衡关系的研究就成为研究和使用材料的重要理论基础。以合金材料为例，它在结晶后可获得单相的固溶体或中间相，也可能是包括纯组元相和各种合金相的多相组织。那么某一成分的合金在某一温度下会形成什么样的组织呢？利用合金相图就可以回答这一问题。合金在经过许多加工、处理之后的组织状况，也可用相图作为分析依据。相图是研究新材料，设计合金熔炼、铸造、加工、热处理工艺以及进行金相分析的重要工具。

但是，相图一般只描述系统的平衡状态，不能完全说明生产实际中经常遇到的亚稳态状态和非稳态状态的组织结构。所以，还需要配合其他方面的实验数据，才能很好地解决生产实际中所遇到的相关问题。

化学反应中的反应速率、结晶速率、蠕变、各种扩散过程等，都属于动力学问题。材料工艺过程的速度不仅与始、终状态有关，还与过程进行的方式和途径有关，而这又与材料的内部结构密切相关。材料工艺过程的动力学问题对材料结构和性能影响很大。例如，在结晶过程中，成核及晶粒生长的速率不同，晶粒大小及其分布就不同，从而会对多晶材料的性能和结构产生极大的影响，甚至可能改变材料的品种。

1.4.2　材料工艺与结构和性能的关系

材料的工艺与材料的组织结构和性能之间具有密切的关系。材料工艺包括材料合成工艺和材料加工工艺，影响材料的组织结构，因而对材料的性能有显著的影响。例如，用高压法合成的聚乙烯和用低压法合成的聚乙烯在结构上有很大差别，因而性能也显著不同；用铸造法制造的铜棒与用轧制成型工艺制造的铜棒组织结构相差较大，晶粒的形状、尺寸和取向都不相同，铸造法制得的铜棒含有由于收缩或因气泡生成形成的空洞而使组织内部可能夹带非金属质点，轧制法制得的铜棒可能含有被拉长的非金属夹杂物和内部排列的缺陷。组织结构不同，其性能也不同。

材料的原始组织结构和性能又常常决定着采用何种方法将材料加工成所需要的形状。例如，热固性树脂与热塑性树脂因其组织结构及性能不同，选用的成型加工方法也有很大差别；含有大缩孔的铸件，就不宜采用合金钢的成型加工方法。

由上所述可知，材料工艺、材料结构和材料性能之间具有相互依赖、相互制约的密切关系，了解并能动地利用这种关系是材料科学的关键问题之一。

1.5　材料的强化机制

通常对应用的材料，最重要的指标是机械强度。提高材料的机械强度是研究材料基本的任务和关键的课题。对不同类型的材料，可通过不同的工艺和方法提高材料的强度。例如对塑料，可采用与橡胶共混的办法提高其抗冲击强度，可采用添加填充剂和增强剂的办法提高其抗拉强度和硬度等。但对金属材料，提高其强度的方法与高分子材料相比是迥然不同的。方法不同，强化机制也完全不同，但是其共同点都是通过一定的工艺过程改变材料内部的组织结构，从而达到改善性能的目的。下面以金属材料的强化为例进一步说明结构—性能—工艺之间的密切关系以及提高材料性能的基本途径，因为金属材料在这方面的研究已较为系统和成熟。了解金属材料的强化机制，对于了解高分子材料的改性及强化机制也有启迪和借鉴作用。

金属材料的强化主要是提高其屈服强度。屈服强度是指使材料开始塑性流动时的应力，而金属材料的塑性流动主要是通过位错运动实现的。因此，金属材料的强化途径主要有两条：①尽可能减少位错，使其接近完整晶体。例如，精心培育的晶须接近完整晶体，有很高的强度。②在金属中有大量位错时，尽可能设法阻止位错运动以及抑制位错源的活动。这种强化手段有很多机制，如冷变形强化、细晶强化、固溶强化、分散强化、马氏体强化等。有时将几种强化机制结合起来，可产生更为显著的效果。

1.5.1　冷变形强化

当金属材料用冷加工方法进行变形时，由于在组织中产生了附加的位错，位错密度增加，位错之间的交互作用加剧，阻碍了位错的运动，因而产生应变硬化，强度提高。冷变形强化在生产上有广泛的应用，如冷轧钢板、冷拉钢丝、金属的爆炸成型、喷丸处理等。

冷变形强化会使金属材料的延展性降低，因此应变硬化的量是有限度的。此外，在应变硬化过程中有可能产生有害的残余应力。利用低温退火处理，就可以消除残余应力而不降低强度。为了改善材料的工艺性能，可把变形和退火结合成一步同时进行，这就是热加工。在高温下材料不发生应变硬化，可使材料的形状有较大的变化。把热加工和冷加工结合在一起，既可将材料加工成为有用的形状，又可提高强度。由此可见，加工工艺过程与材料性能有着密切的关系。

1.5.2　细晶强化

前已述及，晶界是位错运动的障碍。晶粒细化后，晶界增大，再加上晶粒位向变化的影响，使金属材料的强度提高，并能改善塑性和韧性。但是，晶粒过细，又会产生其他不利影响。细晶强化大多是通过控制凝固过程实现的。几乎所有的金属材料、某些陶瓷材料和很多高分子材料，在加工过程的某一阶段处于液态，由液态冷却至固态的过程即为凝固过程。在凝固过程中形成的组织结构，如晶粒的尺寸和形状，对材料的力学性能有显著影响。在凝固过程中加入孕育剂或晶粒细化剂，选取合适的温度和凝固时间，可获得适宜的成核密度和晶粒生长速率，从而控制晶粒尺寸，形成较小的晶粒，实现细晶强化。

1.5.3　固溶强化

固溶强化的实质是在金属材料中引入点缺陷，特别是加入置换原子和间隙原子，扰乱原子在点阵中的排列，使位错的运动即滑移受到干扰，从而实现强化的目的。固溶强化也是在凝固过程实现的，即通过凝固形成固溶体，溶质原子起到点缺陷的作用。

固溶强化可使材料的强度显著提高，这种强度的增加可保持到高温，使材料获得良好的抗蠕变能力。材料对固溶强化的响应取决于元素的类型，特别是原子尺寸的差别。

1.5.4　多相强化

合金的强度比纯金属高，这除了固溶强化效应之外，可能有第二相或更多相的影响。合金中的第二相可以是纯金属，也可以是固溶体或化合物。可按第二相粒子的尺寸大小将合金类金属材料分成两类：第二相粒子尺寸与基体晶粒尺寸在同一数量级时，称为聚合型；若第二相粒子尺寸非常小，分散在连续的基体之中，则称为分散型。这里的多相强化即指聚合型的情况。

工业上常用的合金，第二相多是较硬、脆的金属化合物。合金的力学性能主要取决于第二相的形状、大小及其分布情况。例如，若第二相为片状或层状分布，如钢中珠光体内的渗碳体，变形首先在基体（铁素体）中发生，但很快会受到硬、脆相（渗碳体）的阻碍，即位错运动被限制在硬脆相层片之间的很短距离内，使钢的强度提高。珠光体越细，层片间距越小，则材料的强度越高。如果渗碳体为球状，则其对铁素体变形的阻碍作用大大降低，钢的强度下降，塑性提高。

1.5.5 分散强化

对多相结构的合金而言，当第二相以细小弥散的微粒均匀分散于基体相中时，会产生显著的强化作用。对过饱和固溶体进行时效处理而沉淀析出细小弥散的第二相粒子使强度提高，这种强化称为沉淀强化或时效强化。若第二相微粒是借助粉末冶金方法加入而起强化作用的，则称为弥散强化。

为达到明显的分散强化效应，基体应当是较软、有延展性的，分散相应当是硬、脆的。硬而脆的第二相也是不连续的，否则裂纹就会穿过整个组织而扩散；而在第二相为分散、不连续的情况下，在第二相上的裂纹会在相界面上受阻。第二相应当是细小且数量极多的颗粒；颗粒越小、数量越多，阻碍滑移的可能性就越大，因而强化效应就越大。此外，第二相颗粒应当是球形的，不应呈针状或带有尖锐的棱角，因为球形颗粒产生裂纹的可能性最小，不容易起到缺口的作用。

1.5.6 马氏体强化

马氏体是无扩散固态转变形成的非稳态相，是由奥氏体淬火而成的。马氏体钢十分硬脆，对马氏体进行强化是钢铁材料强化的重要途径。

马氏体强化是以下 3 种强化的综合结果：

① 固溶强化。钢中马氏体是碳原子过饱和的 α-Fe 固溶体。马氏体中的碳原子位于体心点阵八面体间隙中，使点阵产生强烈畸变，造成很大的应力场，阻碍位错运动，从而产生显著的强化作用。

② 时效强化。马氏体中过饱和的碳原子具有向晶体缺陷和内表面偏聚以及从马氏体中沉析出碳化物的强烈倾向。在淬火过程中，碳原子会偏聚于位错、孪晶界或沉淀析出，这种现象称为自回火或淬火时效，它导致位错运动受阻而产生强化作用。

③ 结构强化。低碳马氏体含有大量的位错。在高碳马氏体中，亚微观结构主要由孪晶组成，它使马氏体的有效晶粒度显著减小。这两种情况导致的强化作用称为结构强化。

<h2 style="text-align:center">参 考 文 献</h2>

[1] 钱苗根.材料科学及其新技术.北京：机械工业出版社，1986.

[2] 师昌绪主编 . 新型材料与材料科学 . 北京：科学出版社，1988.

[3] Witold Brostow. Science of Materials.New York：Wiley Interscience Publication，1979.

[4] 张绥庆 . 新型无机材料概论 . 上海：上海科技出版社，1985.

[5] ［日］足立吟也，岛田昌彦编 . 无机材料科学 . 北京：化学工业出版社，1988.

[6] Sheppard L M. Advanced Materials and Processes，1986，2(9): 19-25.

[7] 张留成 . 材料学导论 . 保定：河北大学出版社，1999.

习题与思考题

1. 简要说明材料与物质涵义的区别。

2. 举例说明材料的主要类别。

3. 举例说明功能材料与结构材料。

4. 举例说明材料的特征性能与功能性能。

5. 简要说明材料的相变及其类型。

6. 举例简要说明材料的结构—性能—加工工艺之间的相互关系。

7. 简要说明金属材料的塑性形变与位错及滑移运动间的关系。

8. 写出锗、碳和氧原子的电子结构。

9. 假设晶体的格点是等体积硬球，试证明体心结构和面心立方结构的堆砌因子分别为 0.68 及 0.74。

10. 证明滑移形变时的分剪切应力 τ_1 遵从 Schmidt 定律 $\tau_1=\sigma\cos\phi\cos\lambda$ 且在 $\lambda=45°$ 的方向上 τ_1 最大。式中，σ 为应力，ϕ 为滑移面法线和作用力之间的夹角，λ 为滑移方向与作用力之间的夹角。

第2章 高分子材料的制备反应

2.1 高分子与高分子材料

2.1.1 基本概念

高分子聚合物常简称高分子，是由成百上千个原子组成的大分子链。聚合物是由一种或几种小分子通过共价键以一定的顺序连接而成的链状或网状分子。低分子和高分子之间并无严格界限，通常分子量❶在 10000 以上者常称作高分子。

聚合物可以由许多相同的简单结构单元通过共价键重复连接而成。例如，聚氯乙烯大分子链是由氯乙烯结构单元重复连接而成：

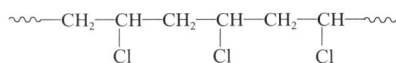

$$\text{\textasciitilde\textasciitilde} CH_2-CH-CH_2-CH-CH_2-CH \text{\textasciitilde\textasciitilde}$$
$$\qquad\quad | \qquad\quad | \qquad\quad |$$
$$\qquad\quad Cl \qquad\quad Cl \qquad\quad Cl$$

为方便起见，缩写成：

$$\text{--}(CH_2\text{--}CH)_n\text{--}$$
$$\qquad\quad |$$
$$\qquad\quad Cl$$

上式是聚氯乙烯分子结构式。端基只占聚合物的很小部分，可略去不计。其中 $-CH_2-CH-$（下标 Cl）是结构单元，也是重复结构单元（简称重复单元），亦称链节。形成结构单元的分子称作单体。上式中 n 代表重复单元数，又称聚合度，它是衡量分子量大小的一个指标。

高分子化合物又称为聚合物。严格地讲，两者并不等同，因为有些高分子化合物并非由简单的重复单元连接而成，而仅仅是分子量很高的物质；但通常这两个词是相互使用的。聚合物是由大分子链构成的，如组成该大分子链的重复单元数很多，增减几个单元并不影响其物理性质，称此种聚合物为高聚物；如组成该种大分子链的结构单元数较

---

❶ 本书中分子量均表示相对分子质量。

少，增减几个单元对聚合物的物理性质有明显的影响，则称为低聚物（oligomer）。聚合物是总称，包括高聚物和低聚物，但谈及聚合物材料时，所称的聚合物（polymer）常常指高聚物。

由一种单体聚合而成的聚合物称为均聚物，如聚乙烯、聚氯乙烯等；由两种或两种以上单体共聚而成的聚合物称为共聚物，如氯乙烯和乙酸乙烯酯共聚生成氯乙烯-乙酸乙烯酯共聚物：

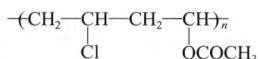

$$-(CH_2-CH-CH_2-CH)_n-$$
$$\quad\quad\ \ |\quad\quad\quad\quad |$$
$$\quad\quad\ \ Cl\quad\quad\quad\ OCOCH_3$$

在大部分共聚物中，单体单元往往是无规排布的，很难指出确切的重复单元，上式只能代表象征性的结构。

而尼龙 66 一类的共聚物，则有另一特征：

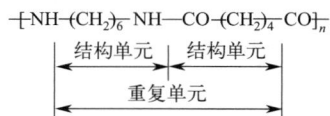

$$-[NH-(CH_2)_6-NH-CO-(CH_2)_4-CO]_n-$$

重复单元由—NH—$(CH_2)_6$—NH—和—CO—$(CH_2)_4$CO—两种结构单元组成，这两种单元比其单体己二胺和己二酸少一些原子，这是由于缩聚反应过程中失去水分子的结果。所以，这种结构单元不宜称作单体单元。

聚合物材料的强度与分子量密切相关。低分子化合物通常有固定的分子量，但聚合物却是分子量不等同系物的混合物。聚合物分子量或聚合度是一个统计平均值。分子量的不均一性也称为多分散性，可用分子量分布曲线或分布函数表示。根据统计平均的方法不同，有数均分子量、重均分子量、黏均分子量等。

2.1.2 命名

聚合物和以聚合物为基础组分的高分子材料有 3 组独立的名称：化学名称、商品保护名称（或专利商标名称）和习惯名称。此外，在描述常用的塑料和橡胶时，特别重要的是以其基础组分聚合物化学名称为基础的标准缩写。

化学名称是根据聚合物链的化学结构确定的名称，1973 年国际纯粹与应用化学联合会（IUPAC）提出了以结构为基础的系统命名法，然而该命名法较为繁琐，仅见于学术研究文献中，并未普遍采用。实际上普遍采用的化学名称是以单体或假想单体名称为基础，前面冠以"聚"字，就成为聚合物名称。大多数烯烃单体的聚合物均按此命名，如聚氯乙烯、聚苯乙烯、聚乙烯、聚甲基丙烯酸甲酯分别是氯乙烯、苯乙烯、乙烯、甲基丙烯酸甲酯的聚合物。聚乙烯醇则是假想单体乙烯醇的聚合物。

重要的杂链聚合物，如环氧树脂、聚酯、聚酰胺和聚氨酯等，通常采用化学分类名称，它是以该类材料中所有品种共有的特征化学单元为基础的。例如，环氧树脂、聚酯、聚酰胺、聚氨基甲酸酯的特征化学单元分别为环氧基、酯基、酰胺基和氨基甲酸酯基。至于具体品种，应有更详细的名称。例如，己二胺与己二酸的反应产物称为聚己二酰己二胺。

苯酚与甲醛、尿素与甲醛、甘油与邻苯二甲酸酐的反应产物分别称为酚醛树脂、脲醛树脂、醇酸树脂，取其原料简称，后附"树脂"二字命名。

许多合成橡胶是共聚物，常从共聚单体中各取一字，后加"橡胶"二字命名，如丁（二烯）苯（乙烯）橡胶、乙（烯）丙（烯）橡胶等。

保护商品名称（或专利商标名称）是由材料制造商命名的，突出所指的是商品或品种。这样的材料很少是纯聚合物的，常常是指某个基本聚合物和添加剂的配方。很多商品名称是按商号章程设计的。

习惯名称是沿用已久的习惯叫法，如聚酰胺类的习惯名称为尼龙、聚对苯二甲酸乙二醇酯的习惯名称为涤纶等，因其简单而普遍采用。

许多聚合物化学名称的标准缩写因其简便而广泛采用。缩写应采用印刷体、大写，不加标点。表 2-1 列举了几种常见聚合物的缩写。

■ 表 2-1 常见聚合物的缩写举例

聚合物	缩写	聚合物	缩写	聚合物	缩写	聚合物	缩写
丙烯腈-丁二烯-苯乙烯共聚物	ABS	环氧树脂	EP	聚氯乙烯	PVC	聚丙烯	PP
乙酸纤维素	CA	聚酰胺	PA	聚乙烯	PE	聚苯乙烯	PS
氯化聚氯乙烯	CPVC	聚丙烯腈	PAN	聚甲基丙烯酸甲酯	PMMA		

2.1.3 分类

可根据来源、性能、结构、用途等不同角度对聚合物进行多种分类。这里仅简要介绍工业上常用的分类方法。

2.1.3.1 按聚合物主链结构分类

根据主链结构，可将聚合物分成碳链聚合物、杂链聚合物和元素有机聚合物三类。

碳链聚合物是指聚合物主链完全由碳原子构成。绝大部分烯烃和二烯烃聚合物属于这一类。常见的有聚氯乙烯、聚乙烯、聚丙烯、聚苯乙烯、聚丙烯腈、聚丁二烯等，列于表 2-2。

杂链聚合物是指聚合物主链中除碳原子外还有氧、氮、硫等杂原子。常见的这类聚合物如聚醚、聚酯、聚酰胺、聚脲、聚硫橡胶、聚砜等。

元素有机聚合物是指大分子主链中没有碳原子，主要由硅、硼、铝、氧、氮、硫、磷等原子组成，但侧基由有机基团如甲基、乙基、芳基等组成。典型的例子是有机硅橡胶。如果主链和侧基均无碳原子，则称为无机高分子。

常见的杂链聚合物和元素有机聚合物列于表 2-3。

2.1.3.2 按性能和用途分类

按以聚合物为基础组分的高分子材料的性能和用途分类，可将聚合物分成塑料、橡胶、纤维、黏合剂、涂料、功能高分子材料等不同类别。

实际上这是高分子材料的一种分类，并非聚合物的合理分类，因为同一种聚合物，根据不同的配方和加工条件，往往既可用作这种材料也可用作那种材料。例如，聚氯乙烯既可作塑料，亦可作纤维。又如氯纶、尼龙、涤纶等是典型的纤维材料，但也可用作工程塑料材料。

■ 表2-2　一些重要的碳链聚合物

聚合物	符号	重复单元	单体
聚乙烯	PE	$-CH_2-CH_2-$	$CH_2=CH_2$
聚丙烯	PP	$-CH_2-\underset{\underset{CH_3}{\vert}}{CH}-$	$CH_2=\underset{\underset{CH_3}{\vert}}{CH}$
聚苯乙烯	PS	$-CH_2-\underset{\underset{C_6H_5}{\vert}}{CH}-$	$CH_2=\underset{\underset{C_6H_5}{\vert}}{CH}$
聚异丁烯	PIB	$-CH_2-\overset{\overset{CH_3}{\vert}}{\underset{\underset{CH_3}{\vert}}{C}}-$	$CH_2=\overset{\overset{CH_3}{\vert}}{\underset{\underset{CH_3}{\vert}}{C}}$
聚氯乙烯	PVC	$-CH_2-\underset{\underset{Cl}{\vert}}{CH}-$	$CH_2=\underset{\underset{Cl}{\vert}}{CH}$
聚偏氯乙烯	PVDC	$-CH_2-\overset{\overset{Cl}{\vert}}{\underset{\underset{Cl}{\vert}}{C}}-$	$CH_2=\overset{\overset{Cl}{\vert}}{\underset{\underset{Cl}{\vert}}{C}}$
聚四氟乙烯	PTFE	$-CF_2-CF_2-$	$CF_2=CF_2$
聚丙烯酸	PAA	$-CH_2-\underset{\underset{COOH}{\vert}}{CH}-$	$CH_2=\underset{\underset{COOH}{\vert}}{CH}$
聚丙烯酰胺	PAM	$-CH_2-\underset{\underset{CONH_2}{\vert}}{CH}-$	$CH_2=\underset{\underset{CONH_2}{\vert}}{CH}$
聚甲基丙烯酸甲酯	PMMA	$-CH_2-\overset{\overset{CH_3}{\vert}}{\underset{\underset{COOCH_3}{\vert}}{C}}-$	$CH_2=\overset{\overset{CH_3}{\vert}}{\underset{\underset{COOCH_3}{\vert}}{C}}$
聚丙烯腈	PAN	$-CH_2-\underset{\underset{CN}{\vert}}{CH}-$	$CH_2=\underset{\underset{CN}{\vert}}{CH}$
聚乙酸乙烯酯	PVAc	$-CH_2-\underset{\underset{OCOCH_3}{\vert}}{CH}-$	$CH_2=\underset{\underset{OCOCH_3}{\vert}}{CH}$
聚丁二烯	PB	$-CH_2-CH=CH-CH_2-$	$CH_2=CH-CH=CH_2$
聚异戊二烯	PIP	$-CH_2-\underset{\underset{CH_3}{\vert}}{C}=CH-CH_2-$	$CH_2=\underset{\underset{CH_3}{\vert}}{C}-CH=CH_2$
聚氯丁二烯	PCP	$-CH_2-\underset{\underset{Cl}{\vert}}{C}=CH-CH_2-$	$CH_2=\underset{\underset{Cl}{\vert}}{C}-CH=CH_2$

■ 表2-3　常见的杂链聚合物和元素有机聚合物

聚合物	重复单元	单体
聚甲醛	$-O-CH_2-$	$H_2C=O$ 或 $\begin{array}{c} CH_2-O \\ O \qquad CH_2 \\ CH_2-O \end{array}$
聚环氧乙烷	$-O-CH_2-CH_2-$	$\underset{\underset{O}{\diagdown\diagup}}{CH_2-CH_2}$
聚环氧丙烷	$-O-CH_2-\underset{\underset{CH_3}{\vert}}{CH}-$	$\underset{\underset{O}{\diagdown\diagup}}{CH_2-CH}-CH_3$

聚合物	重复单元	单 体
聚二甲基亚苯基氧	(二甲基苯氧结构)	(二甲基苯酚结构)
涤纶	$-OCH_2CH_2-O-CO-\bigcirc-CO-$	$HOCH_2CH_2OH + HOOC-\bigcirc-COOH$
环氧树脂	$-O-\bigcirc-C(CH_3)_2-\bigcirc-O-CH_2-CHCH_2-$ (带OH)	$HO-\bigcirc-C(CH_3)_2-\bigcirc-OH + CH_2-CH-CH_2Cl$ (环氧)
聚砜	$-O-\bigcirc-C(CH_3)_2-\bigcirc-O-\bigcirc-SO_2-\bigcirc-$	$HO-\bigcirc-C(CH_3)_2-\bigcirc-OH + Cl-\bigcirc-SO_2-\bigcirc-Cl$
尼龙6	$-[NH-(CH_2)_5-CO]-$	$NH-(CH_2)_5-CO$
尼龙66	$-[NH-(CH_2)_6-NH-CO-(CH_2)_4-CO]_n-$	$H_2N-(CH_2)_6-NH_2 + HOOC-(CH_2)_4-COOH$
酚醛树脂	(邻羟基苯-CH_2-)	(苯酚OH) $+ HCHO$
脲醛树脂	$-NH-C(=O)-NH-CH_2-$	$NH_2-C(=O)-NH_2 + HCHO$
硅橡胶	$-O-Si(CH_3)_2-$	$Cl-Si(CH_3)_2-Cl$

2.1.4 材料组成和成型加工

高分子材料以聚合物为基础组分，有些多高分子材料仅由聚合物组成，而大多数高分子材料除聚合物基本组分外，还需要添加其他助剂，以获得其他实用性能或改善其成型加工性能。因此，聚合物与高分子材料的涵义是不同的。

不同类型的高分子材料需要不同类型的助剂组分，例如：

塑料——增塑剂、稳定剂、填料、增强剂、颜料、润滑剂、增韧剂等；

橡胶——硫化剂、促进剂、防老剂、补强剂、填料、软化剂等；

涂料——颜料、催干剂、增塑剂、润湿剂、悬浮剂、稳定剂等。

可见，高分子材料是组成较为复杂的一种体系，每种组分都有其特定的作用。要全面了解一种高分子材料，不但需要研究聚合物基础组分的性能，还需要熟悉其他组分的性能和作用。

高分子材料是通过适当的成型加工工艺制成制品的。不同类型的高分子材料有不同的成型加工工艺，例如塑料的挤出、压延、注射、压制、吹塑等，橡胶的开炼、密炼、挤出、注射、硫化等。在成型加工过程中，物料的形态、结构都会发生显著变化，从而改变材料的性能。当选择某种高分子材料时，不仅要考虑其潜在的优越性能，还必须考虑其成型加工工艺的可能性和难易程度。因此，高分子材料的发展是与聚合反应技术的发展和成型加工技术的发展密不可分的。

2.1.5　聚合反应

由低分子单体合成聚合物的反应称为聚合反应，可以从不同角度对其进行分类。根据聚合物和单体元素组成和结构的变化，可将聚合反应分为加聚反应和缩聚反应两大类。

单体加成而聚合起来的反应称为加聚反应，例如由氯乙烯聚合成聚氯乙烯的反应：

$$n CH_2{=}CH \longrightarrow \left(CH_2{-}CH \right)_n$$
$$\quad\ \ Cl \qquad\qquad\quad\ \ Cl$$

由加聚反应生成的聚合物亦称为加聚物，其元素组成与单体相同，加聚物的分子量是单体分子量与聚合度的乘积。

若在聚合反应过程中，除形成聚合物外，同时还有低分子副产物形成，则此种聚合反应称为缩聚反应，其产物亦称为缩聚物。由于有低分子副产物析出，缩聚物的元素组成与相应的单体不同，缩聚物分子量亦非单体分子量的整数倍。缩聚反应是官能团之间的反应，所以大部分缩聚物是杂链聚合物。例如，己二胺与己二酸之间的缩聚反应可表示为：

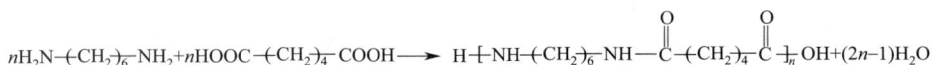

$$n H_2N{-}(CH_2)_6{-}NH_2 + n HOOC{-}(CH_2)_4{-}COOH \longrightarrow H{-}NH{-}(CH_2)_6{-}NH{-}\overset{O}{\underset{}{C}}{-}(CH_2)_4{-}\overset{O}{\underset{}{C}}{-}_n OH + (2n{-}1)H_2O$$

反应过程中析出小分子水，生成主链中含有氮原子（N）的聚酰胺。

按照反应机理分类，可将聚合反应分成连锁聚合反应和逐步聚合反应两大类。

烯烃单体的加聚反应大部分属于连锁聚合反应，其特征是整个反应过程可划分成相继的几步基元反应，如链引发、链增长、链终止等。在此类反应中，聚合物大分子链的形成是瞬时的，体系中始终由单体和聚合物大分子两部分组成，聚合物分子量与反应时间无关，单体转化率则随反应时间的延长而增加。根据连锁聚合反应中活性种的不同，此类反应可分为自由基聚合反应、阴离子聚合反应和阳离子聚合反应等。

绝大多数缩聚反应和合成聚氨酯的反应属于逐步聚合反应。其特征是在低分子单体转变成高分子聚合物的过程中反应是逐步进行的。反应早期，大部分单体很快生成二聚体、三聚体等低聚物，这些低聚物继续反应，分子量不断增大。因此，随反应时间的延长分子量增大，而转化率在反应前期就已经达到很高的值。

按反应机理分类涉及到聚合反应的本质。因此，在后面的讨论中，就根据反应机理对聚合反应进行分类和阐述。

2.2　连锁聚合反应

连锁聚合反应亦称链式聚合反应。烯烃单体的加聚反应大部分属于连锁聚合反应，总反应式可表示为：

若以 R^* 表示活性中心，M 表示单体，则连锁聚合反应可表示为：

链引发

链增长 $RM\cdot + M \longrightarrow RM_2 \cdot \xrightarrow{M} RM_3 \cdot$

链终止 $RM_x\cdot + RM_y\cdot \longrightarrow RM_{x+y}R$ （偶合终止）

或 $RM_x\cdot + RM_y\cdot \longrightarrow RM_x + RM_y$ （歧化终止）

根据链增长活性中心的不同，可将连锁聚合反应分成自由基聚合反应、阳离子聚合反应、阴离子聚合反应和配位络合聚合反应等。

引发剂的价键有两种断裂方式：一是均裂，即构成共价键的一对电子被拆成两个各带一个电子的基团，这种带单电子的基团称为自由基或游离基；另一种是异裂，构成价键的电子对归属于某一基团，形成负离子（阴离子），另一基团则成为正离子（阳离子）。因此，均裂形成自由基，异裂形成正、负离子。

均裂 $R—R \longrightarrow 2R\cdot$

异裂 $R_1—R_2 \longrightarrow R_1^+ + R_2^-$

如果自由基、阳离子和阴离子的活性足够高，就可以打开烯烃单体的 π 键，引发相应的连锁聚合反应。

烯烃单体对不同的连锁聚合机理具有一定的选择性，这主要是由取代基的电子效应和空间位阻效应决定的。

烯烃单体上的取代基是推电子基团时，C=C 双键 π 电子云密度增加，易与阳离子结合，生成碳阳离子。碳阳离子形成后，由于推电子基团的存在，碳上电子云稀少的情况有所改变，体系能量有所降低，碳阳离子的稳定性就增加。因此，带有推电子基团的单体有利于阳离子聚合。异丁烯是典型的例子：

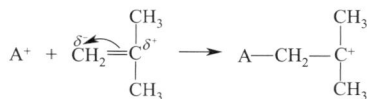

相反，取代基是吸电子基团时，C=C 双键上 π 电子云密度降低，这就容易与阴离子结合，生成碳阴离子。碳阴离子形成后，由于吸电子基团的存在，密集于碳阴离子上的电子云相对地分散，形成共轭体系，使体系能量降低，这就使碳阴离子有一定的稳定性，再与单体继续反应，使聚合反应继续进行下去。因此，带有吸电子基团的烯烃单体易进行阴离子聚合。丙烯腈是典型的例子：

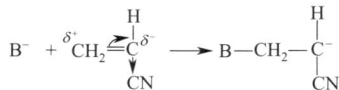

自由基聚合的情况与阴离子聚合类似。如取代基是吸电子基团，碳碳双键上 π 电子云密度降低，易与含有独电子的自由基结合。形成自由基后，吸电子基团又能与独电子形成共轭体系，使体系能量降低。这样，链自由基有稳定性，而使聚合反应继续进行下去。这是丙烯腈既能进行阴离子聚合反应也能进行自由基聚合反应的原因。如果基团的吸电子倾向过强，如偏二氰乙烯，就只能进行阴离子聚合，而难以进行自由基聚合。

乙烯分子无取代基，结构对称，偶极矩为零，需在高温、高压的苛刻条件下才能进行自由基聚合反应，或在特殊的配位络合催化剂作用下进行聚合反应。

带有共轭体系的烯烃单体，如苯乙烯、丁二烯等，π电子流动性大，易诱导极化，往往能按上述 3 种机理进行聚合。

在 CH_2＝CHX 单体中，根据取代基 X 电负性大小次序，可判断它们能进行的聚合反应类型如下：

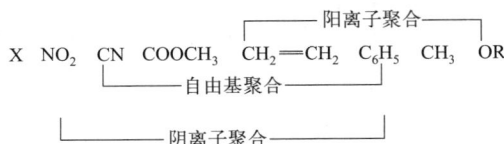

烯烃单体性质对不同聚合类型的选择性见表 2-4。除了取代基的电子效应对聚合反应有很大的影响外，取代基的数量、体积和位置引起的空间位阻效应也有显著的影响。对于单取代的烯烃单体，即使取代基体积较大，也不妨碍聚合。例如，乙烯基咔唑能进行自由基聚合反应或阳离子聚合反应。对于 1,1-双取代的烯烃单体 CH_2＝CXY，如 CH_2＝$C(CH_3)_2$、CH_2＝CCl_2、CH_2＝$C(CH_3)COOCH_3$，都能按相应的机理进行聚合反应；并且结构上越不对称，极化程度增加越多，越易聚合。但两个取代基都是芳基时，如 1,1-二苯基乙烯，因苯基体积较大，只能形成二聚体，就会使反应终止。

■ 表 2-4　烯烃单体和聚合反应类型

阳离子聚合 CH_2＝$C{<}^X$	自由基聚合 CH_2＝$C{<}^X$	阴离子聚合 CH_2＝$C{<}^X$
CH_2＝$C(CH_3)_2$ CH_2＝$C(CH_3)C_6H_5$ CH_2＝CHOR CH_2＝$C(CH_3)OR$ CH_2＝$C(OR)_2$	CH_2＝CHX　（X＝F，Cl） CH_2＝CX_2 CF_2＝CF_2 CF_2＝CFCl CH_2＝CHOCOR CH_2＝CClCH＝CH_2	CH_2＝$CHNO_2$ CH_2＝$C(CH_3)NO_2$ CH_2＝$CClNO_2$ CH_2＝$C(CN)COOR$ CH_2＝$C(CN)_2$ CH_2＝$C(CN)SO_2R$ CH_2＝$C(COOR)SO_2R$
	CH_2＝CHCOOR CH_2＝$CHCONH_2$ CH_2＝CHCN CH_2＝$C(COOR)_2$	CH_2＝$C(CH_3)COOR$ CH_2＝$C(CH_3)CONH_2$ CH_2＝$C(CH_3)CN$
CH_2＝$C(CH_3)CN$		
CH_2＝CH （咔唑）	CH_2＝CH （N-乙烯基吡咯烷酮）	（二氢萘）
CH_2＝CH_2 CH_2＝CHCH＝CH_2	CH_2＝CHC_6H_5 CH_2＝$C(CH_3)CH$＝CH_2	CH_2＝$C(CH_3)C_6H_5$ CH_2＝$CHCOCH_3$

与 1,1-双取代的烯烃不同，1,2-双取代的烯烃单体 XCH＝CHY，如 CH_3CH＝$CHCH_3$、ClCH＝CHCl、CH_3CH＝CHCOOCH$_3$，结构对称，极化程度低，加上位阻效应，通常不能进行均聚，或只能形成二聚物。同理，马来酸酐难以进行均聚反应，但能与苯乙烯一类单体发生共聚反应，其共聚产物是悬浮聚合反应的良好分散剂。

三取代和四取代乙烯一般不能聚合。但氟代乙烯却是例外，不论氟代的数量和位置如何均易聚合，如一氟乙烯、1,1-二氟乙烯、1,2-二氟乙烯、三氟乙烯、四氟乙烯等都能制得相应的聚合物。聚四氟乙烯和聚三氟氯乙烯就是典型例子，这与氟原子的半径较小（仅大于氢）有关。

2.2.1 自由基聚合反应

2.2.1.1 自由基和引发剂

自由基是带有未配对独电子的基团，性质不稳定，可进行多种反应。带有未配对独电子的基团 R 表示为 R·，这里的独电子（·）处在碳原子上。自由基的活性差别很大，这与其结构有关。烷基自由基和苯基自由基很活泼，可以成为自由基聚合反应的活性中心。带有共轭体系的自由基，如三苯甲基自由基，因为独电子的电子云受到共轭体系的分散而均匀化，所以很稳定，甚至可分离出来。稳定的自由基不但不能使单体继续聚合反应，反而能与活泼自由基结合，使聚合反应终止，故有自由基捕捉剂之称。

几种自由基的活性次序如下：

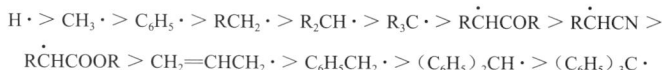

$$H \cdot > CH_3 \cdot > C_6H_5 \cdot > RCH_2 \cdot > R_2CH \cdot > R_3C \cdot > R\overset{\cdot}{C}HCOR > R\overset{\cdot}{C}HCN >$$

$$R\overset{\cdot}{C}HCOOR > CH_2{=}CHCH_2 \cdot > C_6H_5CH_2 \cdot > (C_6H_5)_2CH \cdot > (C_6H_5)_3C \cdot$$

最后 4 个自由基是不活泼的，会有阻聚作用。

在热、光或辐射能的作用下，烯烃单体可形成自由基而进行聚合反应。例如苯乙烯、甲基丙烯酸甲酯等单体在热的作用下可引发自由基聚合，称为热引发聚合反应。许多单体在光的激发下也能形成自由基而聚合，称为光引发聚合反应。在高能辐射条件下亦可引发单体进行自由基聚合，称为辐射聚合反应。但应用比较普遍的是加入引发剂的化合物，产生自由基，引发烯烃单体的自由基聚合反应。

引发剂是容易分解成自由基的化合物，分子结构上具有弱键，在热能或辐射能的作用下沿弱键均裂成自由基。在通常的聚合温度下（40～100℃），要求离解能为 $1.25 \times 10^5 \sim 1.47 \times 10^5 \ J \cdot mol^{-1}$。根据此要求，引发剂有偶氮化合物、过氧化物和氧化-还原体系三类。

① 偶氮类引发剂。最常用的品种是：

偶氮二异丁腈（AIBN）

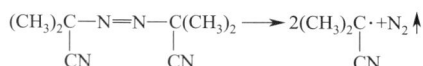

$$(CH_3)_2C-N{=}N-C(CH_3)_2 \longrightarrow 2(CH_3)_2\overset{\cdot}{C}{\cdot}{+}N_2\uparrow$$
$$\underset{CN}{|} \qquad \underset{CN}{|} \qquad \underset{CN}{|}$$

偶氮二异庚腈（ABVN）

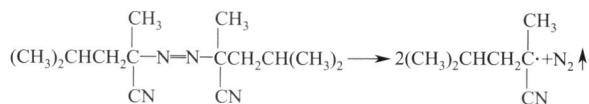

$$(CH_3)_2CHCH_2\overset{\overset{CH_3}{|}}{C}-N{=}N-\overset{\overset{CH_3}{|}}{C}CH_2CH(CH_3)_2 \longrightarrow 2(CH_3)_2CHCH_2\overset{\overset{CH_3}{|}}{\underset{CN}{C}}{\cdot}{+}N_2\uparrow$$

② 过氧化物类引发剂。常用的品种是：

过氧化二苯甲酰（BPO）

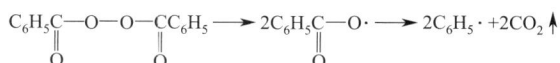

$$C_6H_5\overset{\overset{}{C}}{\underset{O}{}}-O-O-\overset{}{\underset{O}{C}}C_6H_5 \longrightarrow 2C_6H_5\overset{}{\underset{O}{C}}-O{\cdot} \longrightarrow 2C_6H_5{\cdot}{+}2CO_2\uparrow$$

过氧化十二酰（LPO）、过氧化二叔丁基也是常用的低活性引发剂。高活性的过氧化物引发剂有过氧化二碳酸二异丙酯 $[(CH_3)_2CHOCO]_2O_2$（IPP）、过氧化二碳酸二环己酯

（$C_6H_{11}OCO$）$_2O_2$（DCPD）等，过氧化乙酰基环己烷磺酰（ACSP）是活性很大的不对称过氧化物类引发剂。

$$\text{〈〉}-SO_2-O-O-C-CH_3 \longrightarrow \text{〈〉}-SO_2-O\cdot + \cdot O-C-CH_3$$

此外，常用的引发剂还有水溶性的过硫酸盐，如过硫酸钾：

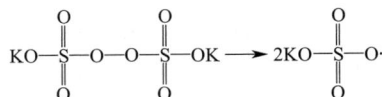

$$\text{KO}-\overset{}{\underset{}{S}}-O-O-\overset{}{\underset{}{S}}-OK \longrightarrow 2KO-\overset{}{\underset{}{S}}-O\cdot$$

它们通常应用于乳液聚合反应和水溶液聚合反应。

③ 氧化还原体系。由过氧化物引发剂和还原剂组成的引发体系称为氧化还原引发体系。常用的还原剂有亚铁盐、亚硫酸盐和硫代硫酸盐等。在过氧化物中加入还原剂，可使分解活化能大幅度下降。例如过氧化氢中加入亚铁盐所构成的氧化还原体系，可使分解活化能由 $217.7 \text{ kJ} \cdot \text{mol}^{-1}$ 降低至 $39.4 \text{ kJ} \cdot \text{mol}^{-1}$。

$$\text{HO}-\text{OH} + Fe^{2+} \longrightarrow \text{HO} \cdot + \text{OH}^- + Fe^{3+}$$

引发剂的分解一般属于一级反应，其活性可用分解半衰期和分解活化能表示。分解半衰期 $t_{1/2}$ 越短或分解活化能 E_d 越小，引发剂的活性就越大。表2-5 列出了几种典型引发剂的分解速率常数（k_d）、半衰期（$t_{1/2}$）和分解活化能（E_d）。

■ 表2-5　引发剂的分解速率常数、半衰期和分解活化能

引发剂	溶　剂	温度/℃	k_d/s^{-1}	$t_{1/2}/\text{h}$	$E_d/$（$\text{kJ} \cdot \text{mol}^{-1}$）
偶氮二异丁腈	苯	50	2.64×10^{-6}	73	128.5
		60.5	1.16×10^{-5}	16.6	
		69.5	3.78×10^{-5}	5.1	
偶氮二异庚腈	甲苯	59.7	8.05×10^{-5}	2.4	121.4
		69.8	1.98×10^{-4}	0.97	
		80.2	7.1×10^{-4}	0.27	
过氧化二苯甲酰	苯	60	2.0×10^{-6}	96	124.4
		80	2.5×10^{-5}	7.7	
过氧化十二酰	苯	50	2.19×10^{-6}	88	127.3
		60	9.17×10^{-6}	21	
		70	2.86×10^{-5}	6.7	
过氧化叔戊酸叔丁酯	苯	50	9.77×10^{-6}	20	
		70	1.24×10^{-4}	1.6	
过氧化二碳酸二异丙酯	甲苯	50	3.03×10^{-5}	6.4	
过氧化二碳酸二环己酯	苯	50	5.4×10^{-5}	3.6	
		60	1.93×10^{-4}	1	
异丙苯过氧化氢	甲苯	125	9×10^{-6}	21.4	
		139	3×10^{-5}	6.4	
过硫酸钾	$0.1 \text{ mol} \cdot \text{L}^{-1}$ KOH 溶液	50	9.5×10^{-7}	212	140.3
		60	3.16×10^{-6}	61	
		70	2.33×10^{-5}	8.3	

引发剂分解形成的初始自由基并不一定全部能引发单体聚合，常有一部分自由基消耗于其他副反应。初始自由基能用于形成活性单体即引发单体聚合的百分数称为引发效率，常用 f 表示。消耗初始自由基的副反应主要有两个：一个是诱导分解，即自由基向引发剂分子的转移；另一个是笼蔽效应，即引发剂分解成初始自由基后必须扩散出溶剂形成的"笼子"才能引发单体聚合，这时会有部分初始自由基在扩散出"笼子"前因相互复合失去引发单体聚合的能力，这就称为笼蔽效应。

引发剂的选择，首先要根据聚合实施方法选择引发剂类型。本体聚合、悬浮聚合和溶液聚合可选用油溶性（即溶解于单体）的引发剂，如偶氮类、有机过氧化物。乳液聚合可选用过硫酸盐一类的水溶性引发剂或氧化还原体系，当用氧化还原体系时氧化剂可以是水溶性的或油溶性的，但还原剂一般是水溶性的。其次，要根据聚合反应温度选择半衰期或分解活化能适当的引发剂，列于表2-6。

■ 表2-6　引发剂的使用温度范围

引发剂分类	使用温度范围 /℃	引发剂分解活化能 /（kJ·mol⁻¹）	引发剂举例
高温引发剂	＞100	138.2～188.4	异丙苯过氧化氢，叔丁基过氧化氢，过氧化二异丙苯，过氧化二叔丁基
中温引发剂	33～100	108.9～138.2	过氧化二苯甲酰，过氧化十二酰，过硫酸盐，偶氮二异丁腈
低温引发剂	−10～30	62.8～108.9	氧化还原体系：过氧化氢-亚铁盐，过硫酸盐-酸性亚硫酸钠，异丙苯过氧化氢-亚铁盐，过氧化二苯甲酰-二甲基苯胺
极低温引发剂	＜−10	＜62.8	过氧化物（过氧化氢、过氧化氢物）-烷基金属（三乙基铝、三乙基硼、二乙基铅），氧-烷基金属

2.2.1.2　反应机理

自由基聚合反应的全过程一般由链引发、链增长和链终止以及可能伴有的链转移等基元反应组成。

（1）链引发

链引发反应是形成自由基活性中心的反应。用引发剂引发时，引发反应由两步组成。

① 引发剂 I 分解，形成初始自由基的吸热反应：

$$I \longrightarrow 2R\cdot$$

② 初始自由基与单体加成，形成单体自由基的放热反应：

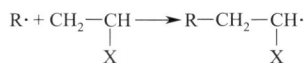

$$R\cdot + CH_2\!=\!\underset{X}{\underset{|}{CH}} \longrightarrow R\!-\!CH_2\!-\!\underset{X}{\underset{|}{CH}}\cdot$$

在这两步反应中，引发剂的分解是控制步骤。

（2）链增长

引发阶段形成的单体自由基具有很高的活性，可打开单体的 π 键，并与之结合形成新的自由基，其继续与其他单体分子结合，成为含单元更多的链自由基，这个过程就称为链增长反应，它是一种加成反应。

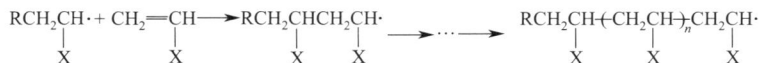

$$RCH_2\underset{X}{\underset{|}{CH}}\cdot + CH_2\!=\!\underset{X}{\underset{|}{CH}} \longrightarrow RCH_2\underset{X}{\underset{|}{CH}}CH_2\underset{X}{\underset{|}{CH}}\cdot \xrightarrow{\quad\cdots\quad} RCH_2\!\!\left(\!CH_2\underset{X}{\underset{|}{CH}}\!\right)_{\!n}\!\!CH_2\underset{X}{\underset{|}{CH}}\cdot$$

在链增长反应中，自由基独电子所在的链节结构都是相同的；自由基的活性主要决定于它所在链节的结构，而与链自由基包含的链节数无关。所以，每一增长步骤的反应速率常数都相等，可用 k_p 表示，这称为链自由基的等活性假定。

链增长反应是放热反应，反应活化能较低 [$(2.1 \sim 3.4) \times 10 \ kJ \cdot mol^{-1}$]，因此增长速率很高。

在链增长反应中，结构单元间的结合可能存在"头-尾"和"头-头"（或"尾-尾"）两种方式：

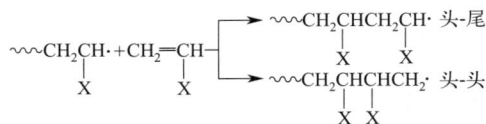

$$\sim\sim CH_2CH\cdot +CH_2=CH \underset{X}{\overset{}{\bigg\langle}} \begin{array}{l} \longrightarrow \sim\sim CH_2CHCH_2CH\cdot \ \text{头-尾} \\ \longrightarrow \sim\sim CH_2CHCHCH_2\cdot \ \text{头-头} \end{array}$$

按"头-尾"方式连接时，取代基 X 与独电子在同一碳原子上，如苯基一类的取代基，对独电子有共轭稳定作用，以及与相邻亚甲基的超共轭效应，故形成的自由基较为稳定，增长反应活化能也较低。而按"头-头"方式连接时，则无此种共轭效应，反应活化能就高一些。另外，—CH₂—端空间位阻较小，也有利于"头-尾"连接。因此，在烯烃单体的自由基聚合中单体主要按"头-尾"方式连接。

对于共轭双烯烃的自由基聚合，还有 1,4-加成和 1,2-加成两种可能的方式。

（3）链终止

两个链自由基相遇时，可产生链终止反应。链终止反应有偶合和歧化两种方式。

两个链自由基的独电子相互结合成共价键而形成聚合物的反应为偶合终止反应。

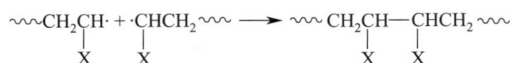

$$\sim\sim CH_2CH\cdot + \cdot CHCH_2\sim\sim \longrightarrow \sim\sim CH_2CH—CHCH_2\sim\sim$$

某些链自由基夺取另一自由基的氢原子，会发生歧化反应，称为歧化终止反应。

$$\sim\sim CH_2CH\cdot + \cdot CHCH_2\sim\sim \longrightarrow \sim\sim CH_2CH_2+CH=CH\sim\sim$$

以何种方式终止，与单体种类和聚合反应条件等因素有关。苯乙烯的聚合以偶合终止为主；而对于甲基丙烯酸甲酯的聚合，则以歧化终止为主。并且链终止反应活化能很低，因此链终止反应速率常数很高，比链增长反应速率常数大很多倍。

（4）链转移

在自由基聚合过程中，链自由基可能从单体、溶剂、引发剂或聚合物上夺取一个原子（氢或卤素原子）而终止，却使这些失去原子的分子成为自由基，继续新的链增长，使聚合反应继续进行，因此称为链转移反应。

向单体、溶剂 Y—Z 和引发剂 R—R 的链转移反应可分别表示为：

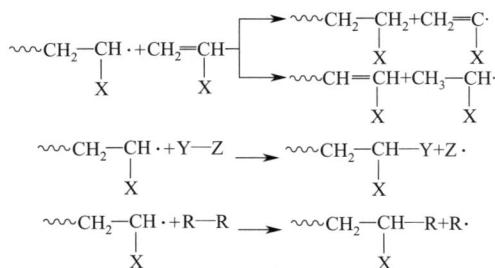

$$\sim\sim CH_2—CH\cdot +CH_2=CH \underset{X}{\overset{}{\bigg\langle}} \begin{array}{l} \longrightarrow \sim\sim CH_2—CH_2+CH_2=C\cdot \\ \longrightarrow \sim\sim CH=CH+CH_3—CH\cdot \end{array}$$

$$\sim\sim CH_2—CH\cdot +Y—Z \longrightarrow \sim\sim CH_2—CH—Y+Z\cdot$$

$$\sim\sim CH_2—CH\cdot +R—R \longrightarrow \sim\sim CH_2—CH—R+R\cdot$$

上述链转移反应会使聚合物的分子量降低；如果新生成的自由基活性不变，则聚合速率并不受影响。有时为了避免产物的分子量过高，特意加入某种类型的链转移剂，对聚合产物的分子量进行调节，例如在丁苯橡胶生产中加入十二硫醇调节分子量。这种链转移剂也称为分子量调节剂。

链自由基也可能向已经终止的聚合物进行链转移反应，其结果是形成支链聚合物。

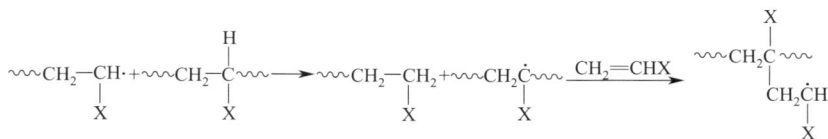

$$\sim\!\!\text{CH}_2\!-\!\overset{}{\underset{X}{\text{CH}}}\cdot + \sim\!\!\text{CH}_2\!-\!\overset{H}{\underset{X}{\text{C}}}\sim \longrightarrow \sim\!\!\text{CH}_2\!-\!\overset{}{\underset{X}{\text{CH}}}_2 + \sim\!\!\text{CH}_2\overset{}{\underset{X}{\text{C}}}\sim \xrightarrow{\text{CH}_2=\text{CHX}} \sim\!\!\text{CH}_2\overset{X}{\underset{\underset{X}{\overset{|}{\text{CH}_2\text{CH}}}}{\text{C}}}\sim$$

（5）阻聚作用

有些物质极易与自由基发生链转移反应，但转移后形成的自由基却十分稳定，不能再引发单体分子聚合，最后只能与其他自由基发生双基终止反应，这种现象称为阻聚作用。例如对苯二酚就是这类物质，称为阻聚剂。单体中如含有阻聚作用的杂质，聚合反应初期无聚合物形成；当阻聚杂质消耗完后，聚合反应才能正常进行，这就是诱导期。为了提高聚合反应速率，有时需要除去单体中的阻聚剂。

还有一类物质，经链转移反应后形成的自由基虽仍能引发单体聚合，但比原来的自由基活性有明显下降，使得聚合反应速率明显降低，这称为缓聚作用。具有缓聚作用的物质如硝基苯，称为缓聚剂。

根据上述讨论，自由基聚合反应可以概括为如下的特征：

① 自由基聚合反应可明显区分出链引发、链增长、链终止、链转移等基元反应，其中链引发反应速率最小，是控制总聚合速率的关键步骤。

② 只有链增长反应才使聚合度增加。一个聚合物的形成只需极短的时间，在反应体系中基本上是由单体和聚合物组成。在聚合反应全过程中，聚合物的聚合度无明显的变化，如图 2-1 所示。

③ 聚合过程中，单体浓度逐步降低，聚合物转化率逐步增加，如图 2-2 所示。

④ 少量（0.01%～0.1%）阻聚剂就足以使自由基聚合反应终止。

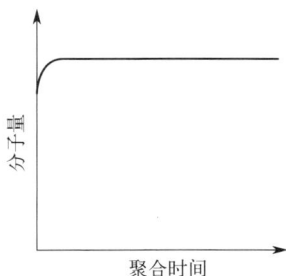

图2-1 自由基聚合过程中分子量与时间的关系　　图2-2 自由基聚合过程中转化率与时间的关系

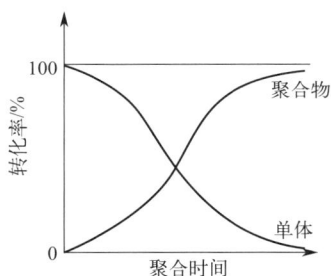

2.2.1.3 动力学

自由基聚合反应动力学主要是研究单体转化为聚合物的速率问题。假定生成的聚合物分子聚合度很大，则在引发阶段消耗的单体可以忽略，单体 M 的转化完全发生在链增长阶段。链增长反应为：

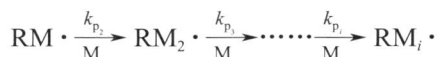

$$\text{RM}\cdot\xrightarrow[\text{M}]{k_{p_2}}\text{RM}_2\cdot\xrightarrow[\text{M}]{k_{p_3}}\cdots\cdots\xrightarrow[\text{M}]{k_{p_i}}\text{RM}_i\cdot$$

链增长反应速率即单体 M 转变为聚合物的速率为：

$$R_p = -\frac{d[M]}{dt} = [M] \sum_i k_{pi}[M_i \cdot] \tag{2-1}$$

根据等活性理论，链自由基的反应活性与链长无关，即各步链增长速率常数都相等，即 $k_1 = k_2 = \cdots = k_i = k_p$，则上式可写成：

$$R_p = -\frac{d[M]}{dt} = k_p[M][M \cdot] \tag{2-2}$$

式中　[M]——单体浓度；

　　[M·]——不同聚合度链自由基浓度的总和，即链自由基总浓度，$[M \cdot] = \sum_i [M_i \cdot]$；

　　k_p——链增长速率常数。

自由基总浓度取决于链引发和链终止两个反应。在稳定状态下，链引发速率 R_i 与链终止速率相等，$R_i = R_t$，体系中总自由基浓度不变，即聚合反应处于稳定状态，这就是稳态假定。根据此假定，可求出自由基总浓度 [M·] 的表示式。

对产生自由基的链引发反应的两步反应：

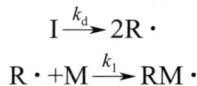

$$I \xrightarrow{k_d} 2R \cdot$$
$$R \cdot + M \xrightarrow{k_1} RM \cdot$$

引发剂 I 的分解速率 $-d[I]/dt = k_d[I]$，k_d 为引发剂分解速率常数。

引发剂的分解是控制步骤，假设引发效率为 f，则引发速率即产生自由基的速率 R_i 为：

$$R_i = \frac{d[M \cdot]}{dt} = 2fk_d[I] \tag{2-3}$$

链终止反应即自由基消失反应为：

$$M_x \cdot + M_y \cdot \longrightarrow M_{x+y} \qquad 偶合终止，R_{tc} = 2k_{tc}[M \cdot]^2$$
$$M_x \cdot + M_y \cdot \longrightarrow M_x + M_y \qquad 歧化终止，R_{td} = 2k_{td}[M \cdot]^2$$

$$终止总速率 = -\frac{d[M \cdot]}{dt} = R_{tc} + R_{td} = 2k_t[M \cdot]^2 \tag{2-4}$$

式中，$k_t = k_{tc} + k_{td}$，为总的链终止常数。

根据稳态假定，可得：

$$[M \cdot] = \left(\frac{R_i}{2k_t}\right)^{\frac{1}{2}} \tag{2-5}$$

将式（2-5）代入式（2-2），即得聚合反应速率方程：

$$R_p = k_p[M]\left(\frac{R_i}{2k_t}\right)^{\frac{1}{2}} \tag{2-6}$$

再将 R_i 的表示式（2-3）代入，则得：

$$R_p = k_p\left(\frac{fk_d}{k_t}\right)^{\frac{1}{2}}[I]^{\frac{1}{2}}[M] \tag{2-7}$$

即聚合速率与引发剂浓度的平方根成正比，与单体浓度成正比。

稳态时，各有关反应速率常数一定，如引发剂浓度变化不大且引发效率与单体浓度无关，设 $[M]_0$ 表示单体的起始浓度，将式（2-7）积分可得：

$$\ln \frac{[M]_0}{[M]} = k_p \left(f \frac{k_d}{k_t} \right)^{\frac{1}{2}} [I]^{\frac{1}{2}} t \qquad (2\text{-}8)$$

即 $\ln([M]_0/[M])$ 与反应时间 t 为线性关系，这是一级反应的特征。

图2-3 表示了苯乙烯（S）和甲基丙烯酸甲酯（MMA）自由基聚合反应速率与引发剂浓度关系的实验曲线，其结果与式（2-7）非常一致，即 $\ln R_p$ 与 $\ln[I]$ 呈线性关系。

在某些情况下，单体浓度对引发速率也有影响：

$$R_i = 2fk_d[I][M]$$

代入式（2-6），则有：

$$R_p = k_p \left(\frac{fk_d}{k_t} \right)^{\frac{1}{2}} [I]^{\frac{1}{2}} [M]^{\frac{3}{2}}$$

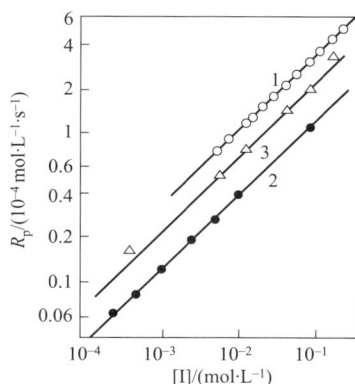

图2-3　聚合速率 R_p 与引发剂浓度 [I] 的关系

1—MMA（AIBN，50℃）；2—S（BPO，50℃）；3—MMA（BPO，50℃）

上述动力学方程是在等活性、稳态、聚合物链很长三个假定基础上得出的，在聚合反应低转化率阶段，一般符合实验事实。在某些复杂情况下可能会有所偏离，这时聚合反应速率可表示为：

$$R_p = K[I]^n[M]^m \qquad (2\text{-}9)$$

式中，$n=0.5 \sim 1.0$，$m=1 \sim 1.5$。

对于自由基聚合反应，链引发的活化能最大。由式（2-7）可知，反应温度升高时，聚合速率增大，而聚合物的分子量减小。由于自由基产生的速率与引发剂浓度成正比，而聚合速率与 $[I]^{1/2}$ 成正比，增加引发剂用量可使聚合物的分子量减小。

每个活性中心（自由基、离子等）从引发到终止，与之反应的单体数定义为动力学链长 v；无链转移时，动力学链长可由增长速率与引发速率之比求得。稳态时：

$$v = \frac{R_p}{R_i} = \frac{R_p}{R_t} = \frac{k_p[M]}{2k_t[M\cdot]} \qquad (2\text{-}10)$$

可求得：

$$v = \frac{k_p[M]}{(2k_t)^{1/2}} \times \frac{1}{R_i^{1/2}} = \frac{k_p}{2(fk_dk_t)^{1/2}} \times \frac{[M]}{[I]^{1/2}} \qquad (2\text{-}11)$$

因为聚合物的聚合度与动力学链长是一致的，由式（2-11）可知，当引发剂用量增大时，聚合度下降。

动力学链长 v 与聚合度的关系同链终止机理有关。对于歧化终止，二者相等；对于偶合终止，聚合度为动力学链长的 2 倍。链转移反应对动力学链长无影响；但有链转移反应时，每个动力学链可生成若干个大分子链，每发生一次链转移即多生成一个大分子链（对大分子的链转移除外）。所以，链转移反应会使聚合物的分子量大幅度下降。

上述有关动力学的讨论是以稳态假定为前提的。事实上，自由基聚合反应常常存在三个阶段，即开始反应时常常存在的诱导期、低转化率阶段和高转化率阶段，上述的动力学讨论只涉及低转化率时的稳定阶段。转化率提高后，引发剂浓度和单体浓度都会下降，按式（2-7），聚合速率应下降。但事实相反，当转化率较高时，聚合反应速率反而大幅度增大，这称为自动加速效应。下面以甲基丙烯酸甲酯的聚合为例说明这个问题。

甲基丙烯酸甲酯是其聚合物的溶剂，在本体聚合过程中体系始终呈均相溶液，中间阶段有明显的自动加速现象，转化率-时间曲线如图2-4所示。

在50℃下反应时，聚合过程可分成以下几个阶段。

① 转化率在10%以下，从流动液体变成黏滞糖浆状。这一阶段聚合接近稳态，聚合速率遵循式（2-7）。

② 转化率在10%～50%，体系从黏滞液体转变成软的固体，转化率达到15%时开始自动加速，在几十分钟内转化率可上升到80%。

③ 转化率在50%～60%后，体系的黏度继续增加，聚合速率逐渐转慢，但比初期仍要快得多。转化率在80%以后，速率才降得很低；最后几乎停止聚合反应。

自动加速现象是由体系黏度引起的，因此又称为凝胶效应。其原因如下：扩散因素对聚合过程影响很大，在聚合反应开始时扩散就有影响，随着转化率的提高扩散的影响愈来愈明显。体系黏度增加，长链自由基卷曲，活性末端被包裹，双基终止受到阻碍。但转化率在50%以下时，体系黏度还不足以严重妨碍单体扩散，增长速率降低不多，即 k_p 变化不大，但 k_t 却降低到百分之一，$k_p/k_t^{1/2}$ 增加近 $7～8$ 倍，活性链寿命延长10多倍。因此，聚合反应显著自动加速，分子量也同时迅速增加，如图2-5所示。

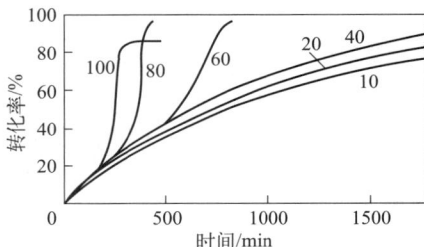

图2-4　甲基丙烯酸甲酯聚合转化率-时间曲线
引发剂：过氧化二苯甲酰；溶剂：苯；温度：50℃；
曲线上数字系甲基丙烯酸甲酯百分含量

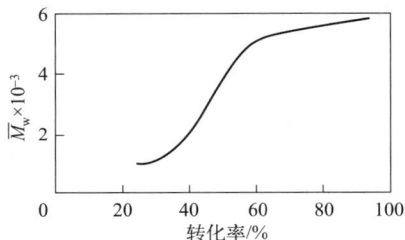

图2-5　聚甲基丙烯酸甲酯分子量与转化率的关系

转化率继续升高，黏度大到妨碍单体活动的程度，增长反应也受扩散控制，k_p 开始变小，k_t 继续降低，如使 $k_p/k_t^{1/2}$ 减小，则聚合速率降低。转化率很高（如80%）时，k_p 降低的倍数大于 $k_t^{1/2}$ 降低的倍数，则聚合速率变得很小，最后会小到不能再继续聚合反应的程度。

自动加速现象是体系黏度增加、活性端基被包裹、双基终止困难造成的。因此，改变影响黏度诸因素，如溶剂量、温度、分子量等，都会引起聚合反应速率的变化。

聚合物-单体的溶解特性对体系黏度和活性端基的包裹程度影响很大，因此对自动加速现象也会产生很大的影响。甲基丙烯酸甲酯并不是聚合物的最良溶剂，长链自由基有一定程度的卷曲。上面提到，转化率达到10%～15%后，就开始出现自动加速现象。苯乙烯是聚苯乙烯的极良溶剂，活性链处在比较伸展的状态，包裹程度较浅，链段重排扩散容易，活性端基容易靠近而实现双基终止，转化率要高到30%以上才开始出现自动加速现象。聚乙酸乙烯酯-乙酸乙酯体系也有类似的情况。

2.2.1.4　热力学

根据热力学第二定律，只有自由能变化 ΔG 小于零的过程才能自动进行反应。ΔG 与焓变量 ΔH、熵变量 ΔS 的关系为：$\Delta G = \Delta H - T\Delta S$。

当单体转变成聚合物时，无序性减小，ΔS 总是负值，其值为 $-105 \sim 125 \text{ J} \cdot \text{mol}^{-1} \cdot \text{K}^{-1}$。聚合温度为室温 $\sim 100℃$，$-T\Delta S$ 为 $(3.14 \sim 4.19) \times 10 \text{ kJ} \cdot \text{mol}^{-1}$。聚合热效应大于该值，聚合才能进行。通常烯烃单体的聚合热在 $8.4 \times 10 \text{ kJ} \cdot \text{mol}^{-1}$ 左右，远超过熵项。所以，从热力学上可知，烯烃单体的聚合多数能自动进行。当然，实际上能否进行，还要解决催化剂等动力学问题。

聚合热可由实验测得，也可由键能做理论推算。根据键能变化的理论值，烯烃单体的聚合热约为 $84 \text{ kJ} \cdot \text{mol}^{-1}$。常见单体聚合时的聚合热和熵值列于表 2-7。

■ 表 2-7　25℃聚合热和熵（从液体转变成无定形聚合物）

单　体	$-\Delta H^{\ominus}$ / (kJ · mol^{-1})	$-\Delta S^{\ominus}$ / (J·mol^{-1}·K^{-1})	单　体	$-\Delta H^{\ominus}$ / (kJ · mol^{-1})	$-\Delta S^{\ominus}$ / (J·mol^{-1}·K^{-1})
乙烯	95.0	100.4	丙烯酸	66.9	
丙烯	85.8	116.3	丙烯酰胺	82.0	
1-丁烯	79.5	112.1	丙烯酸甲酯	78.7	
异丁烯	51.5	119.7	甲基丙烯酸甲酯	56.5	117.2
异戊二烯	72.8	85.8	丙烯腈	72.4	
苯乙烯	69.9	104.6	乙烯基醚	60.2	
α-甲基苯乙烯	35.1	103.8	乙酸乙烯酯	87.9	109.6
四氯乙烯	155.6	112.1	甲醛	54.4[①]	
氯乙烯	95.6		乙醛	0	
偏二氯乙烯	75.3				

①从气态到无定形聚合物。

单体聚合时的热效应常与理论值有偏差，这主要是由取代基的位阻效应、共轭效应、超共轭效应、氢键和溶剂化作用等因素造成的。

① 取代基的位阻效应将使聚合热减小。单取代烯烃的位阻效应影响不大，因此聚合热计算值与实测值基本一致。1,1-双取代烯烃处于单体状态时，取代基能自由排布；形成聚合物后，两个取代基则拥挤在一起，会产生键长的伸缩、键角的变化、未键合原子之间的相互作用等，聚合物的内能有所提高，使聚合热下降。

② 共轭效应也使聚合热降低。例如，苯环有较大的共轭效应，因此苯乙烯的聚合热比计算值明显偏低。丁二烯、异戊二烯、丙烯腈等单体也是这样。丙烯分子上的甲基有超共轭效应，故其聚合热比乙烯低。α-甲基苯乙烯同时具有苯基的共轭效应和甲基的超共轭效应以及两个取代基的位阻效应，使得聚合热大幅度下降。

③ 电负性强的取代基可使聚合物中碳-碳键能增大，因而使聚合热升高。例如氯乙烯、四氟乙烯等单体的情况，具体数值列于表 2-7。

④ 氢键和溶剂化可使单体状态的能量下降，所以具有使聚合热下降的趋向。例如丙烯酸、甲基丙烯酸和丙烯酰胺等单体聚合的情况。不过此种因素的影响比前述三种因素要小得多。

理论上形成高分子的聚合反应在热力学上都可能是可逆反应，即单体的聚合反应可表示为：

$$n\text{M} \underset{\text{解聚}}{\overset{\text{聚合}}{\rightleftharpoons}} \text{——M——}_n$$

但因聚合热很大，在聚合温度下解聚反应可以忽略。随着反应温度的升高，$T\Delta S$ 项的作用越来越大，当 $\Delta G=\Delta H-T\Delta S=0$ 时，单体和聚合物将处于可逆平衡状态。处于聚合和解聚平衡状态时的温度称为聚合极限温度，常以 T_c 表示，$T_c=\Delta H/\Delta S$。

有些单体聚合热很低，例如 α-甲基苯乙烯的 $-\Delta H=35.2\ kJ\cdot mol^{-1}$，与 $T\Delta S$ 值相当，常温下聚合和解聚处于可逆平衡状态，所以很难聚合。乙醛在 25℃时的聚合热为零，更难聚合。除非降低温度、增加压力，聚合反应才有可能。

2.2.2 自由基共聚合反应

两种单体混合物引发聚合后，并非各自聚合生成两种聚合物，而是生成含有两种单体单元的聚合物，这种聚合物称为共聚物，该聚合过程称为共聚合反应，简称共聚反应。两种单体参加的共聚反应称为二元共聚；两种以上单体共聚，则称为多元共聚。相应地，如上节所述，只有一种单体参加的聚合反应就称为均聚反应，所得聚合物称为均聚物。

由于单体单元排列方式的不同，可构成不同类型的共聚物，主要有以下几种类型：

（1）无规共聚物 即 M_1 和 M_2 两种单体单元在共聚物大分子链中是无规排列的。

（2）交替共聚物 即 M_1 和 M_2 在共聚物大分子键中是交替排列的：

$$\sim\sim M_1M_2M_1M_2M_1M_2M_1 \sim\sim$$

例如苯乙烯与顺丁烯二酸酐的共聚物就是典型的例子。

（3）嵌段共聚物 即共聚物大分子是分别由 M_1 及 M_2 的长链段构成：

$$\sim\sim M_1M_1M_1M_1 \sim\sim M_2M_2M_2M_2 \sim\sim M_1M_1M_1M_1 \sim\sim$$

（4）接枝共聚物 这是以一种单体单元（如 M_1）构成主链、另一种单体单元（如 M_2）构成支链形成的共聚物大分子：

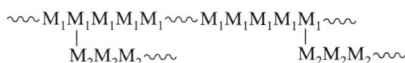

$$\sim\sim\sim M_1M_1M_1M_1M_1 \sim\sim\sim M_1M_1M_1M_1M_1 \sim\sim\sim$$
$$| \qquad\qquad\qquad |$$
$$M_2M_2M_2 \sim\sim \qquad M_2M_2M_2 \sim\sim$$

以上 4 种共聚物，除无规共聚物和交替共聚物是两种单体共聚反应制得外，后两种需用特殊的方法制备。

共聚物的命名表示方法是：将两种单体或多种单体各称用短划线分开，并在前面冠以"聚"字，或在后面加"共聚物"字样。例如聚乙烯-丙烯、聚丙烯腈-苯乙烯-丁二烯等，或乙烯-丙烯共聚物、丙烯腈-苯乙烯-丁二烯共聚物等。至于单体单元的排列方式，可分别用无规、交替、接枝和嵌段等字样加以表示。

以下仅讨论自由基共聚合且只限于无规共聚和交替共聚的情况，其他情况在以后相应的章节中讨论。

2.2.2.1 共聚物组成

当两种单体共聚时，由于它们的化学结构不同，两者反应活性就有差异，因此经常可观察到下列几个现象。

两种单体很容易各自均聚，而不易共聚，如苯乙烯与乙酸乙烯酯间就不易发生共聚反应。

有时一个单体不能自行聚合，却能与另一种单体共聚，如顺丁烯二酸酐不能自聚，却可以与苯乙烯发生共聚。有时两个单体都不能自聚，却能相互共聚，如 1,2-二苯基乙烯与顺丁烯二酸酐就能发生共聚。

两种能相互共聚的单体，由于活性不同，它们接入共聚物的速率就不同，从而使共聚物的组成与原料单体的组成不同。如氯乙烯-乙酸乙烯酯共聚时，若起始原料单体中氯乙烯含量为 85%（质量分数），而最初得到的共聚物中氯乙烯含量达 91% 左右，说明氯乙烯活性较大，易自聚。

共聚时先后生成的共聚物组成并不相同，甚至会有均聚物生成，使得到的产物很不均一。

共聚反应的速率和共聚物的分子量通常都比相应均聚反应低。

在这许多问题中，最重要的是共聚物的组成问题。自由基连锁共聚反应的机理与均聚反应基本上相同，也可分为链引发、链增长和链终止三个阶段。研究共聚物组成时，为了书写方便，常常以 M_1、M_2 代表两种单体，以 $\sim\sim M_1\cdot$、$\sim\sim M_2\cdot$ 代表两种链自由基，其末端的单体单元各由单体 M_1 和 M_2 组成。共聚反应的机理如下。

链引发：

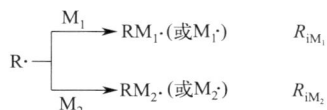

链增长：

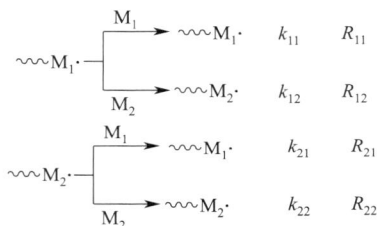

链终止：

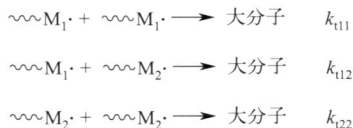

式中　　R_{iM_1}，R_{iM_2}——分别为通过单体 M_1 和 M_2 的链引发反应速率；

k_{11}，k_{12}，k_{21}，k_{22}——分别为各链增长反应速率常数，下标中左面的数字表示是来自哪一种单体链自由基，右面的数字表示是另一种单体；

R_{11}，R_{12}，R_{21}，R_{22}——分别为各链增长反应速率；

k_{t11}，k_{t12}，k_{t22}——分别为各链终止反应速率常数，下标"t"表示链终止反应。

在上列反应机理中实质上已引入了一个假定，即"链自由基的活性只取决于末端单体单元的结构"，由此提出了 2 种链自由基及 4 种链增长反应。

根据上一节所述的 3 个基本假定，即长链假定、链自由基活性只取决于独电子所在链节结构和稳态假定，可推导出共聚物瞬时组成方程，即共聚物组成微分方程为：

$$\frac{d[M_1]}{d[M_2]} = \frac{[M_1]}{[M_2]} \times \frac{r_1[M_1]+[M_2]}{r_2[M_2]+[M_1]} \tag{2-12}$$

式中　　$\dfrac{d[M_1]}{d[M_2]}$——某一瞬间形成的共聚物中两种单体单元数之比；

$[M_1]$，$[M_2]$——分别为该瞬间对应两种单体的浓度；

$r_1 = \dfrac{k_{11}}{k_{12}}$，$r_2 = \dfrac{k_{22}}{k_{21}}$——分别为两种单体链增长速率常数之比，表征两种单体的相对活性，分别

称为单体 M_1 和 M_2 的竞聚率。

以 f_1 和 F_1 分别表示某一瞬间单体混合物和共聚物中 M_1 的摩尔分数，则

$$F_1 = \frac{r_1 f_1^2 + f_1 f_2}{r_1 f_1^2 + 2 f_1 f_2 + r_2 f_2^2} \tag{2-13}$$

若以质量分数表示组成，则有

$$\frac{\mathrm{d}w_1}{\mathrm{d}w_2} = \frac{r_1 K w_1 + w_2}{r_2 w_2 + K w_1} \times \frac{w_1}{w_2} \tag{2-14}$$

式中　w_1，w_2——分别为某瞬间单体混合物中 M_1 和 M_2 所占的质量分数；

$K = \dfrac{M_2}{M_1}$ ——M_1 和 M_2 两种单体分子量之比。

在这里讨论的连锁共聚反应中，反应的活性中心是自由基。如果活性中心不是自由基而是阳离子或阴离子，那么只要反应确实是按上述机理（只需将自由基改为离子）进行的，式（2-12）同样适用，不过同一对单体的 r_1、r_2 值将随活性中心的不同而具有不同的数值。

由式（2-12）可清楚地看出，共聚物的组成在通常情况下不会与原料单体的组成相同，因为 $\dfrac{\mathrm{d}[M_1]}{\mathrm{d}[M_2]} \neq \dfrac{[M_1]}{[M_2]}$。只有在特定的条件下，如 $r_1 = r_2 = 1$，或 $\dfrac{r_1[M_1] + [M_2]}{r_2[M_2] + [M_1]}$ 恰巧等于 1 时，才可使 $\dfrac{\mathrm{d}[M_1]}{\mathrm{d}[M_2]} = \dfrac{[M_1]}{[M_2]}$。由此可见，竞聚率 r_1、r_2 是影响共聚物组成的重要参数。表 2-8 列出了共聚反应中一些常用单体的竞聚率。

■　表 2-8　一些单体在自由基共聚中的竞聚率

单体 1	单体 2	r_1	r_2	$r_1 r_2$	$T/℃$
苯乙烯	乙基乙烯基醚	80 ± 40	0	0	80
苯乙烯	异戊二烯	1.38 ± 0.54	2.05 ± 0.45	2.83	50
苯乙烯	乙酸乙烯酯	55 ± 10	0.01 ± 0.01	0.55	60
苯乙烯	氯乙烯	17 ± 3	0.02	0.34	60
苯乙烯	偏二氯乙烯	1.85 ± 0.05	0.085 ± 0.01	0.157	60
丁二烯	丙烯腈	0.3	0.02	0.006	40
丁二烯	苯乙烯	1.35 ± 0.12	0.58 ± 0.15	0.78	50
丁二烯	氯乙烯	8.8	0.035	0.31	50
丙烯腈	丙烯酸	0.35	1.15	0.40	50
丙烯腈	苯乙烯	0.04 ± 0.04	0.40 ± 0.05	0.016	60
丙烯腈	异丁烯	0.02 ± 0.02	1.8 ± 0.2	0.036	50
甲基丙烯酸甲酯	苯乙烯	0.460 ± 0.026	0.520 ± 0.026	0.24	60
甲基丙烯酸甲酯	丙烯腈	1.224 ± 0.100	0.15 ± 0.08	0.184	80
甲基丙烯酸甲酯	氯乙烯	10	0.10	1.0	68
氯乙烯	偏二氯乙烯	0.3	3.2	0.96	60
氯乙烯	乙酸乙烯酯	1.68 ± 0.08	0.23 ± 0.02	0.39	60
四氟乙烯	三氟氯乙烯	1.0	1.0	1.0	60
顺丁烯二酸酐	苯乙烯	0.015	0.040	0.006	50

通常情况下，共聚时活泼单体将先行反应，起始生成的共聚物中含有较多的活泼单体。

随着反应的进行，活泼单体消耗较快，不活泼单体的相对残留量越来越多，故在反应后期生成的共聚物中含有较多的不活泼单体。由此可知，单体混合物的组成与所得共聚物的组成都是随反应的进行不断变化的，式（2-12）只表达了某瞬间单体组成与共聚物组成间的关系。如以起始的原料单体组成计算共聚物组成，式（2-12）只适用于低转化率下形成的共聚物组成。反应转化率较高时，原料单体的组成会发生变化，这时就不能用起始的原料单体组成计算。当共聚转化率不超过5%～10%时，上述公式适用；超过时，便不能这样计算。高转化率时，必须采用共聚物组成积分方程，它是由式（2-12）积分后得到的，如式（2-15）所示：

$$\lg \frac{[M_1]}{[M_1]_0} = \frac{r_1}{1-r_1} \lg \frac{[M_1]_0[M_2]}{[M_2]_0[M_1]} - \frac{1-r_1r_2}{(1-r_1)(1-r_2)} \lg \frac{(r_2-1)\dfrac{[M_2]}{[M_1]}-r_1+1}{(r_2-1)\dfrac{[M_2]_0}{[M_1]_0}-r_1+1} \tag{2-15}$$

式中，$[M_1]_0$、$[M_2]_0$、$[M_1]$ 和 $[M_2]$ 各为单体 M_1、M_2 的起始浓度及反应终点时的浓度。若已知 r_1、r_2、$[M_1]_0$ 和 $[M_2]_0$，并测得某一转化率下的 $[M_2]$ 值，则可由式（2-14）计算 $[M_1]$ 值。

在高转化率时，所生成的共聚物是不均一的。而在许多组成不同的共聚物大分子混合物中，两种单体单元的平均比值应为 $\dfrac{[M_1]_0-[M_1]}{[M_2]_0-[M_2]}$，相应的平均组成为：

$$\overline{F}_1 = \frac{[M_1]_0-[M_1]}{([M_1]_0+[M_2]_0)-([M_1]+[M_2])}$$

2.2.2.2　共聚物组成曲线

为了简便而又清晰地反映原料单体组成与共聚物组成间的关系，常常将式（2-13）画成 f_1-F_1 曲线图，这种曲线称为共聚物组成曲线。这一曲线与二元系统气液平衡时气液两相的组成曲线十分相似。式（2-13）中有两个参数 r_1 及 r_2，所以 f_1-F_1 曲线将随 r_1、r_2 的变化呈现出不同的形状。按此共聚物组成曲线可分为四类，如图 2-6 所示。现分类讨论。

（1）$r_1=r_2=1$　这种情况在共聚物组成曲线图（图 2-6）中呈现为曲线 1。用 $r_1=r_2=1$ 代入式（2-13）可得 $F_1=f_1$，这一直线即为图 2-6 中的对角线。此直线上任意一点的纵坐标和横坐标相等，所以共聚物组成与原料单体组成也总是相同的。这种共聚物称为恒比共聚物，这条对角线 1 称为恒比共聚线。例如苯乙烯-对甲基苯乙烯（$r_1=1.0\pm0.12$，$r_2=1.0\pm0.12$）、偏二氯乙烯-甲基丙烯酸甲酯（$r_1=1.0$，$r_2=1.0$）等的共聚反应即属此种类型。

（2）$r_1<1$，$r_2<1$　在图 2-6 中对应曲线 2。例如苯乙烯-丙烯腈的共聚反应（$r_1=0.41$，$r_2=0.04$）。此时 $F_1\neq f_1$，共聚物组成与原料单体的组成不同。但此 f_1-F_1 曲线与对角线有一交点 A。在 A 点 $(f_1)_A=(F_1)_A$，这一点称为恒比共聚点，它类似于二元气液平衡组成图上的共沸点。

以 $(f_1)_A=(F_1)_A$ 这一关系代入式（2-13）可得到：

$$(f_1)_A = \frac{1-r_2}{2-r_1-r_2} \tag{2-16}$$

以苯乙烯-丙烯腈的共聚反应为例，$r_1=0.41$，$r_2=0.04$，代入式（2-16）可求得 $(f_1)_A=0.61$。

当 $r_1<1$、$r_2<1$ 时，$k_{11}<k_{12}$，$k_{22}<k_{21}$，表示这

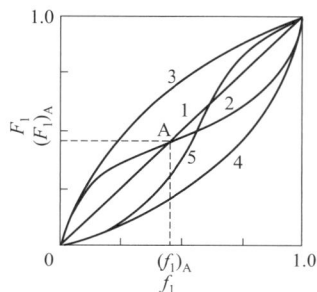

图2-6　共聚物组成曲线

1—$r_1=r_2=1$；2—$r_1<1$，$r_2<1$；3—$r_1>1$，$r_2\leqslant 1$；4—$r_1\leqslant 1$，$r_2>1$；5—$r_1>1$，$r_2>1$

两种单体与"自身"自由基反应时的活性较小，而倾向于共聚。r_1 和 r_2 比 1 小得越多，共聚的倾向就越大。当 $r_1 \to 0$、$r_2 \to 0$ 时，两种单体只能共聚而极难自聚。例如苯乙烯与顺丁烯二酸酐在 60℃ 共聚时 $r_1=0.01$、$r_2=0.0$，将此代入式（2-13）可得到：

$$F_1 = \frac{0.01 \times f_1^2 + f_1 \times f_2}{0.01 \times f_1^2 + 2f_1 f_2 + 0 \times f_2^2} \approx \frac{f_1 f_2}{2 f_1 f_2} = \frac{1}{2}$$

这时不论原料组成如何，共聚物的组成几乎是恒定的，而且接近 0.5。若 $r_1=r_2=0$，就表示两种单体只能共聚不能自聚，所以必然生成交替共聚物。

（3）$r_1 > 1$，$r_2 \leqslant 1$ 这种情况在图 2-6 中对应曲线 3，例如丁二烯-苯乙烯等共聚反应的情况。$r_1 > 1$，表示 $k_{11} > k_{12}$；$r_2 \leqslant 1$，表示 $k_{22} \leqslant k_{21}$。所以，不论哪一种链自由基，与单体 M_1 反应的倾向总是大于 M_2 的，故 F_1 总是大于 f_1。若 $r_1 \leqslant 1$、$r_2 > 1$，则对应曲线 4。

若 $r_1 r_2 = 1$，则 $\dfrac{d[M_1]}{d[M_2]} = r_1 \dfrac{[M_1]}{[M_2]}$，称为理想共聚合，因为这与理想溶液中两组分蒸气压在两相分配的情况是一致的。在共聚物大分子链中，各单体单元无规排列，即生成无规共聚物，这是理想共聚合的一个特点。

（4）$r_1 > 1$，$r_2 > 1$ 这种情况对应图 2-6 中的曲线 5。这时任一种链自由基都倾向于均聚，而不易共聚。当 r_1 及 r_2 都比 1 大得多时，两种单体显然不能共聚，或者只能生成嵌段共聚物。

2.2.2.3 Q-e 方程

可将自由基与单体反应的速率常数 k 表示为 Q-e 方程，即

$$k_{12} = P_1 Q_2 \, e^{-e_1 e_2}$$

式中 P_1，Q_2——分别为自由基~$M_1 \cdot$ 和单体 M_2 的活性，它们与共轭效应有关；

e_1，e_2——分别为自由基~$M_1 \cdot$ 和单体 M_2 的极性，它们与极性效应有关。

又假定：单体及由此单体形成的自由基具有相同的 e 值，即单体 M_1 和自由基~$M_1 \cdot$ 有同一个 e_1 值，单体 M_2 和自由基~$M_2 \cdot$ 有同一个 e_2 值。据此便可写出其他三个链增长反应速率常数的表达式：

$$k_{11} = P_1 Q_1 \, {}^{e_1 e_1} = P_1 Q_1 \, e^{-e_1^2}$$

$$k_{22} = P_2 Q_2 \, e^{-e_2 e_2} = P_2 Q_2 \, e^{-e_2^2}$$

$$k_{21} = P_2 Q_1 \, e^{-e_2 e_1}$$

从上述四个式子可得出竞聚率：

$$r_1 = \frac{k_{11}}{k_{12}} = \frac{Q_1}{Q_2} e^{-e_1(e_1 - e_2)} \tag{2-17}$$

$$r_2 = \frac{k_{22}}{k_{21}} = \frac{Q_2}{Q_1} e^{-e_2(e_2 - e_1)} \tag{2-18}$$

可求得：

$$\ln (r_1 r_2) = -(e_1 - e_2)^2 \tag{2-19}$$

r_1 和 r_2 可由实验测得。但将 r_1、r_2 两值代入式（2-17）和式（2-18），仍无法解出 Q 及 e 的数值。为此规定：苯乙烯的 Q 值为 1.00，e 值为 -0.80。以此值作为基准，代入实验得到的 r_1、r_2 值，便可计算各个单体的 Q、e 值。表 2-9 列出了一些常见单体的 Q、e 值。

■ 表2-9　一些常见单体的 Q、e 值

单　体	e	Q	单　体	e	Q
叔丁基乙烯基醚	−1.58	0.15	甲基丙烯酸甲酯	0.40	0.74
乙基乙烯基醚	−1.17	0.032	丙烯酸甲酯	0.60	0.42
丁二烯	−1.05	2.39	甲基乙烯基酮	0.66	0.69
苯乙烯	−0.80	1.00	丙烯腈	1.20	0.60
乙酸乙烯酯	−0.22	0.026	反式丁烯酸二乙酯	1.25	0.61
氯乙烯	0.20	0.044	顺式丁烯二酸酐	2.25	0.23
偏氯乙烯	0.36	0.22			

Q 值的大小表示这个单体是否易于反应而生成自由基。例如苯乙烯和丁二烯都容易与自由基反应，生成苯乙烯自由基和丁二烯自由基，所以它们的 Q 值较大，分别为1.00和2.39。e 值的正负号表明单体分子中取代基是吸电子性的还是推电子性的。丙烯腈中的取代基——CN是吸电子性的，使烯烃带正电，所以其值为+1.20。而 e 值的绝对值越大，表示极性也越大。Q、e 值相近的两个单体容易进行理想共聚；e 值相差大的，则两个单体交替共聚的倾向更大。

2.2.3　离子型聚合反应

根据增长离子的特征，可将离子型聚合反应分为阳离子聚合反应、阴离子聚合反应和配位离子聚合反应3类。配位离子聚合反应将在定向聚合反应中讨论，这里仅讨论前两类。

离子型聚合反应与自由基聚合反应的特征有很大不同，概括如下：

自由基聚合反应是以容易发生均裂反应的物质作引发剂，而离子型聚合反应则采用易产生活性离子的物质作为引发剂。阳离子聚合反应以亲电试剂（广义酸）为催化剂，阴离子聚合反应以亲核试剂（广义碱）为催化剂。这些催化剂对聚合反应的每一步都有影响，而不像自由基聚合反应那样引发剂只影响引发反应。另外，离子型聚合反应引发反应活化能比自由基聚合反应小得多。

离子型聚合反应对单体有更高的选择性。带有供电子取代基的单体容易进行阳离子聚合反应，带有吸电子基团的单体容易进行阴离子聚合反应。

溶剂对离子型聚合反应速率、分子量和聚合物的结构规整性有明显的影响。

在离子型聚合反应中，增长链活性中心都带相同电荷，所以不能像自由基聚合那样进行双基终止反应，只能发生单分子终止反应或向溶剂等转移而中断增长。没有"杂质"加入，甚至不发生链终止反应，而以"活性聚合链"的形式长期存在于溶剂中。

自由基聚合反应中的阻聚剂对离子型聚合反应并无阻聚作用。而一些极性化合物，如水、碱、酸等，都是离子型聚合反应的阻聚剂。

2.2.3.1　阴离子聚合反应

阴离子聚合反应常以碱作催化剂。碱性越强，越容易引发阴离子聚合反应；取代基吸电子性越强的单体，越容易进行阴离子聚合反应。

阴离子聚合反应与其他连锁聚合反应一样，也可分为链引发、链增长和链终止3个基元反应。

（1）链引发　根据所用催化剂类型的不同，引发反应有两种基本类型。

① 催化剂 RA 分子中的阴离子直接加成到单体上，形成活性中心。

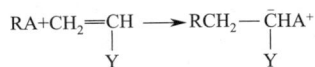

$$RA+CH_2{=}\underset{Y}{\overset{\big|}{C}}H \longrightarrow RCH_2{-}\underset{Y}{\overset{\big|}{\bar{C}}}HA^+$$

以烷基金属（如 LiR）和金属络合物（如碱金属的蒽、萘络合物等）为催化剂时，就属于此种情况。

② 单体与催化剂通过电子转移形成活性中心。

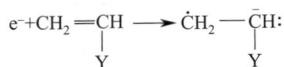

$$e^-{+}CH_2{=}\underset{Y}{\overset{\big|}{C}}H \longrightarrow \dot{C}H_2{-}\underset{Y}{\overset{\big|}{\bar{C}}}H{:}$$

例如，以碱金属为催化剂时，即为此种情况：

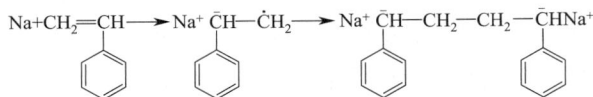

$$Na{+}CH_2{=}\overset{\big|}{\underset{\bigcirc}{C}}H \longrightarrow Na^+\overset{\big|}{\underset{\bigcirc}{\bar{C}}}H{-}\dot{C}H_2 \longrightarrow Na^+\overset{\big|}{\underset{\bigcirc}{\bar{C}}}H{-}CH_2{-}CH_2{-}\overset{\big|}{\underset{\bigcirc}{\bar{C}}}HNa^+$$

与自由基聚合反应的情况相似，活泼的单体形成的阴离子不活泼，不活泼的单体则形成反应活性大的阴离子。活性大的单体对活性小的单体有一定的阻聚作用。

（2）链增长　引发阶段形成的活性阴离子继续与单体加成，形成活性增长链，如：

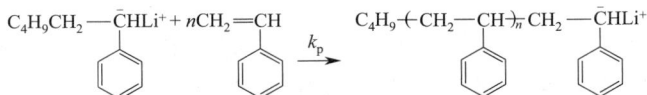

$$C_4H_9CH_2{-}\overset{\big|}{\underset{\bigcirc}{\bar{C}}}HLi^+ {+} nCH_2{=}\overset{\big|}{\underset{\bigcirc}{C}}H \xrightarrow{k_p} C_4H_9{\left(CH_2{-}\overset{\big|}{\underset{\bigcirc}{C}}H\right)}_n{-}\overset{\big|}{\underset{\bigcirc}{\bar{C}}}HLi^+$$

现已证明许多反应物分子在适当的溶剂中可以几种不同的形态存在，如：

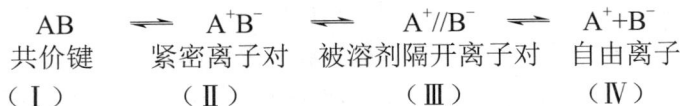

AB	$\rightleftharpoons$	A^+B^-	$\rightleftharpoons$	$A^+//B^-$	$\rightleftharpoons$	$A^+{+}B^-$
共价键		紧密离子对		被溶剂隔开离子对		自由离子
（Ⅰ）		（Ⅱ）		（Ⅲ）		（Ⅳ）

即从一个极端的共价键状态（Ⅰ）、紧密离子对（Ⅱ）、被溶剂隔开离子对（Ⅲ），到另一个极端的完全自由的离子（Ⅳ）状态存在。

在离子型聚合反应中，活性增长链离子对在不同溶剂中也存在上述平衡关系，因此链增长反应就可能以离子对方式、以自由离子方式或以离子对和自由离子两种同时存在的方式等进行。也就是说离子型聚合反应可能存在着几种不同的活性中心同时进行链增长反应，显然这比自由基聚合反应复杂。离子对存在的状态取决于反离子的性质、溶剂和反应温度等。

如果离子对以共价键形式存在，则没有聚合反应能力。而离子对（Ⅱ）和（Ⅲ）的精细结构决定于特定的反应条件。当以离子对（Ⅱ）或（Ⅲ）方式进行链增长反应时，聚合速率较小。此外，由于单体加成时受到反离子影响，加成反应受到限制。因此，产物的立构规整性好。而以自由离子（Ⅳ）方式进行链增长反应时，聚合速率较大。单体的加成反应与自由基聚合反应的情况相似，易得无规立构体。

（3）链终止　阴离子聚合反应中一个重要的特征是可以不发生链转移或链终止反应。因此，链增长反应中的活性链直到单体完全耗尽仍可保持活性，这种聚合物链阴离子称为"活性聚合物"。当重新加入单体时，又可开始聚合，聚合物分子量继续增加。甲基丙烯酸甲酯在丁基锂和二乙基锌催化络合物 $C_4H_9[LiZn(C_2H_5)_2]^+$ 作用下的聚合情况就是如此，如图2-7所示。

阴离子聚合反应中，由于活性链离子间相同电荷的静电排斥作用，不能发生类似自由基聚合反应那样的偶合终止或歧化终止反应；在活性链离子对中，反离子常为金属阳离子，碳-金属键的解离度大，也不可能发生阴阳离子的化合反应；如果发生向单体链转移反应，则要脱去 H^+，这要求很高的能量，通常也不易发生。因此，只要没有外界引入的杂质，链终止反应是很难发生的。

阴离子聚合反应的链终止反应如何进行，依具体体系的情况而定。通常是阴离子发生链转移或异构化反应，使链活性消失而实现终止。所以，它们的终止反应速率属于一级反应。

① 链转移反应。活性链与醇、酸等质子给予体或与其共轭酸发生转移：

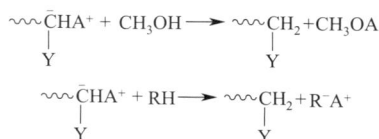

图2-7 甲基丙烯酸甲酯聚合物的分子量与转化率的关系

1—加入第一批单体；2—加入第二批单体

$$\overset{\sim\sim\sim}{\underset{Y}{\bar{C}}}HA^+ + CH_3OH \longrightarrow \overset{\sim\sim\sim}{\underset{Y}{C}}H_2 + CH_3OA$$

$$\overset{\sim\sim\sim}{\underset{Y}{\bar{C}}}HA^+ + RH \longrightarrow \overset{\sim\sim\sim}{\underset{Y}{C}}H_2 + R^-A^+$$

如果链转移后生成的产物 R^-A^+ 很稳定，不能引发单体，则 RH 相当于阴离子聚合反应的阻聚剂。如果转移后产物 R^-A^+ 还相当活泼，并可继续引发单体，则 RH 就起到分子量调节剂的作用。例如，在某些阴离子聚合中，甲苯就常作为链转移剂使用，还可节约引发剂的用量。

② 活性链端发生异构化。例如：

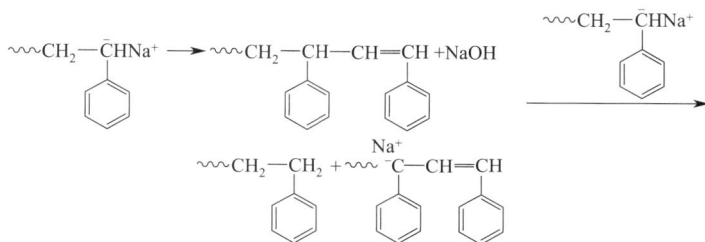

③ 与特殊添加剂发生终止反应。例如：

当加入的终止剂除使活性链失活外还可得到所需的端基，此种方法可用于制备"遥爪"或"星形"聚合物。反离子、溶剂和反应温度等对聚合反应速率、聚合物分子量和结构规整性有重要的影响。

在阴离子聚合反应中，应选用非质子性溶剂，如苯、二噁烷、四氢呋喃、二甲基甲酰胺等；而不能选用质子性溶剂，如水、醇等，否则溶剂将与阴离子反应，使聚合反应无法进行。

在无终止反应的阴离子聚合体系中，反应总活化能常为负值，故随温度升高聚合速率下降，聚合物的分子量则减小。

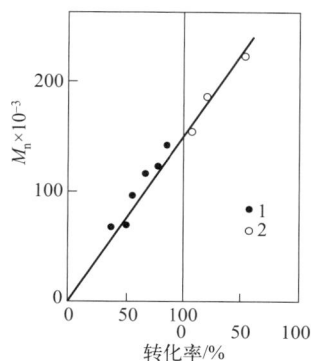

2.2.3.2 阳离子聚合反应

乙烯基单体形成的碳阳离子高温下不稳定，与碱性物质相结合，易发生异构化等复杂反应，所以需要在低温下反应，才能获得高分子量聚合物。此外，聚合中只能使用高纯有机溶剂，而不能用水等物质作为介质。因此，产品的成本较高。采用阳离子聚合反应进行大规模生产的有丁基橡胶，它是异丁烯与异戊二烯的共聚物，以 $AlCl_3$ 为催化剂、氯甲烷为溶剂，在 $-100℃$ 左右聚合而得。

与阴离子聚合反应相反，能进行阳离子聚合反应的单体多数是带有强供电取代基的烯烃单体，如异丁烯、乙烯基醚等。还有具显著共轭效应的单体，如苯乙烯、α-甲基苯乙烯、丁二烯、异戊二烯等。此外还有含氧、氮原子的不饱和化合物和环状化合物，如甲醛、四氢呋喃、环戊二烯、3,3-双氯甲基丁氧环等。

常用的催化剂有以下 3 类：

① 含氢酸。如 $HClO_4$、H_2SO_4、H_3PO_4、CCl_3COOH 等。这类催化剂除 $HClO_4$ 外都难于获得高分子量产物，只用于合成低聚物。

② 路易斯（Lewis）酸。其中催化能力较强的有 BF_3、$AlCl_3$、$SbCl_3$ 等，中等的有 $FeCl_3$、$SnCl_4$、$TiCl_4$ 等，较弱的有 $BiCl_3$、$ZnCl_2$ 等。这些是最常用的阳离子催化剂。除乙烯基醚外，对于其他单体，必须含有水或卤代烷等作共催化剂时才能聚合。Lewis 酸与共催化剂先形成催化络合物，它使烯烃质子化，从而发生引发反应。

设以 A、RH、M 分别表示 Lewis 酸、共催化剂、单体，则引发反应可表示为：

③ 有机金属化合物。如 $Al(CH_3)_3$、$Al(C_2H_5)_2Cl$ 等。此外还有 I_2，以及某些较稳定的碳阳离子盐，如 $(C_6H_5)_3C^+SnCl_5^-$、$C_7H_7^+BF_4^-$ 等。

阳离子聚合反应同样存在链引发、链增长和链终止 3 个主要基元反应。以 BF_3 催化异丁烯聚合为例，反应过程可表示如下。

链引发：

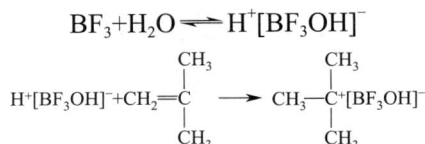

链增长：

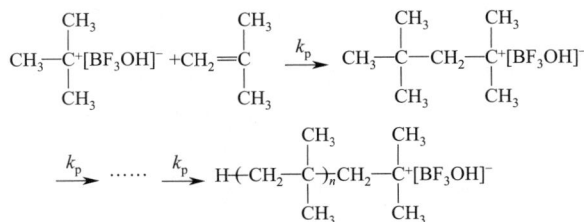

阳离子聚合的一个特点是容易发生重排反应。因为碳阳离子的稳定性次序是伯碳阳离子＜仲碳阳离子＜叔碳阳离子，而在聚合过程中活性链离子总是趋向生成热力学稳定的阳离子结构，所以容易发生分子内重排反应。而这种异构化重排作用是通过电子或键的移位或个别

原子的转移进行的（如通过:H⁻ 或 R⁻ 进行）。发生异构化的程度还与反应温度有关。

通过增长链碳阳离子发生异构化的聚合反应称为异构化聚合反应。如在氯乙烷中用 AlCl₃ 催化剂进行的 3-甲基-1-丁烯聚合，就是氢转移的异构化聚合反应。

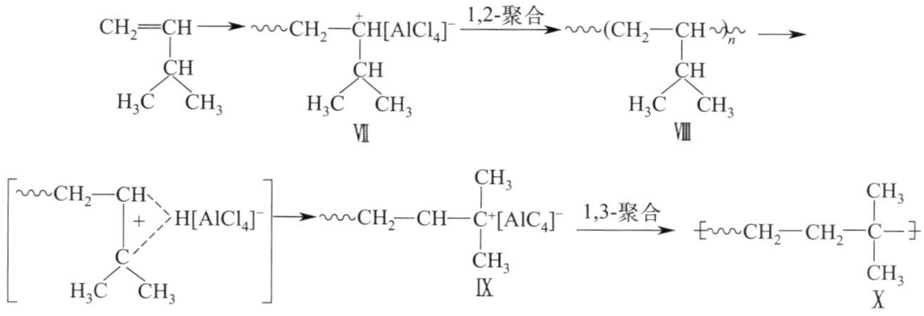

所得聚合物 X 的结构在 0℃占 83%；在 −80℃占 86%；在 −130℃占 100%，在此温度下反应主要是 1,3-聚合物的结构，因为Ⅸ的结构比Ⅶ更稳定。其他单体，如 4-甲基-1-戊烯、5-甲基-1-己烯等，也可进行异构化聚合反应。

链终止：与阴离子聚合反应机理相同，阳离子聚合反应也不发生双分子终止反应，而是单分子终止。形成聚合物的主要方式是靠链转移反应。例如活性链向单体分子的转移。

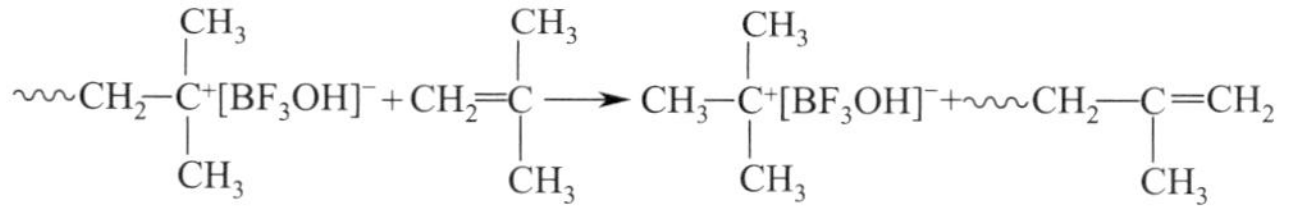

或

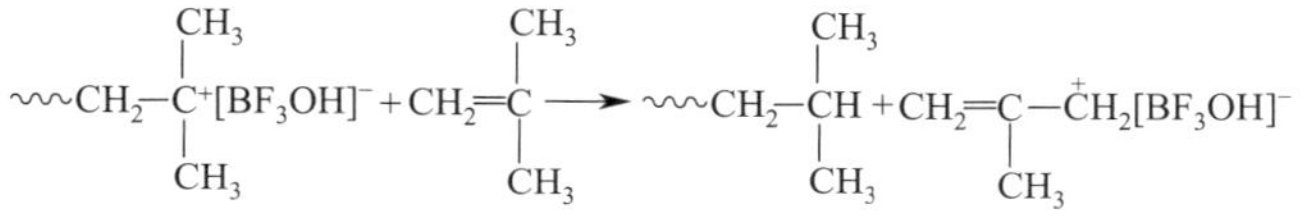

所以聚合物分子量决定于向单体的链转移常数。当然此种转移反应并非真正的链终止。但是活性链离子对中的碳阳离子与反离子化合物可以发生真正的链终止反应，如：

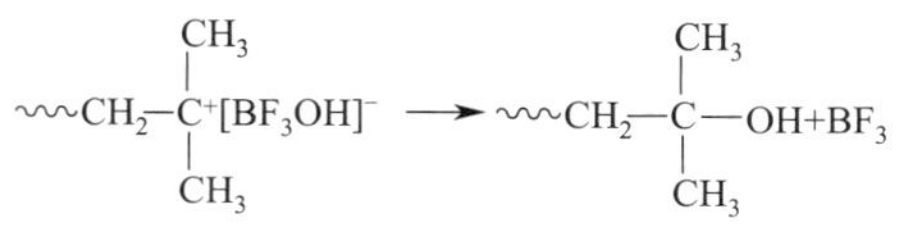

2.2.3.3　离子型共聚合反应

离子型共聚合反应对单体有更明确的选择性。具有供电子取代基的单体易进行阳离子共聚合反应而难于进行阴离子共聚合反应，反之亦然。结构相似、极性相近的两种单体，因其单体和碳离子的反应能力相近，常发生 $r_1r_2 \approx 1$ 的"理想共聚"现象。但当两种单体极性相差很大时，即使 $r_1r_2 \approx 1$，也难以生成均匀的共聚物，有时只能得到嵌段共聚物。这与自由基共聚合有很大的不同。在自由基共聚合中，极性相差很大的两种单体也能很好地进行共聚。但是许多 1,2- 二取代的单体，由于空间位阻的影响，难于进行自由基共聚合反应，却能进行离子型共聚合反应。

同一单体对按自由基共聚合反应和按离子型共聚合反应，其共聚物组成有很大差别，这是由于按这两种不同机理进行共聚合反应时单体的竞聚率不同的缘故。与自由基共聚合反应相比，反应条件对单体竞聚率的影响更大、更复杂。在离子型共聚合反应中，单体的竞聚率随催化剂、溶剂和反应温度的变化而大幅度变化。

当溶剂的极性和溶剂化能力不同时，通常对结构相似的两种单体的共聚竞聚率影响较小，而对结构差别较大的两种单体的共聚竞聚率影响较大，见表 2-10。由表可知，随溶剂介电常数 ε 值的增高，极性较大单体的竞聚率也增大。

■ 表 2-10　溶剂对竞聚率的影响（催化剂 $AlCl_3$，0℃）

溶　剂	ε 值	M_1	M_2	r_1	r_2
CCl_4	2.2	苯乙烯（$e=-0.80$）	对氯苯乙烯（$e=-0.33$）	1.5	0.4
CCl_4：$C_6H_5NO_2$（1：1）	14.0	苯乙烯（$e=-0.80$）	对氯苯乙烯（$e=-0.33$）	2.0	0.34
$C_6H_5NO_2$	34.5	苯乙烯（$e=-0.80$）	对氯苯乙烯（$e=-0.33$）	2.3	0.36
n-C_6H_{14}	1.8	异丁烯（$e=-0.96$）	对氯苯乙烯（$e=-0.33$）	1.0	1.0
$C_6H_5NO_2$	34.5	异丁烯（$e=-0.96$）	对氯苯乙烯（$e=-0.33$）	14.7	0.15

催化剂对竞聚率影响也很大。例如，在苯乙烯与对甲基苯乙烯共聚反应形成的共聚物中，其他反应条件相同，催化剂为 $SbCl_5$ 时苯乙烯含量为 25%，而当以 $AlCl_3$ 为催化剂时则为 34%。

拓展阅读
2-1
开环聚合反应和非乙烯基单体聚合反应

2.2.4　定向聚合反应

2.2.4.1　聚合物的立体异构现象

分子的异构现象有两类：结构异构与立体异构。结构异构亦称化学结构异构，是由分子中原子或原子基团相互连接的次序不同引起的。通过不同单体可合成出化学组成相同而结构不同的聚合物，如聚乙烯醇 $\begin{smallmatrix}-(CH_2-CH)_n-\\ \quad\quad\ \ |\\ \quad\quad\ \ OH\end{smallmatrix}$、聚乙醛 $\begin{smallmatrix}-(CH-O)_n-\\ \ |\\ \ CH_3\end{smallmatrix}$ 和聚环氧乙烷 $-(CH_2-CH_2-O)_n-$ 就是这种情况。同一单体也可得到结构单元排列顺序不同的聚合物结构异构体，如头-尾连接、头-头连接、尾-尾连接等。

立体异构是由分子中原子或原子基团在空间的排布方式不同引起的。分子中原子或原子基团在空间的排布方式亦称为构型。分子组成和结构相同但构型不同时，称为立体异构体或空间异构体。

立体异构可分为光学异构和几何异构（顺式-反式异构）两种类型。光学异构是由分子的不对称性引起的。分子的不对称性可以是由于分子中存在一个或多个不对称碳原子，也可以是由于整个分子具有不对称性。许多聚合物分子含有不对称碳原子，其中有些具有旋光性，称为光活性聚合物。但大多数聚合物，虽含有不对称碳原子，但由于内消旋作用而不显旋光活性。不管是否有旋光活性，只要聚合物分子链上含有不对称碳原子，就存在立体异构问题。这种不对称碳原子亦称为异构中心。如聚丙烯 $\sim\sim CH_2-\overset{\overset{\displaystyle H}{|}}{\underset{\underset{\displaystyle CH_3}{|}}{C^*}}-CH_2-\overset{\overset{\displaystyle H}{|}}{\underset{\underset{\displaystyle CH_3}{|}}{C^*}}\sim\sim$ 中就含有这种立构中心的 C^*。

在聚合物分子链中立构中心（即不对称碳原子）构型都相同的聚合物称为立构规整性聚合物。在聚合物分子链中相应地含有一种、两种、三种立构中心的聚合物就称为单规、双规、三规聚合物。含有不对称碳原子且具有某种构型的结构单元称为构型单元。

在单规立构中，可能出现 R（右旋）和 S（左旋）两种构型单元（按 R、S 序旋标记法）。当这两种构型单元的排列方式不同时，就会产生不同的立体异构体。当聚合物链上每个重复结构单元都具有相同的构型，即聚合物链是由相同构型单元所组成的，如为—R—R—R—R—或—S—S—S—S—链，也就是将聚合物主链在保持键角 109°28′不变情况下放在一个平面上，则每个构型单元上的取代基 R 都分布在聚合物链平面的上面或下面，这种聚合物称为全同立构体或等规立构体，如图 2-8（a）所示。当聚合物链相邻两构型单元具有相反的构型，并有规则地排列，即—RSRSRS—构型，或者说取代基 R 在聚合物主链平面上面和下面交替出现时，这种聚合物称为间同立构体或间规立构体，如图 2-8（b）所示。

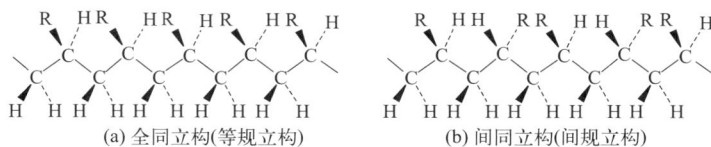

(a) 全同立构(等规立构)   (b) 间同立构(间规立构)

图2-8　单立构聚合物大分子链的立体构型

当聚合物链中各构型单元的排列无规则，即取代基 R 在聚合物主链平面上下无规则排列时，此聚合物称为无规立构体。如果一种线型聚合物主链是由许多具有相同重复的构型单元的嵌段所组成，则称这种聚合物为立体嵌段聚合物，如—RRRRRSSSSS—型聚合物。含有一种立构中心的 α-烯烃聚合物有 3 个立体异构体。若聚合物主链上有两种或三种立构中心时，它们的立构体数目就更多了，结构也更加复杂。

2.2.4.2　立构规整性聚合物的合成

立构规整性聚合物亦称为定向聚合物。凡能获得立构规整性聚合物的聚合反应即称为定向聚合反应。

单体加成到增长链时，在立体方向上有不同的可能性。从烯烃聚合的立体化学角度，定向聚合就是创造一定的反应条件，使单体以一定的空间构型加成到增长链中。能否形成立构规整聚合（如全同立构或间同立构），主要决定于增长链末端单体单元在单体加成时形成相反或相同的构型单元的相对加成速率。如果只形成相同的构型单元则生成全同立构聚合物，如果 R 和 S 两种构型单元交替形成则生成间规立构聚合物，二者都是立体规整的聚合物；若形成 R 构型单元和 S 构型单元的顺序是无规律的，则生成无规立构聚合物。

形成立构规整性聚合物的加成方式叫定向加成反应，即定向聚合反应。这里起关键作用的是活性链端与催化剂的连接方式，即自由方式和配位方式（缔合作用）两种情况，以自由方式存在的增长链端不发生配位作用，只有以配位方式存在的活性链端才能进行定向加成反应生成立构规整性聚合物。所以配位离子型聚合反应是定向聚合反应的主要方法。

（1）配位离子型聚合反应　最早制备立构规整性聚合物的催化剂是由过渡金属化合物和金属烷基化合物组成的配位体系，称为 Ziegler-Natta 催化剂，也称为配位聚合催化剂或络合催化剂。聚合时单体与带有非金属配位体的过渡金属活性中心先进行配位，构成配位键后使其活化，随后按离子型机理进行增长反应。如活性链按阴离子机理增长，就称为配位阴离子聚合反应；如活性链按阳离子机理增长，就称为配位阳离子聚合反应。重要的配位催化剂大多是按配位阴离子机理进行的。

配位离子型聚合反应的特点是：在反应过程中，催化剂活性中心与反应系统始终保持化学结合（配位络合），因而能通过电子效应、空间位阻效应等因素对反应产物的结构起到重要的选择作用。此外，还可以通过调节络合催化剂中配位体的种类和数量改变催化性能，从而达到调节聚合物立构规整性的目的。

Ziegler-Natta 催化剂就是配位离子型聚合反应中常用的一类络合催化剂。这种催化剂具有很强的配位络合能力，所以具有形成立构规整性聚合物的特效性。

关于络合催化剂能形成立构规整性聚合物的机理，现还在研究阶段。如以［cat］表示催化剂部分，则可示意如下：

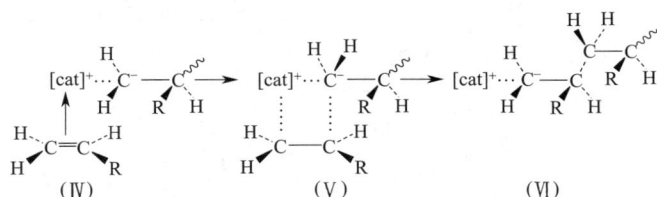

通常聚合过程是单体与催化剂首先发生络合（Ⅳ），经过渡态（Ⅴ），单体"插入"到活性链与催化剂之间，使活性链增长（Ⅵ）。单体与催化剂的络合能力和加成方向是由它们的电子效应和空间位阻效应等结构因素决定的。极性单体配位络合能力较强，配位络合程度较高，只要它不破坏催化剂，就容易得到高立构规整度聚合物。非极性的乙烯、丙烯及其他 α-烯烃配位程度较低，只有采用立构规整性极强的催化剂，才能获得高立构规整度聚合物。通常要选用非均相络合催化剂，以便在反应过程中借助催化剂固体表面的空间影响。当使用均相（可溶性）催化剂时，产物立构规整度极低，有时甚至只能得到无规聚合物。极性介于上述两者之间的单体（如苯乙烯、1,3-丁二烯），用非均相或均相络合催化剂都可获得立构规整性聚合物。

α-烯烃如丙烯，二烯烃如丁二烯、异戊二烯，都可采用 Ziegler-Natta 催化剂进行配位离子型聚合反应，制得立构规整性聚合物。此种络合催化剂中的第一组分是过渡金属化合物，又称主催化剂。常用的过渡金属有 Ti、V、Cr 及 Zr，丙烯定向聚合中常用的主催化剂为 $TiCl_3$。$TiCl_3$ 晶型有 α、β、γ 和 δ 四种，其中 α-$TiCl_3$、γ-$TiCl_3$ 和 δ-$TiCl_3$ 是有效成分。络合催化剂中的第二组分是烷基金属化合物，又称助催化剂。常用的有 Al、Mg 及 Zn 的化合物。工业上常用的是烷基铝，其中又以 $Al(C_2H_5)_3$ 所得聚丙烯的立构规整度较高。若烷基铝中一个烷基被卤素原子取代，效果更好。

为了提高络合催化剂的活性，常在双组分络合催化剂中加入第三组分。第三组分是含有给电子性的 N、O 和 S 等元素的化合物。丙烯聚合中，添加第三组分的效果可从表 2-11 中看到：$TiCl_3$-$Al(C_2H_5)Cl_2$ 不能使丙烯聚合，而添加第三组分后不仅可使丙烯聚合，而且产物立构规整度极高，分子量也较大。

第三组分的作用主要是能使 $Al(C_2H_5)Cl_2$ 转化为 $Al(C_2H_5)_2Cl$。反应可表示如下（B 代表第三组分）：

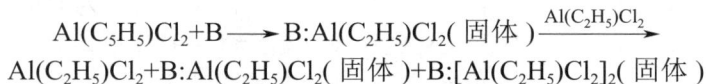

第三组分与铝的化合物都能络合，只是络合物稳定性大小有差异（其稳定性次序为：B:$AlCl_3$ > B:$AlRCl_2$ > B:AlR_2Cl > B:AlR_3），因此必须严格控制用量。工业上通常采用 Al:Ti:B=2:1:0.5 的摩尔比。

■ 表2-11 添加第三组分对丙烯聚合反应的影响[①]

| 烷基铝 | 第三组分 | | 聚合速率 / (mmol·L⁻¹·s⁻¹) | 立构规整度 /% | [η] |
	化合物	摩尔比			
$Al(C_2H_5)_2Cl$	—	—	1.51	约90	2.45
$Al(C_2H_5)Cl_2$	—	—	0	—	—
$Al(C_2H_5)Cl_2$	$(C_4H_9)_3N$	0.7	0.93	95	3.06
$Al(C_2H_5)Cl_2$	$[(CH_3)_2N]_3P{=}O$	0.7	0.74	95	3.62
$Al(C_2H_5)Cl_2$	$(C_4H_9)_3P$	0.7	0.73	97	3.11
$Al(C_2H_5)Cl_2$	$(C_2H_5)_2O$	0.7	0.39	94	2.96
$Al(C_2H_5)Cl_2$	$(C_2H_5)_2S$	0.7	0.15	97	3.16

① 聚合温度70℃。

上述以卤化钛和烷基铝为主构成的 Ziegler-Natta 络合催化剂体系在低压下能使 α-烯烃聚合成高聚物。它的缺点是催化剂活性低，约 3kg 聚丙烯/g 钛，聚合产物中催化剂残留多，后处理工艺复杂；催化剂的定向能力低，即聚合物的立构规整度低；当结晶度在 90% 左右时，须除去无规体部分；产品表观密度小，颗粒太细，难以直接加工利用。

20 世纪 60 年代末，催化剂的研制工作有了重大突破，出现了第二代 Ziegler-Natta 催化剂，又称高效催化剂，它的催化活性达 300 kg 聚丙烯/g 钛，立构规整度提高到 95% 以上，表观密度在 0.3 以上，不必经后处理和造粒等工序就可加工使用。由于聚合物分子量和立构规整度都有提高，产品的机械强度和耐热性也提高了。

高效催化剂的特点是使用载体。一方面是由于 Ti 组分在载体上高度分散，增加了有效催化表面，即催化剂的比表面积由原来的 $1\sim5$ $m^2·g^{-1}$ 提高到 $75\sim200$ $m^2·g^{-1}$，使得活性中心数目剧增。另一方面是有了载体后，过渡金属与载体间形成了新的化学键，如用 $Mg(OH)Cl$ 时，就产生了～～$Mg{-}O{-}Ti$～～键骨架，而不是简单地吸附在载体粒子表面，所以使产生的络合物结构发生了改变，导致催化剂热稳定性提高，催化剂寿命延长，不易失活，催化效率提高。从大量实践中发现，作为载体的金属离子半径与聚合物的立构规整度有密切的关系，如图 2-9 所示。

虽然至今对于载体影响聚合活性的原因还不是很清楚，但已发现镁化合物作为载体时聚合活性很高，因此在工业中广泛采用。选用 $MgCl_2$、$Mg(OH)_2$ 或 $Mg(OH)Cl$ 为载体时，可与卤化钛和烷基铝共同调制、研磨，而且钛含量只占催化剂总质量的百分之几。在使用活性载体的情况下（如用 MgO），乙烯的聚合反应速率常数 k_p 值为 2400 $L·mol^{-1}·s^{-1}$，比无载体的原始体系或用惰性载体（如硅酸铝）体系时的 k_p 值（在相同条件下，k_p=110$\sim$130 $L·mol^{-1}·s^{-1}$）大得多。另外，改变载体结构还可以调节聚合物分子结构、分子量及其分布。

极性单体，如丙烯酸酯类、氯乙烯、丙烯腈、乙烯基醚类等，因为含有电子给予体原子如 O、N 等，这些基团容易与络合催化剂发生反应，从而使催化剂失去活性，所以用 Ziegler-Natta 催化剂对这些单体进行定向聚合反应还是有困难。

定向聚合反应除采用 Ziegler-Natta 催化剂进

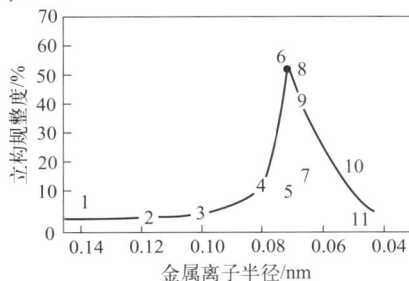

图2-9 载体的金属离子半径与聚合物的立构规整度的关系

1—Ba；2—Sr；3—Ca；4—Mn；5—Co；
6—Cr；7—Ni；8—Mg；9—Fe·Ti；10—Al；11—Si；

行的配位离子型聚合反应外，某些单体也可通过自由基聚合反应和离子型聚合反应制得立构规整性聚合物。

（2）自由基聚合反应　在自由基聚合反应的情况下，活性链末端自由基是以自由的方式存在的。因为它是 sp^2 结构，未成对电子垂直于末端链节的平面，单体可从这平面上方或下方进攻自由基，所以链末端自由基不具有形成立构规整性聚合物的特效性。聚合物链的构型也不是由单体向活性中心加成的瞬间决定的，而是在一个单体加成后才决定的，因为只有在加成后倒数第二个链节才变成 sp^3 结构，C—C 键由于受到取代基的空间位阻效应和静电排斥作用，最后稳定下来。其过程如下图所示（其中箭头表示 C—C 键旋转方向）：

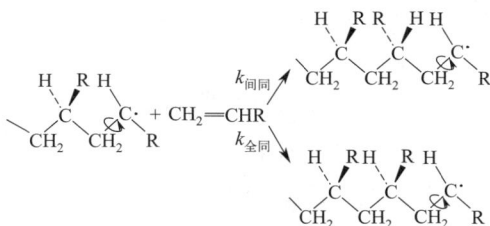

最终产物中含立体异构体的数量和类型决定于进行间同聚合和全同聚合速率常数的比值 $k_{间同}/k_{全同}$。通常这个比值在 1～∞ 之间时，聚合物含无规立构体和间规立构体。在很多情况下，自由基聚合反应得到的间同立构体比全同立构体多。这是因为在链增长阶段的过渡态中，以连续交替排列时，R 基之间和 R 基与倒数第二个链节之间的空间位阻和静电排斥力最小。间同立构加成反应的活化能比全同立构加成反应的小 $2.09～4.18\ kJ \cdot mol^{-1}$。通常，取代基 R 的位阻愈大，间同立构体含量愈高。降低自由基聚合反应的温度，能减少 C—C 键的内旋转运动，使聚合产物的立构规整度增加，见表 2-12。

■　表 2-12　甲基丙烯酸甲酯自由基聚合中温度对产物立构规整度的影响

聚合温度 /℃	$k_{间同}/k_{全同}$	间同立构规整度	聚合温度 /℃	$k_{间同}/k_{全同}$	间同立构规整度
−78	7.34	88	100	2.70	73
−40	6.15	86	150	2.03	67
0	3.54	78	200	1.78	64
50	3.34	77			

在自由基聚合反应时活性链端没有专一的定向能力，要获得立构规整性聚合物，必须设法提高单体的极性和空间位阻，或设法使单体在聚合反应前就排列规整。将极性单体和无机盐络合，然后进行自由基聚合反应，可获得立构规整性聚合物。例如，甲基丙烯酸甲酯与无水氯化锌络合，提高了单体的极性，经紫外线照射后，就可聚合成全同立构聚甲基丙烯酸甲酯。也可采用晶道络合物的聚合方法获得立构规整性聚合物，即将单体（如氯乙烯、1,3-丁二烯等）溶解在脲或硫脲中，经冷冻后，脲结晶，单体形成包结络合物并规则地排列在晶道中，经辐射聚合得到立构规整性聚合物，例如全同立构聚氯乙烯和纯反式-1,4-聚丁二烯。

（3）离子型聚合反应　非极性 α-烯烃难以通过离子型聚合反应制得立构规整性聚合物。在一定条件下，极性单体可通过离子型聚合反应制得立构规整性聚合物。在离子型聚合反应中，活性增长链离子与反离子靠得愈近，形成立构规整性聚合物的可能性愈大。选择极性小的溶剂，可以降低离子对的离解度并降低温度，以使单体分子热运动减弱。此外，还可减小单体浓度，以利于加成过程规则排列，这样就有可能制得立构规整性聚合物。例如，在低温下，用烷基锂作催化剂，以甲苯为溶剂时可制得全同立构聚甲基丙烯酸甲酯，以四氢呋喃为溶剂时可制得间同立构聚甲基丙烯酸甲酯。

当乙烯基单体的 α 位、β 位上导入取代基后，容易形成立构规整性较好的聚合物，这主要是空间位阻起了决定性作用。例如，随乙烯基醚单体上取代的烷氧基体积愈大，聚合物的立构规整性愈好。

2.2.4.3　旋光活性聚合物

许多 α-烯烃聚合物，虽然连有取代基的碳原子是真正的立构中心，但聚合物却没有旋光活性。有些单体含有真正的不对称碳原子，形成的聚合物又具有旋光活性，这种聚合物称为旋光活性聚合物，如：

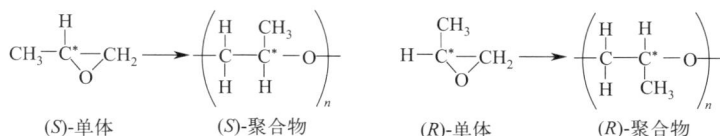

$$CH_3-\overset{\overset{H}{|}}{\underset{}{C^*}}-CH_2 \longrightarrow \left(\overset{\overset{H}{|}}{\underset{}{C}}-\overset{\overset{CH_3}{|}}{\underset{}{C^*}}-O \right)_n$$

(S)-单体　　　　(S)-聚合物

$$H-\overset{\overset{CH_3}{|}}{\underset{}{C^*}}-CH_2 \longrightarrow \left(\overset{\overset{H}{|}}{\underset{H}{C}}-\overset{\overset{H}{|}}{\underset{CH_3}{C^*}}-O \right)_n$$

(R)-单体　　　　(R)-聚合物

在自然界中，许多生物高分子具有旋光活性。旋光活性聚合物可通过旋光活性单体和旋光活性催化剂合成。现在广泛使用旋光活性单体制备旋光活性聚合物，例如（R）-环氧丙烷在 KOH 作用下得到（R）-聚环氧丙烷。当使用外消旋单体时，用无立构规整性催化剂，只能得到无规立构体。

旋光活性催化剂就是用外消旋单体聚合时，可使其中一种构型的单体聚合，获得旋光活性聚合物。例如有旋光活性的聚环氧丙烷，可用二乙基锌-（R）-冰片催化体系，使外消旋环氧丙烷聚合而得。这种能专门选择一种构型单体聚合的过程称为立构选择性聚合反应。

2.2.5　聚合反应实施方法

聚合反应的实施方法可分为本体聚合、溶液聚合、悬浮聚合和乳液聚合 4 种。本体聚合是在单体中加入少量引发剂（或催化剂）的聚合。溶液聚合是单体和引发剂（或催化剂）溶于适当溶剂中的聚合。悬浮聚合是单体以液滴状态悬浮于水中的聚合方法，体系组分主要由水、单体、引发剂和分散剂组成。乳液聚合是单体和分散介质（一般为水）由乳化剂配成乳液状态，在引发剂作用下进行聚合，体系基本组分是单体、水、引发剂和乳化剂。

本体聚合和溶液聚合属均相体系，悬浮聚合和乳液聚合属非均相体系。但悬浮聚合在机理上与本体聚合相似，一个液滴就相当于一个本体聚合单元。

根据聚合物在其单体和聚合溶剂中的溶解性质，本体聚合和溶液聚合都存在均相和非均相两种情况。当生成的聚合物溶解于单体或所用的溶剂时，即为均相聚合。例如苯乙烯的本体聚合和在苯介质中的溶液聚合。若生成的聚合物不溶于单体或所用溶剂，则为非均相聚合，亦称沉淀聚合。例如聚氯乙烯不溶于氯乙烯，在聚合过程中聚氯乙烯从单体中沉析出来，形成两相。气态单体和固态单体也能进行聚合，分别称为气相聚合和固相聚合，都属于本体聚合。

几种聚合反应实施方法的相互关系列于表 2-13，几种聚合实施方法的主要配方、聚合机理、特点等列于表 2-14。

■ 表2-13 聚合体系和实施方法示例

单体-介质体系	聚合方法	聚合物-单体（或溶剂）体系	
		均相聚合	沉淀聚合
均相体系	本体聚合 气态 液态 固态	— 苯乙烯，丙烯酸酯类 —	乙烯高压聚合 氯乙烯，丙烯腈 丙烯酰胺
	溶液聚合	苯乙烯-苯 丙烯酸-水 丙烯腈-二甲基甲酰胺	苯乙烯-甲醇 丙烯酸-己烷
非均相体系	悬浮聚合	苯乙烯 甲基丙烯酸甲酯	氯乙烯 四氟乙烯
	乳液聚合	苯乙烯，丁二烯	氯乙烯

■ 表2-14 4种聚合反应实施方法比较

项　　目	本体聚合	溶液聚合	悬浮聚合	乳液聚合
配方主要成分	单体 引发剂	单体 引发剂 溶剂	单体 水 引发剂 分散剂	单体 水 水溶性引发剂 乳化剂
聚合场所	本体内	溶液内	液滴内	胶束和乳胶粒内
聚合机理	遵循自由基聚合一般机理，提高速率的因素往往使分子量降低	伴有向溶剂的链转移反应，一般分子量较低，聚合速率也较低	与本体聚合相同	能同时提高聚合速率和聚合物分子量
生产特征	热不易散出，间歇生产（有些也可连续生产），设备简单，宜制板材和型材	散热容易，可连续生产，不宜制成干燥粉状或粒状树脂	散热容易，间歇生产，须有分离、洗涤、干燥等工序	散热容易，可连续生产，制成固体树脂时需经凝聚、洗涤、干燥等工序
产物特征	聚合物纯净，宜于生产透明浅色制品，分子量分布较宽	聚合物溶液直接使用	比较纯净，可能留有少量分散剂	留有少量乳化剂和其他助剂

离子型聚合和配位离子聚合的催化剂活性会被介质如水等破坏，因此只能选取溶液聚合和本体聚合方法；缩聚反应可选用熔融缩聚、溶液缩聚和界面缩聚3种方法。

鉴于悬浮聚合和乳液聚合在自由基聚合实施方法中的地位和工业生产上的重要性，以下仅重点讨论这两种方法。本体法和溶液法在原理上比较简单，不再进一步讨论。

2.2.5.1 悬浮聚合

悬浮聚合体系通常由单体、水、引发剂和分散剂4种基本成分组成。悬浮聚合机理与本体聚合相似。与本体聚合和溶液聚合一样，悬浮聚合也有均相聚合和沉淀聚合之分。苯乙烯和甲基丙烯酸甲酯的悬浮聚合为均相聚合，氯乙烯的悬浮聚合为沉淀聚合。

悬浮聚合产物粒子的直径为 0.05～2 mm。粒径大小决定于搅拌强度和分散剂的性质及用量。悬浮聚合结束后，排出并回收未聚合的单体，聚合物经洗涤、分离、干燥即得粒状或粉状产品。悬浮均相聚合可制成透明珠状聚合物，悬浮沉淀聚合产品是不透明的粉状物。

（1）**液滴分散和成粉过程**　苯乙烯、甲基丙烯酸甲酯、氯乙烯等大多数乙烯基单体在水中的溶解度很小，只有万分之几到千分之几，可以看作与水不互溶。若将这类单体倒入水中，单体将浮在水面上，分成两层。

聚合体系搅拌时，在剪切力作用下，单体液层将分散成液滴。大液滴受力，还会变形，继续分散成小液滴，如图2-10中的过程①②。但单体和水两液体间存在着一定的界面张力，界面张力将使液滴力图保持球形。界面张力愈大，保持成球形的能力愈强，形成的液滴也愈大。反之，界面张力愈小，形成的液滴也愈小。过小的液滴还会聚集成较大的液滴。搅拌剪切力和界面张力对成滴作用影响方向相反，在一定搅拌强度和界面张力作用下，大小不等的液滴通过一系列分散和聚集过程构成一定的动平衡，最后达到一定的平均粒度。但大小仍有一定的分布，因为反应器内各部分受到的搅拌强度是不均一的。搅拌停止后，液滴将聚集黏合变大，最后仍与水分层，如图2-10中③④⑤过程。单靠搅拌形成的液滴分散液是不稳定的。

在未聚合阶段，两单体液滴碰撞时，可能弹开，也可能聚集成大液滴，大液滴也可能被打散成小液滴。但聚合到一定程度后，如20%转化率后，单体液滴中溶解或溶胀一定量的聚合物，黏性增加。此阶段，两液滴碰撞时很难弹开，往往黏结在一起。搅拌反而促进黏结，最后会结成一整块。当转化率较高时，如60%～70%，液滴转变成固体粒子，就没有黏结成块的危险。因此，体系中须加有一定量的分散剂，以便在液滴表面形成一层保护膜，防止黏结。加有分散剂的悬浮聚合体系，当转化率提高到20%～70%、液滴进入发黏阶段时，如果停止搅拌，仍有黏结成块的危险。因此，在悬浮聚合中分散剂和搅拌是两个重要因素。

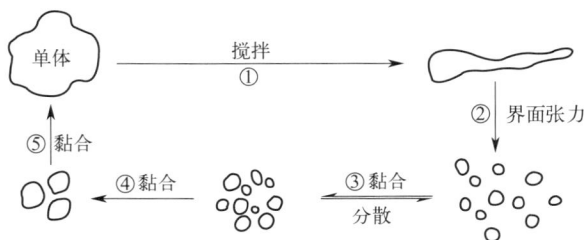

图2-10　悬浮单体液滴分散黏合

（2）**分散剂及其分散作用**　用于悬浮聚合的分散剂大致可以分成下列两类，作用机理也有差别。

① 水溶性有机高分子物质。属于这类的分散剂有部分水解的聚乙烯醇、聚丙烯酸和聚甲基丙烯酸的盐类、马来酸酐-苯乙烯共聚物等合成高分子，还有甲基纤维素、羟甲基纤维素、羟丙基纤维素等纤维素衍生物，明胶、蛋白质、淀粉、藻酸钠等天然高分子。广泛采用质量稳定的合成高分子作为分散剂。

高分子分散剂的作用机理主要是吸附在液滴表面，形成一层保护膜，起到保护胶体的作用，如图2-11所示。同时介质的黏度增加，有碍于两液滴的黏合。明胶、部分水解的聚乙烯醇等的水溶液还使表面张力和界面张力降低，将使液滴变小。

② 不溶于水的无机粉末。如碳酸镁、碳酸钙、碳酸钡、硫酸钡、硫酸钙、磷酸钙、滑石粉、高岭土、白垩等。这类分散剂的作用机理是将这些细粉末吸附在液滴表面，起到机械隔离的作用，如图2-12所示。碳酸镁微粒可以由碳酸钠溶液和硫酸镁溶液加到聚合釜中直

接生成。

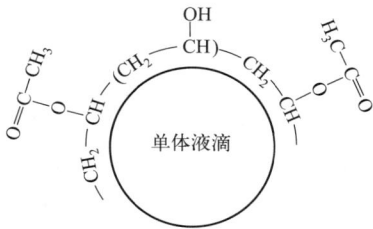

图2-11　聚乙烯醇分散作用

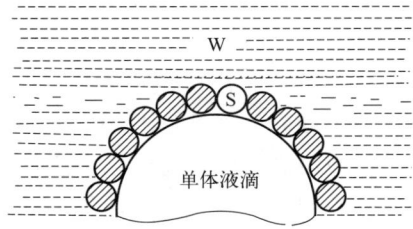

图2-12　无机粉末分散作用

W—水；S—粉末

分散剂种类和用量随聚合物种类和颗粒要求而定。除颗粒大小和形状外，还需要考虑树脂的透明性和成膜性等，例如聚苯乙烯、聚甲基丙烯酸甲酯要求透明，以选用碳酸镁为宜，因为残留碳酸镁可用稀硫酸除去。聚苯乙烯是透明珠粒状。聚氯乙烯树脂颗粒希望表面疏松，以有利于增塑剂的吸收。因此，除了上述主分散剂外，还另加少量表面活性剂作为助分散剂，如十二烷基硫酸钠、十二烷基磺酸钠、环氧乙烷缩聚物、磺化油等。但表面活性剂不宜多加，否则容易转变成乳液聚合。聚乙烯醇、明胶等主分散剂的用量约为单体质量的0.1%，助分散剂为0.01%～0.03%。

（3）颗粒大小和形态　不同聚合物对颗粒大小和形态有不同的要求。聚苯乙烯、聚甲基丙烯酸甲酯要求是珠状粒料，以便直接注塑成型；聚氯乙烯要求是表面粗糙疏松的粉料，以便与增塑剂、稳定剂、色料等助剂混合，塑化均匀。

除了搅拌强度、分散剂的性质和浓度是影响树脂颗粒大小和形态的两个主要因素外，颗粒大小和形态还与下列因素有关：①水-单体比；②聚合温度；③引发剂种类和用量；④单体种类；⑤其他添加剂等。

悬浮聚合的搅拌强度愈大，树脂粒子愈细。转速过低，粒子将黏结成饼状，而使聚合失败。规模生产聚合釜的搅拌转速一般为每分钟数十到上百转，视叶径而定。搅拌强度与搅拌器形式、尺寸和转速，反应器结构和尺寸，挡板、温度计套管形式和位置等因素有关。

分散剂性质和用量对树脂颗粒大小和形态有显著影响，衡量分散剂性质的主要参数是表面张力或界面张力。界面张力小的分散剂将使颗粒变细。氯乙烯悬浮聚合时，分散液表面张力在 $0.05 \text{ N} \cdot \text{m}^{-1}$ 以下，如醇解度为80%的聚乙烯醇或甲基纤维素，容易制得疏松型树脂。而 $0.1\%\sim0.2\%$ 明胶溶液的表面张力为 $0.065 \text{ N} \cdot \text{m}^{-1}$，将形成紧密型树脂。明胶液中加入适量表面活性剂，使表面张力降低，也可以制得疏松型树脂。分散剂的选择往往需要经过实验确定。工业上悬浮聚合生产中，水和单体质量比在（1～3）∶1范围内变化。水用量少，容易结饼或粒子变粗；水用量多，则粒子变细，粒径分布窄。

（4）微悬浮聚合

悬浮聚合的液滴直径为 $50\sim2000 \text{ μm}$，产物颗粒直径与单体液滴相当。但发展的微悬浮（micro-suspension）聚合方法可将单体液滴及新制得的聚合物颗粒粒径降至 $0.2\sim2 \text{ μm}$，比一般乳液聚合产物的粒径还要小。微悬浮法已在工业上制备高品质的聚氯乙烯糊树脂。

在微悬浮聚合方法中，分散剂是由普通乳化剂和难溶助剂（如十六醇）复合组成的。在微悬浮聚合中，不论采用油溶性引发剂还是水溶性引发剂，都是在微液滴中引发聚合，有别于乳液聚合的胶束成核，但产物粒径却比乳液聚合还要小。所以，微悬浮聚合兼有悬浮聚合和乳液聚合的特征，具有其自身的规律和特点。

2.2.5.2 乳液聚合

单体在水介质中由乳化剂分散成乳液状态进行的聚合称作乳液聚合。乳液聚合最简单的配方是由单体、水、水溶性引发剂、乳化剂4部分组成。

在本体聚合、溶液聚合或悬浮聚合中，使聚合速率提高的一些因素往往使分子量降低。但在乳液聚合中，速率和分子量却可以同时提高。显然乳液聚合存在另一种机理，控制产品质量的因素也不同。乳液聚合产物的粒子直径为 $0.05 \sim 0.15\ \mu m$，比悬浮聚合粒子直径 $50 \sim 2000\ \mu m$ 小得多，这也与聚合机理有关。

丁苯橡胶、丁腈橡胶等聚合物要求分子量高，产量又大，工业上宜采用连续法生产，少量杂质对通用橡胶制品质量并无显著影响，因此这类聚合物常选用乳液聚合法生产。生产人造革用的糊状聚氯乙烯树脂也是采用乳液聚合法生产的，其产量占聚氯乙烯树脂总产量的 $15\% \sim 20\%$。此外，聚甲基丙烯酸甲酯、聚乙酸乙烯酯、聚四氟乙烯等也有采用乳液聚合法生产的。

（1）乳化剂及乳化作用

如苯乙烯一类不溶于水的单体，与水混合，单凭搅拌作用只能形成不稳定的分散液；有分散剂存在时，可以形成暂时稳定的分散液；而加有乳化剂时，则能形成相当稳定的乳液。乳化剂一般是兼有亲水的极性基团和疏水（或亲油）的非极性基团的物质。例如硬脂酸钠皂（$C_{17}H_{35}COONa$），分子中的十七烷基（$C_{17}H_{35}$—）是疏水基团，羧酸钠基（—COONa）是亲水基团。

当乳化剂浓度很低时，可以分子级分散状态真正溶解在水中。当乳化剂达到某一浓度后，由 $50 \sim 100$ 个乳化剂分子形成聚集体，这种聚集体称为胶束。胶束一般呈球形，平均直径约 5 nm，四周是一层乳化剂分子，每个分子的离子端指向介质水相，烃基端指向胶束中心。胶束也可能呈棒形。能够形成胶束的最低乳化剂浓度称作临界胶束浓度（CMC）。例如硬脂酸钠的 CMC 约为 $0.13\ kg \cdot m^{-3}$。

临界胶束浓度是乳化剂性质的一种特征参数。当乳化剂浓度在 CMC 以下时，溶液的表面张力随乳化剂浓度增加而迅速降低。达到 CMC 后，表面张力降低才开始缓慢起来。溶液的其他性质，如电导率、折射率、黏度、光散射等，在 CMC 处均有明显的转折变化。乳化剂用量愈多，形成的胶束也愈多。

在乳化剂水分散液中，单体除了按在水中的溶解度以分子分散状态真正溶于水中外，还可以较多的量溶解在胶束内，这是单体与胶束中心烃基部分相似相溶的结果。这种溶解与分子分散的真正溶解有所不同，特称为增溶作用。例如，20℃时苯乙烯在水中的溶解度只有 0.02%，而在乳液聚合所用的乳化剂作用下可增溶到 $1\% \sim 2\%$。胶束中单体增溶之后，体积增大，直径可由原来的 $4 \sim 5$ nm 增至 $6 \sim 10$ nm。

在乳液体系中，更多的单体经过搅拌作用，将分散成细小的液滴。液滴四周吸附了一层乳化剂分子，烃基末端吸附在液滴表面，极性基团指向水介质，形成了带电的保护层。因此，乳液得以稳定，即使搅拌停止后，仍可以稳定很长一段时间而不分层。但还不是像胶束中增溶那样属于热力学稳定状态。乳液经长时期放置后，仍有分层的趋势。

乳化剂是能使界面张力显著降低的物质，因此乳液液滴直径很小，为 $0.5 \sim 10\ \mu m$，比悬浮聚合时液滴的 0.01～5 mm 小得多，但比增溶胶束大很多。单体和乳化剂在水中形成分子溶解、胶束、增溶胶束和液滴的分散情况如图 2-13 所示。

由以上分析可知，乳化剂有 3 种作用：降低界面张力、在液滴表面形成保护层和对单体的增溶作用。按照对水表面张力的影响，可将溶质分为 3 类：使表面张力增加，如 NaCl、NH$_4$Cl 以及蔗糖等；使表面张力降低，如醇、醚、酯等有机物；使表面张力急剧下降，达到某一临界浓度后下降趋缓，这就是乳化剂。后两类物质都是表面活性剂，但用作乳化剂的表面活性剂必须能形成

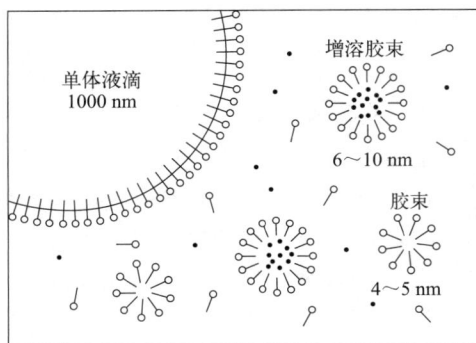

图2-13　单体和乳化剂在水中分散
○—乳化剂分子；●—单体分子

胶束。根据乳化剂必须具备的一些性质，乳化剂分子一般由非极性的烃基和极性基团两部分组成。根据极性基团的性质，可将乳化剂分成阴离子型、阳离子型、两性型和非离子型 4 类。用于乳液聚合的主要是阴离子型乳化剂。非离子型乳化剂一般用作辅助乳化剂，以增加乳液的稳定性。阳离子乳化剂在乳液聚合中一般用得较少。

阴离子乳化剂中的阴离子基团一般是羧酸盐（—COONa）、硫酸盐（—SO$_4$Na）、磺酸盐（—SO$_3$Na）等，非极性基团一般是 C$_{11}$～C$_{17}$ 的直链烷基以及 C$_3$～C$_8$ 的烷基与苯基或萘基结合在一起的疏水基团。这类乳化剂中最常用的有皂类〔如脂肪酸钠（RCOONa，R=C$_{11}$～C$_{17}$）、十二烷基硫酸钠（C$_{12}$H$_{25}$SO$_4$Na）、烷基磺酸钠 RSO$_3$Na（R=C$_{12}$～C$_{16}$）、烷基芳基磺酸钠如二丁基萘磺酸钠（C$_4$H$_9$）$_2$C$_{10}$H$_5$SO$_3$Na，俗称拉开粉〕、松香皂等。阴离子乳化剂在碱性溶液中比较稳定，尤其是脂肪酸钠皂，遇酸、金属盐、硬水等会形成不溶于水的脂肪酸或金属皂，使乳化剂失效并凝聚。利用这种性质，可以用酸和盐进行破乳。因此，在乳液聚合的配方中经常加有 pH 调节剂，如 Na$_3$PO$_4$·12H$_2$O，保证 pH=9～11。

非离子型乳化剂的典型代表是环氧乙烷聚合物，如 R—(OC$_2$H$_4$)$_{\overline{n}}$OH、R—◯—(OC$_2$H$_4$)$_{\overline{n}}$OH、RCO—(OC$_2$H$_4$)$_{\overline{n}}$OH 等，其中 R=C$_{10}$～C$_{16}$，n=4～30 不等。聚乙烯醇也属于这一类。这类乳化剂具有非离子的特性，所以对 pH 值的变化并不敏感，微酸性反而更加稳定。在乳液聚合中，非离子型乳化剂并不单独使用，仅仅用作辅助乳化剂，增加对乳胶的稳定作用。

（2）乳液聚合机理

在讨论乳液聚合机理以前，应该区别两类乳液聚合：一类是用非水溶性引发剂（如偶氮二异丁腈、过氧化二苯甲酰、异丙苯过氧化氢等）的乳液聚合；另一类是用水溶性引发剂（如过硫酸钾、异丙苯过氧化氢 +Fe^{2+}）的真正乳液聚合。

采用非水溶性引发剂时，聚合反应大部分在液滴内进行，最后形成的聚合物粒子与原始液滴大小基本相同（0.5～10 μm），这部分聚合机理与本体聚合或悬浮聚合相同。除了这部分珠状粗粒产物外，由于一部分自由基在水相中引发聚合，还会形成相当数量（约 50%）粒子直径小于 0.5 μm 的稳定聚合物胶乳，如乙酸乙烯酯的聚合。

以下重点讨论用水溶性引发剂的真正乳液聚合机理。选取"理想体系"作为研究对象。"理想体系"由难溶于水的单体、水、水溶性引发剂、乳化剂 4 部分组成，苯乙烯、水、过硫酸钾、肥皂体系就是典型例子。聚合之前，单体和乳化剂以下列 3 种状态存在于体系中（图 2-13）：极少量单体和少量乳化剂以分子级分散状态溶解在水中，形成水相；大部分乳化

剂形成胶束（直径 4～5 nm），极大部分胶束内增溶有一定量的单体（直径 6～10 nm）；大部分单体分散成液滴（直径约 1000 nm），表面吸附有乳化剂，形成稳定的乳液。

上述体系乳液聚合的全过程可分成如下 3 个阶段。

① 第一阶段——乳胶粒生成期。从开始引发聚合，直至胶束消失，聚合速率递增。

水溶性引发剂，如过硫酸钾，在水相中分解出初级自由基。初级自由基形成后在哪一个场所引发聚合是乳液聚合机理的核心问题。

液滴中单体质量虽然占单体总量的极大部分（> 95%），但其粒子数（约 10^{10} 个 /mL）比胶束数（10^{18} 个 /mL）少 8 个数量级，比表面积也要小得多，因此这部分单体并不是引发聚合的主要场所。溶于水中的单体虽然很少，但分子数却比液滴数多，同时胶束粒子数也多，与溶于水中的单体分子数相当，比表面积也大。水溶性引发剂在水相中产生初级自由基后，可使溶于水和胶束中的单体迅速引发；但水中单体浓度较低，形成单体自由基或短链自由基后往往也进入胶束中增长；随后聚合就在胶束中进行。初级自由基或短链自由基进入增溶胶束使单体引发或增长的过程称为成核过程。

增溶于胶束内的单体质量有限，因引发增长消耗一部分后，由液滴经水相不断扩散加以补充。胶束是一个独立粒子，很难由含有活性链的成核胶束接触来双基终止。只有当水中第二个初级自由基扩散到含有活性链的胶束内，才立刻双基终止，形成大分子链。双基终止极快，只有 10^{-3} s。第三个初级自由基进入，又使其中残留单体引发增长；第四个初级自由基进入，才再终止。聚合就这样地继续进行下去。增溶胶束成核之后，就逐渐转变成单体-聚合物乳胶粒（简称乳胶粒），形成了新的相。

初期产生的乳胶粒体积较小，单体容量有限。随着聚合反应的进行，乳胶粒中的单体逐渐减少，液滴中的单体将通过水相不断向乳胶粒扩散补充，液滴就成为供应单体的仓库。乳胶粒、水相、液滴三者之间单体浓度达到平衡。体系中只要有单体液滴存在，乳胶粒中的单体浓度就不会降低。这一阶段液滴数并不减少，只是体积缩小。

随着引发聚合的继续进行，增溶胶束不断成核，乳胶粒不断增多和增大。增溶胶束原来的平均直径不超过 6～10 nm，转化率为 2%～3% 时的乳胶粒就可以长大到 20～40 nm。胶束表面原有的乳化剂不足以掩盖体积表面渐增的乳胶粒，先由溶于水中的乳化剂分子，继续由未成核的胶束和体积逐渐缩小的单体液滴表面的乳化剂，通过水相加以补充。单体转化率达到 15% 时，胶束全部消失，除了液滴表面和溶于水中的少量乳化剂外，大部分乳化剂集中在乳胶粒-水界面上。胶束消失，标志着水相中乳化剂浓度在 CMC 以下，体系的表面张力将增加。未成核的增溶胶束消失时，其中的单体也扩散入乳胶粒，供增长反应使用。

胶束消失后，不再形成新的乳胶粒。胶粒数从此固定下来，为 10^{14}～10^{15} 个 /mL。随后的引发聚合就完全在乳胶粒内进行。比较原来的胶束数（10^{18} 个 /mL）和最后的乳胶粒数（10^{14}～10^{15} 个 /mL）可以看出，只有一小部分胶束成核转变成乳胶粒，极大部分胶束不活化，将分散成乳化剂分子，通过水相扩散至乳胶粒表面，起到保护作用。

乳液聚合第一阶段是成粒阶段，体系由水相、单体液滴、胶束、乳胶粒四相组成，胶束和乳胶粒是引发聚合的场所，聚合速率随乳胶粒数的增多而增加，胶束的全部消失标志着这一阶段的结束。

② 第二阶段——恒速期。自胶束消失开始，乳胶粒继续增大，直至单体液滴消失。

胶束消失后，聚合进入第二阶段。因没有胶束能够成核变成乳胶粒，乳胶粒数保持恒定，不再增加。链引发、链增长、链终止等反应继续在乳胶粒内进行，液滴仍起到仓库的作用，不断向乳胶粒供应单体。体系中只要有液滴存在，乳胶粒中单体浓度就保持基本不变，乳胶粒数恒定，这一阶段的聚合速率也是一定的。随着转化率不断提高，乳胶粒继续增大，单体液滴体积持续缩小，液滴数也逐渐减少。转化率到达 50%，液滴全部消失，单体全部进入乳胶粒，开始转入第三阶段。这时候的胶粒体积达最大值，为 $50 \sim 150$ nm。这一尺寸比胶束大得多，但比单体液滴小得多。第二阶段聚合体系由水相、乳胶粒、单体液滴三相组成。

③ 第三阶段——降速期。单体液滴消失后，体系中只留下水相和乳胶粒两相。乳胶粒内由单体和聚合物两部分组成，水中的自由基可以继续扩散入内使引发增长或终止，但单体再无补充来源，聚合速率将随乳胶粒内单体浓度的降低而降低。第三阶段是单体-聚合物乳胶粒转变成聚合物乳胶粒的过程。

（3）乳液聚合动力学

乳液聚合速率的变化可分为增速、匀速和减速 3 个阶段。单体的聚合速率主要由恒速阶段决定，因此动力学问题主要是恒速阶段的问题。

由于引发和聚合主要在胶束和乳胶粒内进行，主要考虑胶束中单体浓度和自由基浓度。乳胶粒体积较小，在同一时间内只能容纳一个自由基，当第二个自由基从水相进入乳胶粒后，就会立即与其中的链自由基发生双基终止，成为无自由基的乳胶粒。所以，统计而言，任一时刻体系中平均有一半乳胶粒各含一个链自由基在进行聚合。因此，聚合速率 R_p（分子 /s）为：

$$R_p = \frac{k_p[M]N}{2} \tag{2-20}$$

式中　[M]——乳胶粒中单体浓度，$mol \cdot mL^{-1}$；

　　　N——每毫升中乳胶粒数；

　　　k_p——链增长速率常数。

上式除以阿伏伽德罗常数 N_0 即得聚合速率（$mol \cdot mL^{-1}$）：

$$R_p = -\frac{d[M]}{dt} = \frac{k_p[M]N}{2N_0} \tag{2-21}$$

式中 k_p 为常数，[M] 亦接近常数，因此聚合速率主要决定于乳胶粒数。

动力学链长或聚合度 $\overline{X}_n$ 由增长速率和自由基产生速率 ρ 求出。对一个乳胶粒来说，引发速率 r_i 和增长速率 r_p 分别为：$r_i = \rho/N$，$r_p = k_p[M]$。

$$\overline{X}_n = \frac{r_p}{r_i} = \frac{k_p[M]N}{\rho} \tag{2-22}$$

上式表明，聚合物的聚合度与乳胶粒数成正比，而与自由基产生速率成反比。因此，增加乳化剂用量可使聚合速率和分子量同时提高。

根据前述的分析，Smith 和 Ewart 提出了如下关系式来关联乳胶粒数与乳化剂浓度及自由基形成速率：

$$N = F\left(\frac{\rho}{\mu}\right)^{2/5}\left(a_s[s]\right)^{3/5} \tag{2-23}$$

式中　ρ——自由基形成速率，$mol \cdot mL^{-1} \cdot s^{-1}$；

　　　μ——乳胶粒体积增加速率，$mL \cdot s^{-1}$；

a_s——一个乳化剂分子在胶束或乳胶粒表面所占面积，$cm^2 \cdot mol^{-1}$；

[s]——乳化剂浓度，$mol \cdot mL^{-1}$；

F——介于 $0.37 \sim 0.53$ 之间的常数，一般为 0.47。

由式（2-21）和式（2-23）可得乳液聚合速率 R_p 为：

$$R_p = k_p[M][I]^{2/5}[E]^{3/5} \tag{2-24}$$

式中　[I]——引发剂浓度，$mol \cdot mL^{-1}$；

[E]——乳化剂浓度，$mol \cdot mL^{-1}$。

可得：

$$\overline{X}_n = k[M][I]^{-3/5}[E]^{3/5} \tag{2-25}$$

式中，k 为比例常数，具有修正参数的作用，它与链转移反应、交联支化反应等的发生有关。

乳化剂、引发剂、温度的影响综合列于表 2-15。

■　表 2-15　乳液聚合主要影响参数

下列因素增大	乳胶粒			聚合速率		聚合度	
	数量	正比于	大小	影响	正比于	影响	正比于
引发剂 [I]	增	$[I]^{2/5}$	降	增	$[I]^{2/5}$	减	$[I]^{-3/5}$
单体 [M]	减		增	增		增	
温度	增		减	增		减	
乳化剂 [E]	增	$[E]^{3/5}$	降	增	$[E]^{3/5}$	增	$[E]^{3/5}$

前面的讨论都是最简化的情况。在工业实际应用时，还需考虑其他一些因素。例如，为了稳定介质的 pH 值，经常需加适量缓冲剂或 pH 值调节剂，如 $Na_3PO_4 \cdot 12H_2O$；为了调节分子量，需加分子量调节剂，如十二烷基硫醇等。

（4）乳液聚合技术进展

乳液聚合方法的诸多优点使乳液聚合技术得到长足的发展，派生了一系列乳液聚合新技术和新方法，如分散聚合、微乳液聚合、种子乳液聚合、反相乳液聚合以及无皂乳液聚合等。

① 分散聚合　分散聚合是一种特殊类型的沉淀聚合。单体、稳定剂和引发剂都能溶解在介质中，反应开始前为均相体系。因反应生成的聚合物不溶解于介质中，聚合物链达到临界链长后，就会从介质中沉淀出来。与沉淀聚合不同的是，沉淀出来的聚合物不是形成粉末或块状聚合物，而是借助稳定剂悬浮在介质中，形成类似聚合物乳液的稳定分散体系，即 P-OO 乳液，P-OO 乳液具有固含量高、产品耐水性好、透明性及光泽性好、可在低温下使用等一系列优点，所以此项技术已广泛地在工业上应用。

② 微乳液聚合　微乳液是由水、乳化剂及助乳化剂形成的外观透明、热力学稳定的油-水分散体系。分散相的珠滴直径为 $10 \sim 100$ nm，远比一般乳液小。所用助乳化剂一般为醇类。微珠滴是靠乳化剂与助乳化剂形成的界面层维持其稳定的。

用微乳液聚合方法制得的聚合物微乳液，乳胶粒直径很小，为纳米级，而且表面张力小，有极好的渗透性、润湿性、流平性和流变性，所形成的膜高度透明，所以微乳液聚合已进入工业应用阶段。

③ 种子乳液聚合　种子乳液聚合（seeded emulsion polymerization）是在聚合物共混物复合技术及聚合物微粒形态设计要求的背景下发展而来的一种新型乳液聚合方法。种子乳液聚合亦称为核壳乳液聚合或多步乳液聚合，是在单体Ⅰ聚合物乳胶粒存在下使单体Ⅱ继续进行乳液聚合的方法，此时将单体Ⅰ乳液聚合制得的乳胶粒称为种子。因为是在种子存在下的乳液聚合，所以也称为种子乳液聚合。用这种方法可制得核壳结构的乳胶粒，也称为核壳乳液聚合。这种乳液聚合是分步进行的，即用乳液聚合法制备种子是第一步，随后单体Ⅱ的聚合是第二步，所以也称为两步乳液聚合。有时可进行三步或四步聚合，即多步乳液聚合（multi-stage emulsion polymerization）。

种子乳液聚合实施方法如下：第一步，将单体（或混合单体）Ⅰ按常规乳液聚合方法进行聚合，制得聚合物Ⅰ胶乳，称为种子乳液；第二步，在种子乳液中加入单体（或混合单体）Ⅱ和引发剂，但不再加乳化剂（为了体系稳定的需要，有时也加入少量乳化剂，其量最好在CMC浓度以下，以免产生新种子），升温，使单体Ⅱ进行聚合，制得具有特殊结构的聚合物Ⅰ/聚合物Ⅱ复合乳胶粒。这种方法制得的乳胶粒常常是聚合物Ⅰ为核、聚合物Ⅱ为壳的核-壳结构。有时以聚合物Ⅱ为核、聚合物Ⅰ为壳，则称为"翻转"核壳结构。制得的乳胶粒形态结构与单体种类和反应条件有关。单体组合和反应条件不同，可制得多种形态结构的乳胶粒。具有非正常核壳结构的乳胶粒亦称为异形结构乳胶粒。

在种子乳液聚合中，若聚合物Ⅰ和聚合物Ⅱ都是交联的，或者其中一个是交联的，则制得的复合乳胶粒就是胶乳型互穿聚合物网络（latex interpenetrating polymer networks，LIPNs），是一种特殊形态的聚合物共混物。LIPNs可看作种子乳液聚合的一种应用。这种方法也不限于乳液聚合，已经应用到分散聚合及微乳液聚合，分别称为种子分散聚合和种子微乳液聚合。

④ 非水介质中的乳液聚合　传统的乳液聚合是以水为分散介质、不溶于水（或微溶于水）的单体为分散相（油相）。但对于丙烯酸、丙烯酰胺等水溶性单体，采用传统的乳液聚合方法就有困难。非水介质的乳液聚合就是在此背景下提出的。

非水介质的乳液聚合有两种类型。一是反相乳液聚合，是以与水不相溶的有机溶剂为分散介质、油溶性乳化剂和油溶性引发剂，使水溶性单体的水溶液分散成油包水（W/O）型乳液而进行的聚合。这与传统的乳液聚合刚好相反，故称为反相乳液聚合。不过在反相乳液聚合中也常采用水溶性引发剂。第二种是非水介质的正相乳液聚合，即非水介质的常规乳液聚合。这时仅用非水介质代替水作为分散介质，其他与传统乳液聚合反应相同。

⑤ 无皂乳液聚合　无皂乳液聚合是指在反应体系中不加或只加入微量（其浓度小于CMC）乳化剂的乳液聚合。乳化剂是在反应过程中形成的，采用可离子化的引发剂，它分解后生成离子型自由基，这样在引发聚合反应后产生的链自由基和聚合物链带有离子性端基，其结构类似离子型乳化剂，因而能起到乳化剂的作用。常用的阴离子型引发剂有过硫酸盐和偶氮烷基羧酸盐等，阳离子型引发剂主要有偶氮烷基氯化铵盐，但最常用的还是过硫酸钾（KPS）。

无皂乳液聚合由于不含乳化剂，克服了传统乳液聚合残存乳化剂对最终产品性能的不良影响。此外，无皂乳液聚合还可用来制备 $0.5 \sim 1.0\ \mu m$、单分散、表面清洁的聚合物粒子；还可通过粒子设计使粒子表面带有不同官能团，应用于生物、医学等领域。

2.3 逐步聚合反应

逐步聚合反应包括缩聚反应和逐步加聚反应。与连锁聚合相比，这类反应没有特定的反应活性中心，每个单体分子的官能团都有相同的反应能力，因此在反应初期会形成二聚体、三聚体和其他低聚物。随着反应时间的延长，分子量逐步增大。在增长过程中，每一步产物都能独立存在，在任何时候都可以终止反应，在任何时候又能使其继续以相同的活性进行反应。显然，这是连锁反应增长过程所没有的特征。对于逐步聚合反应与连锁聚合反应，从几方面的比较中可得到它们的主要区别特征，见表2-16。

■ 表2-16 逐步聚合反应与连锁聚合反应的比较

特　　性	连锁聚合反应	逐步聚合反应
单体转化率与反应时间的关系	单体随时间逐渐消失	单体很快消失，与时间关系不大
聚合物的分子量与反应时间的关系	聚合物迅速形成，不随时间变化	聚合物逐步形成，分子量随时间增大
基元反应及增长速率	链引发、链增长、链终止等基元反应的速率和机理截然不同。 增长反应活化能较小，$E_p \approx 21 \; kJ \cdot mol^{-1}$；增长速率极快，以秒计。	无链引发、链增长、链终止等基元反应；反应活化能较高，例如酯化反应 $E_p \approx 63 \; kJ \cdot mol^{-1}$；形成聚合物的速率慢，以小时计。
热效应及反应平衡	反应热效应大，$-\Delta H = 84 \; kJ \cdot mol^{-1}$；聚合临界温度高，200～300℃。在一般温度下为不可逆反应，平衡主要依赖温度。	反应热效应小，$-\Delta H = 21 \; kJ \cdot mol^{-1}$；聚合临界温度低，40～50℃。在一般温度下为可逆反应，平衡不仅依赖温度，也与副产物有关。

2.3.1 缩聚反应

缩聚反应在高分子合成反应中占有重要地位。人们所熟悉的一些聚合物，如酚醛树脂、不饱和聚酯树脂、氨基树脂以及尼龙（聚酰胺）、涤纶（聚酯）等，都是通过缩聚反应合成的。特别是高技术领域所需要的一些产量低但性能要求特殊又严格的聚合物，例如聚碳酸酯、聚砜、聚亚苯基醚、聚酰亚胺、聚苯并噁唑等性能优异的工程塑料或耐热聚合物，都是通过缩聚反应制得的。

缩聚反应是由多次重复的缩合反应形成聚合物的过程。例如在适当条件下二元酸和二元醇的缩合脱水过程：

$$HOOC-R-COOH+HO-R'-OH \rightleftharpoons HOOC-R-COO-R'-OH+H_2O$$

所得酯分子的两端仍有未反应的羧基和羟基，可继续进行反应：

$$HOOC-R-COOH+HOOC-R-COO-R'-OH \rightleftharpoons HOOC-R-COO-R'-OOC-R-COOH+H_2O$$

$$HO-R'-OH+HOOC-R-COO-R'-OH \rightleftharpoons HO-R'-OOC-R-COO-R'-OH+H_2O$$

生成物仍有继续反应的能力：

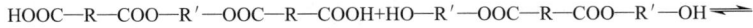

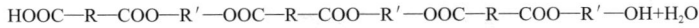

$$HOOC-R-COO-R'-OOC-R-COOH+HO-R'-OOC-R-COO-R'-OH \rightleftharpoons$$

$$HOOC-R-COO-R'-OOC-R-COO-R'-OOC-R-COO-R'-OH+H_2O$$

$$2HOOC-R-COO-R'-OOC-R-COO-R'-OH \rightleftharpoons$$

$$HOOC-R-COO-R'-OOC-R-COO-R'-OOC-R-COO-R'-OOC-R-COO-R'-OH+H_2O$$

如此反复脱水缩合，形成聚酯分子链，说明了缩聚反应形成聚合物过程的逐步性。

这一系列反应过程可表示如下：

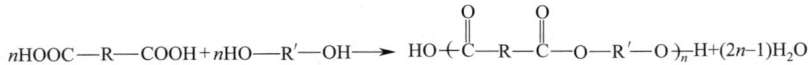

$$nHOOC-R-COOH+nHO-R'-OH \longrightarrow HO \overset{O}{\underset{}{\left(C\right)}}-R-\overset{O}{\underset{}{C}}-O-R'-O \big)_n H+(2n-1)H_2O$$

对于一般缩聚反应，可以由以下通式表示：

$$na-R-a+nb-R'-b \rightleftharpoons a(R-R')_n b+(2n-1)ab$$

式中，a、b 表示能进行缩合反应的官能团，ab 表示缩合反应的小分子产物，—R—R'—表示聚合物链中的重复单元结构。

当两种不同的官能团 a、b 存在于同一单体时，如 ω-氨基酸、羟基酸等，其聚合反应过程基本相同，如：

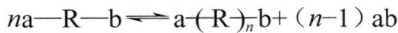

$$na-R-b \rightleftharpoons a(R)_n b+(n-1)ab$$

双官能团单体的缩聚反应除生成线型缩聚物外常常有成环反应的可能性，因此在选取单体时必须克服成环的可能性。例如，用 ω-羟基酸 $HO(CH_2)_n COOH$ 合成聚酯时，既能生成线型聚合物，也能形成环内酯。反应究竟往哪个方向进行，决定于羟基酸的种类和反应条件。当 $n=1$ 时，容易发生双分子缩合，形成环状的乙交酯 $O=C\overset{CH_2-O}{\underset{O-CH_2}{\big\langle}}C=O$。当 $n=2$ 时，由于 β-羟基易失水，容易生成丙烯酸 $CH_2=CH-COOH$。当 $n=3$ 或 4 时，容易发生分子内缩合，形成五元环和六元环的内酯。当 $n \geqslant 5$ 时，主要是分子间缩合形成线型聚酯。氨基酸缩合时也有类似情况。实际上所有多官能团单体的缩合反应都有类似问题。

在缩聚反应中，单体的成环反应与增长反应是竞争反应，与环的大小、官能团的距离、分子链的挠曲性、温度以及反应物的浓度等都有关系。环的大小对环状物稳定性的影响已经由测定各种环状化合物的燃烧热和环张力得到证明。如用数字表示环的大小，其稳定性的顺序如下：3、4、8～11 < 7、12 < 5 < 6。三元环、四元环由于键角的弯曲，环张力最大，稳定性最差；五元环、六元环键角变形很小，甚至没有，因此最为稳定。在环中如有取代基时，要考虑取代基的影响，但不改变上述顺序。在缩聚反应中，应尽力排除成环反应的可能性。环化反应多是单分子反应，线型缩聚则是双分子反应，所以单体浓度的增加对成环反应不利。浓度因素比热力学因素对线型缩聚影响大。

缩聚反应可以从不同角度分成不同的类型。按生成聚合物分子的结构分类，可分成线型缩聚反应和体型缩聚反应两类：若参加缩聚反应的单体都只含两个官能团，得到线型分子聚合物，则此反应称为线型缩聚反应，例如二元醇与二元酸生成聚酯的反应；若参加缩聚反应的单体至少有一种含两个以上的官能团，则称为体型缩聚反应，产物为体型结构的聚合物，例如丙三醇与邻苯二甲酸酐的反应。按参加缩聚反应的单体种类分类，可分为均缩聚、混缩聚和共缩聚 3 类：只有一种单体进行的缩聚反应称为均缩聚；有两种单体参加的缩聚反应称为混缩聚或杂缩聚，例如二元胺与二元羧酸反应生成聚酰胺；若在均缩聚中加入第二种单体或在混缩聚中加入第三种单体，这时的缩聚反应即称为共缩聚反应。

缩聚反应还可按反应后所形成键合基团的性质分为聚酯反应、聚酰胺反应、聚醚反应等。按反应热力学特征可分为平衡缩聚和不平衡缩聚等。

理论和实验都证明，在缩聚反应中，官能团的反应活性与此官能团所连的链长无关。官能团等活性概念也是高分子化学反应的一个基本观点。

2.3.1.1 缩聚反应平衡

在缩聚反应中参加反应的官能团的数目与初始官能团数目之比称为反应程度，以 p 表示。

可以证明，聚合产物平均聚合度 $\overline{X}_n$ 与反应程度的关系为：

$$\overline{X}_n = \frac{1}{1-p} \quad \text{或} \quad p = \frac{\overline{X}_n - 1}{\overline{X}_n} \qquad (2\text{-}26)$$

此关系不论对均缩聚还是混缩聚都适用。但需注意，$\overline{X}_n$ 是以结构单元为基准的数均聚合度。对混缩聚，$\overline{X}_n$ 是重复单元数目的 2 倍。

根据官能团等活性概念，可用官能团描述缩聚反应。

例如，对聚酯反应：

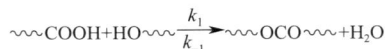

$$\sim\sim\text{COOH} + \text{HO}\sim\sim \underset{k_{-1}}{\overset{k_1}{\longrightarrow}} \sim\sim\text{OCO}\sim\sim + \text{H}_2\text{O}$$

设 K 为平衡常数，则：

$$K = \frac{k_1}{k_{-1}} = \frac{[\text{—OCO—}][\text{H}_2\text{O}]}{[\text{—COOH}][\text{—OH}]}$$

以 p 表示反应程度，以 n_w 表示产生的小分子水的浓度，则：

$$K = \frac{[\text{—OCO—}][\text{H}_2\text{O}]}{[\text{—COOH}][\text{—OH}]} = \frac{pn_w}{(1-p)^2} \qquad (2\text{-}27)$$

或

$$\frac{1}{(1-p)^2} = \frac{K}{pn_w} \qquad (2\text{-}28)$$

由式（2-26）得：

$$\overline{X}_n = \frac{1}{1-p} = \sqrt{\frac{K}{pn_w}} \qquad (2\text{-}29)$$

如反应在封闭系统中进行，则 $n_w = p$：

$$\overline{X}_n = \frac{1}{p}\sqrt{K}$$

式（2-29）表示，平衡常数一定时，缩聚产物聚合度随小分子副产物浓度的减小而增大。可采用移去小分子以移动缩聚平衡的办法提高产物的聚合度。

当反应程度 $p \to 1$ 时：

$$\overline{X}_n = \sqrt{\frac{K}{n_w}} \qquad (2\text{-}30)$$

这就是平衡缩聚中平均聚合度与平衡常数及反应区内小分子含量的关系，称为缩聚平衡方程。

对于平衡缩聚，除了有产生的小分子参与正、逆反应外，还存在聚合物链之间的可逆平衡反应即交换，如：

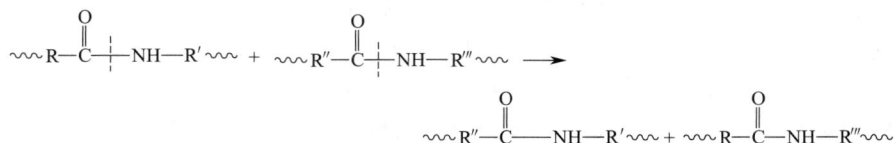

$$\text{\textasciitilde\textasciitilde R-C(=O)+NH-R'\textasciitilde\textasciitilde} + \text{\textasciitilde\textasciitilde R''-C(=O)+NH-R'''\textasciitilde\textasciitilde} \longrightarrow$$

$$\text{\textasciitilde\textasciitilde R''-C(=O)-NH-R'\textasciitilde\textasciitilde} + \text{\textasciitilde\textasciitilde R-C(=O)-NH-R'''\textasciitilde\textasciitilde}$$

或

$$\text{\textasciitilde\textasciitilde R-C(=O)-NH-R'\textasciitilde\textasciitilde} + \text{\textasciitilde\textasciitilde R''-C(=O)-OH} \longrightarrow \text{\textasciitilde\textasciitilde R''-C(=O)-NH-R'\textasciitilde\textasciitilde} + \text{\textasciitilde\textasciitilde R-C(=O)-OH}$$

2.3.1.2　线型缩聚产物分子量的控制

缩聚物作为材料使用，其性能与分子量密切相关。在缩聚反应中，必须对产物分子量即聚合度进行有效控制。控制反应程度，即可控制聚合物的聚合度。然而，在进一步加工时端基官能团可再进行反应，使反应程度提高，分子量增大，影响产品性能，所以用反应程度控制分子量并非有效的办法。有效的办法是使端基官能团丧失反应能力或条件。这种方法主要是通过非等摩尔比配料使某一原料过量，或加入少量单官能团化合物进行端基封端反应，例如用乙酸或月桂酸作为聚酰胺分子量稳定剂。

设 r 为两种反应基团的摩尔比，$r = N_A/N_b \leqslant 1$，N_a 及 N_b 为起始官能团 a 和 b 的数目，则可得到：

$$\overline{X}_n = \frac{1+r}{1+r-2rp} = \frac{1+r}{2r(1-p)+(1+r)} \qquad (2\text{-}31)$$

当 $r=1$，即等摩尔比时：$\overline{X}_n = \dfrac{1}{1-p}$。

当 $p=1$，即官能团 a 完全反应时：

$$\overline{X}_n = \frac{1+r}{1-r} \qquad (2\text{-}32)$$

利用非等摩尔比控制聚合物的分子量时，由式（2-32）可进一步得到聚合度与单体过量分子分数 Q 的关系。

设单体 b—R—b 的过量分子分数 $Q = \dfrac{N_a-N_b}{N_a+N_b}$，则有：

$$\overline{X}_n = \frac{1}{Q} \qquad (2\text{-}33)$$

用单官能团分子控制聚合物的分子量时，由式（2-32）可导得聚合度与单官能团化合物过量分数的关系。

设 $r = \dfrac{N_a}{N_b+2N_b'} = \dfrac{N_a}{N_a+2N_b'}$。式中，$N_b'$ 为单官能团化合物在系统中的分子数，系数 2 表示一个单官能团分子相当于两个 b 官能团的作用。

于是可得：

$$\overline{X}_n = \frac{1+r}{1-r} = \frac{N_a+N_b'}{N_b'} = \frac{1}{q} \qquad (2\text{-}34)$$

式中，$q = \dfrac{N_b'}{N_a + N_b'}$，为单官能团化合物的分子分数。

2.3.1.3　体型缩聚

若有多于两个官能团的单体参加反应，形成支化或交联等非线型结构产物，这种缩聚反应称为体型缩聚反应。体型缩聚的特点是：当反应进行到一定时间后出现凝胶。凝胶就是不溶不熔的交联聚合物。出现凝胶时的反应程度称为凝胶点。为了便于热固性聚合物的加工，对于体型缩聚反应，要在凝胶点之前终止反应。凝胶点是产品工艺控制中的重要参数。

热固性聚合物的生成过程，根据反应程度与凝胶点的关系，可分为甲、乙、丙3个阶段：反应程度在凝胶点以前就终止反应的反应产物称为甲阶聚合物；反应程度接近凝胶点而终止反应的产物称为乙阶聚合物；反应程度大于凝胶点的产物称为丙阶聚合物。体型缩聚的预聚体通常指甲阶聚合物或乙阶聚合物。丙阶聚合物则称为不溶不熔的交联聚合物。

凝胶点是体型缩聚的重要参数，可由实验测定，也可通过理论计算。有两种理论计算方法：卡洛泽斯（Carothers）法和统计计算法。这两种方法都是建立反应单体的平均官能度与凝胶点的关系。

缩聚反应单体的平均官能团数即平均官能度 $\bar{f}$ 为：

$$\bar{f} = \frac{f_a N_a + f_b N_b + \cdots}{N_a + N_b + \cdots} = \frac{\sum f_i N_i}{\sum N_i} \tag{2-35}$$

式中，N_i 和 f_i 分别为第 i 种单体的分子数和官能度。

根据 Carothers 计算方法，当反应体系开始出现凝胶时，数均聚合度 $\overline{X}_n \to \infty$，由此可推导出凝胶点 P_c 为：

$$P_c = \frac{2}{\bar{f}} \tag{2-36}$$

此方法的缺点是过高估计了出现凝胶时的反应程度，即 P_c 的计算值偏高。实际上这是由于在凝胶点 P_c 并非趋于无穷。

根据 Flory 统计方法计算 P_c 可表示为：

$$P_c = \frac{1}{r^{1/2}[1 + \rho(\bar{f} - 2)]^{1/2}} \tag{2-37}$$

式中，ρ 为多官能单元上的官能团数占全部同类官能团数的分数；$r^{1/2} \leqslant 1$，为两种反应官能团的摩尔比。

用 Flory 统计方法求得的凝胶点数值偏低。实际上，可将式（2-36）视为凝胶点的上限，而式（2-37）为下限。实测值介于二者之间。

2.3.2　逐步加聚反应

单体分子通过反复加成使分子间形成共价键而生成聚合物的反应称为逐步加聚反应，例如二异氰酸酯与二元醇生成聚氨基甲酸酯的反应。双环氧化合物，双亚乙基亚胺化合物，双内酯、双偶氮内酯等二官能团环状化合物，以及某些烯烃化合物，都可按逐步加聚反应形成聚合物。Diels-Alder 反应也可视作一种逐步加聚反应。

2.3.2.1　聚氨酯的合成

异氰酸酯基很活泼，可与含氢化合物如醇、酸、胺、水等发生反应。二异氰酸酯如 TDI

与二元醇反应，即可制得聚氨基甲酸酯。

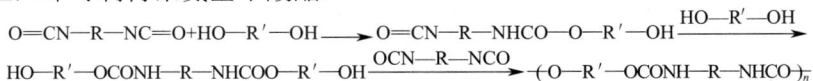

$$O=CN-R-NC=O+HO-R'-OH \longrightarrow O=CN-R-NHCO-O-R'-OH \xrightarrow{HO-R'-OH}$$

$$HO-R'-OCONH-R-NHCOO-R'-OH \xrightarrow{OCN-R-NCO} (O-R'-OCONH-R-NHCO)_n$$

2.3.2.2 环氧聚合物的合成

环氧树脂是分子中至少带有两个环氧 $\overset{-CH-CH_2}{\underset{O}{\diagdown}}$ 端基的物质。双酚型环氧树脂是由环氧氯丙烷与双酚 A 的加成产物，结构为：

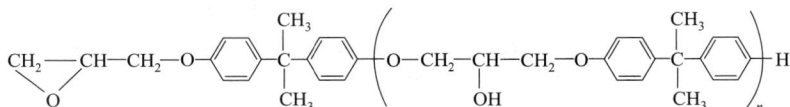

能与环氧基起反应的物质可使环氧树脂固化，形成体型结构。例如胺类固化剂引起的交联反应：

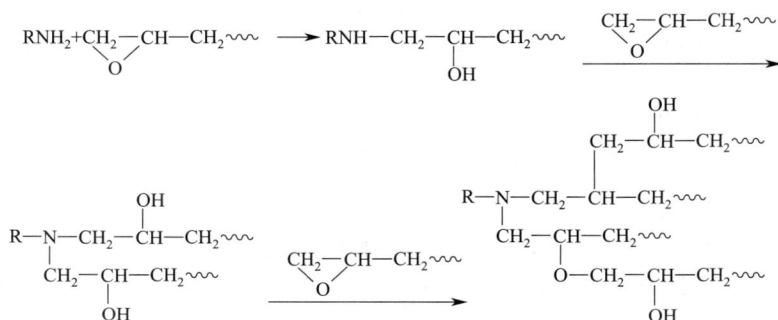

2.3.2.3 Diels-Alder反应

它是一个双轭双烯与一个烯烃化合物发生的 1,4-加成反应，形成各种环状结构，可用以制备梯形聚合物、稠环聚合物等。

例如，1,3-二烯烃在 $TiCl_4$-Al$(C_2H_5)_2Cl$ 形成的有效催化剂 $C_2H_5AlCl^+$ 存在下，可制得梯形聚合物。

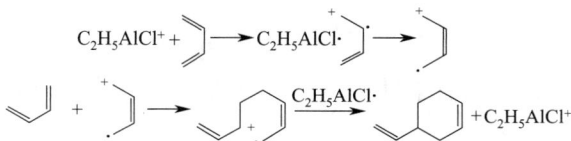

如此反复进行，可得到梯形聚合物。

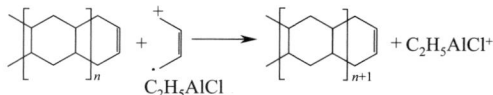

2.3.2.4 环内酰胺的平衡聚合反应

ε-己内酰胺以水为催化剂的聚合反应即水解聚合。其具体反应过程如下。

首先，ε-己内酰胺与水反应而开环：

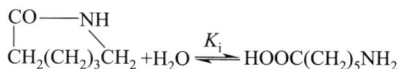

$$\underset{CH_2(CH_2)_3CH_2}{\overset{CO--NH}{\diagup}} + H_2O \underset{}{\overset{K_i}{\rightleftharpoons}} HOOC(CH_2)_5NH_2$$

己内酰胺不能用含水的胺引发反应，但可用氨基己酸引发反应，所以参与反应的活性中

心为 $^-OOC(CH_2)_5\overset{+}{N}H_3$，铵离子对单体进行亲电加成反应：

$$^-OOC(CH_2)_5\overset{+}{N}H_3 \quad + \quad \underset{\underset{HN-(CH_2)_5}{\diagdown\diagup}}{\overset{O}{\overset{\|}{C}}} \quad \overset{K_p}{\rightleftharpoons} \quad ^-OOC(CH_2)_5NHCO(CH_2)_5\overset{+}{N}H_3$$

$$\underset{\underset{HN-(CH_2)_5}{\diagdown\diagup}}{\overset{O}{\overset{\|}{C}}} \quad \cdots\cdots \quad \overset{K_p}{\rightleftharpoons} \quad ^-OOC[(CH_2)_5NHCO]_nCH_2\overset{+}{N}H_3$$

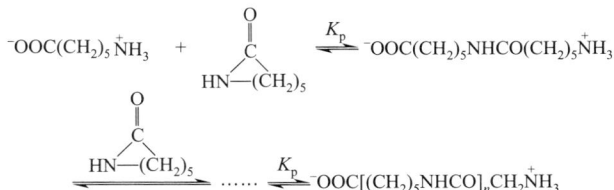

与平衡缩聚反应不同，在反应过程中无小分子副产物析出。另外，该反应同时存在两个平衡：一个是引发过程的环 - 线转化平衡，以 K_i 表示平衡常数；另一个是增长过程平衡，以 K_p 表示平衡常数。设达到反应平衡态时单体和水的浓度分别为 M_e 和 X_e，单体和水的起始浓度分别为 M_0 和 X_0，则根据上述两个平衡，可求得平均聚合度 $\bar{X}_n$ 与水起始浓度的关系为：

$$\bar{X}_n = \frac{M_0 - M_e}{X_0 - X_e} \tag{2-38}$$

X_e 和 M_e 可分别由 K_i 和 K_p 求出。

由式（2-38）可见，起始水用量越大，平衡聚合度越小。环醚单体如四氢呋喃等的阳离子聚合反应，也是这种类型的逐步聚合反应。

参 考 文 献

[1] George O. Principles of Polymerization. New York: MCGraw-Hill，1976.

[2] 潘祖仁 . 高分子化学 . 北京：化学工业出版社，2003.

[3] 张留成，等 . 缩合聚合 . 北京：化学工业出版社，1986.

[4] 曹同玉，等 . 聚合物乳液合成原理、性能及应用 . 北京：化学工业出版社，1997.

[5] 林尚安，等 . 高分子化学 . 北京：科学出版社，1982.

[6] Kennedy J P, et al. Carbocationic Polymerization. New York: Wiley-Interscience，1983.

[7] 张留成，等 . 高分子材料进展 . 北京：化学工业出版社，2005.

[8] Treat N J，Sprafke H，Kramer J W，et al. J Am Chem Soc，2014，136（45）：16096.

习题与思考题

1. 写出聚氯乙烯、聚苯乙烯、聚丁二烯和尼龙 66 的分子式。

2. 写出以下单体的聚合反应式，并写出单体和聚合物的名称。

（1）$CH_2\!=\!CHCl$　　　　　　　　　（2）$CH_2\!=\!C（CH_3）_2$

（3）$HO（CH_2）_5COOH$　　　　　　（4）$NH_2（CH_2）_6NH_2+HOOC（CH_2）_4COOH$

3. 下列烯烃单体适于何种聚合：自由基聚合、阳离子聚合或阴离子聚合？并说明理由。

（1）$CH_2\!=\!CHCl$　　　　　　（2）$CH_2\!=\!CCl_2$　　　　　　（3）$CH_2\!=\!CHCN$

（4）$CH_2\!=\!C（CN）_2$　　　　（5）$CH_2\!=\!CHCH_3$　　　　（6）$CH_2\!=\!C（CH_3）_2$

（7）$CH_2\!=\!CHC_6H_5$　　　　（8）$CF_2\!=\!CF_2$　　　　　　（9）$CH_2\!=\!C（CH_3）\!-\!CH\!=\!CH_2$

4. 以偶氮二异丁腈为引发剂，写出氯乙烯聚合历程中各基元反应式。

5. 对于双基终止的自由基聚合，设每一聚合物含有 1.30 个引发剂残基，假定无链转移反应，试计算歧

拓展阅读

2-2
高分子材料制备反应新进展

化终止和偶合终止的相对量。

6. 用过氧化二苯甲酰为引发剂，苯乙烯聚合时，各基元反应活化能分别为 E_d=125.6 kJ·mol^{-1}、E_p=32.6 kJ·mol^{-1}、E_t=10 kJ·mol^{-1}，试比较反应温度从 50℃增至 60℃以及从 80℃增至 90℃时总反应速率常数和聚合度变化的情况；光引发时的情况又如何？

7. 何谓链转移反应？有几种形式？对聚合速率和产物分子量有何影响？什么是链转移常数？

8. 聚氯乙烯的分子量为什么与引发剂浓度基本上无关，而仅取决于温度？氯乙烯单体链转移常数 C_M 与温度的关系如下：

$$C_M=12.5\exp(30.5/RT)$$

试求 40℃、50℃、55℃及 60℃下聚氯乙烯的平均聚合度。

9. 试述单体进行自由基聚合时诱导期产生的原因。

10. 推导二元共聚物组成的微分方程式。

11. 自由基聚合时，转化率和分子量随时间的变化有何特征？其原因何在？

12. 写出下列引发剂的分子式和分解反应式，并指出哪些是水溶性的、哪些是油溶性的。

（1）偶氮二异丁腈

（2）偶氮二异庚腈

（3）过氧化二苯甲酰

（4）异丙苯过氧化氢

（5）过硫酸钾-亚硫酸盐体系。

13. 解释引发剂效率、诱导分解和笼蔽效应，试举例说明。

14. 推导自由基聚合动力学方程时做了哪些基本假定？聚合速率与引发剂浓度平方根成正比是由哪一种机理造成的？

15. 动力学链长的定义是什么？动力学链长与平均聚合度有何关系？链转移反应对动力学链长有何影响？

16. 氯乙烯、苯乙烯、甲基丙烯酸甲酯进行自由基聚合时都存在自动加速效应，三者有何异同？这三种单体聚合的终止方式有何不同？

17. 在竞聚率 $r_1=r_2=1$，$r_1=r_2=0$，$r_1>0$、$r_2=0$，$r_1r_2=1$ 等特殊情况下，二元共聚物组成变化的情况如何？

18. 试分析反应温度和溶剂对自由基共聚竞聚率的影响。

19. 两种共聚单体的竞聚率 r_1=2.0、r_2=0.5，若 f_1^0=0.5，转化率 c=50%，试求共聚物的平均组成。

20. 说明甲基丙烯酸甲酯、丙烯酸甲酯、苯乙烯、马来酸酐、乙酸乙烯酯、丙烯腈等分别与丁二烯共聚时其交替聚合倾向的次序及其原因。

21. 在离子型聚合反应中，活性中心离子和反离子之间的结合有几种形式？其存在形式受哪些因素影响？不同的存在形式对单体的聚合能力有何影响？

22. 试述离子型反应中控制聚合速率和产物分子量的主要方法。

23. 异丁烯阳离子聚合时，以向单体链转移为主要终止方式，聚合物端基为不饱和端基。若 4.0 g 聚异丁烯恰好使 6.0 mL 的 0.01 mol·L^{-1} 溴-四氯化碳溶液褪色，试计算聚合物的数均分子量。

24. 指出下列化合物可进行哪一类机理的聚合。

（1）四氢呋喃　　　　　（2）2-甲基四氢呋喃　　　　　（3）二噁烷

（4）三噁烷　　　　　　（5）丁内酯　　　　　　　　　（6）环氧乙烷

25. 简述乳液聚合中，单体、乳化剂和引发剂存在的场所，引发、增长和终止反应的场所和特征，胶束、乳胶粒、单体液滴和聚合速率的变化规律。

26. 计算苯乙烯乳液聚合速率和聚合度。设聚合温度为 60℃，此时，k_p=176 L·mol^{-1}·s^{-1}，[M]=5.0

mol $\cdot$ L^{-1}，$N=3.2\times10^{14}$ mL^{-1}，$\rho=1.1\times10^{12}$ 个分子 $\cdot$ mL^{-1} $\cdot$ s^{-1}。

27. 定量比较苯乙烯在 60℃ 下本体聚合及乳液聚合的速率和聚合度。设：乳胶粒子数 $=1.0\times10^{15}$ mL^{-1}，[M] $=5.0$ mol $\cdot$ L^{-1}，$\rho=5.0\times10^{12}$ 个分子 $\cdot$ mL^{-1} $\cdot$ s^{-1}。两个体系的速率常数相同：$k_{p}=176$ L $\cdot$ mol^{-1} $\cdot$ s^{-1}，$k_{t}=3.6\times10^{7}$ L $\cdot$ mol^{-1} $\cdot$ s^{-1}。

28. 以如下配方在 60℃ 下制备聚丙烯酸酯乳液：

丙烯酸乙酯 + 共聚单体	100
水	133
过硫酸钾	1
十二烷基硫酸钠	3
焦磷酸钠（pH 缓冲剂）	0.7

聚合时间 8 h，转化率 100%。试问下列各组分变动时第二阶段的聚合速率有何变化。

（1）用 6 份十二烷基硫酸钠

（2）用 2 份过硫酸钾

（3）用 6 份十二烷基硫酸钠和 2 份过硫酸钾

（4）添加 0.1 份十二烷基硫醇（链转移剂）

29. 试比较苯乙烯和氯乙烯悬浮聚合的特征。

30. 聚合物的立体规整性的含义是什么？

31. 下列单体进行配位聚合后，写出可能的立体规整聚合物的结构式：

（1）CH_2＝CH—CH_3

（2）CH_2＝CH—CH＝CH_2

（3）CH_2＝CH—CH＝CH—CH_3

32. 试讨论丙烯进行自由基聚合、离子型聚合及配位阴离子聚合时能否形成高分子聚合物，分析其原因。

33. 写出下列单体的缩聚反应和所形成的聚酯结构：

（1）HO—R—$COOH$

（2）$HOOC$—R—$COOH$+HO—R'—OH

（3）$HOOC$—R—$COOH$+$R'(OH)_3$

（4）$HOOC$—R—$COOH$+HO—R'—OH+$R''(OH)_3$

34. 等物质量的己二胺与己二酸进行缩聚反应，试求反应程度 p 为 0.50、0.90、0.99 和 0.995 时聚合物的平均聚合度 $\overline{X}_n$。

35. 等物质量的丁二醇与己二酸进行缩聚反应，制得的聚酯产物 $\overline{M}_n=5000$，求缩聚终止时的反应程度；若在缩聚过程中有摩尔分数 0.5% 的丁二醇因脱水而损失，求达到同一反应程度的 $\overline{M}_n$；如何补偿丁二醇的脱水损失，才能获得同一 $\overline{M}_n$ 的聚酯？

36. 由己二胺和己二酸合成聚酰胺，反应程度 $p=0.995$，分子量为 15000，试计算初始单体配料比。

37. 试写出聚氨酯的制备反应。

38. 解释以下术语：

（1）微悬浮聚合　　　（2）分散聚合　　　（3）微乳液聚合

（4）种子乳液聚合　　（5）无皂乳液聚合

第3章 高分子材料的结构与性能

高分子材料的结构与性能涉及范围很广，本章仅就结构与性能的基本概念和基本问题做简要阐述。有关高分子材料的界面及其对性能的影响、聚合物共混物和聚合物基复合材料将在以后的章节中讨论。

3.1 聚合物链的结构

聚合物链的结构包括聚合物链本身的结构和聚合物链之间的排列（凝聚态结构）两个方面内容。聚合物链可形成不同层次的结构组织，在光学或电子显微镜下可观察到这些不同层次链结构组织的形状和内部结构，称之为形态结构或形态。

3.1.1 聚合物链的组成和构型

聚合物链的组成和构型包括聚合物链结构单元的化学组成、连接方式、空间构型、序列结构以及聚合物链的几何形状。

3.1.1.1 聚合物链的化学组成

按照主链的化学组成，可分为碳链聚合物、杂链聚合物、元素有机聚合物等。聚合物链的化学组成不同，聚合物的性能也不同。

3.1.1.2 结构单元的连接方式

聚合物是由许多结构单元通过共价键连接起来的链状分子。在缩聚反应中，结构单元的连接方式比较固定。但在加聚反应中，单体构成聚合物的连接方式比较复杂，存在许多可能的连接方式。例如 $\overset{CH_2=CH}{\underset{R}{|}}$ 型的烯烃单体，设有取代基 R 的一端为"头"，另一端为"尾"，则存在"头-尾"、"头-头"或"尾-尾"连接的不同方式。当双烯烃单体聚合时，除了有"头-尾"连接外，还有 1,4-加成、1,2-加成及 3,4-加成等情况。

结构单元的连接方式对聚合物的化学、物理性能有明显影响。例如用聚乙烯醇制维纶时，只有"头-尾"连接时才能与甲醛缩合，生成聚乙烯醇缩甲醛，当"头-头"连接时不能进行缩醛化。当聚合物链中含有很多"头-头"连接时，便会剩下很多羟基不能与甲醛进行缩合。有些维纶纤维缩水性很大，原因就在于此。此外，由于羟基分布不规则，强度也会降低。

3.1.1.3 结构单元的空间排列方式

（1）几何异构

当双烯烃单体采取1,4-加成的连接方式时，因聚合物主链上存在双键，还有顺式和反式之分。例如，天然橡胶是顺式1,4-加成的聚异戊二烯，古塔波胶是反式1,4-加成的聚异戊二烯。由于结构不同，两者性能迥异。天然橡胶是很好的弹性体，密度为0.90 g·cm^{-3}，熔点T_m=30℃，玻璃化转变温度T_g=-70℃，溶于汽油、CS_2和卤代烃。古塔波胶由于等同周期小，容易结晶，无弹性，密度为0.95 g·cm^{-3}，T_m=65℃，T_g=-53℃。又如，顺式聚丁二烯为弹性体，可作橡胶用，而反式聚丁二烯只能用作塑料。

（2）结构单元的旋光异构

如果碳原子上所连接的4个原子（或原子基团）各不相同，此碳原子就称为不对称碳原子。例如，对单烯烃聚合物 $+CH_2-\overset{*}{C}H +_n$ ，在每个链节上星号所示的碳原子都为不对称碳原子，因为此碳原子两边所连接的碳链长度或结构不同，因而可视为两个不同的取代基。

由于每个不对称碳原子都有D-型及L-型两种可能构型，当一个聚合物链含有n个不对称碳原子时，就有2^n个可能的排列方式。有3种基本情况：各个不对称碳原子都具有相同的构型（D-型或L-型）时，称为全同立构；若D-型和L-型交替出现，称为间同（间规）立构；若D-型及L-型无规分布，则称为无规立构。全同立构和间同立构都属于有规立构，可通过等规聚合反应（即定向聚合反应）方法制得此类聚合物。

对于低分子物质，不同的空间构型常有不同的旋光性。但对聚合物链，虽然含有许多不对称碳原子，但由于内消旋或外消旋的缘故，通常并不显示旋光性。

聚合物的立体规整性对聚合物性能有很大影响。有规立构聚合物的取代基在空间排列规则，能够结晶，强度和熔点也较高。表3-1列出了几种常见立体异构聚合物性能的比较。

■ 表3-1 不同立体异构高聚物性能比较

高 聚 物	熔点 T_m/℃	玻璃化转变温度/℃	密度/(g·cm^{-3})
全同立构聚丙烯	165	-35	0.92
无规立构聚丙烯		-14	0.85
全同立构聚乙烯醇	212		1.12～1.31
间同立构聚乙烯醇	267		1.30
全同立构聚苯乙烯	230	100	1.13
无规立构聚苯乙烯		90～100	1.05
无规聚甲基丙烯酸甲酯		104	1.19
全同聚甲基丙烯酸甲酯	160	45	1.22
间同聚甲基丙烯酸甲酯	200	115	1.19

3.1.1.4 聚合物链骨架的几何形状

聚合物链骨架的几何形状可分为线型、支链、网状和梯形等几种类型。线型聚合物整个分子如同一根长链，无支链。支链聚合物亦称支化聚合物，是指分子链上带有一些长短不同的支链，产生支链的原因与单体的种类、聚合反应机理和反应条件有关。星形聚合物、梳形聚合物和枝形聚合物都可视为支链聚合物的特殊类型。

当聚合物链之间通过化学键相互交联起来时，就形成三维结构的网状聚合物。这种交联聚合物的特点是不溶不熔，表征这种交联结构的参数是交联点密度或交联点之间的平均分子量。支链的存在使聚合物不易排列整齐，因此结晶度和密度下降。高压聚乙烯（支链聚合物）、低压聚乙烯（线型聚合物）和交联聚乙烯的性能列于表 3-2。

■ 表 3-2　高压聚乙烯（LDPE）、低压聚乙烯（HDPE）和交联聚乙烯的性能

性　能	LDPE	HDPE	交联聚乙烯
密度/（g·cm^{-3}）	0.91~0.94	0.95~0.97	0.95~1.40
结晶度（X射线法）/%	60~70	95	
熔点/℃	105	135	
拉伸强度/MPa	6.9~14.7	21.6~36.5	9.8~20.7
最高使用温度/℃	80~100	120	135
用途	薄膜	硬塑料制品、管材、单丝等	海底电缆、电工器材

形状类似梯子和双股螺旋的聚合物分别称为梯形聚合物和双螺旋形聚合物。例如，聚丙烯腈在氮气保护并隔绝氧气条件下加热，可形成梯形结构的产物，即碳纤维。这类聚合物是双链构成的，具有优异的耐高温性能。

此外，还有聚合物链端基的问题。在聚合物链中，端基所占的比例虽然很小，但其作用不容忽视；端基不同时，聚合物的性能也不同，特别是对化学性质和热稳定性的影响更为明显。例如，聚甲醛的—OH端基被酯化后，可提高其热稳定性；聚碳酸酯的端羟基和端酰氯基都将促使聚碳酸酯的高温降解，在聚合过程中用苯酚类单官能团单体进行"封端"，可显著提高聚碳酸酯的热稳定性。

3.1.1.5 共聚物大分子链的序列结构

由两种或两种以上结构单元构成的共聚物大分子都有一定的序列结构。序列结构就是指几个不同结构单元在共聚物链中的排列顺序。以 M_1、M_2 两种单体的共聚物为例，其大分子链可看作由 $\pm M_1 \mp_{m_1}$ 和 $\pm M_2 \mp_{m_2}$ 两种链段无规连接而成。m_1 和 m_2 分别表示 M_1 序列和 M_2 序列的长度，可取由 1 到任意正整数的数值。序列结构就是指 M_1 和 M_2 序列的长度分布。

共聚物大分子链的序列结构可分为 3 种基本类型：

① 交替型（〜〜 $M_1M_2M_1M_2$ 〜〜〜），即交替共聚物。

② 嵌段及接枝型（〜〜〜 $M_1M_1M_1M_1M_2M_2M_2M_2$ 〜〜 及 $\begin{array}{c} \text{〜〜〜}M_1M_1M_1M_1M_1\text{〜} \\ | \\ M_2M_2M_2\text{〜} \end{array}$ ），即嵌段及接枝共聚物。

③ 无规型（〜〜〜 $M_1M_1M_2M_1M_2M_2M_2M_1M_1M_2M_2$ 〜〜），即无规共聚物的情况。

当大分子链序列结构不同时，共聚物的性能亦不同。例如 25% 苯乙烯与 75% 丁二烯组

成的共聚物，当形成无规共聚物时为橡胶类物质（丁苯橡胶），当形成嵌段共聚物时则为两相结构的热塑性弹性体。

3.1.2　聚合物链的分子量和构象

3.1.2.1　分子量

聚合物的分子量有两个基本特点：一是分子量大，二是分子量具有多分散性。聚合物分子量可高达数十万乃至数百万，长度可达 $10^2 \sim 10^3$ nm。而低分子物分子量不超过数百，长度不超过数纳米。分子量上的巨大差别反映为：从低分子到高分子在性质上的飞跃，是一个从量变到质变的过程。

聚合物是由大小不同的同系物组成的，其分子量只具有统计平均的意义，这种现象称为分子量的多分散性。多分散性的大小主要决定于聚合过程，也受试样处理、存放条件等因素影响。

（1）聚合物的平均分子量

当其他条件固定时，聚合物的性质是分子量的函数。对不同的性质，这种函数关系是不同的，因而可根据不同的性质要求得到所需要的平均分子量。

聚合物溶液冰点的下降、沸点的升高、渗透压变化等性质只取决于溶液中聚合物的数目，这在物理化学知识中就是聚合物溶液的依数性。根据溶液的依数性测得的聚合物分子量平均值称为数均分子量，用 $\overline{M}_\text{n}$ 表示，它实际上是一种加权算术平均值。

$$\overline{M}_\text{n} = \frac{\sum n_i M_i}{\sum n_i} = \sum x_i M_i \tag{3-1}$$

式中，n_i 和 x_i 分别是分子量为 M_i 的聚合物的数量和摩尔分数。与 $\overline{M}_\text{n}$ 相对应的平均聚合度称为数均聚合度，用 $\overline{M}_\text{n}$ 表示。

聚合物溶液的另外一些性质，如光散射性质、扩散性质等，不但与溶液中聚合物分子链的数目有关，而且与聚合物的尺寸大小直接相关。根据这类性质测得的平均分子量为重均分子量，以 $\overline{M}_\text{w}$ 表示。

$$\overline{M}_\text{w} = \frac{\sum m_i M_i}{\sum m_i} = \sum w_i M_i = \frac{\sum n_i M_i^2}{\sum n_i M_i} \tag{3-2}$$

式中，m_i 和 w_i 分别是分子量为 M_i 的聚合物的质量和质量分数。与 $\overline{M}_\text{w}$ 相对应的平均聚合度称为重均聚合度，用 $\overline{X}_\text{w}$ 表示。

此外，还有根据聚合物溶液的沉降性质测得的 z 均分子量：

$$\overline{M}_\text{z} = \frac{\sum n_i M_i^3}{\sum n_i M_i^2}$$

以及根据聚合物溶液的黏度性质测得的黏均分子量：

$$\overline{M}_\eta = \left[\frac{\sum w_i M_i^a}{\sum w_i M_i} \right]^{1/\alpha} \tag{3-3}$$

式中，w_i 为分子量为 M_i 的聚合物的质量分数；α 为参数，取值在 0.5～1.0 之间。

各平均分子量之间有如下关系：

$$\overline{M}_z \geqslant \overline{M}_w \geqslant \overline{M}_\eta \geqslant \overline{M}_n$$

等号只适用于分子量为单分散性时，即聚合物链的分子量都相等的情况。

（2）分子量的多分散性

聚合物分子量的多分散性可用分子量分布函数完整地描述。但在实际应用中，只用多分散性的大小表示。多分散性的大小即分子量分布的宽窄，可用分子量多分散性指数 Q 表示。

$$Q = \frac{\overline{M}_w}{\overline{M}_n} \approx \frac{\overline{X}_w}{\overline{X}_n} \tag{3-4}$$

Q 值越大，即表示分子量分布越宽。

分子量的大小及其多分散性对聚合物性能有显著影响。通常聚合物的力学性能随分子量增大而提高。有两种基本情况：①如玻璃化转变温度（T_g）、拉伸强度、密度、比热容等性能，分子量较低时，随分子量增大而提高，直至达到一个极限值；②其他性能，如黏度、弯曲强度等，随分子量增加而不断提高，不存在上述的极限值。

Q 值的大小对聚合物性能也有很大影响。以聚苯乙烯为例，当 $\overline{M}_n$ 相同时，Q 值大的样品机械强度较高。这是由于 Q 值大即分子量分布宽时，在同一 $\overline{M}_n$ 值，高分子量的级分要多一些，而强度主要取决于高分子量级分。基于同样的原因，当 $\overline{M}_w$ 相同时，Q 值小，即分子量分布窄，其机械强度大，这是由于低分子量级分较少的缘故。

对塑料材料，分子量分布窄时，对加工和性能都有利。对橡胶，因为平均分子量都很大，足以保证制品的强度，常常是分子量分布宽一些更好，这样可以改善熔体的流动性而有利于加工。对纤维材料，由于其本身的分子量比较低，分子量分布越窄，对纤维制品的力学性能越有利。

3.1.2.2 构象及形态

前面谈到的结构单元连接方式、几何异构、旋光异构、聚合物链骨架的几何形状、共聚物的序列结构等，都属于化学结构。几何异构和旋光异构则称为构型（configuration）。构型不同时，分子的形状也不同，但要改变构型需要破坏化学键。

聚合物链是由众多的 C—C 单键（或 C—N、C—O、Si—O 等单键）构成的。这些单键是 σ 键，其电子云分布是对键轴对称的。所以，以 σ 键连接的两个原子可以相对旋转，称为分子的内旋转。如果不考虑取代基对这种旋转的阻碍作用，即假定在旋转过程中不发生能量变化，则称为自由内旋转。这时聚合物链上每一个单键在空间所能采取的位置与前一个单键位置的关系只受键角的限制，如图 3-1 所示。由图可见，第三个键相对第一个键，其空间位置的任意性已很大。两个键相隔越远，其空间位置的相对关系越小。可以设想，从第 $i+1$ 个键起，其空间位置的取向与第一个键的位置已完全无关。这就是说，整个聚合物链可看作是由若干个包含 i 键的段落自由连接而成的，这种段落称为链段，这时链段的运动是相互独立的。因此，在分子内旋转的作用下，聚合物链具有很大的柔曲性，可采取各种可能的形态，每种形态对应的原子及键的空间排列称为构象（conformation）。构象是由分子内部热运动产生的，是一种物理结构。

（1）聚合物链柔性和均方末端距

由于分子的内旋转，在自然状态下，聚合物链以卷曲状态存在，这时相应的构象数最多。在外力作用下，聚合物链可以伸展开来，构象数减少。当外力去除后，聚合物链又会回复到原来的卷曲状态，以实现体系能量最低。这就是聚合物链的柔顺性。

但是，与聚合物链完全伸直时相比，在自然状态下聚合物链究竟能卷曲多少倍？在自然状态下，也可用聚合物链的末端距大小描述。

假定聚合物链是由 n 个长度为 l、不占有空间体积的单元构成，无任何键角的限制，也不存在取代基对内旋转的阻碍，这时的聚合物链称为高斯链。可以求出此种"理想"聚合物链的均方根末端距（以下简称末端距）$\sqrt{\overline{h^2}}$（图3-2）为：

$$\sqrt{\overline{h^2}}=n^{\frac{1}{2}}l \tag{3-5}$$

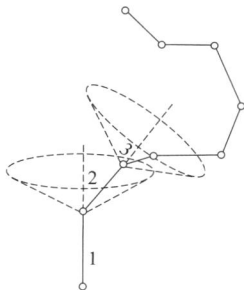

图3-1　聚合物链的内旋转

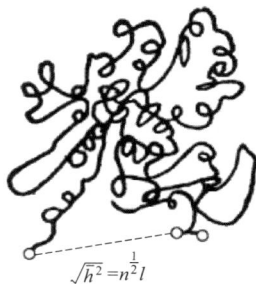

图3-2　聚合物链的柔性和末端距

而完全伸直时，聚合物链的长度 $L=nl$，也就是说聚合物链可以伸展 $n^{\frac{1}{2}}$ 倍。例如，$n=10^4$ 时，可伸展 100 倍。所以，高斯链是十分柔顺的。

对实际聚合物链，存在键角、内旋转位垒和结构单元占有一定空间体积的限制，但只需在式（3-5）的右端乘以适当的修正系数即可。例如，考虑键角 θ 的影响时，式（3-5）可修正为：

$$\sqrt{\overline{h^2}}=n^{\frac{1}{2}}l\sqrt{\frac{1-\cos\theta}{1+\cos\theta}} \tag{3-6}$$

考虑内旋转位垒时：

$$\sqrt{\overline{h^2}}=\sigma n^{\frac{1}{2}}l\sqrt{\frac{1-\cos\theta}{1+\cos\theta}} \tag{3-7}$$

式中，σ 为大于 1 的系数，其值随内旋转位垒的增加而增大。

聚合物链的柔性是决定聚合物特性的基本因素。聚合物链的柔性主要来源于其内旋转，而内旋转的难易程度决定于内旋转位垒的大小，凡是使内旋转位垒增加的因素都使柔性减小。内旋转位垒首先与主链结构有关，键长越大，相邻非键合原子或原子基团间的距离就越大，内旋转位垒就小，链的柔性就越大。取代基对聚合物链柔性的影响取决于取代基的极性、体积和位置。取代基的极性越强、体积越大，内旋转位垒就越大，聚合物链的柔性就越小。

（2）聚合物链形态的基本类型

热运动促使单键内旋转，内旋转使分子处于卷曲状态，呈现众多的构象。构象数越多，分子链的熵值就越大。但是，除熵值因素外，决定聚合物形态的还有能量因素。位能越低的形态，在能量上越稳定。聚合物链的实际形态取决于这两个基本因素的竞争。在不同条件下这两个因素的相对重要性不同，因此就产生各种不同的形态。

聚合物链的形态有以下几种基本类型：

① 伸直链（〰〰〰）。在这种形态中，每个链节都采取能量最低的反式连接。整个聚合物呈锯齿状。拉伸结晶的聚乙烯大分子链就是这种典型的例子。

② 折叠链（⨅⨆⨅⨆）。如在聚乙烯单晶中，大分子链就采取这种形态；在聚甲醛晶体中，大分子链也是这样。

③ 螺旋形链（〜〜〜）。全同立构的聚丙烯大分子链、蛋白质、核酸等大分子链都是这种螺旋形。形成螺旋状的原因是：采取这种形态时，相邻的非键合原子基团间距离较大，相斥能较小，有利于形成分子内的氢键。

④ 无规线团（图 3-2）。大多数合成的线型聚合物在熔融态或溶液中聚合物链都呈无规线团状，这是常见的聚合物链形态。

3.1.3　聚合物链的凝聚态结构

聚合物链的凝聚态结构是指：在分子间力作用下，大分子链相互聚集在一起，所形成的组织结构。聚合物链的凝聚态结构分为晶态结构和非晶态（无定形）结构两种类型。结构规整、简单以及分子间作用力强的聚合物易于形成晶态结构，结构复杂又不规整的大分子链则往往形成无定形即非晶态结构。当然，聚合物能否结晶以及结晶程度的大小与外界条件密切相关。表 3-3 列出了结晶聚合物和非晶聚合物类型。

■　表 3-3　结晶聚合物和非晶聚合物

项目	结晶聚合物	非晶聚合物	介于二者之间的聚合物（结晶度较低）
一般特征	具有较强的分子间作用力，或者结构规整	无规立构均聚物、无规共聚物、热固性塑料	
例子	聚乙烯、等规聚丙烯、聚四氟乙烯、聚酰胺、聚对苯二甲酸乙二醇酯、聚碳酸酯、聚环氧丙烷、纤维素、聚甲醛	聚苯乙烯（立体无规）、氯化聚乙烯、聚甲基丙烯酸甲酯、聚氨酯、脲醛树脂、酚醛树脂、环氧树脂、不饱和聚酯	天然橡胶　聚异丁烯　丁基橡胶　聚乙烯醇　聚氯乙烯　聚三氟氯乙烯｝高应变下结晶

聚合物链的凝聚态结构有两个不同于低分子物凝聚态的明显特点：

① 聚合物晶态总是包含一定量的非晶相，100% 结晶的情况是很罕见的。

② 聚合物链的凝聚态结构不但与聚合物链本身的结构有关，而且强烈依赖外界条件。例如同一种尼龙 6，在不同条件下制备的样品形态结构截然不同。将尼龙 6 的甘油溶液加热至 260℃，再倾入 25℃的甘油中，形成非晶态的球状结构。如将上述溶液以 $1\sim2℃\cdot min^{-1}$ 的速度慢慢冷却，则形成微丝结构。冷却速度为 $40℃\cdot min^{-1}$ 时，形成细小的层片结构，这是规整的晶体结构。若将尼龙 6 的甲酸溶液蒸发，则得到枝状或钢丝状结构。

3.1.3.1　非晶态结构

聚合物的非晶态结构是指玻璃态、橡胶态、黏流态（或熔融态）和结晶高聚物中非晶区的结构。非晶态聚合物的分子排列无长程有序，对 X 射线衍射无清晰点阵图案。

关于非晶态聚合物的结构尚有争论。有两种不同的基本观点，即两种不同的基本模型：弗洛里（Flory）的无规线团模型和叶叔茵（Yeh）的折叠链缨状胶束粒子模型。其他的都介于二者之间。

Flory 用统计热力学理论推导并实验测定了聚合物链的均方末端距和回转半径及其与温度的关系。结果表明，非晶态聚合物无论在溶液中还是在本体中聚合物链都呈无规线团的形态，线团之间是无序地相互缠结，有过剩的自由体积，并在此基础上提出了单相无规线团模型。根据这一模型，非晶态聚合物结构犹如羊毛杂乱排列而成的毛毡，不存在任何有序的区域结构。这一模型可以解释橡胶的弹性等行为，但难以解释如下的事实：①有些聚合物（如聚乙烯）几乎能瞬时结晶，很难设想原来杂乱排列、无规缠结的聚合物链能在很短的时间内达到规则排列；②根据 Flory 无规线团模型，非晶态的自由体积应为 35%，而事实上非晶态只有大约 10% 的自由体积。

因此，很多人对无规线团模型表示异议，提出了非晶态聚合物局部有序（即短程有序）的结构模型，其中有代表性的是 Yeh 在 1972 年提出的折叠链缨状胶束粒子模型，亦称为两相模型，如图 3-3 所示。此模型的主要特点是：非晶态聚合物不是完全无序的，而是存在局部有序的区域，即包含有序和无序两个部分。此模型因此称为两相结构模型。根据这一模型，非晶态聚合物主要包括两个区域：一是由聚合物链折叠而成的"球粒"或"链结"，其尺寸约 3～10 nm，在这些"颗粒"中折叠链的排列比较规整，但比晶态的有序性要小得多；二是球粒之间的区域是完全无规的，其尺寸约 1～5 nm。

3.1.3.2　晶态结构

与通常的低分子晶体相比，聚合物晶体具有不完善性、无确定的熔点且结晶速率较慢（也有例外，如聚乙烯）的特点。这些特点来源于聚合物的结构特征。一个聚合物链可占据许多个格子点，构成格子点的并非整个聚合物，而是聚合物链中的结构单元或聚合物的局部段落，也就是说一个聚合物链可以贯穿若干个晶胞。因此，聚合物晶体结构包括晶胞结构、晶体中聚合物链的形态以及单晶和多晶的形态等。

（1）晶胞结构

聚合物晶体晶胞中，沿聚合物链方向和垂直于聚合物链方向原子间距离是不同的，使得聚合物不能形成立方晶系。取聚合物链的方向为 Z 轴方向，晶胞结构和晶胞参数与聚合物的化学结构、构象及结晶条件等因素有关。图 3-4 为聚乙烯的晶胞结构示意图。

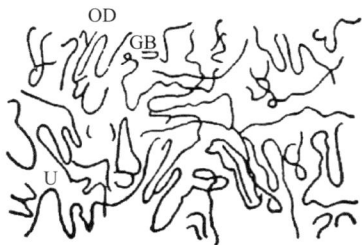

图3-3　折叠链缨状胶束粒子模型
OD—有序区；GB—晶界区；U—粒间区

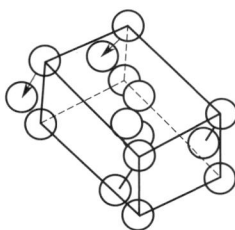

图3-4　聚乙烯晶胞结构

聚合物晶胞中，聚合物链可采取不同的构象（形态）。聚乙烯、聚乙烯醇、聚丙烯腈、涤纶、聚酰胺等晶胞中聚合物链大多为平面锯齿状，而聚四氟乙烯、等规聚丙烯等晶胞中聚合物链呈螺旋形态。

（2）聚合物晶态结构模型

聚合物晶态结构模型的中心问题是晶体中聚合物链的堆砌方式。基本模式有两种：一种是缨须状胶束模型（图3-5），它是由非晶态结构的无规线团模型衍生出来的；另一种是折叠链模型（图3-6），它是从局部有序的非晶态结构模型衍生出来的。

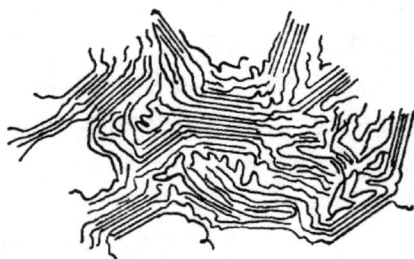

图3-5　缨须状胶束模型

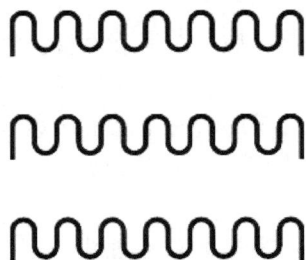

图3-6　折叠链模型

缨须状胶束模型认为，聚合物结晶中存在许多胶束和胶束间区域，胶束是结晶区，胶束间是非晶区。此种模型流行多年，主要是因为它能解释一些事实，例如晶区和非晶区之间的强力结合而形成具有优良力学性能的结构等。但此模型难以解释另外一系列事实，因而提出了折叠链模型。折叠链模型的要点是：在聚合物晶体中，聚合物链是以折叠的形式堆砌起来的。许多人将上述两种模型的概念加以融合，但仍在上述两种模型的范畴之内。

对于聚合物结晶度较高的情况，折叠链模型较为适用。高结晶度情况下也存在许多缺陷，其中有以下几种：①点缺陷，如空出的晶格位置和在缝隙间的原子、链端、侧基等；②位错，主要是螺型位错和刃型位错，螺型位错使晶体生长成螺旋形，这在聚合物单晶和聚合物本体中都常能见到；③二维缺陷，如折叠链表面；④链无序缺陷，如折叠点、排列改变等；⑤非晶态缺陷，即无序范围较大的区域。

当聚合物为低结晶度及中等结晶度时，缨须状胶束模型的概念更适用。

（3）聚合物结晶形态

根据结晶条件的不同，聚合物可以生成单晶体、树枝状晶体、球晶以及其他形态的多晶聚集体。多晶体是片状晶体的聚集体。

聚合物单晶都是折叠链构成的片晶，链的折叠方向与晶面垂直。单晶的生长规律与低分子晶体相同，往往沿螺旋位错中心盘旋生长而变厚。聚合物单晶只能从聚合物稀溶液中、在极慢速条件下形成。浓溶液和熔体通常形成球晶或其他形态的多晶体。

聚乙烯在高静压和较高温度下结晶时可以形成伸直链片晶，其厚度与聚合物链长度相当，厚度的分布与分子量分布相对应。这是热力学上最稳定的晶体。尼龙6、涤纶等也可以生成伸直链片晶。

球晶是微小片晶聚集而成的多晶体，直径可达几十至几百微米，可用光学显微镜直接观察到，在偏光显微镜的正交偏振片之间呈现特有的黑十字消光或带有同心环的黑十字图形，如图3-7所示。球晶由扭曲的晶片构成，晶片之间由微丝状的系结链连接在一起，如图3-8所示。系结链可能是由分子链聚集而成的伸直链带状晶体构成，这种系结链使聚合物晶体具有较好的强度和韧性。

图3-7 全同立构聚苯乙烯球晶的偏光显微镜照片

图3-8 聚乙烯球晶中晶片之间的系结链

聚合物在切应力作用下结晶时往往生成一长串半球状的晶体，称为串晶，如图3-9所示。这种串晶具有伸直链结构的中心轴，其周围间隔地生长着折叠链构成的片晶，如图3-10所示。由于伸直链结构中心轴的存在，串晶的机械强度较高。

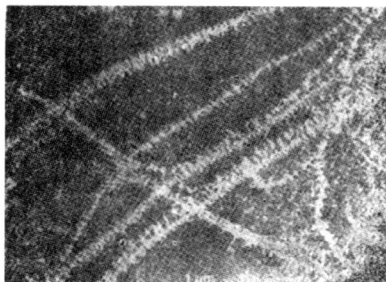

图3-9 聚乙烯串晶

图3-10 串晶结构

聚合物晶体结构可归纳为以下 3 种结构的组合：分子链是无规线团的非晶态结构；分子链折叠排列、横向有序的片晶；伸直平行取向的伸直链晶体。实际聚合物材料都可视为这 3 种结构按不同比例组合而成的混合物。结晶部分的含量可用结晶度表示。测定结晶度的方法包括密度法、红外光谱法、X 射线衍射法等。因不同的方法涉及不同的有序度及其性质，它们的具体数值是不能进行比较的。

（4）结晶过程

聚合物的结晶速率是晶核生成速率和晶粒生长速率的总效应，如图3-11所示。成核过程包括均相成核和异相成核（外部添加物，如成核剂或者杂质）。若成核速率大，生长速率小，则形成的晶粒（通常为球晶）较小；反之，则形成的晶粒较大。在加工过程中，可通过调整成核速率和生长速率控制晶粒的大小，从而控制产品的性能。

聚合物结晶过程可分为主期和次期两个阶段。次期结晶是主期结晶完成后，某些残留非晶部分及结晶不完整部分继续进行结晶和重排。次期结晶速率很慢，在产品使用过程中常因次期结晶的继续进行而影响性能。可采用退火等方法消除这种影响。

聚合物结晶速率最大时的温度 T_K 与其熔点 T_m 间有以下关系：

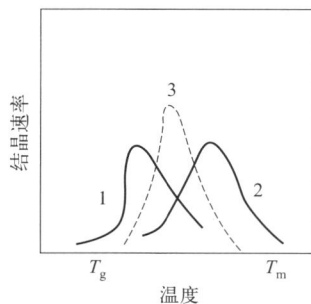

图3-11 结晶速率与温度的关系

1—成核速率；2—晶粒生长速率；3—结晶速率

$$T_K=0.8T_m \tag{3-8}$$

聚合物结晶速率对温度十分敏感，有时温度变化 1℃，结晶速率可相差几倍。依靠自身分子链结构均相成核的聚合物结晶时，容易形成大球晶，力学性能不好。外加入成核剂可降低球晶尺寸。对聚烯烃，常用脂肪酸碱金属盐作为成核剂。结晶可提高聚合物的密度、硬度和热变形温度，而且溶解性和透气性降低；而拉伸强度提高，断裂伸长率下降，但冲击韧性通常也会降低。

3.1.3.3　聚合物液晶态

液晶是介于液相（非晶态）和晶相之间的中介相；其物理状态为液体，而具有与晶体类似的有序性。根据分子排列方式的不同，液晶可分为 3 种类型：近晶型、向列型和胆甾型（参见 5.1 节）。

制备液晶有两种方法：将晶体熔化制得的液晶称为热致性液晶；将晶体溶解得到的液晶称为溶致性液晶。聚合物液晶通常是溶致性液晶。某些刚性很大的聚合物，如聚芳酰胺，也能形成液晶态。

聚合物液晶最突出的性质是其特殊的流变行为，即高浓度、低黏度和低剪切应力下的高取向度。采用液晶纺丝可克服通常情况下高浓度必然伴随高黏度的困难，而且易达到高度取向。美国杜邦公司的 Kevlar 纤维（B 纤维）就是采用液晶纺丝方法制得的对位聚芳酰胺高强度纤维，其拉伸强度高达 2815 MPa，模量达 126.5 GPa。

3.1.3.4　聚合物取向态结构

在外力场作用下，链段、整个聚合物链或者晶粒沿一定方向排列的现象称为聚合物的取向。相应的链段、聚合物链或者晶粒称为取向单元。

按取向方式可分为单轴取向和双轴取向；按取向机理可分为分子取向（链段或大分子链取向）和晶粒取向。单轴拉伸而产生的取向叫单轴取向，如图 3-12（a）所示。双轴取向是沿相互垂直的两个方向上依次进行拉伸而产生的取向状态，取向单元沿平面排列，在平面内取向的方向是无规的，如图 3-12（b）所示。

非晶态聚合物取向比较简单，视取向单元的不同分为大尺寸取向和小尺寸取向。大尺寸取向指聚合物链作为整体是取向的，但就链段而言可能并未取向。小尺寸取向是指链段取向，而整个聚合物链并未取向。大尺寸取向慢，解取向也慢，这种取向状态比较稳定。小尺寸取向快，解取向也快，这种取向状态不稳定。分子链取向而链段不取向的情况对纺丝工艺十分重要，可制得强韧而又富弹性的纤维。

结晶聚合物的取向比较复杂，伴随凝聚态结构的变化。一般结晶性聚合物的取向主要是球晶的形变过程。在弹性形变阶段，球晶被拉成椭球形，再继续拉伸到不可逆形变阶段，球晶变成带状结构。在球晶形变过程中，组成球晶的片晶之间会发生倾斜，晶面滑移和转动甚至破裂，部分折叠链被拉成伸直链，原有的结构部分或全部破坏，形成由取向的折叠链片晶和在取向方向上贯穿于片晶之间的伸直链组成的新结晶结构。这种结构称为微丝结构，如图 3-13（a）所示。在拉伸取向过程中，也可能原有的折叠链片晶部分转变成分子链沿拉伸方向规则排列的伸直链晶体，如图 3-13（b）所示。拉伸取向的结果是伸直链段增多，折叠链段减少，系结链数目增多，从而提高了材料的机械强度和韧性。聚合物取向后呈现明显的各向异性，取向方向的机械强度提高，垂直于取向方向的强度下降。

(a) 单轴取向	(b) 双轴取向

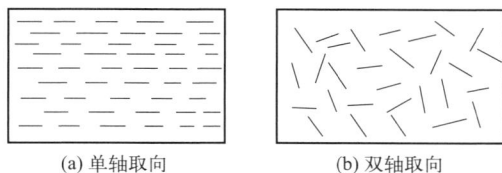

图3-12 聚合物取向

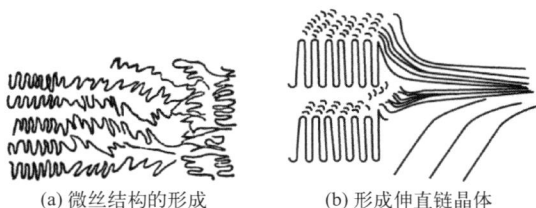

(a) 微丝结构的形成	(b) 形成伸直链晶体

图3-13 结晶聚合物取向机理

3.2 聚合物的分子运动及物理状态

3.2.1 聚合物分子运动的特点

聚合物链分子运动的性质和程度取决于温度，不同的运动形式需要不同的能量激发。因此，不同形式的运动存在不同的临界温度，在此温度之下该形式的运动处于"冻结"状态。

由于聚合物链分子运动的结构多重性，聚合物链的分子运动就存在与其结构相对应的一系列特点，可归纳为以下两个方面。

（1）聚合物链的分子运动具有多重性

聚合物链具有多重运动单元，如侧基、支链、链节、链段及整个聚合物等，与这些不同运动单元相对应的运动方式有键长、键角的振动或扭曲，侧基、支链或链节的摇摆、旋转，分子内旋转及整个聚合物的质心位移等。此外，对结晶聚合物还存在晶型转变、晶区缺陷部分的运动等。

与低分子相比，聚合物链分子运动通常分为两种尺寸的运动单元，即大尺寸链运动单元和小尺寸链运动单元，前者指整个聚合物链，后者指链段和链段以下的运动单元。小尺寸单元的运动亦称为微布朗运动。

（2）聚合物链的分子运动具有明显的松弛特性

具有时间依赖性的过程称为松弛过程。在外场（力、电、磁等）作用下，任何一个体系都会由一种平衡状态过渡到与外场作用相适应的另一种平衡状态。外场的作用亦称"刺激"，受到外场"刺激"后，体系状态的变化称为"响应"。从施加刺激到观察响应的时间间隔 t 称为时间尺度，简称为时间。在外场作用下，任何体系从原来的平衡状态过渡到另一平衡状态是需要一定时间的，即有一个速度问题。这样的过程在物理学上称为"松弛过程"或"弛豫过程"或"延滞过程"。所以，松弛过程也就是速度过程，在化学反应上就是化学动力学的变化。这种过程的快慢可用松弛时间 τ 表示，τ 越大过程越慢。在化学链上，一级反应的半衰期就可视为一种松弛时间。在达到新的平衡状态前要经过一系列随时间改变的中间状态，这种中间状态就称为松弛状态。

严格而言，一切运动过程都有松弛特性。但诸如键长、键角的振动、扭曲等，在通常时间尺度内观察不到，可视为不存在松弛过程。聚合物链的分子运动单元，除键长、键角及其他小尺寸单元外，一般体积较大，松弛时间较长，所以在一般时间尺度下就可看到明显的分子链松弛特性。此外，聚合物链分子运动的多重性使得具有众多的松弛过程，具有范围很大的松弛时间谱，松弛时间可在 $10^{-10} \sim 10^{4}$ s 的宽范围内变化。

既然分子运动是一个速度过程，要达到一定的运动状态，提高温度和延长时间具有相同的分子运动效果，这称为时-温转化效应或时-温等效原理。聚合物分子运动及物理状态原则上都符合时-温等效原理，这与化学反应动力学的情况是相似的。

3.2.2　聚合物的物理状态

3.2.2.1　凝聚态和相态

相态是热力学概念，相的区别主要是基于结构学特征判别的。相态决定于自由焓、温度、压力、体积等热力学参数，相态之间的转变必定有热力学参数的突跃变化。

凝聚态是动力学概念，是根据物体对外场特别是外力场的响应特性划分的，所以也常称为力学状态。凝聚态涉及的是松弛过程。一种物质的力学状态与时间因素密切相关，这是与相态的根本区别。

气相和气态在本质上是一致的。通常情况下，液态可等同于液相。不过存在特殊情况，例如液晶，从力学状态看是液体，在结构上却被划入晶相。一般认为液相通常呈现液态，但也有特殊例子，如玻璃。虽然在高温下，如相分离或熔融状态时，剥离处于液相，可冷却后它并不会保持液相，而是转化为玻璃态。

玻璃本身不属于传统意义上的液相，它是一种独特的玻璃态物质。在常温下，玻璃表现为介于固体和液体之间的状态，具有高黏度、固定形状，同时微观结构上又有液体的无序性，只有在高温熔融时才可能短暂呈现液相特征。另外，液相的水在频率极高的外力作用下，会表现出固体的弹性。对凝聚态而言，速度和时间是关键因素，所以它只有相对的意义。当然通常所指的凝聚态，如固态、液态和气态都是基于通常时间尺度下的状态。

3.2.2.2　非晶态聚合物的3种力学状态

聚合物无气相和气态。聚合物存在晶态和非晶态（无定形）两种相态，非晶态在热力学上可视为液相。当液体冷却凝固时，有两种转变过程：一种是分子做规则排列，形成晶体，这就是相变过程。另一种情况是，当液体冷却时，分子来不及做规则排列，体系黏度已经变得很大了（如 10^{12} Pa·s），冻结成无定形状态的固体。这种状态又称为玻璃态或过冷液体。此转变过程称作玻璃化转变过程。在玻璃化转变过程中，热力学性质无突变现象，而有渐变区，取其折中温度，称为玻璃化转变温度（T_g）。

非晶态聚合物在玻璃化转变温度以下处于玻璃态。玻璃态聚合物受热时，经高弹态，最后转变成黏流态，如图 3-14 所示。开始转变为黏流态的温度称为流动温度或黏流温度（T_f）。这 3 种状态称为力学三态。在图 3-14 所示的温度-形变曲线（热机械曲线）上有两个斜率突变区，分别称为玻璃化转变区和黏弹转变区。力学三态具体如下：

① 玻璃态。由于温度低，链段的热运动不足以克服主链内旋转位垒，链段的运动处于"冻结"状态，只有侧基、链节、键长、键角等的局部运动。在力学行为上表现为模量高（$10^9 \sim 10^{10}$ Pa）和形变小（1%以下），具有虎克弹性行为，质硬而脆。玻璃化转变区是对温度十分敏感的区域，转变温度范围为 3～5℃。在此温度范围内，链段运动开始"解冻"，聚合物链构象开始改变，发生伸缩，表现有明显的力学松弛行为，具有坚韧的力学特性。

② 高弹态。在 T_g 以上，链段运动已充分发展。聚合物弹性模量降为 $10^5 \sim 10^6$ Pa，在较小应力下即可迅速发生很大的形变，除去外力后形变可迅速恢复，因此称为高弹性或橡胶弹性。

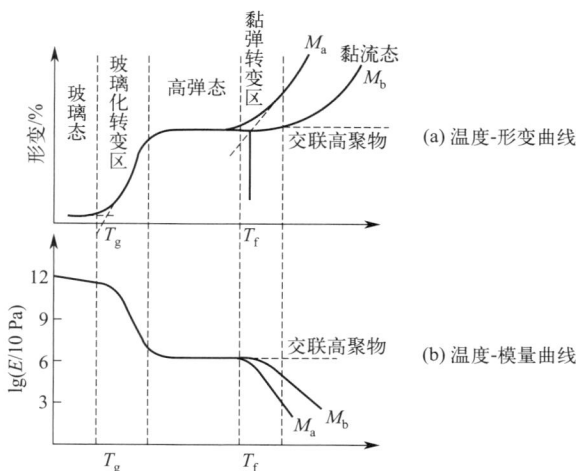

图3-14　非晶态聚合物的热-机械曲线

M_a，M_b—分子量；$M_a < M_b$

黏弹转变区是聚合物链开始进行质心位移的区域，模量降至 10^4 Pa 左右。在此区域，聚合物同时表现黏性流动和弹性形变两个方面。这是松弛现象十分突出的区域。交联聚合物不发生黏性流动，而线型聚合物高弹态的温度范围随分子量的增大而增大。分子量过小的聚合物则没有高弹态。

③ 黏流态。温度高于 T_f 后，由于链段的剧烈运动，在外力作用下整个聚合物链质心可发生相对位移，产生不可逆形变，即黏性流动。此时聚合物为黏性液体。分子量越大，T_f 就越高，黏度也越大。交联聚合物则无黏流态存在，因为它不能产生分子间的相对位移。

同一聚合物材料，在某一温度下，由于受力大小和时间的不同，呈现出不同的力学状态，因此以上所述的力学状态只具有相对意义。在室温下，塑料处于玻璃态，玻璃化转变温度是非晶态塑料使用的上限温度；熔点（T_m）则是结晶性聚合物使用的上限温度。对于橡胶，玻璃化转变温度是其使用的下限温度。

3.2.2.3　结晶聚合物的力学状态

结晶聚合物因存在一定的非晶区部分，也有玻璃化转变。但由于结晶部分的存在，链段运动会受到限制，在 T_g 以上模量下降不大。T_g 和 T_m 之间不出现高弹态，在 T_m 以上模量则会迅速下降。若聚合物分子量很大且 $T_m < T_f$，则在 T_m 与 T_f 之间将出现高弹态；若分子量较低且 $T_m > T_f$，则熔融之后即转变成黏流态。如图 3-15 所示。

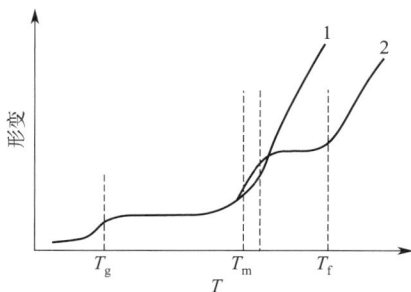

图3-15　结晶聚合物的温度-形变曲线

1—分子量较低，$T_m > T_f$；2—分子量较高，$T_m < T_f$

3.2.3　聚合物的玻璃化转变及次级转变

3.2.3.1　玻璃化转变

聚合物的玻璃化转变是指从玻璃态向高弹态的转变过程。从分子运动的角度看，玻璃化转变温度（T_g）是聚合物链段开始运动的温度。聚合物发生玻璃化转变时，许多物理性质，如模量、比体积、热焓、比热容、膨胀系数、折射率、热导率、介电常数、介电损耗、力学损耗、核磁共振吸收等，都会发生急剧变化。在玻璃化转变时，所有这些发生突变或不连续变化的物性都可用来测定聚合物的玻璃化转变温度。经常采用的方法是膨胀计法和差热分析法。

玻璃化转变是一个松弛过程。从松弛概念出发，T_g 可定义为外场作用的时间尺度与过程的松弛时间（τ）相等时的温度。τ 随温度的下降而增大，随温度的提高而减小。因此，作用时间 t 增加时 T_g 下降，t 减小时 T_g 升高。例如，当时间尺度 t 增大 10 倍时，T_g 可下降 5～8℃。因此，测定 T_g 时必须固定时间尺度。例如，用膨胀计法测定 T_g 时，升温速率必须固定。

根据 William、Ferry 和 Landel 提出的玻璃化转变的自由体积理论，链段运动的速率或松弛时间主要决定于自由体积的大小。在相同的时间尺度下，各种聚合物在 T_g 时的自由体积分数是相等的。自由体积 V_f 为聚合物体积 V 与聚合物固有体积 V_0 之差：$V_f = V - V_0$。单位体积的自由体积称为自由体积分数 f（$f = V_f/V_0$）。实验表明，$T = T_g$ 时，$f_g = 0.025$。

温度为 T 时：

$$f = f_T = f_g + a(T - T_g)$$
$$a = 4.85 \times 10^{-4}℃^{-1}$$

据此可得：

$$A_t = \lg\frac{\tau_T}{\tau_{T_g}} = \frac{-17.4 \times (T - T_g)}{51.6 + (T - T_g)} \tag{3-9}$$

式中　τ_T——温度 T 时链段运动的松弛时间；

τ_{T_g}——温度 T_g 时链段运动的松弛时间；

A_t——平移因子。

式（3-9）为 WFL（William-Ferry-Landel）方程，它定量地表达了时间尺度与 T_g 间的关系。

如上所述，T_g 是链段运动松弛时间 τ 与外场作用时间尺度 t 相等时的温度。因此，在时间尺度不变情况下，凡是加速链段运动速度的因素，如聚合物链柔性增大、分子间作用力减小等结构因素，都会使 T_g 降低。当分子量较低时，T_g 随分子量的增加而提高，当分子量增大到一定程度时 T_g 就与分子量无关。作为高分子材料使用的聚合物，其分子量都相当大，即 T_g 与分子量无关。交联度较小时，不影响链段运动，故 T_g 与交联无关；但交联度较大时，随交联度的增加 T_g 升高。聚合物的结晶对 T_g 也有类似的影响。表 3-4 列出了一些常见聚合物的玻璃化转变温度。

对结晶高聚物，还具有如下近似的关系：

$$\frac{T_g}{T_m} \approx \frac{1}{2} \sim \frac{2}{3}$$

3.2.3.2　T_g 以下的次级转变

在 T_g 以下，许多聚合物链仍存在多种形式的分子运动，呈现出许多不同的内耗吸收峰。为方便起见，把包括 T_g 在内的多个内耗峰用以下符号标记，即从 T_g 开始依次标注为 α、β、γ、δ 等，如图 3-16 所示。低于 T_g 的松弛过程，即 β、γ、δ 等松弛过程，统称为次级转变过程。上述标记是依次级转变温度的高低表示的，并不对应松弛的分子机理。不同聚合物的次级转变机理是不相同的。次级转变与主链上 3～5 个键的曲轴转动、侧基或部分侧基的转动相关。

■ 表3-4　常见聚合物的玻璃化转变温度（T_g）

聚合物	链　节	T_g/℃
硅橡胶	$\begin{array}{c}CH_3\\|\\ -Si-O-\\|\\ CH_3\end{array}$	−123
聚丁二烯	$-CH_2-CH=CH-CH_2-$	−85
聚乙烯	$-CH_2-CH_2-$	−120，−70
聚异戊二烯	$-CH_2-C=CH-CH_2-$，CH_3	−73
聚异丁烯	$\begin{array}{c}CH_3\\|\\ -CH_2-C-\\|\\ CH_3\end{array}$	−70
聚丙烯酸丁酯	$-CH_2-CH-$，$COOC_4H_9$	−56
聚甲醛	$-CH_2-O-$	−50
聚丙烯	$-CH_2-CH-$，CH_3	−15
聚丙烯酸甲酯	$-CH_2-CH-$，$COOCH_3$	5
聚乙酸乙烯酯	$-CH_2-CH-$，$OCOCH_3$	29
聚对苯二甲酸乙二醇酯	$-O-CH_2CH_2-O-\overset{O}{\overset{\|}{C}}-\langle\rangle-\overset{O}{\overset{\|}{C}}-$	69
尼龙6	$-NH-(CH_2)_5-CO-$	50
聚氯乙烯	$-CH_2-CH-$，Cl	81
聚苯乙烯	$-CH_2-CH-$，C_6H_5	100
聚甲基丙烯酸甲酯	$\begin{array}{c}CH_3\\|\\ -CH_2-C-\\|\\ COOCH_3\end{array}$	105
聚碳酸酯	$-O-\langle\rangle-\overset{CH_3}{\underset{CH_3}{C}}-\langle\rangle-O-\overset{O}{\overset{\|}{C}}-$	150

　　次级转变中，主要是β转变对聚合物性能有明显影响。许多聚合物，如聚碳酸酯（PC）、聚氯乙烯（PVC）等，在室温下处于玻璃态，但韧而不脆，这与存在较强的β转变峰有关。但并非具有β转变的聚合物都具有韧性，如聚苯乙烯（PS）、聚甲基丙烯酸甲酯（PMMA）等，在室温下是脆性的。β转变使玻璃态聚合物表现韧性的条件是：β转变峰要足够强、T_β低于室温以及β转变起源于主链的运动。

韧性大的玻璃态聚合物可进行冷加工，即在室温下可进行机械加工。这类聚合物，如PC、聚砜、聚乙烯、聚丙烯、聚酰胺、PVC、ABS 等，其 β 转变都源于主链运动，T_β 都在室温以下。而 PMMA 及 PS 的 β 转变因源于侧基的运动，所以它们的韧性小，难以进行冷加工操作。

3.2.4 聚合物熔体的流动

非晶聚合物当外界温度在黏流温度（T_f）以上，结晶聚合物在其熔点（T_m）以上时，处于黏流态或熔融态，统称为聚合物熔体，能够进行黏性流动。由于聚合物大分子结构的特性，聚合物的流动有一系列区别于一般低分子液体的特点。

3.2.4.1 流动流谱

流谱是指质点在流动场中的运动速度分布。液体在流动过程中可产生横向速度梯度场和纵向速度梯度场两种速度梯度场，如图 3-17 所示。产生横向速度梯度场的流动称为切变流动或剪切流动，产生纵向速度梯度场的流动称为拉伸流动，相应的黏度分别称为剪切黏度和拉伸黏度。

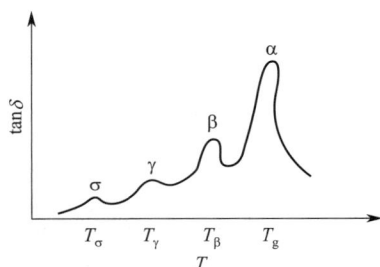

图3-16　聚合物的玻璃化转变及次级转变

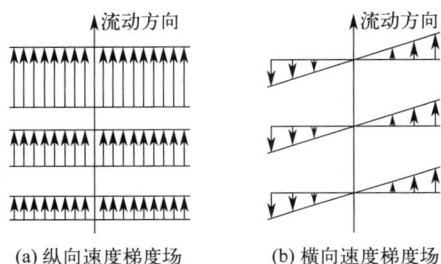

图3-17　纵向速度梯度场与横向速度梯度场

聚合物熔体在挤出机、注塑机等横截面管道中的流动大多为剪切流动；吹塑成型中离开环形口模的流动、纺丝中离开喷丝孔的流动、管道或模具中截面突然缩小处的收敛流动，都是拉伸流动或含有拉伸流动的成分。剪切流动是流动的主要类型，以下主要讨论剪切流动。

3.2.4.2 流体的流变类型

在流体流动中，剪切应力 σ_s 与切变速率 $\dot\gamma$ 的关系曲线称为流动曲线，剪切应力与切变速率的数学表达式 $\sigma_s=\phi(\dot\gamma)$ 称为流动函数。若液体流动行为还与时间有关，则流动函数为 $\sigma_s=\phi(\dot\gamma,t)$。

根据流动函数或流动曲线的不同，流体可分为牛顿型和非牛顿型两种类型。

如果以剪切应力 σ_s 作用在与固定边界层相距为 x 的层流上，并使其以速度 v 移动，则黏度 η 定义为切应力与速度梯度即切变速率 $\dot\gamma$ 的比值：

$$\sigma_s=\eta\frac{\partial v}{\partial x}=\eta\dot\gamma$$

若 η 与 $\dot\gamma$ 无关，则称之为牛顿型流体。

非牛顿型流体有两种类型。

第一种类型是黏度随 $\dot\gamma$ 变化。若黏度随 $\dot\gamma$ 的增加而下降，则称为假塑性流体，聚合物熔体即属于这种流体，此种现象称为剪切减薄。若黏度随$\dot{\gamma}$的增加而增大，则称为胀流性流体，如某些聚合物胶乳、聚合物熔体-填料体系等，此种现象称为剪切增厚。这两种情况都可用幂律公式表示为：

$$\sigma_s = K\dot{\gamma}^n \tag{3-10}$$

式中，K和n为非牛顿参数。n也称为非牛顿指数，K称为稠度系数。对假塑性流体$n < 1$，对胀流型流体$n > 1$。

第二种类型是呈现一个屈服值的流动。当临界应力低于这个值时，不发生流动；超过这个值时，可产生牛顿型或非牛顿型的流动。

此外，还有一些流体的黏度强烈依赖时间。随着流动时间的增长黏度逐渐下降的流体称为触变性（thixotropy）流体；反之，随流动时间延长黏度提高的液体称为震凝性（rheopexy）流体。

3.2.4.3 聚合物熔体流动的特点

聚合物的熔体流动具有以下显著特点。

① 黏度大，流动性差。一般低分子液体的黏度约为 0.1 Pa·s；而聚合物熔体的黏度则高达数百帕秒乃至数千帕秒。

② 聚合物熔体是假塑性流体，黏度随剪切速率的增加而下降。可以看到聚合物熔体的流动曲线（图3-18）包括3个区域：在低切变速率范围内，黏度基本上不随$\dot{\gamma}$改变，流动行为符合牛顿型流体，这为第一牛顿区；$\dot{\gamma}$增大到一定数值后，熔体黏度开始随$\dot{\gamma}$的增加而下降，表现为假塑性行为；当$\dot{\gamma}$很大时，黏度再次维持恒定，表现为牛顿型流体行为，这称为第二牛顿区。在第一牛顿区，黏度恒定且最大，称为零切黏度，以η_0表示。在第二牛顿区，黏度最小，称为极限牛顿黏度，记为η_∞。如图3-19所示。

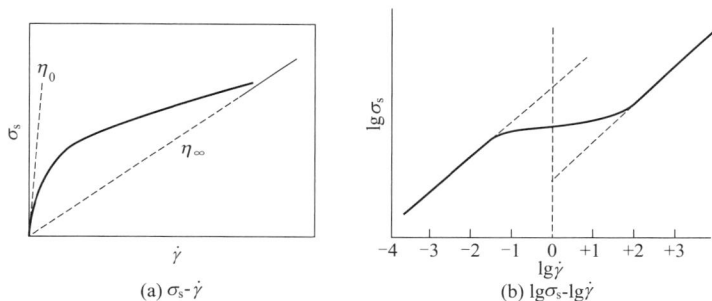

图3-18　聚合物熔体的流动曲线

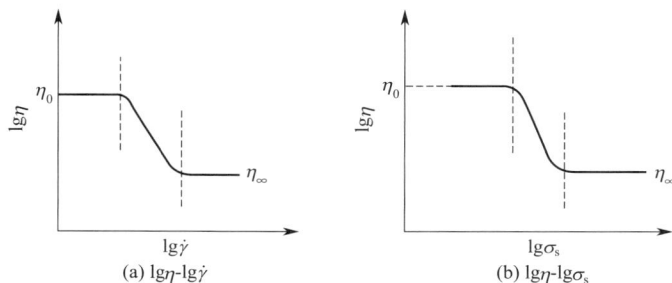

图3-19　聚合物黏度与切变速率及切应力的关系

③ 聚合物熔体流动时，伴随高弹形变，即表现出弹性行为。聚合物熔体流动并非聚合物链之间简单的相对滑移，而是各链段分段运动的总结果。在外力作用下，聚合物链会顺着外力作用的方向伸展，因而伴随一定量的高弹形变。

聚合物挤出成型时，型材的截面实际尺寸与模口的尺寸往往有差别，挤出后型材的截面尺寸比模口的大。例如聚苯乙烯在 175～200℃下较快挤出时，棒材直径可达模口直径的 2～8 倍。这种截面膨胀的现象是由于外力消失后高弹形变回复造成的。

弹性效应还会造成非稳态流动。在切应力为 2×10^5 Pa 左右时，许多聚合物出现不稳定现象，这时挤压出来的聚合物形状有巨大的畸变，呈波浪状、鲨鱼皮状或竹节状等，这称为熔体破裂。有时虽无大的畸变，但从细微结构观察，表面是崎岖不平、不光滑的。在成型加工过程中，聚合物必须避免这些非稳态流动的产生。

3.2.4.4　聚合物熔体的流动机理

Eyring 提出了描述液体流动的分子机理理论。根据液体结构的格子理论，在液体格子结构中含有一些尚未被液体分子占据的位置，即空穴。当分子从一个位置跳到相邻另一位置时，即这些空穴为分子填充和空出时，就相当于空穴在整个液体中处于无规则的移动状态。在应力作用下，沿着应力的方向，这种跃迁的概率增大。若每次跃迁克服的位垒高度即流动活化能为 E，则黏度与温度的关系可用式（3-11）表示。

$$\eta = A\mathrm{e}^{-\frac{E}{RT}} \tag{3-11}$$

式中，A 为常数。这种跃迁与蒸发机理相同，都需把一个分子从它周围邻近的分子中移开，因此活化能与蒸发潜热有关，这已为实验证实。

当液体的同系物分子量增加到聚合物范围内时，流动活化能不再随蒸发潜热的增加而增加，而是逐渐趋向一个与分子量无关的固定值。这表明，流动单元并非整个聚合物，而是链段，链段尺寸为 5～50 个碳原子链节。黏性流动就是通过这些链段连续地跃迁，直到整个聚合物链位移而产生的。聚合物链越长，包括的链段数越多，实现诸链段协同跃迁而使整个聚合物质心位移就越困难，聚合物熔体的黏度就越大。在聚合物熔体中，聚合物链相互之间还存在无规缠结，这种缠结在高剪切应力或高剪切速率下能被破坏，所以提高剪切速率可使黏度下降。这就是聚合物熔体表现假塑性的原因所在。

3.2.4.5　聚合物熔体黏度与聚合物结构的关系

聚合物熔体黏度随分子量的增大而提高。实验表明，零切黏度 η_0 与分子量的关系可用式（3-12）、式（3-13）表示。

$$\eta_0 = K_1 \overline{M}_\mathrm{w}^{3.4} \quad （当 \overline{M}_\mathrm{w} > M_\mathrm{c}） \tag{3-12}$$
$$\eta_0 = K_2 \overline{M}_\mathrm{w} \quad （当 \overline{M}_\mathrm{w} < M_\mathrm{c}） \tag{3-13}$$

式中　　K_1，K_2——经验常数；

M_c——临界分子量。

例如，聚乙烯的 M_c 为 4000，尼龙 6 的 M_c 为 5000，聚苯乙烯的 M_c 为 35000。

分子量分布对聚合物熔体的黏度亦有很大影响。在重均分子量相同时，分子量分布越宽，黏度下降越大，非牛顿性下降。此外，聚合物链的柔性及分子间作用力对黏度都有显著影响。分子链刚性较大、分子间作用力较大的聚合物，黏度也较大。

3.2.4.6　流动性的测定

聚合物熔体黏度的测定方法列于表 3-5，其中最重要的方法是用旋转式黏度计和毛细管式黏度计测定黏度。

■ 表 3-5 黏度测定方法

方 法	应用范围/($Pa \cdot s$)	方 法	应用范围/($Pa \cdot s$)
落球法	$10^{-1} \sim 10^2$	同轴落筒法	$10^4 \sim 10^{10}$
毛细管挤出法	$10^{-1} \sim 10^7$	旋转圆筒法	$10^{-1} \sim 10^{11}$
平行板法	$10^3 \sim 10^8$	拉伸蠕变法	$10^4 \sim 10^{11}$
应力松弛法	$10^2 \sim 10^9$		

旋转式黏度计是采用各种几何形状物体（包括同心圆筒、角度不同的锥体、一个锥体和一个平板等）组合起来的设备。由于橡胶的分子量很大，在工业中用旋转式黏度计，即Mooney黏度计，它是在恒温下测定聚合物试样中转板在恒速运动下所需的扭矩。Brabender塑化仪也是这一类测试黏度的设备。

毛细管黏度计通常是用金属制造的，可在固定的质量或压力下进行测量，也可在恒定移动速度下进行测量。工业上通常用毛细管流变仪，如挤出式塑性计、熔融指数测定仪，测定其熔融指数。熔融指数（MI）定义为：在恒定压力和温度下单位时间内流过特定毛细管聚合物的质量。熔融指数越大，流动性就越好，黏度就越小。熔融指数是流动性的一种简单量度。

3.3　高分子材料的力学性能

聚合物作为材料使用必须具备所需要的机械强度。对于大多数高分子材料，力学性能是其最重要的性能。聚合物的力学性能是由其结构特性决定的。

3.3.1　力学性能的基本指标

3.3.1.1　应力和应变

当材料受到外力作用而又不产生惯性移动时，其几何形状和尺寸都会发生变化，这种变化称为应变或形变。当材料发生宏观形变时，其内部分子及原子间会发生相对位移，产生分子间及原子间对抗外力的附加内力。达到平衡时，附加内力与外力大小相等、方向相反。定义单位面积上的力为应力，其值与外加的应力相等。

材料受力的方式不同，发生形变的方式亦不同。对于各向同性材料，有3种基本类型。

（1）简单拉伸

材料受到的外力 F 是垂直于截面、大小相等、方向相反并作用在同一直线上的两个力。这时材料的形变称为张应变，简称应变（ε）。

伸长率较小时，应变 ε 可由下式计算：

$$\varepsilon = \frac{l - l_0}{l_0} = \frac{\Delta l}{l_0}$$

式中，l_0 为材料的起始长度，l 为拉伸后的长度，Δl 为绝对伸长。

这种定义在工程上广泛采用，称为习用应变或相对伸长，又简称为伸长率。

与应变相应的应力以 σ 表示：

$$\sigma = \frac{F}{A_0}$$

式中，A_0 为材料的起始截面积。

当材料发生较大形变时，材料的截面积亦有较大的变化，这时应以形变后的真实截面积 A 代替 A_0，相应的真实应力 σ' 称为真应力：

$$\sigma' = \frac{F}{A}$$

式中，A 为样品的瞬时截面积。

相应的真应变 δ 为：

$$\delta = \int_{l_0}^{l} \frac{\mathrm{d}l_i}{l_i} = \ln\frac{l}{l_0}$$

（2）简单剪切

当材料受到的力 F 是与截面相平行、大小相等、方向相反且不作用在同一直线上的两个力时，发生简单剪切，如图 3-20 所示。

在此剪切力作用下，材料将发生偏斜，偏斜角 θ 的正切定义为切应变：

$$\gamma = \frac{\Delta l}{l_0} = \tan\theta$$

当切应变很小时，$\gamma \approx \theta$。相应地，剪切应力 σ_s 定义为 $\sigma_s = \dfrac{F}{A_0}$。

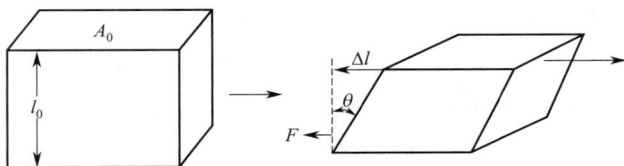

图3-20　简单剪切作用

（3）均匀压缩

在均匀压缩（如液体静压）时，材料周围受到压应力 p 而发生体积变化，体积由 V_0 缩小成 V，压缩应变（γ_V）可由下式计算：

$$\gamma_V = \frac{V_0 - V}{V_0} = \frac{\Delta V}{V_0}$$

3.3.1.2　弹性模量

弹性模量简称模量（E），是单位应变所需应力的大小，是材料刚性的表征。模量的倒数称为柔量，是材料形变程度的一种表征。

以 E、G、B 分别表示与上述 3 种形变相对应的模量，则：

$$E = \frac{\sigma}{\varepsilon}$$

$$G = \frac{\sigma_s}{\gamma}$$

$$B = \frac{P}{\gamma_V}$$

式中，E 为拉伸模量，也称杨氏模量；G 为剪切模量；B 为体积模量，也称本体模量。

对于各向同性材料，上述 3 种模量之间存在如下关系：

$$E = 2G(1+v) = 3B(1-2v)$$

式中，v 是泊松比，定义为拉伸形变中横向应变与纵向应变的比值。常见材料的泊松比列于表 3-6。

■ 表 3-6　常见材料的泊松比

材料名称	v	材料名称	v
锌	0.21	玻璃	0.25
钢	0.25~0.33	石材	0.16~0.34
铜	0.31~0.34	聚苯乙烯	0.33
铝	0.32~0.36	低密度聚乙烯	0.38
铅	0.45	尼龙 66	0.33
汞	0.50	PMMA	0.49~0.50

对于各向异性材料，情况要复杂得多。这时在不同方向上材料的性质是不同的，相应的模量亦不同。

3.3.1.3　硬度

硬度是衡量材料表面抵抗机械压力的一个指标。硬度的大小与材料的拉伸强度和弹性模量有关，有时也用硬度作为拉伸强度和弹性模量的一种近似估算。

测定硬度有多种方法。按加载方式分为动载法和静载法两种。动载法是用弹性回跳法和冲击力把钢球压入试样。静载法是以一定形状的硬质材料为压头，平稳地逐渐加载荷，将压头压入试样。静载法因压头形状和计算方法的不同又可分为布氏法、洛氏法和邵氏法等，测得的硬度分别称为布氏硬度、洛氏硬度和邵氏硬度等。

3.3.1.4　强度

（1）拉伸强度

拉伸强度是在规定的温度、湿度和加载速度下，在标准试样上沿轴向施加拉伸力，直到试样被拉断为止。断裂前试样所承受的最大载荷 P 与试样截面积之比称为拉伸强度。同样，若在试样上施加单向压缩载荷，则可测得压缩强度。

（2）抗弯强度

抗弯强度亦称挠曲强度，是在规定的条件下对标准试样施加静弯曲力矩，取试样折断时的最大载荷 P，按式（3-14）计算抗弯强度（σ_t）：

$$\sigma_t = \frac{P}{2} \times \frac{l_0/2}{bd^2/6} = 1.5\frac{Pl_0}{bd^2} \tag{3-14}$$

弯曲模量为：

$$E_t = \frac{\Delta P l_0^2}{4bd^3\delta_0} \tag{3-15}$$

式中　l_0，b，d——分别为试样的长、宽、厚；

　　　　ΔP，δ_0——分别为弯曲形变较小时的载荷和挠度。

（3）抗冲击强度

抗冲击强度亦简称抗冲强度或冲击强度，是衡量材料韧性的一种强度指标。通常定义为：试样受冲击载荷破裂时单位面积所吸收的能量。按式（3-16）计算冲击强度 σ_i：

$$\sigma_i = \frac{W}{bd} \tag{3-16}$$

式中，W 为冲击过程消耗的功，b、d 分别为试样截面积的宽度和厚度。

冲击强度的测试方法有很多种，如摆锤法、落重法、高速拉伸法等。不同方法常测得不同的冲击强度值。

最常用的冲击试验仪是摆锤式试验仪。摆锤式试验仪按试样安放方式的不同分为简支梁式和悬臂梁式两种，如图 3-21 所示。简支梁式亦称卡皮（Charpy）式，悬臂梁式亦称为伊佐德（Izod）式。试样可用带缺口的和无缺口的两种。

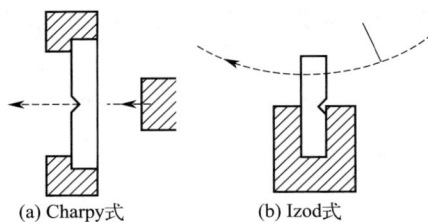

(a) Charpy式　　　(b) Izod式

图3-21　Charpy式和Izod式摆锤冲击试验

3.3.2　高弹性

处于高弹态的聚合物表现出高弹性能，是高分子材料重要的性能。以高弹性为主要特征的橡胶是一类重要的高分子材料。聚合物在高弹态都能表现出一定程度的高弹性，但并非都可作为橡胶使用，作为橡胶材料必须具备一定的结构要求。以下对高弹性的特点、本质及橡胶材料的结构特征做一阐述。

3.3.2.1　高弹性的特点

高弹性即橡胶弹性，与一般的固体物质所表现的普弹性相比具有如下的主要特点，也就是橡胶材料的特点：

① 弹性模量小、形变大。一般固体材料，如铜、钢等，形变量通常在 1% 左右，而橡胶的高弹形变很大，可伸长 5～10 倍，但橡胶的弹性模量只有固体材料的万分之一左右。

② 弹性模量与绝对温度成正比，而一般固体的模量随温度的升高而下降。

③ 形变时有热效应。伸长时放热，回缩时吸热。

④ 在一定条件下，高弹形变表现出明显的松弛现象。

上述特点是由高弹形变的本质决定的。

3.3.2.2　高弹形变的本质

对固体的弹性形变，如可逆平衡的拉伸形变，根据热力学第一定律和第二定律，可导出式（3-17）、式（3-18）表示的弹性回复力关系式：

$$f = \left(\frac{\partial u}{\partial l} \right)_{T,V} - T \left(\frac{\partial S}{\partial l} \right)_{T,V} \tag{3-17}$$

或

$$f = \left(\frac{\partial u}{\partial l} \right)_{T,V} + T \left(\frac{\partial f}{\partial T} \right)_{l,V} \tag{3-18}$$

弹性包括能弹性和熵弹性两个基本类型。

晶体、金属、玻璃以及处于 T_g 以下的塑料等，其弹性产生的原因是键长、键角的微小改变引起的内能变化所致，熵变化的因素可以忽略，因此称为能弹性。表现能弹性的物体弹性模量大，形变小（为 0.1%～1%）。绝热伸长时变冷，即形变时吸热，恢复时放热（释出形变时储存的内能）。能弹性亦称为普弹性，弹力 $f=\left(\dfrac{\partial u}{\partial l}\right)_{T,V}$，即式（3-17）和式（3-18）中的第二项可以忽略。普弹形变遵从虎克定律。

理想气体、理想橡胶的弹性源于熵的变化，而内能变化较小，即式（3-17）及式（3-18）中的第一项可以忽略，故称为熵弹性。例如，理想气体压缩时，其弹性来源于体系的熵值随体积的减小而减小，即 $f=-T\left(\dfrac{\partial S}{\partial l}\right)_{T,V}$。实验表明，典型的橡胶材料进行拉伸形变时，其弹力可表示为 $f=-T\left(\dfrac{\partial S}{\partial l}\right)_{T,V}$，属于熵弹性。

聚合物链在自然状态下处于无规线团状态，这时构象数最大，此时熵值最大。当处于拉伸应力作用时，拉伸形变是由于聚合物链被伸展的结果。聚合物链被伸展时，构象数减少，熵值下降，即 $\left(\dfrac{\partial S}{\partial l}\right)_{T,V}<0$。热运动可使聚合物链恢复到熵值最大、构象数最多的卷曲状态，因而产生弹性回复力，这就是高弹形变的本质。由此性质出发，可解释高弹形变的一系列上述特点。例如，根据 $f=-T\left(\dfrac{\partial S}{\partial l}\right)_{T,V}$，即可解释：温度上升时，弹性模量提高。

由线型无交联大分子链构成的聚合物虽然在高弹态时能表现一定的高弹形变，但作用力时间稍长，会发生大分子链之间的相对位移而产生永久形变，因此不能表现出典型的高弹性。适度交联的聚合物，如交联的天然橡胶，则表现出典型的高弹行为。

假定一种橡胶类材料是由自由内旋转的大分子交联而成，交联点之间的分子链（称为网链）也是高斯链，并设单位体积的网链数为 N_0，交联前聚合物的分子量很大（可视为无穷大），并且形变过程中无体积变化，则可根据聚合物构象统计理论导出如下的关系式：

$$\sigma=G\left(\lambda-\frac{1}{\lambda^2}\right) \tag{3-19}$$

式中　σ——弹性应力，即单位面积上的弹性恢复力；

　　　λ——拉伸比，$\lambda=\dfrac{l}{l_0}$；

　　　G——剪切模量，$G=N_0kT$。

当形变不太大时，$\lambda^{-2}\approx1-2\varepsilon$（$\varepsilon$ 为伸长率），则式（3-19）可写成：

$$\sigma=3G(\lambda-1)$$

即

$$\sigma=3G\varepsilon$$

对于橡胶，泊松比 $\nu\approx0.5$，所以 $E=3G$，$\sigma=E\varepsilon$。这就是说高弹形变不太大（$\lambda<1.5$）时遵从虎克定律。同样，上述关系式也可说明弹性模量与温度 T 成正比。

实际上，交联前聚合物的分子量是有限值，设为 $\overline{M}_n$，可得：

$$G=N_0kT\left(1-\frac{2\overline{M}_c}{\overline{M}_n}\right)=\frac{\rho}{M_c}RT\left(1-\frac{2\overline{M}_c}{\overline{M}_n}\right) \tag{3-20}$$

式中，$\overline{M}_c$ 为网链分子量，ρ 为橡胶的密度。

式（3-20）表明了橡胶的弹性模量与分子量、交联密度及温度间的关系。

对实际应用的橡胶材料，特别是形变很大时，必然也伴随一定的能量变化，如同高压下实际气体的内能变化不容忽略一样，所以上述结论只是一种简化的情况。图3-22 是天然橡胶的应力-应变关系曲线。

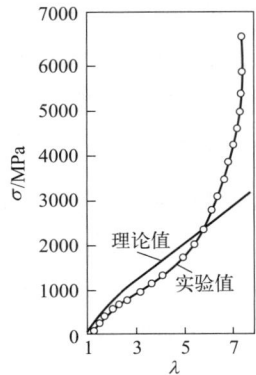

图3-22　天然橡胶的应力-应变曲线

3.3.3　黏弹性

聚合物的黏弹性是指聚合物既有黏性又有弹性的性质，实质是聚合物的力学松弛行为。在玻璃化转变温度以上，非晶态线型聚合物的黏弹性表现最为明显。

对理想的黏性液体，即牛顿液体，其应力-应变行为遵从牛顿定律：

$$\sigma = \eta \dot{\gamma}$$

对于虎克弹性体，应力-应变关系遵从虎克定律，即应变与应力成正比：

$$\sigma = G\gamma$$

聚合物既有弹性又有黏性，其形变和应力或其柔量和模量都是时间的函数。

大多数非晶态聚合物的黏弹性遵从 Boltzman 叠加原理，即：当应变是应力的线性函数时，若干个应力作用的总结果是各个应力分别作用效果的总和。遵从此原理的黏弹性称为线性黏弹性。线性黏弹性可用牛顿液体模型及虎克弹性体模型的简单组合模拟。

温度提高会加速黏弹性过程，也就是使过程的松弛时间减少。在黏弹过程中，时间 - 温度的相互转化效应可用 WLF 方程表示（见 3.2.3 小节）。

3.3.3.1　静态黏弹性

静态黏弹性是指在固定的应力（或应变）作用下应变（或应力）随时间的延长而发展的性质。典型的表现是蠕变和应力松弛。

（1）蠕变

在一定温度、应力作用下材料的形变随时间的延长而增加的现象称为蠕变。对线型聚合物，形变可无限发展且不能完全回复，保留一定的永久形变。对交联聚合物，形变会达到一个平衡值。

在蠕变过程中，形变 ε 是时间的函数，即柔量 D 是时间的函数：

$$D(t) = \frac{\varepsilon(t)}{\sigma}$$

在一定应力作用下，一些热塑性塑料可近似地用如下的经验函数表示其蠕变行为：

$$\varepsilon = \sigma(B + At^a)$$

式中，B、A 和 a 为与聚合物特征有关的常数。

（2）应力松弛

在温度、应变恒定的条件下材料的内应力随时间的延长而逐渐减小的现象称为应力松弛。在应力松弛过程中，模量随时间而减小。所以，这时的模量称为松弛模量，以 $E(t)$ 表示，即：

$$E(t) = \frac{\sigma(t)}{\varepsilon_0}$$

3.3.3.2 动态黏弹性

动态黏弹性是指在应力周期性变化作用下聚合物的力学行为，也称为动态力学性质。当一个角频率为 ω 的简谐应力作用于试样时，应变总是落后于应力一个相位角 δ。此相位角的正切值 $\tan\delta$ 是内耗值 $\dfrac{\Delta E}{E}$ 的量度，其中 ΔE 是试样在一个应力周期中损失的能量（即一个周期内外力所做的形变功转变为热能的部分），E 为应变达到极大值时贮存在试样中的能量。所以 δ 亦称为内耗角。当外场作用的时间尺度与试样的松弛时间相近时，内耗值达到最大值，如图3-23所示。

在周期性应力作用下，模量 E 可采用复数表示式：

$$E^* = E' + iE''$$

式中，$i = \sqrt{-1}$，E' 为实数模量，E'' 为虚数模量。

E^*、E'、E'' 及 δ 的关系如图3-24所示，即得式（3-21）：

$$\tan\delta = \frac{E''}{E'} \tag{3-21}$$

动态模量是复数模量 E^* 的模，即：

$$E = |E^*| = \sqrt{E'^2 + E''^2}$$

因此，E'' 的大小也是内耗的一种量度。

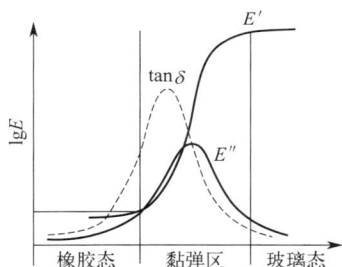

图3-23 典型黏弹固体 $\tan\delta$、E' 及 E'' 与频率的关系

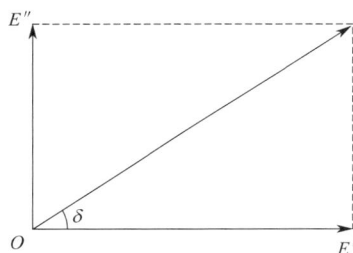

图3-24 复数模量图解

3.3.3.3 黏弹模型

聚合物的黏弹性可采用表示弹性的弹簧和表示黏性的黏壶组合而成的模型模拟分析。最简单的例子是由模量为 E 的弹簧和黏度为 η 的黏壶串联而成的 Maxwell 模型和由两者并联而成的 Voigt 模型（图3-25）。

在 Maxwell 模型中，弹簧和黏壶受到共同的应力 σ，而应变 γ 是两者应变之和：

$$\sigma = \sigma_e = \sigma_v$$
$$\gamma = \gamma_e + \gamma_v$$

因此，有：

$$\frac{d\gamma}{dt} = \frac{1}{\eta}\sigma + \frac{1}{E}\frac{d\sigma}{dt} \tag{3-22}$$

用这种模型可以模拟线型聚合物的应力松弛行

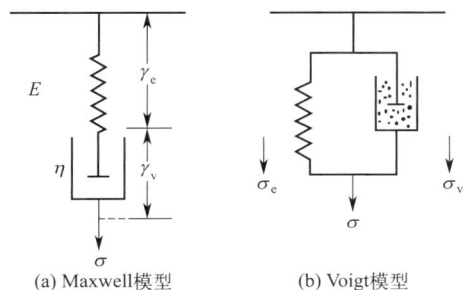

(a) Maxwell模型　　(b) Voigt模型

图3-25 弹簧与黏壶组合而成的模型

为，可由式（3-22）得：

$$\sigma(t) = \sigma_0 e^{-t/\tau} \tag{3-23}$$

式中，$\tau = \eta/E$，称为松弛时间；σ_0 为 $t=0$ 时的应力。

设形变为 γ，则松弛模量可由式（3-23）得到下式：

$$E(t) = \frac{\sigma(t)}{\gamma_0} = \frac{\sigma_0}{\gamma_0} e^{-t/\tau} \tag{3-24}$$

因此，松弛时间（即应力松弛行为）取决于聚合物黏性（以 η 表示）和弹性（以 E 表示）的相对比值。

Voigt 模型中，由于弹簧和黏壶的应变是相同的，而模型的应力为两者应力之和，即 $\sigma = \sigma_e + \sigma_v$，故可得：

$$\sigma = E\gamma + \eta \frac{\mathrm{d}\gamma}{\mathrm{d}t} \tag{3-25}$$

用此模型模拟线型聚合物的蠕变行为，可得形变随时间而变化的表达式为：

$$\Gamma(t) = \gamma_\infty (1 - e^{-t/\tau}) = \frac{\sigma_0}{E}(1 - e^{-t/\tau}) \tag{3-26}$$

式中，松弛时间 τ 亦称为延滞时间或推迟时间，γ_∞ 为平衡应变即形变的最终值。

上述两种模型只能模拟聚合物黏弹行为的某一个方面。为了更好地模拟聚合物的黏弹性，可使上述两种模型进行串联或并联，组成更复杂的模型。然而所有这些模型都只是实际聚合物黏弹行为的近似表示。

松弛现象是热运动对聚合物分子取向的影响。形变及形变的回复需要克服聚合物内及分子间的相互作用力，因而需要一定的时间才能完成。同时，克服阻力会使一部分弹性能以热能的形式消耗，这就是内耗产生的原因。弹性回复作用和内摩擦作用可分别用上述的弹簧和黏壶模拟。

当机械应力作用于聚合物时，引起聚合物链构象的改变，体系熵减小，自由焓增大。若维持形变、状态不变，由于链的热运动，分子构象的改变逐渐减小，从而产生应力松弛，过剩的自由焓以热能的形式耗散。蠕变过程的本质也完全一样，是同一个问题的另一种表现形式。

松弛过程（即黏弹过程）有多种途径，对应聚合物大分子链的多种复杂运动。这些运动可用分子链中链段的一系列不同程度的长程协同运动的特征形式描述。整个分子的移动需要最大的协同运动、最长的松弛时间，大小不同链段的各种协同运动也都对应各种不同的特征松弛时间。由于运动的形式很多，存在一系列不同的松弛时间。实际聚合物的黏弹行为是由这些众多的松弛时间构成的，这些不同的松弛时间构成了近似连续的松弛时间谱。任何黏弹模型只能是实际聚合物黏弹行为的近似表示，但聚合物黏弹行为的主要特征可由 Maxwell 和 Voigt 两种模型的几种组合形式表示出来。

3.3.4 聚合物的力学屈服

3.3.4.1 力学屈服现象

在一定条件下，由于拉伸应力作用，聚合物呈现出如图 3-26 所示的应力-应变曲线。其必要条件是在 T_g（非晶态聚合物）或 T_m（结晶聚合物）以下对聚合物材料进行拉伸。

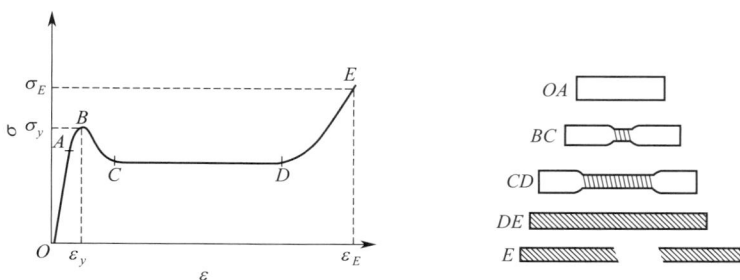

图3-26 聚合物冷拉曲线及试样外形变化

此曲线又称为冷拉曲线。曲线的起始阶段 OA 基本上是一段直线，应力与应变成正比，试样拉伸呈现虎克弹性行为。从这段直线的斜率可计算出聚合物试样的杨氏模量。这段线性区对应的应变通常只有百分之几。B 点为屈服点，当应力达到屈服点后，在应力基本不变的情况下试样会产生较大的形变，当除去应力后试样材料也不能恢复到原样，即材料屈服了。屈服点所对应的应力称为屈服应力或屈服强度 σ_y。对材料而言，屈服应力是聚合物材料作为结构材料使用的最大应力。屈服点之后，聚合物试样开始出现细颈（也有不出现细颈的情况）。此后的形变是细颈逐渐扩大，直到 D 点，全部试样被拉成细颈。然后进入应变的第三阶段，试样再度被均匀拉伸，应力提高，直到在 E 点拉断为止，对应于 E 点的应力 σ_E 称为拉伸强度，相应的形变 ε_E 称为断裂伸长率。

屈服前就出现断裂的玻璃态聚合物表现为脆性，屈服之后才出现断裂的玻璃态聚合物因为有较大的延伸率而表现为韧性。

3.3.4.2 屈服机理

非晶态聚合物在 T_g 以下，结晶聚合物在 T_m 以下，通常都有明显的拉伸屈服现象。屈服之后的形变有时可达百分之几百。当解除应力后，形变并不能回复，产生与金属材料类似的塑性流动。但将温度提高到 T_g（非晶态聚合物）或 T_m（结晶聚合物）以上时，屈服形变就可以回复。所以屈服形变本质是一种高弹形变。从分子机理而言是聚合物链构象改变的结果，对结晶聚合物，还包括晶粒的取向、滑移、片晶的破裂、熔化及重结晶等过程。玻璃态聚合物，由于链段运动被冻结，松弛时间很长，在较低应力条件下不发生高弹形变。但是链段运动的活化能与应力有关，外力使沿作用力方向链段运动的活化能降低，松弛时间变短。当应力超过屈服应力后，链段运动的松弛时间与外力作用的时间尺度达到同一数量级，使本来冻结的链段发生运动，产生高弹形变。这就是说增加外力和提高温度会产生相似的松弛效果。

温度越低，聚合物材料所需的屈服应力越大（图 3-27 中曲线 1），断裂应力 σ_E 也随温度下降而提高（图 3-27 中曲线 2），但二者随温度变化的快慢不同。当温度比 T_g 稍低时，屈服应力小于断裂应力，聚合物表现为屈服性能；但当温度比 T_g 低得多时，$\sigma_y > \sigma_E$，聚合物在屈服前就断裂了。两曲线相交时的临界温度 T_b 称为聚合物的脆化温度。在 T_b 以上，聚合物是韧性的；在 T_b 以下，聚合物是脆性的；脆化温度是塑料使用的下限温度。

由图 3-26 可见，在屈服点附近应力有所下降（换算成真应力后也大致如此），即曲线的斜率为负值，这种现象称为应变软化现象。这可能是由于在较大应变下聚合物链物理交联点发生了重新组合，形成较利于形变的超分子结构。有人曾提出了热软化理论。对此还没有确切的解释。

屈服形变后形成的细颈处模量增大，因而才能使细颈稳定发展。这种现象称为应变硬化。其原因是聚合物链或晶粒的取向。

从宏观角度来看，屈服过程包含两种可能的过程，即剪切形变过程和银纹化过程。根据聚合物结构及外部条件的不同，这两种过程所占的比例各不相同。如图3-28所示。

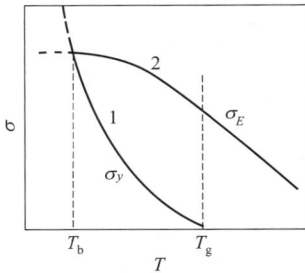

图3-27　玻璃态聚合物屈服应力和断裂强度与温度的关系

1—屈服应力；2—断裂强度

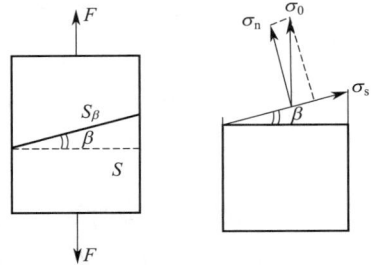

图3-28　材料受张力后的剪切应力分量

在聚合物试样的不同截面上，拉伸应力会产生不同的剪切应力分量。由图3-28可见，拉伸应力 F 垂直于 S 面，切应力分量 σ_s 与 S 面成 β 角：

$$\sigma_s = \frac{\sigma_0}{2}\sin2\beta \qquad (3\text{-}27)$$

其中

$$\sigma_0 = \frac{F}{S}$$

由上式可以看出，在 $\beta=45°$ 及 $135°$ 这两个方向，剪切应力达到最大，剪切形变亦最大。在剪切应力作用下，聚合物同金属材料一样可发生剪切屈服形变，但发生的机理不同，金属形变是晶格沿一定的滑移面滑动形成的塑性形变，聚合物则是链段协同运动的结果。某些聚合物还可以产生明显的局部剪切形变，形成剪切带，如图3-29所示。

冷拉时，细颈的形成是局部剪切应变的一种表现形式。局部应变（即不均匀应变）的产生有两种原因：第一种是纯几何的原因，如试样截面积的波动，造成局部应力集中；第二种是应变软化及由大分子链取向造成的应变硬化。

屈服现象的另一种原因是银纹化。许多透明聚合物，如PMMA、PS等，在存放或使用过程中，由于应力及环境（如蒸气、溶剂、温度等）的影响，制品出现许多发亮的条纹。这种条纹称为银纹，这种现象称为银纹化。产生银纹的部位称为银纹或银纹体。银纹也是一种局部形变，仅张应力才产生银纹。产生银纹的直接原因也是由于结构的不均匀性或缺陷引起应力集中所致。在银纹内，聚合物链沿应力方向高度取向。银纹可进一步发展成裂缝，因此银纹也常称为微裂纹，它是聚合物材料破裂的先导。

银纹的平面垂直于外加应力。银纹由聚合物细丝和贯穿其中的空洞组成，类似软木塞，如图3-30所示。

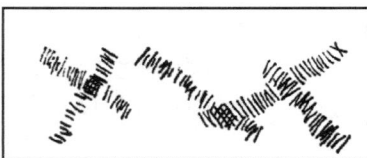

图3-29　聚合物冷拉时形成剪切带

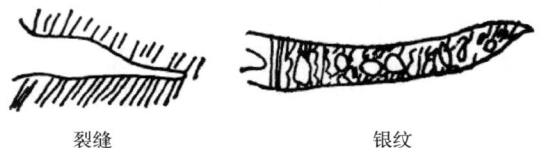

裂缝　　　　　银纹

图3-30　裂缝和银纹

银纹中的聚合物发生很大程度的塑性形变及黏弹形变，聚合物链沿应力方向取向并跨越银纹的两岸，能赋予银纹一定的机械强度。银纹体的密度仅为聚合物本体的40%～60%，因此银纹体的模量比本体聚合物低很多。在形变时，体积增加。当屈服形变完全由银纹引起时，则可能不出现细颈。

聚合物的力学屈服也是一种松弛过程，受温度、时间等因素影响。在不同的温度、时间条件下，同一种聚合物可表现脆性（无屈服现象）或韧性（有屈服现象）。当外界温度提高时，松弛时间减小，屈服应力降低；达到 T_g 时，屈服应力下降为零。应变速率的影响则与温度变化的规律正好相反。图 3-31 为温度对 PMMA 应力-应变行为影响曲线。

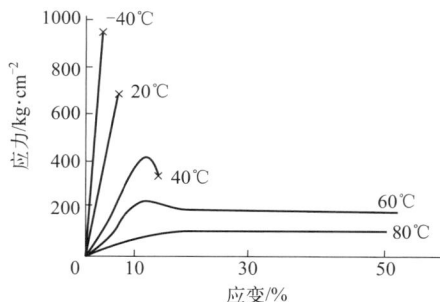

图3-31　温度对PMMA应力-应变行为的影响
（拉伸速率为5 mm·min⁻¹）

3.3.5　聚合物的机械强度

3.3.5.1　理论强度与实际强度

从微观的角度看，聚合物材料的断裂包括以下 3 种可能性：化学键破坏；分子间或晶粒群体间的滑脱；范德华力或氢键的破坏。将聚合物材料按结构完全均匀的理想情况计算，得到的理论强度比聚合物材料的实际强度高出几十倍乃至上百倍。而对于弹性模量，实际值与理论值是比较接近的。

聚合物材料的实际强度远低于理论强度的原因在于结构的不均匀性。聚合物材料结构中存在许多大小不一的缺陷，这会引起应力的局部集中。当应力集中在少数化学键上时，就会使这些化学键断裂，产生裂缝，最后导致材料的破裂。这就是说，由于结构上存在缺陷，造成材料破坏时产生各个击破的局面。这就是实际强度远低于理论强度的根本原因。

材料表面或内部存在的微裂缝是材料破裂的关键因素。微裂缝引起的应力集中类似于椭圆形孔隙引起的应力集中。长轴直径为 a、短轴直径为 b 的椭圆形孔，长轴两端的应力 σ_t 与平均应力 σ_0 的比值为：

$$\frac{\sigma_t}{\sigma_0} = 1 + \frac{2a}{b}$$

当 $\frac{a}{b}$ 很大时，聚合物材料内部的应力集中是很严重的。裂缝可视为 $a \gg b$ 的椭圆形孔。裂缝尖端处的最大张力为：

$$\sigma_m = \sigma_0 \left(1 + 2\sqrt{\frac{a}{\rho}}\right) \tag{3-28}$$

式中，a 为裂缝长度的一半，ρ 为尖端的曲率半径。

因此，狭长尖锐的裂缝可导致材料的迅速破坏，材料的强度大为降低。

现代断裂理论是在 Griffith 理论基础上发展起来的。Griffith 认为，脆性材料的拉伸强度因材料内部结构的不均匀性而远未达到其理论强度。实际的脆性固体，由于在应力方向上产生裂纹缺陷，使强度变弱，裂纹或裂缝增长，最后导致材料破坏。当裂缝延伸时，释放出的应变能等于或超过形成新的断裂表面所需要的能量时，裂缝才会增长。由此可导出材料的拉伸强度为：

$$\sigma_{\mathrm{E}} = \sqrt{\frac{2E\gamma}{\pi a}}$$

式中，γ 为材料单位表面的表面能，a 为裂纹长度的一半，E 为材料的杨氏模量。

上式将材料的强度与材料的表面能联系起来，也与材料的内聚能联系起来。对于聚合物材料，裂缝尖端会产生明显的黏弹形变。裂缝扩展还应包括这种黏弹功在内，而这种黏弹功来源于屈服形变，它比表面能大很多。所以聚合物的破坏过程具有明显的松弛性质。

3.3.5.2 拉伸强度和抗冲击强度

前面已经提到聚合物的破坏过程具有松弛的特点。所以，聚合物的拉伸强度除与聚合物本身结构、取向情况、结晶度、添加填料、增塑剂等因素有关外，还与施加载荷的速率和环境温度等外界条件有关。

冲击破坏是塑料构件及制品常见的破坏形式，抗冲击性能在很大程度上取决于试样缺口的特性。例如，在有钝缺口的试验中，PVC 的抗冲击强度大于 ABS；但对试样带有尖锐缺口的情况，ABS 的抗冲击强度则大于 PVC。温度对抗冲击强度也有明显的影响。其他因素，如分子量、添加剂以及加工条件等，均对材料的抗冲击性能有显著影响。所以，在比较各种聚合物材料的抗冲击强度时，要予以充分考虑。表 3-7 和表 3-8 列举了一些常见聚合物的机械强度。

■ 表 3-7 一些常见聚合物的拉伸强度和抗弯强度

材料名称	拉伸强度/10^5 Pa	断裂伸长率/%	拉伸模量/10^7 Pa	抗弯强度/10^5 Pa	弯曲模量/10^7 Pa
高密度聚乙烯	215～380	60～150	82～93	245～392	108～137
聚苯乙烯	345～610	1.2～2.5	274～346	600～974	
ABS	166～610	10～140	65～284	248～930	296
PMMA	488～765	2～10	314	898～1175	
聚丙烯	330～414	200～700	118～138	414～552	118～157
PVC	345～610	20～40	245～412	696～1104	
尼龙 66	814	60	314～324	980～1080	287～294
尼龙 6	727～764	150	255	980	236～254
尼龙 1010	510～539	100～250	157	872	127
聚甲醛	612～664	60～75	274	892～902	255
聚碳酸酯	657	60～100	216～236	962～1042	196～294
聚砜	704～837	20～100	245～275	1060～1250	275
聚酰亚胺	925	6～8	—	＞980	314
聚苯醚	846～876	30～80	245～275	962～1348	196～206
氯化聚醚	415	60～160	108	686～756	88
线型聚酯	784	200	285	1148	
聚四氟乙烯	139～247	250～350	39	108～137	

■ 表3-8 一些常见聚合物的缺口 Izod 冲击强度（24℃）

材料名称	冲击强度/（10 J·m⁻¹）	材料名称	冲击强度/（10 J·m⁻¹）
聚苯乙烯	1.3～2.1	聚丙烯	2.65～10.5
ABS	5.3～53	聚碳酸酯	63～68.9
硬聚氯乙烯	2.1～15.9	酚醛塑料（普通）	1.3～1.9
聚氯乙烯共混物	15.9～106	酚醛塑料（布填料）	5.3～15.9
PMMA	2.1～2.6	酚醛塑料（玻璃纤维填料）	53～159
醋酸纤维素	5.3～29.7	聚四氟乙烯	10.6～21.2
乙基纤维素	18.5～31.8	聚苯醚	26.5
尼龙66	5.3～15.9	聚苯醚（含25%玻璃纤维）	7.4～7.9
尼龙6	5.3～15.9	聚砜	6.8～26.5
聚甲醛	10.6～15.9	环氧树脂	1.0～26.5
低密度聚乙烯	＞84.8	环氧树脂（含玻璃纤维填料）	53～159
高密度聚乙烯	2.15～107	聚酰亚胺	4.7

3.3.6 摩擦与磨耗

摩擦与磨耗是聚合物材料重要的力学性能，对橡胶轮胎设计十分重要。在织物制造中纤维之间的摩擦也很重要。关于摩擦与磨耗，还没有严格的定量理论。

根据 Amontons 定律，物体与平整表面之间的摩擦力（F）正比于总负荷（L），而与接触面积 A 无关。

$$F=\mu L \quad 即 \quad \mu=\frac{F}{L} \tag{3-29}$$

式中，μ 是摩擦系数。

Amontons 定律对金属材料近似成立，而对高分子材料是不适用的。实际上，看似平滑的表面在微观上并不平滑，是凸凹不平的，两个表面之间的实际接触面积远小于接触的表观面积，整个负荷产生的法向力由表面上凹凸不平的顶端承受，在这些接触点上局部应力很大，致使产生很大的变形，每一个顶端都压成一个小平面。在这个小范围内，两个表面之间存在紧密的原子接触，产生黏合力。若使两个表面间产生滑动，必须破坏这种黏合力，在靠近界面处发生剪切形变。这就是摩擦黏合机理的基本思想，由此得出：

$$F=A\sigma_s$$

式中，A 是接触面的实际面积，σ_s 为材料的剪切强度。

就金属而言，由表面凹凸不平处的塑性形变形成的实际接触面积正比于负荷，故 Amontons 定律成立。

对聚合物而言，由于形变的黏弹机理，此定律不适用。例如，对橡胶而言，形变是高弹性的，接触面积与负荷 $L^{2/3}$ 成正比。因此，摩擦系数随压力的增加而减小。对于发生黏弹形变的聚合物：

$$\mu=KL^{n-1} \tag{3-30}$$

式中　K——与材料特性有关的常数；

n——$\dfrac{2}{3} < n < 1$，例如对聚四氟乙烯 $n=0.85$。

表 3-9 列出了一些常见聚合物的滑动摩擦系数（μ）。由表可见，聚合物的摩擦系数各不相同，聚四氟乙烯的摩擦系数值很小，而橡胶类聚合物则较大。

■ 表 3-9 一些常见聚合物的滑动摩擦系数

聚 合 物	μ	聚 合 物	μ
聚四氟乙烯	0.04～0.15	尼龙 66	0.15～0.40
低密度聚乙烯	0.30～0.80	聚氯乙烯	0.20～0.90
高密度聚乙烯	0.08～0.20	聚偏二氯乙烯	0.68～1.80
聚丙烯	0.67	聚碳酸酯	0.10～0.30
聚苯乙烯	0.33～0.50	丁苯橡胶	0.50～3.00
聚甲基丙烯酸甲酯	0.25～0.50	顺丁橡胶	0.40～1.50
聚对苯二甲酸乙二醇酯	0.20～0.30	天然橡胶	0.50～3.00

在由摩擦引起的剪切过程中，能量的消耗在很大程度上取决于材料的黏弹特性，因而取决于温度和应变速率，WLF 方程也适用。事实上，在不同的温度或滑动速度下摩擦系数存在极大值，如图 3-32 及图 3-33 所示。此极大值与黏弹形变过程中内耗极大值相对应。

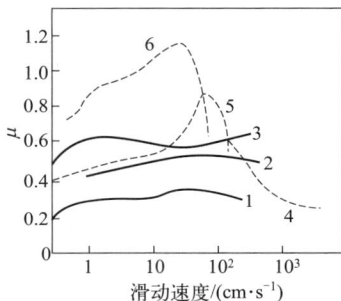

图3-32 聚合物摩擦系数μ与滑动速度的关系
1—硅橡胶；2—PMMA；3—PS；4—尼龙 66；5—PP；6—PE

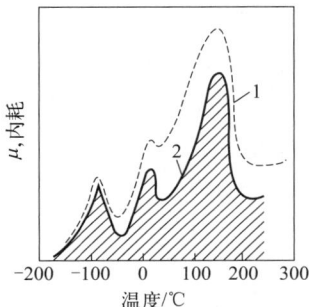

图3-33 聚四氟乙烯滚动摩擦系数μ与力学损耗的对应关系
1—内耗；2—摩擦系数

当两种硬度差别很大的材料相对滑动时，例如聚合物在金属表面滑动的情况，较硬材料的凹凸不平处嵌入到软质材料的表面，形成凹槽。当嵌入的尖端移动时，凹处或者复原，或者软质材料被刮下来。因此，这时的能量损耗包括黏合功和形变功两部分。

滚动摩擦主要是由形变能量损失决定的，滚动摩擦系数通常比滑动摩擦系数小。不论滑动摩擦还是滚动摩擦，都与形变过程及内耗有关（图 3-33）。内耗大的聚合物，其摩擦系数亦较大。高损耗橡胶比同硬度的低损耗橡胶的摩擦系数大，已被用来改善汽车轮胎的防滑性。磨耗与摩擦是同一个现象的两个方面。黏合和嵌入的形变均因剪切而使材料从较软的表面磨去，这称为磨耗。因此，磨耗和摩擦是紧密相关的。此外，表层的疲劳也会引起材料的脱落。

设滑动距离为 D，因磨耗从表面上磨去材料的体积为 V，滑动时的负荷为 L，磨耗系数定义为：

$$A' = V/DL$$

耐磨性 γ 为：

$$\gamma = A'/\mu$$

高分子材料基础（第四版）

式中，μ 为摩擦系数。磨耗同样也由聚合物的形变和破坏特性决定。

磨耗是基本力学过程复杂地相互作用的结果。磨耗力大引起聚合物材料的局部形变，摩擦生热引起局部温度升高，这显著地改变了材料的黏弹特性。因此，磨耗过程常决定于材料表面的性质，而表面的黏弹特性有别于聚合物本体的。

3.3.7 疲劳强度

在周期性交变应力作用下，聚合物材料会在低于静态强度的应力下破裂，这种现象称为疲劳现象。疲劳现象同样是在应力作用下由裂纹的发展引起的。

经 N 次反复应力作用后，材料的疲劳强度 σ_a 为：

$$\sigma_a = \sigma_u - k\lg N \tag{3-31}$$

式中，σ_u 为材料的静态强度，k 为系数。

实验表明，对于许多聚合物，存在疲劳极限 σ_e。当 $\sigma_a < \sigma_e$ 时，材料的疲劳寿命为无限大，即 $N \to \infty$ 也不破裂。在一定负荷的反复作用下，聚合物材料的疲劳寿命随分子量的提高而增加。例如，聚苯乙烯的分子量从 1.6×10^5 增至 8.6×10^5 时，疲劳寿命增大 10 多倍。

对于热塑性聚合物材料，疲劳极限约为静态强度的 1/4；对于增强聚合物材料，此比值会大一些。聚甲醛和聚四氟乙烯的比值可达 0.4～0.5。并且此比值随分子量的增大和温度的提高而增加。

3.4 高分子材料的物理性能

3.4.1 热性能

3.4.1.1 热导率

从微观角度看，在一块冷平板的一个面上，外加热能的影响是增加该面上原子和分子的振动振幅。然后，热能以一定的速率向对面方向扩散。对非金属材料，扩散速率主要取决于邻近原子或分子的结合强度。主价键结合时，热扩散快，是良好的热导体，热导率大；次价键结合时，导热性差，热导率小。

根据固体物理理论，热导率 λ 与材料的体积模量 B 的关系为：

$$\lambda = c_p (\rho B)^{1/2} l \tag{3-32}$$

式中，c_p 为比热容；ρ 为密度；l 为热振动的平均自由行程（声子），即原子或分子间距离。

例如，聚氨酯材料 $\lambda \approx 0.3\ \text{W} \cdot \text{m}^{-1} \cdot \text{K}^{-1}$，与实验值基本吻合。

对金属材料，原子晶格的振动对热导率的贡献是次要的，主要是自由电子的热运动，因此金属的热导率与电导率是成比例的。除很低温度的特殊情况外，金属的热导率比其他材料都要大得多。

聚合物是靠分子间力结合的，所以导热性较差。固体聚合物的热导率范围较窄，通常在 $0.22\ \text{W} \cdot \text{m}^{-1} \cdot \text{K}^{-1}$ 左右。结晶聚合物的热导率要高一些，非晶聚合物的热导率随分子量的增大而增加，这与热传递沿分子链方向比在分子间容易有关。例如，聚氯乙烯伸长 300% 时，轴向的热导率比横向大 1 倍以上。同样，加入低分子量的增塑剂会使聚合物的热导率下降。聚合物的热导率随温度变化有所波动，但波动范围不超过 10%。取向引起热导率的各向异性，沿取向方向热导率增大，而横截面方向减小。

微孔聚合物的热导率非常低，通常只有 $0.03\ \mathrm{W\cdot m^{-1}\cdot K^{-1}}$ 左右，随密度的下降而减小。

热导率是固体聚合物和发泡气体热导率的加权平均值。表 3-10 列出了常见聚合物的热导率及其他热性能。

■ 表 3-10　高分子材料的热性能

聚合物	线性热膨胀系数 $/10^{-5}\mathrm{K}^{-1}$	比热容 $/(\mathrm{kJ\cdot kg^{-1}\cdot K^{-1}})$	热导率 $/(\mathrm{W\cdot m^{-1}\cdot K^{-1}})$	聚合物	线性热膨胀系数 $/10^{-5}\mathrm{K}^{-1}$	比热容 $/(\mathrm{kJ\cdot kg^{-1}\cdot K^{-1}})$	热导率 $/(\mathrm{W\cdot m^{-1}\cdot K^{-1}})$
聚甲基丙烯酸甲酯	4.5	1.39	0.19	尼龙 6	6	1.60	0.31
聚苯乙烯	6～8	1.20	0.16	尼龙 66	9	1.70	0.25
聚氨基甲酸酯	10～20	1.76	0.30	聚对苯二甲酸乙二醇酯		1.01	0.14
PVC（未增塑）	5～18.5	1.05	0.16	聚四氟乙烯	10	1.06	0.27
PVC（含 35% 增塑剂）	7～25		0.15	环氧树脂	8	1.05	0.17
低密度聚乙烯	13～20	1.90	0.35	氯丁橡胶	24	1.70	0.21
高密度聚乙烯	11～13	2.31	0.44	天然橡胶		1.92	0.18
聚丙烯	6～10	1.93	0.24	聚异丁烯		1.95	
聚甲醛	10	1.47	0.23	聚醚砜	5.5	1.12	0.18

3.4.1.2　比热容及热膨胀性

高分子材料的比热容主要由其化学结构决定，在 $1\sim3\ \mathrm{kJ\cdot kg^{-1}\cdot K^{-1}}$ 之间，比金属和无机材料大。一些聚合物的比热容也列在表 3-10 中。

聚合物的热膨胀性比金属及陶瓷大，通常在 $4\times10^{-5}\sim3\times10^{-4}$ 之间，见表 3-10。聚合物的膨胀系数随温度的升高而增大，但一般并非温度的线性函数。

3.4.2　电性能

聚合物，如聚四氟乙烯、聚乙烯、聚氯乙烯、环氧树脂、酚醛树脂等，是极好的电器材料。聚合物的电性能主要由其化学结构决定，受微观结构影响较小。

电性能可以通过考察其对施加不同强度和频率电场的响应特性研究，正如力学性能可通过静态的和周期性的应力响应特性确定一样。

3.4.2.1　电阻率和介电常数

聚合物的体积电阻率常随充电时间的延长而增加，因此通常规定采用 1 min 的体积电阻率数值。在电工材料中，聚合物是电阻率非常高的绝缘体，如图 3-34 所示。

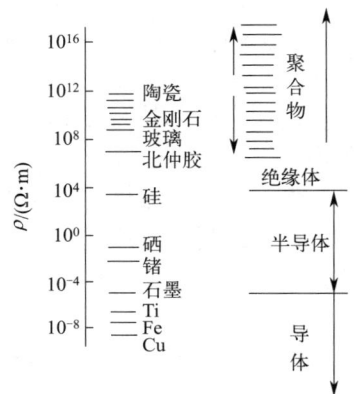

图3-34　电工材料的体积电阻率

用来隔开电容器极板的物质叫电介质，这时的电容与极板间为真空时的电容之比称作该电介质的介电常数，以无量纲量 ε 表示，数值范围在 $1\sim10$ 之间。非极性聚合物介电常数在 2 左右，极性高聚物在 $3\sim9$ 之间。表 3-11 列出了一些聚合物的直流介电常数。

■ 表 3-11　一些聚合物的直流介电常数

聚 合 物	ε	聚 合 物	ε	聚 合 物	ε
聚乙烯	2.3	聚四氟乙烯	2.1	尼龙 66	6.1
聚丙烯	2.3	聚氨酯弹性体	9	聚苯乙烯	2.5
聚甲基丙烯酸甲酯	3.8	聚醚砜	3.5	酚醛树脂	6
聚氯乙烯	3.8	氯磺化聚乙烯	$8\sim10$		

产生介电现象的原因是分子极化。在外电场作用下分子中电荷分布的变化称为极化。分子极化包括电子极化、原子极化和取向极化。电子极化和原子极化又称为变形极化或诱导极化，所需时间很短，为 $10^{-15}\sim10^{-11}$ s。由永久偶极产生的取向极化与温度有关。取向极化产生的偶极矩与热力学温度成反比；取向极化所需时间在 10^{-9} s 以上。此外，还存在界面极化。界面极化是由于电荷在非均匀介质分界面上聚集产生的，所需时间为几分之一秒至几分钟乃至几小时。材料的介电常数是以上几种因素产生的介电常数分量的总和。

3.4.2.2　介电损耗

电介质在交变电场作用下由于发热消耗的能量称为介电损耗。产生介电损耗的原因有两个：一个原因是在电介质中因微量杂质引起的漏导电流；另一个原因是电介质在电场中发生极化取向时，由于极化取向与外加电场有相位差而产生的极化电流损耗。后者是主要原因。

在交变电场中，介电常数可用复数形式表示：

$$\varepsilon=\varepsilon'-i\varepsilon'' \tag{3-33}$$

式中，ε' 为与电容电流相关的介电常数，即实数部分，它是实验测得的介电常数；ε'' 为与电阻电流相关的分量，即虚数部分。损耗角 (δ) 的正切 $\tan\delta=\varepsilon''/\varepsilon'$，称为介电损耗。

聚合物的介电损耗即介电松弛，与力学松弛在原理上是相同的。介电松弛是在交变电场刺激下的极化响应，它决定于松弛时间与电场作用时间的相对值。当电场频率与某种分子极化运动单元松弛时间 τ 的倒数接近或相等时，相位差最大，产生共振吸收峰，即介电损耗峰。从介电损耗峰的位置和形状可推断出所对应偶极运动单元的归属。聚合物在不同温度下的介电损耗称为介电谱。

在普通的电场频率范围下，只有取向极化及界面极化才会对电场变化有明显的响应，因此只有极性聚合物才有明显的介电损耗。极性基团可位于聚合物主链，如硅橡胶；或处于侧基，如 PVC。当极性侧基柔性较大时，如 PMMA 极性基团的运动，几乎与主链无关。此外，如 PE 因氧化产生的末端羧基，是聚合物链极性的来源。非晶态极性聚合物介电谱上一般均出现两个介电损耗峰，分别记作 α 和 β（图 3-35）。α 峰相应于主链链段构象重排，它与 T_g 值是对应的。β 峰相应于次级转变，对于聚乙酸乙烯酯是柔性侧基的运动，对于 PVC 对应主链的局部松弛运动。对于非极性聚合物，极性杂质常常是介电损耗的主要原因。非极性聚合物的 $\tan\delta$ 通常小于 10^{-4}，极性聚合物的 $\tan\delta$ 在 $5\times10^{-3}\sim1\times10^{-1}$ 之间。

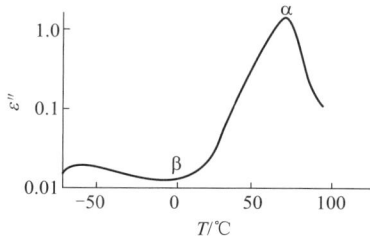

图3-35　聚乙酸乙烯酯 ε'' 与温度的关系（电场频率 10^4 Hz）

3.4.2.3 介电强度

当电场强度超过某一临界值时，电介质就丧失其绝缘性能，称为电击穿。发生电击穿的电压称为击穿电压。击穿电压与击穿处介质厚度之比称为击穿电场强度，也称介电强度。聚合物介电强度可达 $1000 \ MV \cdot m^{-1}$，其上限由聚合物结构的共价键电离能决定。

当电场强度增加到临界值时，电子撞击分子发生电离，使聚合物击穿，称为纯电击穿或固有击穿。这种击穿过程极为迅速，击穿电压与温度无关。在强电场下，因温度上升导致聚合物的热破坏引起的击穿称作热击穿。这时击穿电压比固有击穿电压值低。

3.4.2.4 静电现象

当两种物体互相接触和摩擦时，会有电子转移，而使一个物体带正电，另一个物体带负电，这种现象称为静电现象。聚合物的高电阻率使其有可能积累大量的静电荷，这给生产和生活带来麻烦。例如，聚丙烯腈纤维因摩擦可产生高达 $1500 \ V$ 的静电压。

由实验测得，介电常数大的聚合物带正电，小的带负电，按以下顺序：

⊕ 聚酰胺　尼龙66　羊毛　蚕丝　皮肤　纤维素(棉花)　聚甲基丙烯酸甲酯　聚乙烯醇缩醛　涤纶　聚丙烯腈　聚氯乙烯　聚碳酸酯　聚乙烯　聚丙烯　聚四氟乙烯 ⊖

当上述序列中的两种物质相互摩擦时，总是左边的带正电、右边的带负电，二者相距越远产生的电量越多。在具体实践中，可通过体积传导、表面传导等不同途径消除静电现象，其中以表面传导为主。工业上广泛采用的添加抗静电剂就是为了提高聚合物表面的导电性。抗静电剂一般具有表面活性剂的功能，可以通过增加聚合物的吸湿性提高其表面的导电性，从而消除静电现象。

3.4.2.5 聚合物驻极体和热释电流

将聚合物薄膜夹在两个电极中，加热至薄膜成型温度，然后施加每厘米数千伏的电场，使聚合物极化、取向，再冷却至室温，而后撤去电场。这时由于聚合物极化后的取向单元被冻结，极化偶矩可长期保留。这种具有被冻结的、长寿命的、非平衡偶极矩的电介质称为驻极体，如聚偏氟乙烯、涤纶树脂、聚丙烯、聚碳酸酯等聚合物的超薄薄膜驻极体已广泛应用于电容器传声隔膜及计算机存储器等方面。

若加热驻极体以激发其分子运动，极化电荷将被释放出来，产生退极化电流，称为热释电流（TSC）。热释电流的峰值对应的温度取决于聚合物偶极取向机理，因此可用来研究聚合物的分子运动。就分子机理而言，聚合物驻极体和热释电流现象与聚合物的强迫高弹性现象（即屈服形变）极为相似，是同一本质的两种表现形式。

3.4.3 光性能

3.4.3.1 折射

当光由一种介质进入另一种介质时，由于光在两种介质中的传播速度不同，会产生折射现象。设入射角为 α、折射角为 β，则折射率 n 定义为下式：

$$n = \frac{\sin\alpha}{\sin\beta} \qquad\qquad (3\text{-}34)$$

n 与两种介质的性质和光的波长有关。通常以物质对真空的折射率作为该物质的折射率。

聚合物的折射率由其分子的电子结构因辐射的光频电场作用发生形变的程度决定。聚合物的折射率通常在 1.5 左右。

结构上各向同性的材料，如无应力的非晶态聚合物，在光学上也是各向同性的，因此只有一个折射率。结晶的和其他各向异性的材料，折射率沿不同主轴方向有不同的数值，该材料被称为有双折射性质的，例如非晶态聚合物，因分子取向产生双折射。因此，双折射是研究形变微观机理的有效方法。在高分子材料中，由应力产生的双折射可应用于光弹性应力的研究。

3.4.3.2 透明性及光泽

大多数聚合物不吸收可见光谱范围内的辐射，当其不含结晶、杂质和疵痕时都是透明的，例如聚甲基丙烯酸甲酯（有机玻璃）、聚苯乙烯等。它们对可见光的透过程度可达 92% 以上。透明度的损失，除光的反射和吸收外，主要原因是材料内部对光的散射，而散射是由其结构的不均匀性造成的，例如聚合物表面或内部的疵痕、裂纹、杂质、填料、结晶等都使透明度降低。这种降低与光经过的路程（物体厚度）有关；厚度越大，透明度越小。

"光泽"是材料表面的光学性能。越平滑的表面，光泽性越好。从 0°～90° 的入射角，反射光强与入射光强之比称为直接反射系数，它用来表示表面光泽程度。

3.4.3.3 反射和内反射

对于透明材料，当光垂直入射时，透过光强与入射光强之比为：

$$T = 1 - \frac{(n-1)^2}{(n+1)^2}$$

对于大多数聚合物 $n \approx 1.5$，所以 $T \approx 92\%$，反射光约占 8%。在不同入射角时，反射率也不太高。

当光从聚合物射入空气的入射角为 α 时，若 $\sin\alpha \geqslant \dfrac{1}{n}$，发生内反射，即光线不能射入空气中，而是全部折回聚合物中。对大多数聚合物 $n \approx 1.5$，因此 α 最小为 42° 左右。

光线在聚合物内全反射，使其显得很明亮，利用这一特性可制造出许多发光制品，如汽车的尾灯、信号灯、光导管等。图 3-36 所示的光导管为一透明的塑料棒。因为当 $n=1.5$ 时，$\sin\alpha=(\gamma-d)/\gamma$，所以只要使其弯曲部分的曲率半径 γ 不小于棒直径 d 的 3 倍，即可满足 $\sin\alpha \geqslant \dfrac{2}{3}$ 的条件。这时若光从棒的一

图3-36 光导管中光的内反射
α—内反射的最小光入射角

端射入，在弯曲处不会射出棒外，而全反射传播到棒的另一端。这种光导管可用于外科手术的局部照明。这种全反射特性也是制造光导纤维的依据之一。

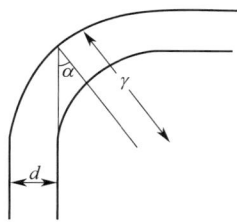

3.4.4　渗透性

液体分子或气体分子可从聚合物膜的一侧扩散到其浓度较低的另一侧，这种现象称为渗透或渗析。此外，若在低浓度聚合物膜的一侧施加足够高的压力（超过渗透压），则可使液体或气体分子向高浓度一侧扩散，这种现象称为反向渗透。根据聚合物的渗透性，高分子材料在薄膜包装、提纯、医学、海水淡化等方面都获得了广泛的应用。

液体或气体分子透过聚合物时，先是溶解在聚合物内，再向低浓度处扩散，最后从薄膜的另一侧逸出。因此聚合物的渗透性与液体及气体在其中的溶解度有关。当溶解度不大时，透过量 q 可由 Fick 第一定律表示：

$$q = -D \frac{dc}{dz} At \tag{3-35}$$

式中，A、t、D 分别为面积、时间、扩散系数，$\frac{dc}{dz}$ 为浓度梯度。

达到稳态时，设膜厚为 L，膜两侧浓度差为 c_1-c_2，则扩散速率 J 为：

$$J = \frac{q}{At} = \frac{D}{L}(c_1-c_2) \quad (c_1 > c_2) \tag{3-36}$$

根据亨利定律，溶质的浓度 c 与其蒸气压 p 的关系为 $c=Sp$，式中 S 为溶解度系数。定义 P_g 为渗透系数：

$$P_g = DS \tag{3-37}$$

可见，在其他条件相同时，溶解性越好，即 S 越大，渗透系数就越大。因为：

$$J = DS \frac{p_1-p_2}{L} = P_g \frac{p_1-p_2}{L}$$

所以渗透性也越好。

以上所述规律对气体是符合的；对液体，由于 D 与浓度有关，情况比较复杂，但原理是相同的。

在溶解度系数 S 相同时，气体分子越小，在聚合物中越易扩散，P_g 越大。若 D 和 S 都不同，D 或 S 何者占支配地位则视具体情况而论。

聚合物的结构和物理状态对渗透性影响甚大。通常链的柔性增大时，渗透性提高；结晶度越大，渗透性越小。由于一般气体是非极性的，当聚合物链上引入极性基团时，这些聚合物对气体的渗透性会降低。

3.5　高分子材料的化学性能

高分子材料的化学性能是聚合物在化学因素和物理因素作用下发生的化学反应。

3.5.1　高分子材料的化学反应

聚合物大分子链上官能团的性质与相应小分子上相应官能团的性质并无区别。根据第 2 章所述的等活性理论，官能团的反应活性并不受分子链长短的影响，因此带有官能团的小分子能进行的化学反应在聚合物相应的官能团上也同样能进行。

利用大分子上官能团的化学反应可对聚合物进行改性，包括聚合物接枝、交联等。例如，乙烯醇因很容易异构化为乙醛而不能单独存在，所以无法用乙烯醇制取聚乙烯醇。聚乙烯醇是通过聚乙酸乙烯酯中酯键的醇解反应制得的：

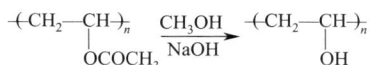

$$\begin{array}{ccc} \{CH_2\text{—}CH\}_n & \xrightarrow[NaOH]{CH_3OH} & \{CH_2\text{—}CH\}_n \\ \quad | & & | \\ OCOCH_3 & & OH \end{array}$$

聚合物大分子链上官能团的化学反应性质与相应的小分子是相同的，也可归入有机化学的范畴。但是，由于聚合物分子量高、结构和分子量的多分散性，高分子的化学反应也具有自身的特征。

① 在化学反应中，扩散因素是反应速率的决定步骤，官能团的反应能力受聚合物的相态（晶相或非晶相）、聚合物的形态等因素影响很大。

② 分子链上相邻官能团对化学反应有很大影响。分子链上相邻的官能团由于静电作用、空间位阻等因素，可改变官能团的反应能力，有时会使反应不能进行完全。

例如，聚氯乙烯用 Zn 粉处理，脱氯并形成环状结构：

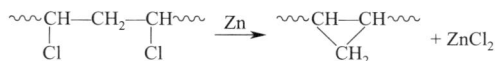

$$\begin{array}{ccc} \sim\sim CH\text{—}CH_2\text{—}CH\sim\sim & \xrightarrow{Zn} & \sim\sim CH\text{—}CH\sim\sim \\ \quad | \qquad\qquad | & & \quad \backslash\quad / \\ Cl \qquad\qquad Cl & & CH_2 \end{array} \quad + ZnCl_2$$

实验表明，最大反应率为 86% 左右。这可解释如下：如

$$\begin{array}{c} ① \quad\quad ② \quad\quad ③ \quad\quad ④ \quad\quad ⑤ \\ CH\text{—}CH_2\text{—}CH\text{—}CH_2\text{—}CH\text{—}CH_2\text{—}CH\text{—}CH_2\text{—}CH \\ | \qquad\qquad | \qquad\qquad | \qquad\qquad | \qquad\qquad | \\ Cl \qquad\quad Cl \qquad\quad Cl \qquad\quad Cl \qquad\quad Cl \end{array},$$

将分子链中某一段的相邻的 5 个链节中带 Cl 的碳原子分别标以①、②、③、④、⑤，若①、②和④、⑤位置先行与 Zn 反应，那么③位置的 Cl 原子就不可能进行反应。根据概率论推导，未反应的 Cl 应占全部 Cl 的比例为 13.5%。

聚合物在物理因素如热、应力、光、辐射等的作用下，还会发生相应的降解、交联等反应。

3.5.2　高分子材料的老化

聚合物及其制品在使用或贮存过程中，由于环境（如光、热、氧、潮湿、应力、化学侵蚀等）的影响，性能（如强度、弹性、硬度、颜色等）逐渐变坏的现象，称为老化。这种情况与金属的腐蚀相似。

3.5.2.1　光氧化

聚合物在光的照射下，分子链的断裂取决于光的波长与聚合物的键能。聚合物共价键的离解能为 $167\sim586\ kJ\cdot mol^{-1}$，紫外线的能量为 $250\sim580\ kJ\cdot mol^{-1}$。在可见光的范围内，聚合物不会被离解，但呈激发状态。因此，在氧存在下，聚合物易于发生光氧化过程。例如，聚烯烃中含叔碳氢（RH），被激发了的 C—H 键容易与氧作用：

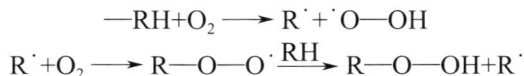

$$—RH + O_2 \longrightarrow R^{\cdot} + {}^{\cdot}O—OH$$
$$R^{\cdot} + O_2 \longrightarrow R—O—O^{\cdot} \xrightarrow{RH} R—O—OH + R^{\cdot}$$

此后开始连锁式的自动氧化降解过程。

水、微量的金属元素特别是过渡金属及其化合物，都能加速光氧化过程。

为延缓或防止聚合物的光氧化过程，需加入光稳定剂。常用的光稳定剂为紫外线吸收剂，如邻羟基二苯甲酮衍生物、水杨酸酯类等。还有光屏蔽剂，如炭黑、氧化锌、二氧化钛等，通过散射或吸收光线中的特定波长，阻止其深入聚合物内部。第三类是淬灭剂，它从受激发的聚合物吸收能量，以消除聚合物分子的激发状态，如镍、钴的络合物就有这种作用。

3.5.2.2 热氧化

聚合物的热氧（老）化是热和氧综合作用的结果。热加速了聚合物的氧化，而氧化物的分解导致了主链断裂的自动氧化过程。氧化过程是首先形成氢过氧化物，再进一步分解产生活性中心（自由基）。一旦形成自由基后，即开始链式氧化反应。

为获得对热、氧稳定的高分子材料制品，常需加入抗氧剂和热稳定剂。常用的抗氧剂有仲芳胺、阻碍酚类、苯醌类、叔胺类以及硫醇、二烷基二硫代氨基甲酸盐、亚磷酸酯等。热稳定剂有金属皂类、有机锡等。

3.5.2.3 化学侵蚀

聚合物链由于受到化学物质的作用产生化学变化而使性能变劣的现象称为化学侵蚀，如聚酯、聚酰胺的水解等。上述的氧化作用也可视为化学侵蚀。

化学侵蚀所涉及的问题就是聚合物的化学性质。因此，在考虑高分子材料的老化以及环境影响时，要充分考虑聚合物可能发生的化学变化。

3.5.2.4 生物侵蚀

合成高分子材料一般具有极好的耐微生物侵蚀性。软质聚氯乙烯制品因含有大量增塑剂，容易遭受微生物的侵蚀。一些来源于动物、植物的天然高分子材料，如酪蛋白纤维素以及含天然油醇酸树脂的涂料等，亦会受细菌和霉菌的侵蚀。质地柔软的高分子材料易受蛀虫的侵蚀。

3.5.3 高分子材料的燃烧特性

大多数聚合物因其碳链结构，通常是容易燃烧的，尤其是大量生产和使用的高分子材料，如聚乙烯、聚苯乙烯、聚丙烯、有机玻璃、环氧树脂、丁苯橡胶、丁腈橡胶、乙丙橡胶等，都是很容易燃烧的材料。因此，掌握聚合物的燃烧过程和高分子材料的阻燃方法是十分重要的。

3.5.3.1 燃烧过程及机理

燃烧是指在较高温度下物质与空气中的氧剧烈反应并放出热和光的现象。物质产生燃烧的必要条件是可燃、周围存在空气和热源。使材料着火的最低温度称为燃点或着火点。材料着火后，其产生的热量有可能使其周围的可燃物质或自身未燃部分因受热而燃烧，这种燃烧的传播和扩展现象称为火焰的传播或延燃。若材料着火后其自身的燃烧热不足以使未燃部分继续燃烧，则称为阻燃、自熄或不延燃。

在加热阶段，聚合物受热而变软、熔融，进而发生分解，产生可燃性气体和不燃性气体。当产生的可燃性气体与空气混合，达到可燃浓度范围时，即发生着火。着火燃烧后产生的燃烧热使气、液及固相的温度上升，燃烧得以维持。在这一阶段，主要的影响因素是可燃气体与空气中氧的扩散速率和聚合物的燃烧热。延燃与聚合物材料的燃烧热有关，也会受到聚合物表面状况、暴露程度等因素影响。

不同的聚合物，燃烧的传播速度也不同。燃烧速度是聚合物燃烧性的一个重要指标，是指在有外部辐射热源存在下水平方向火焰的传播速度。

烃类聚合物的燃烧机理与烃类燃料相似，是一种自由基连锁反应过程。聚合物首先热分解产生碳氢物片段 RH_2，RH_2 与氧气反应产生自由基：

$$RH_2+O_2 \longrightarrow RH \cdot +HOO \cdot$$

形成自由基后即开始链式反应：

$$RH \cdot +O_2 \longrightarrow RHOO \cdot$$

$$RHOO \cdot \longrightarrow RO+ \cdot OH$$

$$\cdot OH+RH_2 \longrightarrow H_2O+RH \cdot$$

$$\cdots\cdots$$

需要指出的是，聚合物的燃烧速率与高反应活性的·OH 自由基密切相关。若抑制·OH 的产生，就能达到阻燃的效果。使用的许多阻燃剂就是基于这一原则。

在火灾中，燃烧往往是不完全的，产生挥发性化合物和烟雾。许多聚合物在燃烧时，还会产生有毒的挥发性物质，含氮聚合物如聚氨酯、聚酰胺、聚丙烯腈会产生氰化氢，氯代聚合物如 PVC 等则会产生氯化氢。

3.5.3.2 氧指数

氧指数是在规定的条件下试样在氧气和氮气的混合气流中维持稳定燃烧所需的最低氧气浓度，用混合气流中氧所占的体积分数表示。氧指数是衡量聚合物燃烧难易的重要指标，氧指数越小，则越易燃。

空气中含 21% 左右的氧，所以氧指数在 22 以下的属于易燃材料；在 22～27 的为难燃材料，具有自熄性；在 27 以上的为高难燃材料。然而这种划分只具有相对意义，因为高分子材料的阻燃性能尚与其他物理性能如比热容、热导率、分解温度以及燃烧热等有关。表 3-12 列出了几种聚合物的氧指数。

■ 表 3-12　几种聚合物的氧指数 $\left(\dfrac{n_{O_2}}{n_{O_2}+m_{N_2}} \times 100 \right)$

聚　合　物	氧指数	聚　合　物	氧指数
聚乙烯	17.4～17.5	聚乙烯醇	22.5
聚丙烯	17.4	聚苯乙烯	18.1
氯化聚乙烯	21.1	PMMA	17.3
PVC	45～49	聚碳酸酯	26～28
聚四氟乙烯	79.5	环氧树脂	19.8
聚酰胺	26.7	氯丁橡胶	26.3
软质 PVC	23～40	硅橡胶	26～39

3.5.3.3 聚合物的阻燃

聚合物的阻燃性就是它对早期火灾的阻抗特性。含有卤素、磷原子等的聚合物，一般具有较好的阻燃性。但大多数聚合物是易燃的，需要加入阻燃剂或无机填料等提高聚合物的阻燃性，阻燃剂就是能保护材料不着火或使火焰难以蔓延的助剂。阻燃剂的阻燃作用是因其在聚合物燃烧过程中能阻止或抑制其物理变化或氧化反应速率。

具有以下一种或多种效应的物质都可用作阻燃剂：

① 吸热效应。其作用是使聚合物的温度上升困难。例如具有 10 个分子结晶水的硼砂，

当受热释放出结晶水时，需吸收 142 kJ·mol⁻¹ 的热量，因而抑制聚合物温度的上升，产生阻燃效果。氢氧化铝就具有类似的作用。

② 覆盖效应。在较高温度下生成稳定的覆盖层或分解生成泡沫状物质，覆盖于聚合物表面，能阻止聚合物热分解出的可燃气体逸出，起到隔热和隔绝空气的作用，从而产生阻燃效果。例如磷酸酯类化合物和防火发泡涂料。

③ 稀释效应。材料受热时产生的不燃性气体 CO_2、NH_3、HCl、H_2O 等会起到稀释可燃性气体的作用，使其达不到继续可燃的氧气浓度。例如磷酸铵、氯化铵、碳酸铵等。

④ 转移效应。可改变高分子材料热分解的模式，抑制可燃气体的产生，从而起到阻燃效果。例如氯化铵、磷酸铵等。

⑤ 抑制效应（捕捉自由基）。能与燃烧产生的自由基·OH 作用生成水，起到连锁反应抑制剂的作用。例如含溴、氯原子的有机化合物。

⑥ 协同效应。有些物质单独使用并不阻燃或阻燃效果不大，但与其他物质配合使用就可起到显著的阻燃效果。三氧化二锑与卤素化合物的共用就是典型的例子。

使用的添加型阻燃剂可分为无机阻燃剂和有机阻燃剂，其中无机阻燃剂使用量占 60% 以上。常用的无机阻燃剂有氢氧化铝、三氧化二锑、硼化物、氢氧化镁等。有机阻燃剂主要有磷系阻燃剂，例如磷酸三辛酯、三（氯乙基）磷酸酯等；有机卤系阻燃剂，例如氯化石蜡、氯化聚乙烯、全氯环戊癸烷以及四溴双酚 A 和十溴二苯醚等。

参 考 文 献

[1] 马德柱，等 . 高聚物的结构与性能 . 北京：科学出版社，1995.

[2] Billmeyer F W. Textbook of Polymer Science. New York：John & Wiley，1971.

[3] Elias H G. Macromolecules. NewYork and London：Plenum Press，1977.

[4] Bovey F A，et al. Macromolecules：An Introduction to Polymer Science. Chapter 1 and 3. New York：Academic Press，1979.

[5] Hall C. Polymer Materials. Chapter 1 and 2. London：The Macmillan Press Ltd，1981.

[6] Clark E S. Structure of Crystalline Polymers in Polymer Materials. Chapter 1. Ohio：American Society of Metals，Metals Park，1975.

[7] Magill J H. Morphologenesis of Solid Polymer Microstructures，Treatise on Materials Science and Technology. vol 10A. New York：Academic Press，1977.

[8] 何曼君，等 . 高分子物理 . 上海：复旦大学出版社，1982.

[9] Ward I M. Mechanical Properties of Solid Polymers. New York：Wiley-Interscience，1971.

[10] Aklonis J I，et al. Introduction to Polymer Viscoelastisity. New York：John Wiley & Sons Inc，1972.

[11] Nielsen L E. Mechanical Properties of Polymers and Composites. vol 2. New York：Dekker，1974.

[12] Blythe A R. Electrical Properties of Polymers. Cambridge：Cambridge University Press，1979.

[13] Stuetz D E，et al. J Polymer Sci，Pt. A，1975，13：585-621.

[14] 徐应麟，等 . 高聚物材料的实用阻燃技术 . 北京：化学工业出版社，1987.

[15] ［苏联］巴拉姆鲍伊姆 H K. 高分子化合物力化学 . 江畹兰，费鸿良，译 . 北京：化学工业出版社，1982.

[16] ［英］艾伦 N S，等 . 聚烯烃的降解与稳定 . 张培茏，等译 . 北京：烃加工出版社，1988.

习题与思考题

1. 什么是高分子的构型与构象？能否用改变构象的办法提高聚合物的等规度？

2. 假定聚乙烯的聚合度为 2000，C—C 键角为 109.5°，求伸直链的长度与自由旋转链均方末端距之比值。

3. 某聚 α- 烯烃，聚合度为 1000，C—C 长度为 0.154 nm，C—C 键角为 109.5°，试计算：

（1）完全伸直时聚合物链的理论长度

（2）全反式构象时聚合物链的长度

（3）高斯链时的均方末端距

（4）自由内旋转链时的均方末端距

（5）此种聚合物的理论弹性限度

4. 解释如下术语：

（1）立体规整聚合物

（2）间规立构

（3）全同立构

（4）共聚物的序列结构

5. 求下列同系聚合物混合物的数均分子量、重均分子量和多分散性指数。

组分 1：质量分数 =0.5，分子量 =1×10^4。

组分 2：质量分数 =0.4，分子量 =1×10^5。

组分 3：质量分数 =0.1，分子量 =1×10^6。

6. 聚乙烯分子链上无侧基，内旋转位能不大，柔顺性好，为什么聚乙烯在室温下是塑料而不是橡胶？

7. 聚合物在不同条件下结晶时，可能得到哪几种主要的结晶形态？

8. 天然橡胶的松弛活化能近似为 1.05 kJ/结构单元，试估算由 27℃升温至 127℃时其松弛时间缩短到几分之一。

9. 简要阐述聚合物的玻璃化转变及玻璃化转变温度以下的次级转变。

10. 用膨胀计法测定聚合物玻璃化转变温度（T_g）时，为什么冷却速度越快，测得的 T_g 越高？用膨胀计法测量聚苯乙烯的 T_g 时，若冷却速率提高 1 倍，T_g 变化多少？

11. 比较下列各组聚合物 T_g 的高低并说明其原因：

（1）聚甲基硅氧烷，顺式聚 1,4-丁二烯

（2）聚丙烯，聚 4-甲基 -1-戊烯

（3）聚氯乙烯，聚偏二氯乙烯

12. 简要阐述松弛过程时 -温等效的基本思路。

13. 从自由体积概念出发，推导出 WLF 方程。

14. 举例说明聚合物的蠕变、应力松弛、滞后和内耗现象。

15. 什么是松弛时间？为什么外场作用时间与松弛时间相当时，松弛现象才能被明显地观察到？

16. 以某种聚合物材料作为两根管子接口法兰的密封垫圈。若该材料的力学行为可用 Maxwell 模型描述，已知此垫圈压缩形变为 0.2，初始模量为 3 MPa，材料的应力松弛时间为 300 天，管内流体压力为 0.3 MPa，试问多少天后接口处将发生泄漏？

17. 试述聚合物具有高弹性的必要条件和充分条件。

18. 利用橡胶弹性理论，计算交联点间平均分子量为 5000、密度为 0.925 g·cm⁻³ 的弹性体在 23℃时的拉伸模量和剪切模量（R=8.314 J·mol⁻¹·K⁻¹）。若考虑自由末端校正，模量怎样改变？（已知 $\overline{M}_n$=10⁵）

115

19. 什么是假塑性流体？

20. 简要阐述聚合物黏性流动的特点及与分子量及其分布的影响。

21. 为什么聚合物的黏流活化能与分子量无关？

22. 分析温度、切变速率对聚合物熔体黏度的影响规律，并举例说明此规律在聚合物材料成型加工中的应用。

23. 甲苯的 $T_g(s)=113$ K，PS 的 $T_g(p)=373$ K。以甲苯增塑 PS，当甲苯用量为 20%（体积分数）时，PS 的玻璃化转变温度是多少？

24. 某橡胶样品的密度为 0.95×10^3 kg·m^{-3}，起始平均分子量为 10^5，交联后网链分子量为 5×10^3，试计算室温下（300 K）的剪切模量。

25. 根据聚苯乙烯试样的动态力学实验，当频率为 1 Hz 时，125℃出现内耗峰。试计算频率为 1000 Hz 时出现内耗峰的温度。（聚苯乙烯的 $T_g=100℃$）

26. 推导按 Maxwell 黏弹模型表示的应力松弛表达式：$\sigma(t)=\sigma_0 e^{-t/\tau}$；以及按 Voigt 模型表示的蠕变行为表示式：$\gamma(t)=\gamma_\infty(1-e^{-t/\tau})=\dfrac{\sigma_0}{E}(1-e^{-t/\tau})$。

27. 动态力学实验中，内耗峰的峰值对应的温度即为玻璃化转变温度（T_g），这是为什么？

28. 对于交联聚合物，Maxwell 模型及 Voigt 模型完全适合吗？为什么？考虑用怎样的弹簧和黏壶组合模型反映交联键的存在？

29. 塑料中加入增塑剂可使导热性下降，这是为什么？高度拉伸的聚合物表观导热性的各向异性，其原因何在？

30. 比较聚合物导热与金属导热机理的差异。

31. 从分子运动角度比较聚合物的屈服形变和聚合物驻极体、热释电流现象。

32. 有人说聚合物机械加工过程是纯物理过程，这种说法正确吗？为什么？

33. 什么是聚合物的强度？为什么理论强度要比实际强度高许多倍？

34. 简要阐述聚合物的摩擦与磨耗特性，并简要阐述聚合物的摩擦系数与力学损耗性能的关系。

35. 如何表征聚合物的疲劳强度？它与聚合物的分子量有何关系？

36. 试述聚合物力学屈服现象、本质和特点。

37. 简要分析聚合物热性能及电性能特点。

38. 在 298 K 时，PS 的剪切模量为 1250 MPa，泊松比为 0.35，求其拉伸模量（E）和本体模量（B）。

39. 简要阐述聚合物介电损耗性能，并与其力学损耗现象进行分析、对比。

40. 试述聚合物材料的静电现象及其消除方法。

41. 解释如下术语：

（1）聚合物驻极体和热释电流

（2）聚合物材料的老化

（3）氧指数

（4）聚合物的阻燃剂

42. 简要阐述聚合物材料的力化学特性，并举例说明此种特性在聚合物成型加工及聚合物改性方面的应用。

43. 为了减轻桥梁的震动，常在桥梁的支点处垫上衬垫。当货车的轮距为 10 m、以每小时 51 km 的车速通过桥梁时，欲缓冲其震动，今有 3 种高分子抗震材料可供选择：① $\eta_1=10^9$ Pa·s，$E_1=20$ MPa；② $\eta_2=10^7$ Pa·s，$E_2=20$ MPa；③ $\eta_3=10^5$ Pa·s，$E_3=20$ MPa。请问：选择哪一种材料为宜？

44. 聚甲基丙烯酸甲酯的 $T_g=105℃$，请问：其在 155℃时应力松弛速度比 125℃时快多少倍？

第4章 通用高分子材料

本章对用途广泛的高分子材料，包括塑料、橡胶、纤维、涂料及黏合剂等做一简要阐述。重点是基本知识和基本概念，有关制备技术、加工技术等方面的细节可查阅相关的专著和手册，本章内容只做引导性介绍。

4.1 塑料

4.1.1 塑料的类型及特征

塑料是以聚合物为主要成分，在一定条件（温度、压力等）下可塑成一定形状，并且在通常条件下还能保持其形状不变的材料。也包括塑料的半成品，如压塑粉等。作为塑料基础组分的聚合物，不仅决定塑料的类型，而且决定塑料的主要性能。塑料用聚合物的内聚能介于纤维与橡胶之间，使用温度范围在其脆化温度和玻璃化转变温度之间。需要注意的是：同一种聚合物，由于制备方法或制备条件及加工方法不同，常常既可作塑料用也可作纤维或橡胶用。例如，尼龙既可作为塑料使用，也可作为纤维使用。

塑料作为高分子材料的主要品种之一，大批量生产的已有 60 多种，一定规模化生产和使用的则有 300 多种。对塑料有很多种分类方式，如下所述。

根据组分数目，可分为单一组分塑料和多组分塑料。单一组分塑料由聚合物构成或仅含少量辅助物料如染料、润滑剂、抗氧剂等，基础塑料如聚乙烯塑料、聚丙烯塑料、有机玻璃等。多组分塑料指除聚合物组分外还包含大量辅助剂如增塑剂、稳定剂、改性剂、填料等，使用在酚醛塑料、聚氯乙烯塑料等品种中。

根据受热后形状、性能呈现的不同，可分为热塑性塑料和热固性塑料两大类。热塑性塑料受热后软化，冷却后又变硬，这种软化和变硬可重复和循环，因此可以反复成型，这对塑料制品的再生很有意义。热塑性塑料占塑料总产量的 80%，大吨位的品种有聚乙烯、聚丙烯、聚氯乙烯、聚苯乙烯等。热固性塑料是由单体直接形成网状聚合物或通过交联线型预聚体形成，一旦形成交联聚合物，受热后就不能再回复到可塑状态。因此，对热固性塑料而言，聚合过程（最后的固化阶段）和成型过程是同时进行的，所得制品是不溶不熔的。热固性塑料的主要品种有酚醛树脂、不饱和聚酯、环氧树脂、氨基树脂等。

按使用范围不同，可分为通用塑料和工程塑料两大类。通用塑料是指产量大、价格低、力学性能可以满足一般要求，主要用作非结构材料使用的塑料，如聚乙烯、聚氯乙烯、聚丙烯、聚苯乙烯等。工程塑料是可作为结构材料使用，能经受较宽的使用温度变化范围和较苛刻的环境条件，具有优异的力学性能、耐热性能、耐磨性能和良好的尺寸稳定性等。工程塑料的规模化发展已有80多年的历史，主要品种有聚酰胺、聚碳酸酯、聚甲醛、聚苯醚和聚酯等。最初，这类塑料的开发大多是为了某一特定用途制备的，因此产量小、价格高。随着科学技术的迅速发展，对高分子材料性能的要求也越来越高，工程塑料的应用领域不断拓展，产量逐年增大，使得工程塑料与通用塑料之间的界限变得模糊。某些通用塑料，如聚丙烯等，经改性之后也可作满足要求的结构材料使用。

在以下的讨论中，将按热塑性塑料和热固性塑料进行分类。鉴于工程塑料发展迅速、应用广泛，会作为单独一类塑料进行系统介绍。

塑料是一类重要的高分子材料，具有质轻、电绝缘、耐化学腐蚀、容易成型加工等特点；某些性能是木材、陶瓷甚至金属所不及的。塑料的相对密度在 $0.9 \sim 2.2 \ \mathrm{g \cdot cm^{-3}}$ 之间，仅为钢铁的 $1/6 \sim 1/4$，其数值的大小主要决定于填料的种类和用量。绝大多数塑料为电的不良导体，表面电阻为 $10^9 \sim 10^{18} \ \Omega$，广泛用作电绝缘材料。塑料中加入导电填料，如金属粉、石墨等，或对它们进行表面处理，可制成具有一定电导率的导体或半导体，以供特殊需要；塑料也常用作绝热材料。许多塑料的摩擦系数很低，可用于制造轴承、轴瓦、齿轮等部件，而且可用水作润滑剂。同时，有些塑料摩擦系数较高，可用于配制成制动装置的摩擦零件。塑料还可制成多种装饰品，如薄膜、型材、配件等产品。其力学性能可调范围宽，具有广泛的应用领域。塑料突出的缺点是：力学性能比金属材料差，表面硬度亦低，大多数品种易燃，耐热性也较差。这些缺点正是塑料改性研究的方向和重点。

4.1.2 塑料的组分及其作用

单一组分塑料通常是由聚合物组成的，如聚四氟乙烯，可不加任何添加剂；聚乙烯、聚丙烯等，只需添加少量耐老化的抗氧剂。但大多数塑料品种是多组分体系，除聚合物基本组分外，还包含很多种类的添加剂。聚合物的含量一般为 $40\% \sim 95\%$。最重要的添加剂可分成4种类型：有助于加工的润滑剂和热稳定剂；改进材料力学性能的填料、增强剂、抗冲改性剂、增塑剂等；改进耐燃性能的阻燃剂；提高加工、使用过程中耐老化性能的其他稳定剂。

塑料主要的添加剂及其作用介绍如下：

① 增强剂和填料。为提高塑料制品的强度和刚性，可加入纤维状材料作增强剂。最常用的是玻璃纤维、石棉纤维。新型增强剂有碳纤维、石墨纤维、硼纤维和金属纤维等。填料的主要功能是降低成本和收缩率，还可以改善塑料的某些性能，如增加模量和硬度、降低蠕变等。主要的填料种类有硅石（石英砂）、硅酸盐（云母、滑石、陶土、石棉）、碳酸钙、金属氧化物、炭黑、玻璃珠、木粉等。增强剂和填料的用量为 $20\% \sim 50\%$。

增强剂和填料的增强效果取决于它们与聚合物组成的界面层分子间相互作用状况。采用偶联剂处理填料和增强剂表面，可增加其与聚合物间的相互作用力；聚合物与无机填料间的界面如果能通过化学键偶联作用，就能更好地发挥填料的增强效果。

② 增塑剂。对一些玻璃化转变温度较高的聚合物，为制得室温下软质的制品和改善加工时熔体的流动性能，可以加入一定量的增塑剂。增塑剂为沸点较高、不易挥发、与聚合物有良好相溶性的低分子油状物。增塑剂分布在聚合物链间，降低了分子间作用力，因而可以降低聚合物的玻璃化转变温度和材料的成型温度。增塑体系的玻璃化转变温度值（T_g）可用 FOX 等式近似估算。同时，增塑剂也会使制品的模量降低、刚性和脆性减小。

FOX 等式：

$$\frac{1}{T_g} = \frac{W_1}{T_{g_1}} + \frac{W_2}{T_{g_2}}$$

式中，W_1、W_2 分别为聚合物和增塑剂的质量分数，T_{g_1}、T_{g_2} 分别为聚合物和增塑剂的玻璃化转变温度（单位为 K）。

增塑剂可分为主增塑剂和副增塑剂两大类。主增塑剂的特点是与聚合物的相溶性好、塑化效率高。副增塑剂与聚合物的相溶性稍差，通常与主增塑剂同时使用，以降低成本，因此副增塑剂也称为增量剂。工业上使用增塑剂的聚合物最主要的是聚氯乙烯，80% 左右的增塑剂是用于聚氯乙烯塑料。此外，还有聚乙酸乙烯酯以及以纤维素为基的塑料。常用的增塑剂为碳原子数为 6～11 的脂肪酸和邻苯二甲酸类合成的酯类化合物，主要品种有邻苯二甲酸二辛酯（DOP）、邻苯二甲酸二丁酯（DBP）及邻苯二甲酸二甲酯（二乙酯）等，此外还有环氧类、磷酸酯类、癸二酸酯类增塑剂以及氯化石蜡类增量剂。樟脑是纤维素基塑料的增塑剂。

③ 稳定剂。为了防止塑料在光、热、氧等外界能量作用下过早老化，延长制品的使用寿命，配方中常需要加入稳定剂。稳定剂又称为防老剂，包括抗氧剂、热稳定剂、紫外线吸收剂、变价金属离子抑制剂、光屏蔽剂等。

能抑制或延缓聚合物氧化过程的助剂称为抗氧剂。抗氧剂的作用是：消除老化反应中生成的过氧化自由基，还原烷氧基或羟基自由基等，从而使氧化连锁反应终止。抗氧剂类型包括取代酚类、芳胺类、亚磷酸酯类、含硫酯类等。酚类抗氧剂对制品无污染和变色性，适用于烯烃类塑料或其他无色及浅色塑料制品。芳胺类抗氧剂的抗氧化效能高于酯类，而且兼具光稳定作用，缺点是有污染性和变色性。亚磷酸酯类是一种不着色抗氧剂，常用作辅助抗氧剂。含硫酯类也可作为辅助抗氧剂，用于聚烯烃制品，它与酚类抗氧剂并用，有显著的协同效应。

热稳定剂主要用于聚氯乙烯及其共聚物。聚氯乙烯在达到熔融流动温度前的热加工过程中常有少量聚合物链断裂，并产生 HCl，而且生成的 HCl 还会进一步加速分子链断裂的连锁反应。加入适当的碱性物质中和分解出的 HCl，可防止大分子进一步发生断链，这就是热稳定剂的作用原理。常用的热稳定剂有金属盐类和皂类，主要的有碱式硫酸铅和硬脂酸铅，其次还有钙、镉、锌、钡、铝的盐类及皂类；有机锡类是聚氯乙烯透明制品用的稳定剂，它还有良好的光稳定作用。环氧化油和酯类是辅助稳定剂，也是增塑剂；螯合剂是能与金属盐类形成络合物的亚磷酸烷酯或芳酯，单独使用效果不明显，需要与主稳定剂并用才能更好地表现出稳定作用。最主要的螯合剂是亚磷酸三苯酯。

波长为 290～350 nm 的紫外线能量达 365～407 kJ·mol^{-1}，它足以使聚合物主链断裂，发生光降解。紫外线吸收剂是一类能吸收紫外线或减少紫外线透射作用的化学物质，它能将紫外线的光能转换成热能或无破坏性的较长光波，从而把能量释放出来，使聚合物免遭紫外线破坏。各种聚合物对紫外线的敏感波长范围不同，紫外线吸收剂吸收的光波范围也不同，应适当选择才会取得满意的光稳定效果。常用的紫外线吸收剂有多羟基苯酮类、水杨酸苯酯类、苯并三唑类、三嗪类、磷酰胺类等。

变价金属离子，如铜离子、锰离子、铁离子等，能加速聚合物（特别是聚丙烯）的氧化老化过程。变价金属离子抑制剂就是一类能与变价金属离子的盐结合为络合物，从而消除这些金属离子催化氧化活性的化学物质。常用的变价金属离子抑制剂有醛和二胺缩合物、草酰胺类、酰肼类、三唑类和四唑类化合物等。

光屏蔽剂是一类能将对聚合物有害的光波吸收，然后将光能转换成热能散射或反射，从而对聚合物起到保护作用的物质。光屏蔽剂主要有炭黑、氧化锌、钛白粉、锌钡白等黑色或白色的能吸收或反射光波的化学物质。

④ 润滑剂。加入润滑剂是为了防止塑料在成型加工过程中发生粘模现象。润滑剂可分为内润滑剂、外润滑剂两种。外润滑剂主要作用是：使聚合物熔体能顺利离开加工设备的热金属表面，有利于它的流动和脱模。外润滑剂通常不溶于聚合物，只是在聚合物与金属的界面处形成薄的润滑层。内润滑剂与聚合物有良好的相溶性，以降低聚合物分子间的作用力，从而有助于聚合物流动，并降低因内摩擦导致的升温过程。最常用的内润滑剂是硬脂酸及其金属盐类；最常用的外润滑剂是低分子量聚乙烯等。润滑剂的用量通常为 0.5%～1.5%。

⑤ 抗静电剂。抗静电剂的作用是通过降低电阻减少摩擦电荷，从而减少或消除制品表面静电荷的形成。大多数抗静电剂是吸水性的电解质，不溶于聚合物，容易渗出到聚合物表面，形成亲水性导电层。抗静电剂通常是有机氮化物，如酰胺、胺类及季铵化合物或具有醚结构的化合物。

⑥ 阻燃剂。阻燃剂是减缓塑料燃烧性能的助剂，主要分为有机阻燃剂和无机阻燃剂两类。有机阻燃剂可分为含卤素阻燃剂和无卤素阻燃剂。含卤素阻燃剂的高分子材料虽然阻燃性能得到改善，但受热后容易产生有毒气体，造成环境污染和健康损害。在高分子材料中添加含氮、磷、硅等元素的无卤素阻燃剂，可能够与树脂基体形成稳定、均匀的体系，较为环保和有效。无机阻燃剂多为金属盐类、氢氧化镁、氢氧化铝等填料，在高分子材料燃烧过程中这些氢氧化物等阻燃成分因吸热分解，会产生水蒸气，可降低燃烧温度和隔离与空气的接触，同时能够在材料外表面形成氧化膜，可有效提升高分子材料的阻燃性能。而硼类化合物的加入还可促进炭层的形成，阻碍挥发性可燃物的逸出。四川大学成功开发出环保型无卤阻燃剂"分子复合改性三聚氰胺氰脲酸盐"，建成了万吨级清洁环保、无"三废"排放的生产线，应用于电子电气、新能源汽车、轨道交通等领域。

⑦ 着色剂。着色剂亦称色料，它赋予塑料制品多种色泽。着色剂分为染料和颜料两种。染料为有机化合物，溶于增塑剂或有机溶剂。颜料分为有机化合物和无机化合物两类，无机化合物颗粒较大，也不溶于有机溶剂。

⑧ 发泡剂。发泡剂是一类受热时会分解放出气体的有机化合物，它是制备泡沫塑料的助剂之一。发泡剂应具备以下条件：加热后短时间内即可放出气体，放气速度可以调节；分解出的气体应是 CO_2、N_2 等无毒的惰性气体，在塑料中容易扩散；分解温度适当；分解时发热量不大。最常用的发泡剂是偶氮二甲酰胺（AC）。

⑨ 偶联剂。增强剂或填料经偶联剂处理后，可提高与聚合物间的界面作用力，改善塑料制品的力学性能。常用的偶联剂如有机硅烷、有机钛酸酯、铝酸酯等。

⑩ 固化剂。热固性塑料成型时线型聚合物转变为体型交联结构的过程称为固化。在固化过程中。加入的对固化反应起催化作用或本身参加固化反应的物质称为固化剂，如酚醛压塑粉中所用的六亚甲基四胺、不饱和树脂固化过程中加入的过氧化二苯甲酰。加入的交联剂也称为固化剂。

上述各种组分的加入，应根据塑料制品的性能和用途不同而定。当制造介电性能高、耐化学腐蚀性强、绝缘好及光学透明的制品时，应尽量少加或不加上述助剂。

4.1.3 热塑性塑料

2022 年世界塑料总产量为 4 亿吨，同比增长约 600 万吨。亚洲的塑料产量占世界的份额在 50% 以上。2023 年，全国塑料制品产量 7488 万吨，欧盟等欧洲国家为 6900 万吨，北美贸易区为 7000 万吨。其中，热塑性塑料约占全部塑料产量的 60%。产量最大、应用最广泛的品种是聚乙烯、聚丙烯、聚氯乙烯和聚苯乙烯（包括 ABS 树脂），这 4 种产品占热塑性塑料总产量的 80% 左右。以下对几种主要的热塑性塑料做一简要介绍，重点是上述 4 种塑料。

4.1.3.1 聚烯烃塑料

聚烯烃塑料的主要品种有聚乙烯、聚丙烯、聚苯乙烯及聚 1-丁烯，其中以聚乙烯产量最大。聚烯烃的主要原料来自石油。

（1）聚乙烯

聚乙烯（PE）是乙烯聚合而成的聚合物，分子式为 $\text{-CH}_2\text{—CH}_2\text{-}_n$。聚乙烯最先是由英国 ICI 公司发明的，1939 年开始采用高压法生产低密度聚乙烯。1957 年德国和美国采用低压催化法生产高密度聚乙烯，还有公司采用中压法生产中密度聚乙烯和高密度聚乙烯。聚乙烯是现在全世界产量最大的塑料品种，按照近 5 年各国的产能增量，聚乙烯产能的增长主要集中在中国和美国。中国是全球聚乙烯产能最大的国家，2023 年中国聚乙烯产量为 2700 万吨左右，尽管产量很大，但仍需要大量进口，中国仍将是一个净进口国。其次为美国，占全球聚乙烯产能的 17%。产能占比第三大的国家是沙特阿拉伯，占全球聚乙烯产能的 8%。

① 合成方法　单体乙烯主要是由石油烷烃热裂解后分离精制而得。其他方法有乙醇脱水、乙炔加氢、天然气中分离出乙烯等。

乙烯的聚合根据反应压力高低以及金属活性中心不同，主要有以下 5 种方法：

a. 高压聚合法（ICI 法）。在压力为 150～300 MPa、温度为 180～200℃条件下，以氧气或有机过氧化物为引发剂，按自由基聚合机理使乙烯聚合而得低密度聚乙烯（LDPE）。要求乙烯单体的纯度达 99% 以上。所得聚乙烯产物的支化度较大，密度较低（0.91～0.93 g·cm^{-3}），结晶度为 55%～65%。

b. 中压法（菲利浦法）。在压力为 1.5～8.0 MPa、温度为 130～270℃条件下，以过渡金属氧化物为催化剂、烷烃为溶剂，按离子聚合机理制得聚乙烯。中压法聚乙烯结晶度为 90% 左右。分为密度 0.926～0.940 g·cm^{-3} 的中密度聚乙烯（MDPE）和 0.941～0.965 g·cm^{-3} 的高密度聚乙烯（HDPE）。

c. 低压法（齐格勒法）。以 Al（C_2H_5）$_3$+TiCl$_4$ 体系在烷烃（汽油）中的浆状液为催化剂，在压力为 1.3 MPa、温度为 100℃条件下，按配位阴离子聚合机理制得聚乙烯。低压法聚乙烯产品为高密度（0.941～0.965 g·cm⁻³）、高结晶度（85%～90%），支化程度很小，聚乙烯大分子是线型的。控制不同的工艺条件，也可制得分子量在 150 万以上的超高分子量聚乙烯（UHMWPE），可作为工程塑料使用。

d. 茂金属聚乙烯（mPE）。茂金属催化剂是以环戊二烯及其衍生物（茚、芴等）与Ⅳ B 族过渡金属原子钛、锆等形成的配位络合物为主催化剂，甲基铝氧烷（MAO）或有机硼化物为助催化剂构成的二元催化体系。由于茂金属化合物活性中心单一，由此制得聚乙烯的分子量分布比传统 Zieglar-Natta（齐格勒-纳塔）催化剂制备的聚乙烯窄，得到的 mPE 薄膜具有抗穿刺、耐冲击、拉伸强度高、耐撕裂性强等特点。同时，茂金属催化剂还可以催化乙烯与 α- 烯烃共聚，得到共聚单体组成和分布均匀的线性低密度聚乙烯（LLDPE）。此外，茂金属还是催化乙烯与 α-烯烃共聚制备聚烯烃弹性体（POE）的主要催化剂。

e. 后过渡金属催化乙烯聚合。后过渡金属催化剂具有活性高但活性中心、亲氧能力弱等特点，可以通过改变催化剂配体的结构和反应条件制得结构不同的聚合物。后过渡金属催化剂用于聚乙烯合成的金属活性中心主要是 Ni 和 Pd。该类催化剂最大的特点是：可以以乙烯为唯一单体，通过"链行走"机制得到具有不同支链长度的低密度聚乙烯。

以上不同方法制得的聚乙烯在性能上有显著不同，这是大分子链的支化程度和聚集态结构有较大差异的缘故。

② 性能　聚乙烯为白色蜡状半透明材料，柔而韧，比水轻，无毒，具有优异的介电性能。易燃烧且离火后继续燃烧，火焰上端呈黄色而下端为蓝色，燃烧时产生熔融滴落。透水率低，对有机蒸气透过率较大。聚乙烯的透明度随结晶度增加而下降，经退火处理后变为不透明，而淬火处理后又变为透明。在一定结晶度下，透明度随分子量增大而提高。

线性高密度聚乙烯熔点范围为 126～136℃，支化低密度聚乙烯的熔点较低（112℃）且转变温度范围宽。聚乙烯的玻璃化转变温度为 -68℃左右。

常温下聚乙烯不溶于已知溶剂，仅矿物油、凡士林、植物油、脂肪等能使其溶胀，并使其物性产生永久性局部变化。在 70℃以上温度下，可少量溶解在甲苯、乙酸戊酯、三氯乙烯、松节油、氯代烃、四氢化萘、石油醚及石蜡中。

聚乙烯有优异的化学稳定性。室温下耐盐酸、氢氟酸、磷酸、甲酸、氨、胺类、过氧化氢、氢氧化钠、氢氧化钾、稀硫酸和稀硝酸。发烟硫酸、浓硝酸、硝化混酸、铬酸-硫酸混合液在室温下能缓慢作用于聚乙烯。在 90℃以上，硫酸和硝酸能迅速破坏聚乙烯。

当聚乙烯支链结构较多时，由于主链结构叔碳原子上氢（H）的存在，使聚乙烯容易光氧化、热氧化、臭氧分解；在紫外线作用下，容易发生光降解。炭黑对聚乙烯有优异的光屏蔽作用。聚乙烯受辐照后，可发生交联、断链、形成不饱和基团等反应，但主要是交联反应。

聚乙烯具有优异的力学性能。结晶部分赋予聚乙烯较高的强度，非结晶部分赋予其良好的柔性和弹性。聚乙烯力学性能随分子量增大而提高，分子量超过 150 万的聚乙烯是极为坚韧的材料，可作为性能优异的工程塑料使用。聚乙烯树脂的基本性能列于表 4-1。

聚乙烯品种不同，其用途亦不同。高压聚乙烯有一半以上的产量用于薄膜生产，其次是管材、注射成型制品、电线包覆层等；中、低压聚乙烯则以注射成型制品及中空制品为主；超高分子量聚乙烯由于其优异的综合性能，可作为工程塑料和高强度纤维使用。聚乙烯塑料的使用领域主要有电线绝缘、管材、薄膜（农膜、包装薄膜等）、容器、板材等。

项 目	LDPE	MDPE	HDPE
收缩率/%	1.5	1.5	2.0
拉伸强度/MPa	17	25	25～40
拉伸模量/GPa	0.27	0.4	0.4～1.3
断裂伸长率/%	800	600	130
压缩强度/MPa	—	—	20～25
弯曲强度/MPa	—	35.0	50
缺口冲击强度/(kJ·m^{-2})	不断	35	43
硬度（D）	50	60	70
热导率/(W·m^{-1}·K^{-1})	8×10^{-4}	9×10^{-4}	12×10^{-4}
燃烧速度/(cm·min^{-1})	2.6	2.5	2.5
耐电弧性/s	160	200	—
比热容/(J·kg^{-1}·K^{-1})	2.3×10^{3}	2.3×10^{3}	2.3×10^{3}
热膨胀系数/℃$^{-1}$	2.0×10^{-4}	1.5×10^{-3}	1.2×10^{-3}
热变形温度（负荷 0.465 MPa）/℃	40	45	60～85
体积电阻率/(Ω·cm)	≥10^{16}	≥10^{16}	≥10^{16}
电压击穿强度/(kV·mm^{-1})	16～40	16～40	16～20
介电常数/10^{3} Hz	2.30	2.30	2.35
吸水率（24 h）/%	<0.01	<0.01	<0.01

用辐射法或化学法可对聚乙烯进行交联，可以提高其耐热性、强度和尺寸稳定性；也可用氯化制得氯化聚乙烯（CPE），具有很好的弹性，用于增韧硬质 PVC 制品。乙烯与丙烯酸乙酯或乙酸乙烯酯共聚可制得相应的共聚物 EEA 和 EVA，比聚乙烯更富有柔韧性和弹性。

（2）聚丙烯

聚丙烯（PP）的分子式为 $-\!\!\!\begin{array}{c}\text{CH}_2\text{—CH}\\ |\\ \text{CH}_3\end{array}\!\!\!-_n$，分子量一般为 10 万～50 万。1957 年由意大利 Montecatini 公司首先生产聚丙烯，经过十几年的发展，至 1975 年世界总产量已达 400 万吨。2023 年全球聚丙烯产能为 6966 万吨，主要集中在东北亚、北美、中东、西欧等地，其中东北亚地区的产能超过 45%。当前聚丙烯已成为发展速度最快的塑料品种，其产量仅次于 PE、PVC 和 PS，居第四位。生产的聚丙烯 95% 为等规聚丙烯；无规聚丙烯是生产等规聚丙烯的副产物。间规聚丙烯则是采用特殊的 Zieglar 催化剂，并在 −78℃低温下聚合而得。

① 合成方法　聚丙烯生产主要采用 Ziegler-Natta 催化剂，也有少量采用茂金属催化剂，其中 Ziegler-Natta 催化剂的聚合工艺与低压聚乙烯相同。聚合过程中有 5%～7% 的无规聚丙烯，可用己烷、庚烷等溶剂进行萃取分离；等规聚丙烯结晶部分不溶于溶剂，而无规部分因可以溶解而实现分离。在正庚烷中不溶部分的质量分数作为聚丙烯的等规度。茂金属催化剂制得的聚丙烯具有抗冲强度高、韧性极佳、透明性好、光泽性高等优良特性。聚丙烯的聚合技术主要被埃克森美孚、陶氏化学、巴塞尔及三井化学等国外公司垄断，我国也开发了一系列自主技术。

丙烯单体的制备方法与乙烯相仿，主要是从天然气、轻油、石脑油等石油馏分热裂解、分离、精制而得。

② 性能　等规聚丙烯的主要物理及力学性能列于表 4-2。

■ 表 4-2　等规聚丙烯的主要物理及力学性能

性　能	数　值	性　能	数　值
密度/(g·cm⁻³)	0.9	断裂伸长率/%	200~700
熔点/℃	165~170	弯曲强度/MPa	49~58.8
脆折点/℃	<-10	弹性模量/MPa	980~9800
拉伸强度/MPa	29.4	缺口冲击强度（悬臂梁法）/(kJ·m⁻²)	5~10

聚丙烯抗硫酸、盐酸及氢氧化钠的能力优于 PE 及 PVC，而且耐热温度高。对于 80% 的硫酸，可耐温至 100℃。由于主链结构叔碳原子上氢（H）的存在，使聚丙烯在加工和使用中易受光、热、氧作用而发生降解和老化，所以其加工配方中需要添加抗氧剂。聚丙烯与聚乙烯一样易燃，火焰有黑烟，燃烧后滴落并有石油味，需要添加阻燃剂等。

聚丙烯由于软化温度高、化学稳定性好且力学性能优良，应用十分广泛。主要用于制造薄膜、电绝缘体、容器、包装品等，还可用作机械零件如法兰、接头、汽车零部件、管道等。此外，聚丙烯还可拉丝成纤维。国外公司在聚丙烯食品包装回收材料和再生塑料管道方面取得了卓有成效的成果。

（3）聚苯乙烯

美国在 1930 年首先开始聚苯乙烯（PS）的工业生产，至今聚苯乙烯的产量仅次于 PE 和 PVC，居第三位。

① 合成方法　聚苯乙烯是由单体苯乙烯通过连锁聚合反应制得的。

$$n\text{CH}=\text{CH}_2 \longrightarrow +\text{CH}-\text{CH}_2+_n$$

单体苯乙烯可由乙苯通过不同的反应方法制备，或由乙炔与苯直接反应而得。用氧或过氧化物类引发剂，聚合反应按自由基聚合机理进行。工业上的聚合实施方法有本体法、溶液法、悬浮法和乳液法 4 种方法。制得的聚苯乙烯分子量为 20 万左右。

② 性能　聚苯乙烯是非结晶聚合物，透明度达 88%~92%，折射率为 1.59~1.60，由于折射率高而具有良好的光泽；热变形温度为 60~80℃，在 300℃ 以上解聚；易燃烧；热导率不随温度而改变，因此是良好的绝热材料；链的极性很弱，具有优异的电绝缘性，体积电阻和表面电阻高，功率因数接近 0，是良好的高频绝缘材料；能耐矿物油、有机酸、盐、碱及其水溶液；溶于苯、甲苯及苯乙烯等。聚苯乙烯是最耐辐射的聚合物之一，大剂量辐射时因发生交联而使其性能变脆，这也是普通聚苯乙烯的主要缺点。

聚苯乙烯由于具有透明、价廉、刚性大、电绝缘性好、印刷性能好等优点，广泛应用于工业装饰、照明指示、电绝缘材料以及光学仪器零件、透明模型、玩具、日用品等。另一类重要用途是制备泡沫塑料，聚苯乙烯泡沫塑料是重要的绝热和包装材料。

为克服聚苯乙烯脆性大、耐热性低的缺点，发展了一系列改性聚苯乙烯，其中主要的品种有 AS、ABS、AAS、ACS、EPSAN、MBS 等。

a. AS 和 BS　AS 亦称 SAN，是丙烯腈与苯乙烯的共聚物。BS 亦称 BDS，是丁二烯与苯乙烯的共聚物。前者改进了聚苯乙烯的强度和耐热性；后者提高了聚苯乙烯的韧性。

b. ABS　ABS 是丙烯腈、丁二烯、苯乙烯 3 种单体组成的共聚物，是一种重要的工程塑料，其名称来源于这 3 个单体英文名字的第一个大写字母。可用接枝共聚-共混法制备。

c. AAS　亦称 ASA，是丙烯腈、丙烯酸酯与苯乙烯 3 种单体组成的热塑性塑料。它是将

高分子材料基础（第四版）

聚丙烯酸酯橡胶微粒分散于丙烯腈-苯乙烯共聚物（AS）中制备的接枝共聚物，橡胶含量约30%。AAS 的性能、成型加工方法及其应用与 ABS 相近。由于用不含双键的聚丙烯酸酯橡胶代替聚丁二烯（PB）组分，AAS 的耐候性比 ABS 高 8～10 倍。

d. ACS　ACS 是丙烯腈、氯化聚乙烯与苯乙烯共聚的热塑性塑料，是将氯化聚乙烯与丙烯腈、苯乙烯一起进行悬浮聚合而得。其一般组成为：丙烯腈 20%，氯化聚乙烯 30%，苯乙烯 50%。ACS 的性能、加工及其应用与 AAS 相近。

e. EPSAN　EPSAN 是在乙烯-丙烯-二烯烃的三元乙丙橡胶（简称 EPDM）上用苯乙烯-丙烯腈混合单体进行接枝的共聚物，二烯烃可以是 1,4-己二烯、双环戊二烯、亚乙基降冰片烯等单体。其性能与 ABS 相仿，但透明性、耐老化性能比 ABS 好。

f. MBS　MBS 是甲基丙烯酸甲酯、丁二烯和苯乙烯组成的热塑性塑料。其性能与 ABS 相仿，但透明性好，故有透明 ABS 之称。也可以与聚氯乙烯塑料共混，制得透明、有韧性的聚氯乙烯制品。

（4）其他聚烯烃塑料

其他已有工业规模生产的聚烯烃塑料有以下几种。

① 聚 1-丁烯（PB）　聚 1-丁烯是 1-丁烯以配位聚合方法制得的聚合物，其结构式为 $-[CH_2-CH]_n-$（侧链 CH_2、CH_3）。工业用的 PB 主要是全同立构，是一种具有多晶型结构的半结晶塑料，具有 Ⅰ、Ⅱ、Ⅲ、Ⅰ′ 和 Ⅱ′ 共 5 种晶型结构，其中晶型 Ⅰ 和 Ⅱ 是最常见的两种。晶型 Ⅰ 的熔点为 120～135℃，密度为 0.916 g·cm⁻³。晶型 Ⅱ 的熔点为 100～120℃，密度为 0.890 g·cm⁻³。熔体冷却得到的是晶型 Ⅱ。在室温下，晶型 Ⅱ 会向热力学稳定的晶型 Ⅰ 转变。因此，PB 制品需要一个较长的定型过程。PB 的晶型结构和特性见表 4-3。

■ 表 4-3　PB 的晶型结构和特性

性　能	晶型 Ⅰ	晶型 Ⅱ	晶型 Ⅲ	晶型 Ⅰ′
红外光谱吸收位置/cm⁻¹	925, 810	900	900, 810	925, 291
晶体形貌	菱形	四方形	斜方形	散式菱形
熔点/℃	121～136	100～120	96	95～100

1-丁烯主要是从乙烯装置和炼厂催化裂解装置副产 C₄ 馏分经分离精制而得。聚 1-丁烯生产主要采用 Ziegler-Natta 催化剂制备。但由于聚 1-丁烯能溶解在其单体 1-丁烯中，其聚合工艺与聚丙烯并不相同，主要是采用本体法和溶液法聚合工艺制备。聚 1-丁烯为白色固体，高等规度的 PB 比聚乙烯和聚丙烯都更容易在普通有机溶剂中溶解。例如，在室温下它就可溶解在四氯化碳中，加热时在苯、甲苯、正己烷等中的溶解度也较大。结晶的聚 1-丁烯工程塑料比等规聚丙烯（iPP）具有更突出的耐高温蠕变性、耐环境应力开裂性、抗冲击性和良好的柔韧弯曲性等性能优点，有"塑料中黄金"之称。表 4-4 为 PB 管材与 PP-R 热水管的物理性能对比。

■ 表 4-4　PB 管材与 PP-R 热水管的物理性能对比

管材	导热性/(W·m⁻¹·K⁻¹)	膨胀量/(mm·m⁻¹)	膨胀力（50℃温差）/kg	噪音/(m·s⁻¹)
PB	0.22	0.13	48	620
PP-R	0.25	0.18	178	1150

PB 树脂主要应用于管材、薄膜和防水管材等。从表 4-4 中的数据可以看出，无论从热导率、热膨胀系数、膨胀力还是水在传输时的噪音，PB 比 PP-R 更适合作地板取暖用的管材。

② 聚 4-甲基-1-戊烯　简称 TPX，其结构式为 $\left[CH_2-CH_2 \atop CH_2CH(CH_3)_2 \right]_n$，它是以丙烯的二聚体 4-甲基-1-戊烯为单体，通过定向聚合得到的立体等规聚合物，结晶度为 40%～65%。TPX 是迄今为止密度（0.83 g·cm⁻³）最小的塑料，透明性介于 PMMA 和 PS 之间；对 O_2、N_2 等气体的透过率为 PE 的 10 倍；刚性大，超过 PP；其他性能类似 PE 及 PP。TPX 广泛应用于医疗器械、容器、照明设备、透明包封材料等。

③ 聚降冰片烯　简称 PN，是在 20 世纪 70 年代首先由日本开发的一种新型聚烯烃塑料，它是由环戊二烯与其他乙烯基化合物或不饱和化合物共聚而成的。PN 为非晶聚合物，玻璃化转变温度（T_g）为 120℃，具有优异的力学性能。主要用于汽车零部件、电气绝缘材料、建筑材料及包装材料等。

④ 离子聚合物（ionomer）　离子聚合物是在乙烯和丙烯酸的共聚物主链上引入金属离子，随后进行交联而得的产品。受热时，金属离子的交联键断裂，冷却时又能重新形成，因此它属于热塑性塑料。离子聚合物性能与 PE 类似，但透明性好。

⑤ 聚异质同晶体（polyallomer）　聚异质同晶体是由两种以上单体在阴离子配位催化剂存在下进行嵌段共聚而得的共聚物。通常是以丙烯为主，与 0.1%～15% 的乙烯、1-丁烯、异戊二烯等共聚。其中以丙烯-乙烯聚异质同晶体最重要，它具有等规聚丙烯及高密度聚乙烯的优异性能，抗冲击强度为聚丙烯的 3～4 倍，是一种综合性能良好的新型热塑性塑料。

4.1.3.2　聚氯乙烯塑料

聚氯乙烯（PVC）的结构式为 $\left[CH_2-CH \atop Cl \right]_n$，是氯乙烯的均聚物，在我国是仅次于 PE 的第二位大吨位塑料品种，已有 100 多年的发展历史。

（1）合成方法

氯乙烯单体在过氧化物、偶氮二异丁腈等热引发剂作用下，或在光、热作用下，按自由基连锁聚合反应机理聚合而成聚氯乙烯。聚合实施方法可分为悬浮法、乳液法、溶液法和本体法 4 种。最初实现工业化的是乳液聚合法，目前以悬浮聚合法为主。

氯乙烯单体的制备方法分为电石乙炔法、烯炔法、电石乙炔与二氯乙烷联合法及氧氯化法 4 种。以石油化工原料为基础的氧氯化法，由于成本比其他方法低，为当前生产氯乙烯单体的主要方法，世界上 82% 左右的氯乙烯由此法生产。

（2）结构与性能

工业生产的聚氯乙烯为无规结构，单体分子以头-尾方式连接；但用过氧化二苯甲酰为引发剂时，聚合物链上有一定数量的头-头、尾-尾结构。数均分子量为 5 万～12 万。PVC 的工业品牌号是以分子量的大小确定其型号。分子量的大小可用 1% 二氯乙烷溶液的黏度（mPa·s）表示；也可用 K 值表示 K 值是 PVC 环己酮溶液的固有黏度值。

PVC 不溶于单体氯乙烯，所以具有其自身较特殊的形态结构。尺寸小于 0.1 μm 的结构为亚微观结构，尺寸在 0.1～10 μm 的为微观结构，尺寸在 10 μm 以上的为宏观形态结构。对上述 4 种制备方法，PVC 的微观形态结构特别是亚微观形态结构基本上是相同的，宏观形态结构则依制备方法和聚合工艺条件的不同而异。

悬浮法合成的 PVC 中因含有少量颗粒结构而难以塑化，在薄膜中是不易着色的亮点，俗称"鱼眼"，这种形态的颗粒可能是 PVC 分子量过高的釜壁垢物造成的。PVC 颗粒宏观形态结构的一个重要参数是孔隙率。孔隙率大的为疏松型 PVC，是由悬浮聚合方法制备的；孔隙率小的为紧密型 PVC，是由乳液聚合方法制备的。前者吸收增塑剂容易，易塑化；后者则难一些。

PVC 的脆化温度在 $-50℃$ 以下，$75\sim80℃$ 变软。PVC 的玻璃化转变温度（T_g）与聚合反应温度密切相关，$-75℃$ 聚合时 T_g 达 $105℃$，$125℃$ 聚合时则下降为 $68℃$。通常 T_g 取值 $80\sim85℃$。温度超过 $170℃$ 或受光的作用，PVC 会脱去 HCl 而形成共轭键，这是 PVC 在加工过程中变黄色的主要原因。由于其易形成氢键相互作用，PVC 可溶于四氢呋喃和环己酮等极性溶剂。尽管 PVC 为无定形聚合物，但由于氯原子的电负性大，容易形成反式结构，导致其分子链仍有一定的规整性，通常其结晶度在 5% 左右，加入邻苯二甲酸酯类增塑剂的 PVC 体系出现反增塑效应。此外，PVC 含卤素 Cl 原子而难以燃烧，离火即灭。

（3）成型加工及应用

PVC 的加工工艺为：首先将 PVC 与增塑剂、稳定剂、颜料等按一定配方比例进行初步混合（固-固混合称混合，固-液混合称捏合）。第二步是将混合物料进行塑化。在挤出机或两辊开炼机上进行塑化后，混合物料经造粒后再成型（挤出、注射等）或可直接成型（如压延）等。硬质 PVC 制品经过高速混合机混合和初步塑化后，直接用双螺杆挤出机挤出型材和管材等制品。

聚氯乙烯塑料主要应用于：①硬制品，主要是硬管、瓦楞板、衬里、门窗、墙壁装饰物等；②软制品，主要是薄膜和人造革，其制品有农膜、包装材料、防雨材料、台布等；③电线、电缆的绝缘层等；④地板、家具等材料。

（4）氯化聚氯乙烯

氯化聚氯乙烯（CPVC）是聚氯乙烯（PVC）进一步氯化改性的产品，其氯含量为 65%~72%（体积分数）。氯化方法有溶液氯化法和悬浮氯化法两种。CPVC 除了兼有 PVC 的很多优良性能外，其所具有的耐腐蚀性、耐热性、可溶性、阻燃性、机械强度等均比 PVC 有较大的提高，尤其是耐热性比 PVC 高，应用于建筑、化工、冶金、造船、电器、纺织等领域，应用前景广阔。

（5）共聚改性聚氯乙烯

聚氯乙烯具有突出的脆性，因此氯乙烯可与乙烯、丙烯、丁二烯、乙酸乙烯酯等进行共聚，以提高聚氯乙烯的韧性。例如氯乙烯与乙酸乙烯酯共聚树脂（简称氯醋树脂）、氯乙烯与丙烯酸酯共聚树脂（简称氯丙树脂）已经实现了工业化生产。

（6）聚偏二氯乙烯塑料

聚偏二氯乙烯（PVDC）结构式为 $\begin{smallmatrix}&&Cl\\&&|\\-CH_2-&C-\\&&|\\&&Cl\end{smallmatrix}{}_n$，是偏二氯乙烯的均聚物，其结构组成具有高结晶性，分子量为 2 万~10 万。PVDC 的软化点高且与分解温度接近，与常用的增塑剂相溶性差，造成成型加工较为困难。工业上所用的聚偏二氯乙烯产品大多是偏二氯乙烯单体（占 85% 以上）与其他单体如氯乙烯、乙酸乙烯酯、丙烯腈、MMA、苯乙烯、不饱和酯等单体的共聚物。共聚单体起内增塑作用，可降低其软化温度、提高其与增塑剂的相溶性，同时又保留 PVDC 高结晶的特性，从而获得实用价值。其中以其与氯乙烯的共聚物最为重要。

4.1.3.3 聚乙烯醇及其衍生物塑料

（1）聚乙烯醇

聚乙烯醇（PVA）结构式为 $\begin{array}{c}{-\!\!\!-CH\!\!-\!\!CH_2\!\!-\!\!CH\!\!-\!\!CH_2\!\!-\!\!}\\{|\qquad\quad|}\\{OH\qquad OH}\end{array}_n$，是聚乙酸乙烯酯（PVAc）的水解产物。由于水解过程中会有少量降解，聚合度稍小于相应的PVAc。PVA为白色或奶黄色粉末，是结晶性聚合物，熔点为 $220\sim240℃$，T_g 为 $85℃$，因含有大量的羟基而吸湿性大。PVA溶于水；$160℃$ 开始脱水，发生分子内或分子间的醚化反应，醚化的结果使其水溶性下降，耐水性提高；与醛反应生成缩醛而丧失水溶性。用含有5%磷酸的PVA水溶液制成的薄膜加热至 $110℃$ 变为淡红色，并完全不溶于水。PVA的性能主要取决于水解度、含水量及其分子量。PVA可用浇铸法及挤出法制成薄膜，用于包装，特别在食品包装方面的应用前景很广阔。PVA的主要用途是用以制备聚乙烯醇缩醛树脂，其次是用作织物处理剂、乳化剂、黏合剂等。

（2）聚乙烯醇缩醛

聚乙烯醇缩醛是聚乙烯醇与甲醛、乙醛或丁醛等醛类的缩合反应产物。作为塑料使用的主要是聚乙烯醇缩丁醛（PVB）。PVB是透明、韧性、惰性材料，主要是用流延法或挤出与热压相结合的方法制成薄膜。由于其对玻璃有高的黏力，PVB薄膜主要用作安全玻璃夹层。PVB也可挤出成型制成软管或硬管使用。

4.1.3.4 聚丙烯酸酯塑料

聚丙烯酸酯塑料（polyacrylic）包括丙烯酸酯类单体的均聚物、共聚物及其共混物为基的塑料。作为塑料使用的丙烯酸（酯）类单体主要有丙烯酸、甲基丙烯酸、丙烯酸甲酯、甲基丙烯酸甲酯、2-氯代丙烯酸甲酯、2-氰基丙烯酸甲酯，通式为 $\begin{array}{c}{R'}\\{|}\\{CH_2\!\!=\!\!C\!\!-\!\!COOR}\end{array}$。在丙烯酸酯塑料中，以聚甲基丙烯酸甲酯最为重要。

（1）聚甲基丙烯酸甲酯

聚甲基丙烯酸甲酯（PMMA）俗称有机玻璃，是甲基丙烯酸甲酯（MMA）的均聚物。其单体甲基丙烯酸甲酯的制备方法主要有丙酮氰醇法和异丁烯氧化法等方法。

$$n\,CH_2\!\!=\!\!\underset{\underset{COOCH_3}{|}}{\overset{\overset{CH_3}{|}}{C}} \longrightarrow \left[\!CH_2\!\!-\!\!\underset{\underset{COOCH_3}{|}}{\overset{\overset{CH_3}{|}}{C}}\!\right]_n$$

① 合成方法　MMA可按自由基机理或阴离子机理聚合成PMMA，分子量为50万～100万。按自由基机理聚合，可得到无规立构PMMA；按阴离子机理聚合，可得到有规立构、结晶的PMMA。当今工业生产的PMMA都是按自由基聚合机理聚合而得，可用引发剂引发，亦可进行辐射、光及热聚合。聚合实施方法包括本体聚合、悬浮聚合、溶液聚合及乳液聚合4种。本体聚合是其主要制备方法。乳液聚合制造的胶乳用于皮革和织物的表面处理。

② 性能　PMMA是透明性最好的聚合物，但表面硬度较低，易被硬物划伤起痕，还有可燃性。PMMA具有优良的耐候性，耐稀无机酸、油、脂，不耐醇、酮，溶于芳烃及氯代烃。PMMA还具有独特的电性能，如在很高的频率范围内，其功率因数随频率升高而下降，耐电弧及不漏电性均良好。PMMA的玻璃化转变温度为 $100℃$ 左右。在飞机、汽车上用作窗玻璃和罩盖。在建筑、电气、光学仪器、医疗器械、装饰品等方面也有广泛应用。

（2）聚 2-氯代丙烯酸甲酯

聚 2-氯代丙烯酸甲酯为 2-氯代丙烯酸甲酯（即 α-氯代丙烯酸甲酯）的均聚物，在紫外线或热作用下能快速引发其聚合。

聚 2-氯代丙烯酸甲酯的性能与 PMMA 相近，表面硬度比 PMMA 高，但耐候性稍差。其拉伸强度、弯曲强度及硬度、耐划痕性均优于 PMMA。

4.1.3.5　纤维素塑料

纤维素（cellulose）是最丰富的天然聚合物，是构成植物机体的主要成分。纤维素的化学组成属于多糖类化合物，化学结构为：

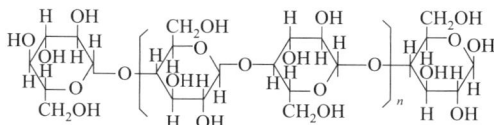

由于在聚合物链中具有很多羟基形成的氢键，分子间作用力极强，所以是不可塑材料。但将羟基进行酯化或醚化后，由于氢键结构被破坏，所得衍生物就具有可塑性。早在 1845 年就有人制得了硝化纤维素，发现樟脑可作为硝化纤维素的增塑剂后，在 1869 年产生了第一个塑料工业产品——"赛璐珞"，从而打开了塑料工业发展的大门。

纤维素分子式为 $(C_6H_{10}O_5)_n$，其聚合度 n 依植物不同而异，例如棉花纤维素 $n=6200$，木材纤维素 $n=3000$。纤维素用酸完全水解后，几乎全部变成葡萄糖。工业上将纤维素分为 α-纤维素、β-纤维素及 γ-纤维素 3 种：不溶于 17.5% NaOH 溶液的部分为 α-纤维素；可溶于 17.5% NaOH 溶液但在甲醇中沉析的部分为 β-纤维素；在甲醇中亦不沉析的部分为 γ-纤维素。纤维素具有很大的吸水性，溶于四氨基氢氧化铜溶液。可水解生成葡萄糖，也可在光、热、氧、机械作用下降解。纤维素分子中羟基的氢原子可以被取代而生成酯或醚，此类衍生物可用于制造人造纤维、涂料、黏合剂、塑料及炸药等。

纤维素塑料是在纤维素酯或醚类衍生物中加入增塑剂、稳定剂、润滑剂、填充剂、着色剂等助剂，通过压延、流延、挤出、注射等成型加工过程而得。常用的增塑剂有邻苯二甲酸酯类、脂肪酸酯类、磷酸酯类等。用于食品包装时，应选用无毒的柠檬酸酯类为增塑剂；硝酸纤维素则多以樟脑为增塑剂。其配方中通常以弱有机酸为热稳定剂，水杨酸苯酯为光稳定剂，取代酚类为抗氧剂。加入 15%～25% 的有机或无机填料，以改善纤维素塑料的表面硬度、加工性能和降低价格，如添加 5%～10% 的酚醛树脂、醇酸树脂等。

4.1.4　工程塑料

工程塑料是在 20 世纪 50 年代才得到迅速发展的，但其增长速度远远超过通用塑料。当前工程塑料的发展方向是对现有品种进行改性，进一步追求性能与价格之间的最佳平衡，并开拓其应用范围。由于工程塑料的综合性能优异，其使用价值远远超过通用塑料。当前工程塑料主要品种有聚酰胺、聚碳酸酯、聚甲醛、聚苯醚、聚酯、聚砜、聚苯硫醚、聚醚醚酮 8 种，约 1100 多个品级牌号，总产量占全部塑料的 18% 左右。

4.1.4.1　聚酰胺

聚酰胺（polyamide，简称 PA），也称为尼龙（nylon），是主链上含有酰胺基团 $\left[\!\!\begin{smallmatrix} & \text{O} \\ \text{NH}\!-\!\text{C} \end{smallmatrix}\!\!\right]$ 的聚合物，可由二元酸和二元胺缩聚而得，也可由内酰胺自聚制得。尼龙首先是作为最重要的合成纤维原料，而后发展成为工程塑料。它是开发最早的工程塑料，产量居于首位，约占工程塑料总产量的 1/3。

（1）性能

尼龙是结晶性聚合物，酰胺基团之间存在强烈的氢键，因而具有良好的力学性能。与金属材料相比，虽然刚性逊于金属，但比抗拉强度高于金属，比抗压强度与金属相近，因此可用作代替金属的材料。尼龙有吸湿性，随着吸湿量的增加，其屈服强度下降，屈服伸长率增大，其中尼龙 66 的屈服强度比尼龙 6 和尼龙 610 大。加入 30% 玻璃纤维的尼龙 6 复合材料，其抗拉强度可提高 2～3 倍。尼龙的抗冲强度比一般塑料高得多，其中以尼龙 6 为最好。与抗拉、抗压强度的情况相反，随着水分含量的增加、温度的提高，其抗冲强度提高。尼龙的抗弯强度约为抗张强度的 1.5 倍，而疲劳强度为抗张强度的 20%～30%，其疲劳强度低于钢，但与铸铁和铝合金等金属材料相近。疲劳强度随分子量增大而提高，随吸水率增大而下降。尼龙具有优良的耐摩擦性和耐磨耗性，其摩擦系数为 0.1～0.3，约为酚醛塑料的 1/4，是巴氏合金的 1/3。在油润滑下，尼龙对钢的摩擦系数明显下降；但在水润滑下，却比干燥时高。添加二硫化钼、石墨、聚乙烯或聚四氟乙烯粉末等，可降低尼龙的摩擦系数，并提高耐磨耗性。在各种尼龙中，以尼龙 1010 的耐磨耗性最好，约为铜的 8 倍。尼龙的使用温度为 -40～100℃，具有良好的阻燃性；在湿度较高的条件下也具有较好的电绝缘性；耐油、耐溶剂性良好。其缺点是吸水性较大，影响其尺寸稳定性。

（2）成型加工与应用

尼龙可用多种方法成型，如注射、挤出、模压、吹塑、浇铸、流化床浸渍涂覆、烧结及冷加工等，其中以注射成型最为重要。烧结成型法与粉末冶金法相似，是尼龙粉末压制后在熔点下烧结而成。尼龙塑料也常加入各种添加剂，包括：稳定剂，如炭黑、有机或无机类稳定剂；增塑剂，如脂肪族二醇、芳族氨磺酰化合物等，用于要求柔性好的制品，如软管、接头等；润滑剂，如蜡、金属皂类等。

尼龙由于具有优异的力学性能、耐磨、100℃ 左右的使用温度和较好的耐腐蚀性、自润滑摩擦性能，广泛应用于制造机械、电气部件，如轴承、齿轮、辊轴、滚子、滑轮、涡轮、风扇叶片、高压密封扣卷、垫片、阀座、储油容器、绳索、砂轮黏合剂、接头等。

（3）主要品种

尼龙 66 是产量最大的品种，其次是尼龙 6，还有尼龙 610 和尼龙 1010 等。尼龙 1010 是我国 1958 年首先研究成功，并于 1961 年实现工业生产的。尼龙 1010 是我国独创的聚酰胺品种。

（4）改性和新型聚酰胺

具体有以下几种。

① 增强尼龙（reinforced nylon）　尼龙虽有一系列优良性能，但与金属材料相比，还存在着强度较小、刚性较低、由吸湿而引起的尺寸变化较大等不足，使其应用受到一定限制。开发的玻璃纤维、石棉纤维、碳纤维、钛金属晶须等增强的复合材料品种在很大程度上弥补了尼龙性能上的不足。其中以玻璃纤维增强尼龙最为重要。尼龙用玻璃纤维增强后，其机械

强度、耐疲劳性、尺寸稳定性和耐热性、耐候性等都有明显提高。

② 单体浇铸尼龙（monomer casting nylon，MC 尼龙） MC 尼龙是尼龙 6 的一种，所不同的是采用在碱性条件下的开环聚合方法，聚合速率更快，使己内酰胺单体能通过简便的聚合工艺在模具内聚合成型，直接得到产品。MC 尼龙的分子量比普通尼龙 6 提高 1 倍左右，因此其各项力学性能都比普通尼龙 6 高。MC 尼龙成型模具简单，可直接浇铸，因而特别适用于大尺寸、多品种和小批量制品的生产。

③ 反应注射成型（reaction injection molding nylon，RIM 尼龙） RIM 尼龙是在 MC 尼龙基础上发展起来的，采用的是使具有高反应活性的尼龙原料在高压下瞬间反应，再注入密闭的模具中成型的一种液体注射成型方法。

较多地采用尼龙 6 作为 RIM 尼龙原料，在单体熔点以上、聚合物熔点以下，在模具内快速聚合成型。反应过程以氢氧化钠为催化剂、N-乙酰基己内酰胺为助催化剂，己内酰胺单体在 150℃ 以上的温度下聚合反应。与尼龙 6 相比，RIM 尼龙具有更高的结晶性和刚性、更小的吸湿性。

④ 芳香族尼龙（aromatic nylon） 芳香族尼龙是 20 世纪 60 年代首先由美国杜邦公司开发成功的耐高温、耐辐射、耐腐蚀的尼龙新品种，主要有聚间苯二酰间苯二胺和聚对苯酰胺两种。

聚间苯二甲酰间苯二胺（商品名 Nomex）由间苯二甲酰氯与间苯二胺通过界面缩聚法制得，其结构式为 $\left[\!\!\begin{array}{c}\text{C—}\bigcirc\text{—C—NH—}\bigcirc\text{—NH}\end{array}\!\!\right]_n$。Nomex 在 340～360℃ 很快结晶，熔点为 410℃，分解温度为 450℃，脆化温度为 −70℃，可在 200℃ 连续使用。Nomex 耐辐射，具有优异的力学性能和电性能，拉伸强度为 80～120 MPa，压缩强度为 320 MPa，抗压模量高达 4400 MPa。Nomex 通常用铝片浸渍后剥离的方法制取薄膜，亦可层压制取层压板，为 H 级绝缘材料。

聚对苯酰胺（商名品 Kevlar）由对氨基苯甲酸或对苯二甲酰氯与对苯二胺缩聚而成，其结构式为 $\left[\!\!\begin{array}{c}\text{NH—}\bigcirc\text{—C}\end{array}\!\!\right]_n$。Kevlar 具有高强度、低密度、耐高温等一系列优异性能，利用其液晶取向的流变特性实现高浓度、低黏度溶液纺丝，用以制造超高强度、耐高温纤维，亦可用作塑料，制成薄膜和层压材料。

⑤ 透明尼龙 普通尼龙是结晶型聚合物，产品呈乳白色。要获得透明性，必须抑制晶体的生成，使其形成非晶态聚合物。采用主链上引入侧链的支化法，与不同单体进行共缩聚等方法可以实现。透明尼龙具有高度透明、低吸水性、耐热水性及耐抓伤性，并且仍有普通尼龙所具有的优良机械强度。主要品种是支化法透明尼龙 Trogamid-T 和共缩聚法透明尼龙 PACP-9/6。

Trogamid-T 是采用支化法、以三甲基己二胺（TMD）与对苯二甲酸为原料缩聚而成，其结构式为 $\left[\!\!\begin{array}{c}\text{C—}\bigcirc\text{—C—NH—C(CH}_3\text{)—CH}_2\text{—CH—CH}_2\text{—CH}_2\text{—NH}\end{array}\!\!\right]_n$。具有自熄性。可采用注射、挤出和吹塑法成型。

PACP-9/6 是采用共缩聚法、以 2,2-双（4-氨基环己基）丙烷与壬二酸和己二酸共缩聚而得，其结构式为 $\left[\!\!\begin{array}{c}\text{NH—}\bigcirc\text{—C(CH}_3\text{)}_2\text{—}\bigcirc\text{—NH—C—(CH}_2\text{)}_x\text{—C}\end{array}\!\!\right]_n$。玻璃化转变温度（$T_g$）高达 185℃，

热变形温度为 160℃，可采用注射、挤出、吹塑等方法成型。

⑥ 高抗冲尼龙　高抗冲尼龙是以尼龙 66 或尼龙 6 为基体，通过与其他聚合物共混的方法进一步提高尼龙抗冲强度的新品种。杜邦公司于 1976 年开发成功，商品名为 Zytel ST。其抗冲强度比普通尼龙高 10 倍。Zytel ST 是以尼龙 66 为基体；日本开发的 EX 系列，则是以尼龙 6 为基体。

⑦ 电镀尼龙　过去电镀塑料主要使用 ABS 塑料。开发的电镀尼龙，如日本东洋纺织公司的 T-777，具有与电镀 ABS 相同的外观，但性能更为优异。尼龙电镀的工艺原理是：通过化学处理（浸蚀）先使制品表面粗糙化，再使其吸附还原催化剂（催化工艺），然后进行化学电镀和电气电镀，使铜、镍、铬等金属在制品表面形成密实、均匀的导电性薄层。

可辐射交联尼龙在注塑成型过程中的加工温度可比其他高性能塑料低，模具温度在 60～100℃之间。通过 β 射线或 γ 射线高能辐射，当相邻的自由基相互反应时，会形成共价键，从而形成三维高度稳定的网络，提高力学性能和热稳定性。辐照 PA66 的玻璃化转变温度从 81℃提高到 97℃；非交联尼龙 66 的储能模量在 240℃时迅速下降，而辐照 PA66 在此温度下的储能模量提高 120 倍，而且在 360℃下残余刚度几乎不变。帝斯曼公司的 Stanyl PA46 增加了一种新的 100% 生物基含量、高性能脂肪族尼龙 46，使用尽可能多的生物质废物原料，将该产品线的碳足迹减半。其出色的高温力学性能（熔融温度为 290℃）、卓越的流动性和加工性、极好的耐磨性使其成为汽车、电子、电气和消费品行业中高温应用的理想选择。还有采用 ZSK 双螺杆挤出机分离 PA/PE 多层薄膜废料，加工成均匀的 PA 和 PE 再生料和基于从报废渔网中回收尼龙的长纤维复合材料。

4.1.4.2　聚碳酸酯

聚碳酸酯（polycarbonate，简称 PC）是分子主链中含有 [-O-R-O-C(=O)-] 基团的线型聚合物。根据 R 基团种类的不同，可分为脂肪族聚碳酸酯、脂环族聚碳酸酯、芳香族聚碳酸酯和脂肪族-芳香族聚碳酸酯等多种类型。用作工程塑料的聚碳酸酯以双酚 A 型芳香族聚碳酸酯为主，研制了具有阻燃性的卤代双酚 A 聚碳酸酯以及有机硅-聚碳酸酯共缩聚物。生产聚碳酸酯的主要公司有德国拜耳、美国通用电器及莫贝、日本帝人及三菱化成等，拜耳公司聚碳酸酯的产量最大。2022 年全球聚碳酸酯的市场规模在 700 万吨，其中中国聚碳酸酯市场规模为 200 万吨，占据全球市场的 1/3 左右。

制备 PC 的主要原料为双酚 A，其结构式为 $\text{HO-C}_6\text{H}_4\text{-C(CH}_3\text{)}_2\text{-C}_6\text{H}_4\text{-OH}$。PC 的合成方法分为光气法和酯交换法两种。

PC 的玻璃化转变温度为 145～150℃，脆化温度为 −100℃，最高使用温度为 135℃，热变形温度为 115～127℃（马丁耐热温度）。PC 是透明或微黄色的，刚硬而韧，具有良好的尺寸稳定性、耐蠕变性、耐热性及电绝缘性。缺点是制品容易产生应力开裂，耐溶剂、耐碱性能差，高温易水解，摩擦系数大、无自润滑性，耐磨性和耐疲劳性都较低。表 4-5 列出了 PC 的力学性能数据。

PC 在电气、机械、光学、医药等工业部门都有广泛应用，用于制造机器的零部件、105℃的 A 级绝缘材料、空气调节器壳子、工具箱、安全帽、容器、泵叶轮、齿轮、医疗器械等。中国品牌制造商 Realme 是首批使用生物基 PC 共聚物的电子公司之一，所生产的生物基 PC 共聚物具有优异的阻燃性、出色的薄壁成型流动性、抗跌落损坏的延展性以及良好的耐化学性、耐紫外线等性能，展示其持续创新能力。PC/ABS 共混物在电动汽车的锂离子电池、汽车内饰及电子产品或家用电器中也有大量的应用。

■ 表 4-5　聚碳酸酯的力学性能

性　　能	数值	性　　能	数值
拉伸强度/MPa	61～70	10^7 周期	7.5
拉伸模量/MPa	2130	剪切强度/MPa	35
伸长率/%	80～130	剪切模量/MPa	795
弯曲强度/MPa	100～110	冲击强度/（kJ·m^{-2}）	
弯曲模量/MPa	2100	无缺口	38～45
压缩强度/MPa	85	缺口	17～24
疲劳强度/MPa		布氏硬度/MPa	150～160
10^6 周期	10.5		

4.1.4.3　聚甲醛

聚甲醛（polyoxymethylene，简称 POM）的学名为聚氧化亚甲基，是分子链中含 $\pm CH_2—O\pm$ 基团的聚合物。聚甲醛是一种高熔点、高结晶性热塑性工程塑料，可分为共聚甲醛和均聚甲醛两种。共聚甲醛是三聚甲醛与少量二氧五环的共聚物。美国在 1961 年制得共聚甲醛，商品牌号为 Celcon。均聚甲醛是 1959 年由美国杜邦公司首先实现工业化生产，商品牌号为 Delrin。均聚甲醛材料的力学性能稍高，但热稳定性不及共聚甲醛，并且共聚甲醛合成工艺简单，易于成型加工，因此共聚甲醛在产量和发展趋势上都占据优势。截至 2024 年 2 月，全球聚甲醛（POM）的总产能已经超过 190 万吨/年。从区域分布看，中国是全球聚甲醛产能最大的国家和地区，占总产能的 26%，其次是美国、日本和韩国。此外，全球共聚甲醛产能主要分布于美国、欧盟、韩国、马来西亚、泰国、沙特阿拉伯、日本及中国大陆等地。

聚甲醛的生产工艺路线分为以甲醛为单体和以三聚甲醛为单体两种。均聚甲醛的端基—OH 受热后易发生解聚，因此需要进行乙酰化使其变成酯基或用三甲基氯硅烷进行处理，如：

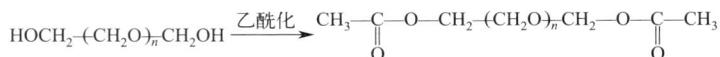

$$HOCH_2—(CH_2O)_{\overline{n}}CH_2OH \xrightarrow{\text{乙酰化}} CH_3—\underset{O}{\overset{\parallel}{C}}—O—CH_2—(CH_2O)_{\overline{n}}CH_2—O—\underset{O}{\overset{\parallel}{C}}—CH_3$$

聚甲醛的熔体流动性类似聚苯乙烯；因其分子链很柔顺，熔体流动性对剪切速率较为敏感。成型加工方法有注射、挤出、吹塑、冷加工等。

聚甲醛具有优异的力学性能，是塑料中力学性能最接近金属材料的品种之一。可在100℃下长期使用。其比强度接近金属材料，达 50.5 MPa，比刚度为 2650 MPa，可在许多使用领域中代替钢、锌、铝、铜及铸铁。聚甲醛具有优良的耐疲劳性和耐磨耗性，蠕变小、电绝缘性好，而且有自润滑性，尺寸稳定性好，耐水、耐油。其缺点是密度较大，耐酸性和阻燃性也不太好。

聚甲醛可代替有色金属和合金，在汽车、机床、化工、电气、仪表中应用，制造轴承、凸轮、辊子、齿轮、垫圈、法兰、各种仪表外壳、容器等，特别适用于一些不允许用润滑油情况下使用的轴承、齿轮等。聚甲醛对钢材的静、动摩擦系数相等，没有滑黏性，进一步扩大了其应用范围。

工程塑料粉末化可采用塑料颗粒无法使用的加工方法，如低玻璃化转变温度的 POM 粉末化后改善了结晶性，可应用于 3D 打印；利用其出色的粉末流动性，应用于选择性激光烧结成型（SLS）。用于医疗和保健行业的高流动级 POM、太阳能系统的自润滑 POM 轴承等，也不断得到发展。

4.1.4.4 其他

其他重要的工程塑料还有聚对苯二甲酸丁二醇酯（PBT）、聚对苯二甲酸乙二醇酯（PET）、聚苯醚（PPO）、聚苯硫醚（PPS）、聚酰亚胺（PI）、聚邻苯二甲酰胺（PPA）、聚砜（PSF 或 PSU）、聚醚醚酮（PEEK）等。

4.1.5 热固性塑料

热固性塑料的基本组分是体型结构聚合物，所以通常是刚性的，而且组分中经常含有填料。工业上重要的品种有酚醛塑料、环氧塑料、不饱和聚酯塑料、氨基塑料和有机硅塑料等；新近发展的还有聚苯腈热固性塑料等。

热固性塑料成型加工的共同特点是：所用原料都是分子量较低的液态黏稠流体、脆性固态的预聚体或中间阶段的缩聚体，其分子内含有反应活性基团，为线型或支链结构，在成型为塑料制品的过程中同时发生固化交联反应，由线型或支链型低聚物转变成体型聚合物。这类聚合物不仅可用来制造热固性塑料制品，还可用作黏合剂和涂料，并且都要经过交联固化过程，才能生成坚韧的涂层或发挥粘接作用。热固性塑料成型的一般方法是模压、层压和浇铸，有时亦可采用注射成型等。

热固性聚合物的固化交联反应有两种基本类型：

① 固化过程中有小分子如 NH_3 或 H_2O 析出，即固化过程是由缩合反应完成的。成型通常在高压条件下进行，以便使小分子化合物逸出，而不聚集成气孔，造成制件缺陷。但是，在低温、固化反应较慢的情况下，也可选用常压成型，此时小分子缓慢扩散、蒸发，不致形成气孔。

② 固化过程是按照聚合机理进行的，无小分子物析出，这时就不必考虑如何使小分子物逸出的措施。

4.1.5.1 酚醛塑料

以酚类化合物与醛类化合物缩聚而得的树脂称为酚醛树脂，其中主要是苯酚与甲醛缩聚物（phenolic formaldehyde，PF）。近些年国外发展了酚醛树脂的改性聚合物 Xylok 树脂，它是苯酚与二甲氧基对二甲苯的缩聚物。酚醛塑料在 1909 年即开始工业生产，历史最为悠久。当前酚醛树脂世界总产量占合成聚合物的 4%～6%，居第六位。2021 年酚醛树脂产能达到 185.5 万吨，广泛应用于模塑料、木材黏结剂和层压板、摩阻材料、耐火和绝缘隔热材料、铸造材料、涂料、电子材料等方面。

制备酚醛树脂最常用的单体是苯酚和甲醛，其次是甲酚、二甲酚、糠醛等。根据催化剂是酸性或碱性的不同、苯酚/甲醛摩尔比的不同，可生成热塑性（树脂）或热固性树脂。

热塑性酚醛树脂需以酸类为催化剂，酚与醛的比例大于 1（6/5 或 7/6），即在苯酚过量的情况下生成。若甲醛过量，则生成的线型低聚物容易被甲醛交联。热塑性酚醛树脂为松香状，性脆，可熔、可溶，溶于丙酮、醚类、酯类等溶剂。若甲醛过量，以酸或碱为催化剂，或甲醛虽不过量但以碱为催化剂时，都生成热固性酚醛树脂。

热塑性酚醛树脂与热固性酚醛树脂能相互转化。热塑性（酚醛）树脂用甲醛处理后，可转变成热固性酚醛树脂；热固性酚醛树脂在酸性介质中用苯酚处理，可变成热塑性酚醛树脂。

对于热固性酚醛树脂，由于缩聚反应进行程度不同，相应的树脂性能亦不同。可将其分为 3 个阶段：甲阶段树脂，能溶于乙醇、丙酮及碱的水溶液，加热后可转变成乙阶段树脂和丙阶段树脂；乙阶段树脂，不溶于碱液，但可全部或部分溶于乙醇及丙酮，加热后转变成丙阶段树脂；丙阶段树脂，为不溶不熔的体型聚合物。

拓展阅读
4-2 氨基塑料
4-3 呋喃塑料

酚醛塑料是以酚醛树脂为基本组分，加入填料、润滑剂、着色剂及固化剂等添加剂制成的塑料，填料用量可达 50% 以上。热塑性酚醛树脂分子内不含—CH$_2$OH 基团，必须外加固化剂才能进行交联反应，通常采用六亚甲基四胺为固化剂。

按成型加工方法的不同，酚醛塑料制品可分为以下几种主要类型：

① 酚醛层压塑料。将几种片状填料，如棉布、玻璃布、石棉布、纸等，浸在 A 阶段热固性酚醛树脂中，经干燥、切割、叠配，放入压机内，层压成制品。

② 酚醛模压塑料。分为粉状压塑料（压塑粉）和碎屑状压塑料两种。压塑粉所用的主要填料为木粉，其次是云母粉等，树脂为热塑性酚醛树脂或甲阶段热固性酚醛树脂。将磨碎后的树脂与填料混合均匀后，就成为压塑粉，可采用模压成型。发展的注射及挤出成型方法，碎屑状压塑料是由碎块状填料（如布、纸、木块等）浸渍于甲阶段热固性酚醛树脂中而得，可用模压法成型。

③ 酚醛泡沫塑料。热塑性或甲阶段热固性酚醛树脂加入发泡剂、固化剂等，经起泡后再将其固化，即得酚醛泡沫塑料。可用作隔热材料、浮筒、救生圈等。

酚醛塑料的主要特点是价格便宜、尺寸稳定性好、耐热性优良，根据不同的性能要求可选择不同的填料和配方，以满足不同用途的需要。酚醛塑料主要用作电绝缘材料，故有"电木"之称。在宇航中可作为耐烧蚀材料，以隔绝热量传递，防止金属壳层熔化。

4.1.5.2 环氧树脂

分子中含有环氧基团 $\overset{O}{\underset{CH_2-CH-}{\triangle}}$ 的聚合物称为环氧树脂（epoxy resin，EP）。环氧树脂自 1947 年首先在美国投产以来，其产量迅速增加，2022 年全世界产量超过 300 万吨，生产企业主要集中在中国、韩国、西欧和美国等国家及地区，其中中国是全球产能最大的国家，产量达 144 万吨。

环氧树脂品种很多，除通用的双酚 A 型环氧树脂外，其他品种有卤代双酚 A 环氧树脂、有机钛环氧树脂、有机硅环氧树脂；非双酚 A 环氧树脂，如甘油环氧树脂、酚醛环氧树脂、三聚氰胺环氧树脂、氨基环氧树脂以及脂环族环氧树脂等。虽然品种很多，各有特点，但大多数产量是由双酚 A 和环氧氯丙烷缩聚而成的环氧树脂，通常所说的环氧树脂就是指此品种。

由双酚 A 和环氧氯丙烷生成的环氧树脂分子结构式为：

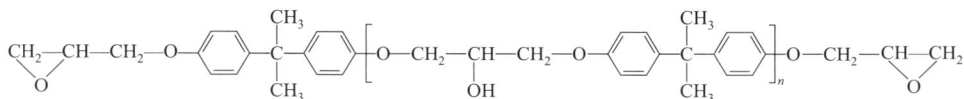

$$CH_2-CH-CH_2-O-\!\!\left\langle\bigcirc\right\rangle\!\!-\overset{CH_3}{\underset{CH_3}{C}}-\!\!\left\langle\bigcirc\right\rangle\!\!-O-CH_2-\underset{OH}{CH}-CH_2-O-\!\!\left\langle\bigcirc\right\rangle\!\!-\overset{CH_3}{\underset{CH_3}{C}}-\!\!\left\langle\bigcirc\right\rangle\!\!-O-CH_2-CH-CH_2$$

在胺类、酸酐类、合成树脂类等固化剂作用下，这种线型结构环氧树脂的环氧基打开、相互形成化学键而交联固化。环氧树脂固化后具有坚韧、收缩率小、耐水、耐化学腐蚀的特点和优异的介电性能等。

第 4 章 通用高分子材料

线型环氧树脂按其平均聚合度 $\bar{n}$ 的大小可分为 3 种：$\bar{n} < 2$ 的称为低分子量环氧树脂，其软化点在 50℃ 以下；$\bar{n}=2 \sim 5$ 的称为中等分子量环氧树脂，软化点在 50～95℃；$\bar{n} > 5$ 的称为高分子量环氧树脂，软化点在 100℃ 以上。种类不同，其性能及应用范围亦不同。

环氧树脂的固化有两种情况：①通过与固化剂产生化学反应而交联为体型结构，所用固化剂有多元脂肪胺、多乙烯多胺、多元芳胺、多元酸酐等；②在催化剂作用下环氧基发生聚合而交联，催化剂不参与反应，催化剂有叔胺、Lewis 酸等。

环氧树脂除用作塑料外，另外的重要应用是作为黏合剂使用，环氧树脂型黏合剂有"万能胶"之称。

环氧塑料可分为环氧增强塑料、环氧泡沫塑料、环氧浇铸塑料等。环氧增强塑料主要是用玻璃纤维增强环氧树脂，俗称环氧玻璃钢，是一种性能优异的工程材料；环氧泡沫塑料用于绝热、防震、吸声等方面；环氧浇铸塑料主要用于电气方面的零部件。

4.1.5.3 不饱和聚酯塑料

不饱和聚酯塑料是以不饱和聚酯树脂为基础组分的塑料。不饱和聚酯树脂亦称聚酯树脂，经玻璃纤维增强后的塑料俗称玻璃钢。

不饱和聚酯是由不饱和二元酸与一定量的饱和二元酸混合，然后与饱和二元醇缩聚，得到线型预聚物，再在引发剂作用下固化交联形成体型结构。所用的不饱和二元酸主要是顺丁烯二酸酐，其次是反丁烯二酸酐。饱和二元酸主要是邻苯二甲酸和邻苯二甲酸酐。二元醇可用丙二醇、丁二醇等，主要用丙二醇。加入饱和二元酸的目的是降低交联密度和控制反应体系的活性。

在上述预聚物中还要加入交联单体，如苯乙烯等。并加入其他助剂，主要包括：①引发剂，其作用是引发树脂与交联单体的反应；②加速剂，又称促进剂，用以促进引发剂的引发反应，不同的引发剂需要与不同的促进剂配套使用，常用的有胺类和钴皂类两种；③阻聚剂，如对苯二酚、取代对苯醌、季铵碱盐、取代肼盐等，其作用是延长不饱和聚酯预聚物的存放时间；④触变剂，如 PVC 粉、二氧化硅粉等，用量为 1%～3%，其作用是能使树脂在剪切（如搅拌等）作用下变成流动性液体，当剪切力消失后体系又恢复到高黏度的不流动状态，防止大尺寸制品成型时在垂直或斜面方向树脂体系出现流胶。

制备不饱和聚酯时，先将上述组分混合（不加交联剂），达到一定反应程度后再加入交联剂，在成型过程中发生交联固化反应。在不饱和聚酯塑料制品中都要加入填料或增强剂，如表面处理后的玻璃微珠或玻璃纤维等。

4.1.5.4 有机硅塑料

有机硅即聚有机硅氧烷，其主链由硅氧键构成，侧基为有机基团。与硅原子相连的侧基主要有—CH_3、—C_6H_5、—$CH{=}CH_2$ 以及其他有机基团。

根据其组成和分子量的不同，有机硅聚合物可分为液态（硅油）和半固态（硅脂），二者皆为线型低聚物。弹性体（硅橡胶）是高分子量线型聚合物；树脂状流体（硅树脂）是具有反应活性（主要是—Si—OH基团）的含支链低聚物。硅树脂是有机硅塑料的基本组分。硅树脂受热可交联固化，故称为热固性塑料。

有机硅塑料的主要特点是不燃、介电性能优异、耐高温，可在 300℃ 下长期使用。

4.1.5.5 氨基塑料

氨基塑料是以氨基树脂为基本组分的塑料。氨基树脂是一种具有氨基官能团的原料（脲、三聚氰胺、苯胺等）与醛类（主要是甲醛）等单体经缩聚反应制得的聚合物，主要包括脲-甲醛树脂、三聚氰胺-甲醛树脂、苯胺-甲醛树脂以及脲和三聚氰胺与甲醛的共缩聚树脂，最重要的是前两种，通常的氨基塑料就是指脲-甲醛塑料。

脲-甲醛树脂（UF）的单体是脲 $H_2N-\overset{\overset{O}{\|}}{C}-NH_2$ 和甲醛。通常尿素与37%甲醛水溶液在酸或碱的催化作用下可缩聚得到线性脲醛预聚物。以碱作催化剂，可得到可溶性树脂；如果用酸作催化剂，容易导致凝胶。线性脲醛低聚物在固化剂如草酸、邻苯二甲酸等存在下，在100℃左右可交联固化，成体型结构。

蜜胺-甲醛树脂（MF）是三聚氰胺（蜜胺）与甲醛的缩聚物，预聚物是线型或分支结构，经固化后成为体型结构。苯胺-甲醛树脂（AF）是苯胺与甲醛的缩聚物。

氨基树脂加填料、固化剂、着色剂、润滑剂等，即制得层压料或模塑料；经成型、固化交联，即可得氨基塑料制品。采用脲醛树脂水溶液浸渍填料纸粕（纸浆）等添加剂，经干燥、粉碎等过程，制得的压塑粉称为电玉粉。以纸浆为填料的压塑粉是无色半透明粉状物，可加多种色料，制得鲜艳色彩的制品。

氨基树脂的特点是无色，可制成多种色彩的塑料制品。氨基塑料制品表面光洁、硬度高。具有良好的耐电弧性，可用作绝缘材料。氨基塑料主要用作各种颜色鲜艳的日用品、装饰品以及电器设备配件等。

4.1.5.6 聚苯腈塑料

聚苯腈塑料（主要成分是聚苯腈树脂，简称 PN，又称邻苯二甲腈树脂）是一类由含有氰基的芳香族单体，在高温条件下，在有机胺类、有机酸类等含活性氢固化剂作用下，经加成聚合制得的高性能热固性塑料。经过 40 多年的研究和发展，PN 树脂已经形成一个结构丰富的体系。

聚苯腈是由酚类与4-硝基邻苯二甲腈单体发生亲核取代反应缩合而成，其典型单体的分子结构式为 ，分子链由邻苯二甲腈结构封端，R 可以是烷基或者芳香基。

聚苯腈的性能可以通过单体分子结构的改变灵活调整。例如，设计合成含有芳醚键的苯腈单体，可使单体分子链柔顺性增加，进而降低单体的熔点和熔融黏度。在单体结构中引入胺基、亚胺基或羟基等含活性氢基团，能够制备出具有促进自固化特性的苯腈单体。此外，在单体结构中引入氮、硅、氟等杂元素以及生物基结构，可复制具有优异的加工性能和功能性的聚苯腈树脂。

典型的苯腈结构如下：

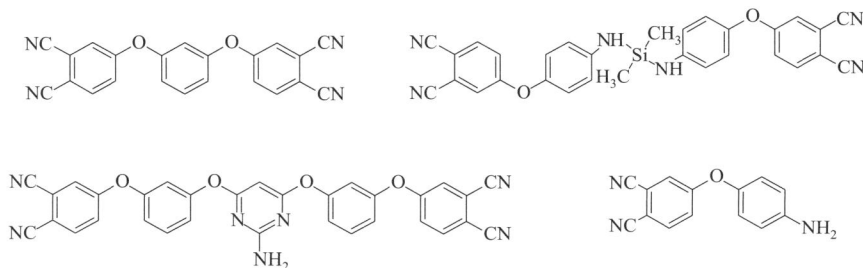

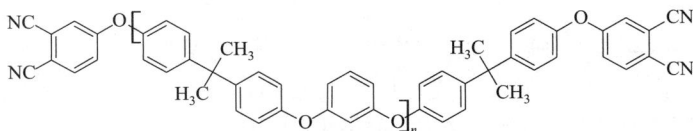

经热固化反应后，PN 树脂分子链中拥有大量的异吲哚啉、三嗪环和酞菁环结构，易产生共轭效应，使得聚苯腈分子链刚性大，分子间作用力强，具有非常优异的耐高温性、稳定的力学性能、良好的耐溶剂性能和绝缘性以及低吸水率等特性。PN 以其突出的耐高温性在耐热高分子材料中脱颖而出，其热分解温度（T_d）可达到 $480\sim530℃$，玻璃化转变温度（T_g）超过 $350℃$。

PN 热固性塑料因其出色的耐高温性能，具有广泛的应用前景。美国 Maverick 公司推出了 MVK-3 型 PN 树脂及半固化预浸料，美国海军实验室、GKN Westland Aerospace 公司、Electric Boat 公司等对 PN 树脂基复合材料的性能进行了系统测试与分析，可应用于航空发动机、舰艇阻燃、舰船结构等相关部件。2020 年我国长征五号 B 火箭应用 PN 树脂增强纤维布制备的复合材料作为发射平台的防护板，能隔绝 $2500℃$ 的高温，还可以耐受火箭发射时的高温和高载荷的外部冲击。

4.2 橡胶

橡胶是有机高分子弹性体，它在很宽的温度（$-50\sim150℃$）范围具有优异的弹性，所以又称为高弹体。橡胶除具有独特的高弹性外，还具有良好的疲劳强度、电绝缘性、耐化学腐蚀性以及耐磨性等，已经成为国民经济中不可缺少和难以替代的重要材料。

橡胶按来源不同可分为天然橡胶和合成橡胶两大类，天然橡胶是从自然界含胶植物中获取的一种高弹性物质，合成橡胶则是用人工合成的方法制得的高分子弹性材料。

合成橡胶品种很多，按其性能和用途可分为通用合成橡胶和特种合成橡胶。凡性能与天然橡胶相同或相近，广泛用于制造轮胎及其他大批量橡胶制品的，称为通用合成橡胶，如丁苯橡胶、顺丁橡胶、氯丁橡胶、丁基橡胶等。具有耐寒、耐热、耐油、耐臭氧等特殊性能，可用于制造特定条件下使用的橡胶制品，称为特种合成橡胶，如丁腈橡胶、硅橡胶、氟橡胶、聚氨酯橡胶等。随着其综合性能的改进、成本的降低以及应用范围的扩大，特种橡胶也可以作为通用合成橡胶使用，例如乙丙橡胶、丁基橡胶等。

合成橡胶还可按高分子主链的化学组成的不同分为碳链弹性体和杂链弹性体两大类。碳链弹性体又可分为二烯烃橡胶和烯烃类橡胶等。

4.2.1 橡胶的结构与性能

4.2.1.1 结构特征

作为橡胶材料使用的聚合物，在结构上应符合以下要求，才能充分表现橡胶的高弹性能。

① 聚合物链具有足够的柔顺性，玻璃化转变温度比室温低得多。这就要求聚合物链内

旋转位垒较小，分子间作用力较弱，内聚能密度较小。橡胶类聚合物的内聚能密度在290 kJ·cm⁻³以下，比塑料和纤维类聚合物的内聚能密度低得多。前已述及，只有在T_g以上聚合物才能表现出高弹性能，所以橡胶材料的使用温度范围在T_g与熔融温度之间。表4-6列举了几种主要橡胶的玻璃化转变温度及其使用温度范围。

■ 表4-6　几种主要橡胶的玻璃化转变温度及其使用温度范围

名　称	T_g/℃	使用温度范围/℃	名　称	T_g/℃	使用温度范围/℃
天然橡胶	-73	-50～120	丁腈橡胶（70/30）	-41	-35～175
顺丁橡胶	-105	-70～140	乙丙橡胶	-60	-40～150
丁苯橡胶（75/25）	-60	-50～140	聚二甲基硅氧烷	-120	-70～275
聚异丁烯	-70	-50～150	偏氟乙烯-全氟丙烯共聚物	-55	-50～300

② 在使用条件下不结晶或结晶度很小。例如聚乙烯、聚甲醛等，在室温下容易结晶，故不宜用作橡胶材料。但是，天然橡胶等在拉伸时可结晶，除去负荷后结晶又熔化，这是最理想的，因为形成的结晶部分能起到分子间交联（物理）作用，提高橡胶的模量和强度，除去载荷后结晶又熔化，但不影响其弹性性能的恢复。

③ 在使用条件下无分子间相对滑动，即无冷流。因此，聚合物链上应存在可供交联的位置，以进行交联，形成网络结构。也可采用物理交联方法，例如苯乙烯和丁二烯嵌段共聚物，在室温下由于苯乙烯链段聚集成玻璃态区域，把橡胶链段的末端连接起来，形成物理交联网络结构，故也可作为橡胶材料使用。这类橡胶材料亦称为热塑性弹性体。

4.2.1.2　结构与性能的关系

橡胶的性能，如弹性、强度、耐热性、耐寒性等，与其分子结构密切相关。

（1）弹性和强度

弹性和强度是橡胶材料的主要性能指标。分子链柔顺性越大，橡胶的弹性就越大。线型聚合物链的规整性越好，等同周期越大，含侧基越少，链的柔顺性越好，其橡胶的弹性越好。例如，高顺式聚1,4-丁二烯是弹性最好的橡胶。此外，分子量越大，橡胶的弹性和强度越大。橡胶的分子量通常为$10^5 \sim 10^6$，比塑料类和纤维类都高得多。

交联使橡胶形成网状结构，可提高橡胶的弹性和强度。但是，交联度过大时，交联点间网链分子量太小，强度高而弹性差。橡胶在室温下是非晶态时，才具有弹性；但结晶对强度影响较大，结晶性橡胶拉伸时，形成的微晶能起网络物理交联点作用。因此，纯硫化胶的拉伸强度比非结晶橡胶高得多。

（2）耐热性和耐老化性能

橡胶的耐热性主要取决于主链上化学键的键能。表4-7列出了一些主要化学键的离解能。从表中可以看到，含有C—C、C—O、C—H和C—F键的橡胶具有较好的耐热性，如乙丙橡胶、丙烯酸酯橡胶、含氟橡胶和氯醇橡胶等。橡胶中的弱键能引发降解反应，对其耐热性影响很大。在光、热、氧等作用下，聚合物老化机理如3.5.2节所述，不饱和橡胶主链上的双键易被臭氧氧化，在亚甲基上的氢也易被氧化，因而其耐老化性差。饱和分子链的橡胶没有降解反应途径，使其耐热氧老化性很好，如乙丙橡胶、硅橡胶等。此外，带给电子取代基的橡胶容易氧化，如天然橡胶；而带吸电子取代基的则较难氧化，如氯丁橡胶等。由于氯原子对双键和α-H的保护作用，使它成为双烯烃橡胶中耐热性最好的橡胶。

■ 表4-7　一些主要化学键的离解能

键	平均键能/(kJ·mol^{-1})	键	平均键能/(kJ·mol^{-1})	键	平均键能/(kJ·mol^{-1})	键	平均键能/(kJ·mol^{-1})
O—O	146	C—N	305	N—H	389	C=O	约740
Si—Si	178	C—Cl	327	C—H	430～510	C≡N	890
S—S	270	C—C	346	O—H	464		
C—C	272	C—O	358	C—F	485		
Si—C	301	Si—O	368	C=C	611		

（3）耐寒性

当温度低于玻璃化转变温度（T_g）时，或者由于结晶，橡胶将失去弹性。因此，降低 T_g 值或避免结晶，可以提高橡胶材料的耐寒性。

降低橡胶 T_g 值的途径有：降低分子链的刚性；减小分子链间作用力；提高分子链的对称性；与 T_g 值较低聚合物的单体共聚；支化以增加链末端比例；减少交联键以及加入稀释剂或增塑剂等方法。

避免结晶，则可以通过以下方法使结构无规化：无规共聚；聚合时无规地引入基团；进行分子链支化和交联；采用不容易形成立构规整性聚合物的聚合方法以及控制几何异构等方法。

（4）化学反应性

橡胶的化学反应性质有两个方面：一方面是可进行有利的反应，如进行交联反应或进行取代等改性反应；另一方面是有害的反应，如氧化降解反应等。上述两方面的反应往往同时存在。例如，二烯烃类橡胶主链上的双键，一方面为硫化提供了交联的位置，另一方面又易受氧、臭氧和某些试剂的攻击。为了改变这种不利的局面，可以制成大部分结构的化学活性很低，而引入少量可供交联活性位置的橡胶，例如丁基橡胶、三元乙丙橡胶、丙烯酸酯橡胶及氟橡胶等。

（5）加工性能

结构对橡胶加工中的熔体黏度、压出膨胀率、压出胶质量、混炼特性、胶料强度、冷流性以及黏着性等有较大影响。

橡胶的分子量越大，则熔体黏度越大，压出膨胀率增加，胶料的强度和黏着强度也随之增加。橡胶的分子量通常大于分子链缠结的临界分子量；分子链的缠结，引入少量共价交联键或离子键、早期结晶等效应导致的交联，都可减少冷流和提高胶料强度。橡胶的分子量分布较宽，其中高分子量部分提供强度，而低分子量部分起到增塑剂作用，以提高胶料流动性和黏性，增加胶料混炼效果，改善混炼时胶料的包辊能力。同时，加宽分子量分布可有效地防止压出胶产生鲨鱼皮表面和熔体破裂现象。长链支化也可改善胶料的包辊能力。此外，胶料的黏着性与结晶性有关。在界面处，结晶性橡胶可以由不同胶块的分子链段形成晶体结构，从而提高了黏接程度；对于非结晶性橡胶，则需加入添加剂。

4.2.2 橡胶的原料及加工工艺

4.2.2.1 橡胶制品的原材料

橡胶制品的主要原材料是生胶、再生胶以及其他配合剂；有些制品还需用纤维或金属材料作为骨架材料。

（1）生胶和再生胶

生胶包括天然橡胶和合成橡胶。天然橡胶来源于自然界中含胶植物，有橡胶树、橡胶草和橡胶菊等，其中三叶橡胶树含胶量高，产量大，质量好。从橡胶树上采集的天然胶乳，经过一定的化学处理和加工，可制成浓缩胶乳和干胶。前者可直接用于胶乳制品，后者就作为橡胶制品中的生胶。

再生胶是废硫化橡胶经化学、热及机械加工处理后制得的，具有一定的可塑性，是可重新硫化的橡胶材料。硫化胶再生过程的主要反应称为"脱硫"，即利用热能、机械能或化学能（加入脱硫活化剂）使废硫化橡胶中的交联点及交联点间分子链发生断裂，从而破坏其网络结构，恢复其一定的可塑性。再生胶可部分代替生胶使用，以节省生胶，降低成本；还可改善胶料工艺性能，提高产品耐油、耐老化等性能。

（2）橡胶的配合剂

橡胶虽具有高弹性等一系列优越性能，但也存在许多缺点，如机械强度低、耐老化性差等。为了制得符合使用性能要求的橡胶制品，改善橡胶加工工艺性能和降低成本等因素，在橡胶组分中必须加入其他配合剂。

橡胶配合剂种类繁多，根据在橡胶中所起的作用，主要有以下几种。

① 硫化剂　在一定条件下能使橡胶发生交联的物质统称为硫化剂。天然橡胶最早是采用硫磺交联，所以将橡胶的交联过程称为"硫化"。随着合成橡胶的大量出现，硫化剂的品种也不断增加。使用的硫化剂有硫磺、碲、硒、含硫化合物、过氧化物、醌类化合物、胺类化合物、树脂和金属化合物等。

② 硫化促进剂　凡能加快硫化速度、缩短硫化时间的物质称为硫化促进剂，简称促进剂。使用促进剂可减少硫化剂用量或降低硫化温度，并可提高硫化胶的力学性能等。

促进剂种类很多，可分为无机化合物和有机化合物两大类。无机促进剂有氧化镁、氧化铅等，其促进效果低，硫化胶性能差，多数场合已被有机促进剂取代。有机促进剂促进效果大，硫化胶力学性能好，发展较快，品种较多。

有机促进剂可按化学结构、促进效果以及与硫化氢反应呈现的酸碱性等进行分类。常用的是按化学结构分类，分为噻唑类、秋兰姆类、次磺酰胺类、胍类、二硫代氨基甲酸盐类、醛胺类、黄原酸盐类和硫脲类八大类。其中常用的是硫醇基苯并噻唑类，商品名为促进剂M、二硫化二苯并噻唑（促进剂DM）、二硫化四甲基秋兰姆（促进剂TMTD）等。根据促进效果分类，国际上是以促进剂M为标准，凡硫化速度快于M的称为超速或超超速级，相当或接近于M的为准超速级，低于M的为中速及慢速级。

③ 硫化活性剂　硫化活性剂简称活性剂或助促进剂。其作用是提高促进剂的活性。所有的促进剂都必须在活性剂存在下，才能充分发挥其促进效能。

活性剂多为金属氧化物，最常用的是氧化锌。金属氧化物在脂肪酸存在下对促进剂才有较大的活性，通常氧化锌与硬脂酸并用。

④ 防焦剂　防焦剂又称硫化延迟剂或稳定剂。其作用是使胶粉在加工过程中不发生早期硫化现象。但加入防焦剂会影响胶料性能，如降低耐老化性等。常用的防焦剂有邻羟基苯甲酸、邻苯二甲酸酐等。

⑤ 防老剂　橡胶在长期贮存或使用过程中，受氧、臭氧、光、热、高能辐射及应力作用，出现逐渐发黏、变硬、弹性降低等现象，称为老化。凡能防止和延缓橡胶老化的化学物质称为防老剂。

防老剂品种很多，根据其作用的方式可分为抗氧化剂、抗臭氧剂、有害金属离子作用抑制剂、抗疲劳老化剂、抗紫外线辐射防治剂等。

按作用机理，防老剂可分为物理防老剂和化学防老剂两大类。物理防老剂如石蜡等，是在橡胶表面形成一层薄膜而起到屏障作用。化学防老剂可破坏橡胶氧化初期生成的过氧化物，从而延缓氧化过程，如有机胺类防老剂和酚类防老剂，其中有机胺类防老剂的防护效果最为突出。

⑥ 补强剂和填充剂　补强剂与填充剂之间无明显界限。凡能提高橡胶机械性能的物质称补强剂，又称为活性填充剂。凡在胶料中主要起增加容积作用的物质称为填充剂或增容剂。

橡胶工业常用的补强剂有炭黑、白炭黑和其他矿物填料。其中最主要的是炭黑，用于轮胎胎面胶，具有优异的耐磨性，通常加入量为生胶的50%左右。白炭黑是水合二氧化硅（$SiO_2 \cdot nH_2O$），补强效果仅次于炭黑，因其为白色，故称白炭黑，广泛应用于白色和浅色橡胶制品。

橡胶制品中常用的填充剂有碳酸钙、陶土、碳酸镁等。

⑦ 其他配合剂　除上述配合剂外，橡胶工业常用的配合剂还有软化剂、着色剂、溶剂、发泡剂、隔离剂等。品种很多，可根据橡胶制品的特殊性能要求进行选用。

（3）纤维和金属材料

橡胶弹性大，强度低。因此，很多橡胶制品必须用纤维材料或金属材料作为骨架材料，以提高制品的机械强度，减少变形。

4.2.2.2　加工工艺

橡胶的加工工艺主要包括混炼阶段、成型阶段、硫化阶段和后处理阶段等主要工序，如图4-1所示。

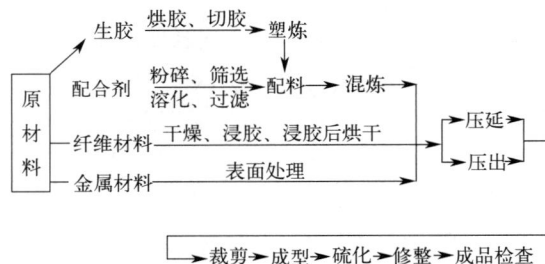

图4-1　橡胶制品生产基本工艺流程

混炼阶段：橡胶加工的第一步是混炼，即将原料中的橡胶与其他添加剂和填料混合均匀。这个阶段的工艺流程一般包括预加工、混炼和放料三个步骤。其中，预加工的目的是加热、软化和分散橡胶，使其容易与其他添加剂和填料混合；混炼是将橡胶和添加剂、填料混合均匀，并通过加热、压缩和剪切使混合物达到理想的性质和密度；放料则是将混合物从混炼机中取出，并整理成固定尺寸。

成型阶段：成型是指将混炼好的橡胶料根据需要的形状和大小进行加工。常见成型方式有挤出、压延、压制、注塑等多种方法，其中挤出和压延是最常用的两种方法。这个阶段的关键技术点包括选择合适的成型方法、优化成型机械参数、设置合理的成型温度和压力等。

硫化阶段：硫化是将成型好的橡胶制品在加热和加压条件下使其发生交联反应，从而获得一定的硬度和性能。硫化过程是橡胶加工中最重要的环节，其质量的好坏对橡胶制品的性能有着直接的影响。硫化过程中需要注意的技术点包括选择合适的硫化工艺以及控制硫化剂种类和配比、硫化温度和时间、压力等参数。

后处理阶段：后处理是指通过对硫化好的橡胶制品进行测量、检查、清洁、修整等操作达到最终的成品要求。后处理阶段通常包括对橡胶制品进行硬度测试、外观检查、注水试验、配件安装等步骤，其中，注水试验是检查橡胶制品是否存在渗漏等质量问题的重要环节。

橡胶加工是一个复杂而精细的过程，其中混炼、成型、硫化和后处理是四个不可或缺的阶段。只有掌握了这些工艺流程的关键技术和方法，才能生产出质量优良、性能稳定的橡胶制品。

4.2.3　天然橡胶

天然橡胶的利用始于 15 世纪，主要来源于巴西等国。2023 年全球天然橡胶的产量达到 1460 万吨，中国的天然橡胶产量为 83 万吨。

天然橡胶的主要成分是橡胶烃，是由异戊二烯链节组成的天然高分子化合物。其结构式为：

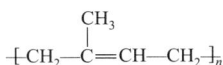

$$\begin{array}{c} CH_3 \\ | \\ \text{--} \!\!-\!\! CH_2 \text{---} C = CH \text{---} CH_2 \text{---} \!\!\!\!-\!\!\!\!]_n \end{array}$$

分子结构中的 n 值约为 10000，分子量为 3 万～3000 万，其多分散性指数为 2.8～10，并具有双峰分布规律（图 4-2）。因此，天然橡胶具有良好的力学性能和加工性能。

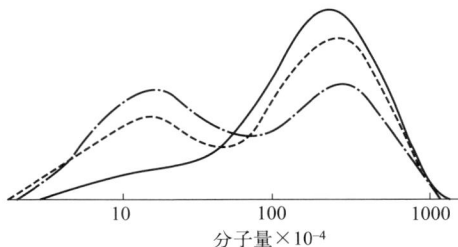

分子量×10⁻⁴

图4-2　天然橡胶分子量分布曲线类型

橡胶树的种类不同，其大分子的立体结构也不同。巴西橡胶含 97% 以上顺式 1，4-加成结构（图 4-3），在室温下具有很好的弹性及柔软性，是名副其实的弹性体。而古塔波胶是反式 1，4-加成结构，室温下呈硬固体状态。

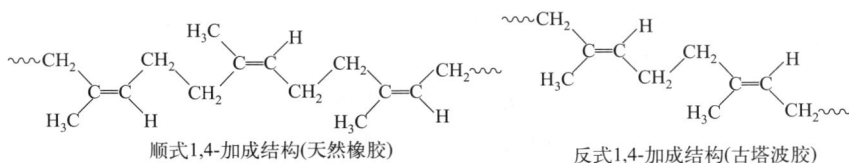

顺式1,4-加成结构(天然橡胶)　　　　　反式1,4-加成结构(古塔波胶)

图4-3　天然橡胶的结构

天然橡胶的物理常数列于表 4-8。

■ 表 4-8　天然橡胶的物理常数

项　　目	生　胶	纯胶硫化胶	项　　目	生　胶	纯胶硫化胶
密度 /(g·cm^{-3})	0.906～0.916	0.920～1.000	折射率（n_D）	1.5191	1.5264
体积膨胀系数 /10^{-6}K^{-1}	670	660	介电常数（1 kHz）	2.37～2.45	2.5～3.0
热导率 /(W·m^{-1}·K^{-1})	0.134	0.153	电导率（60 s）/(S·m^{-1})	2～57	2～100
玻璃化转变温度 /K	201	210	体积弹性模量 /MPa	1.94	1.95
熔融温度 /K	301		拉伸强度 /MPa		17～25
燃烧热 /(kJ·kg^{-1})	-45	-44.4	断裂伸长率 /%	75～77	750～850

天然橡胶具有一系列优良的力学性能，是综合性能最好的橡胶：

① 具有良好的弹性，弹性模量约为钢铁的 1/30000，而伸长率则为钢铁的 300 倍。在 0～100℃温度范围内，橡胶的回弹率可达 50%～80%，伸长率最大可达 1000%。

② 具有较高的机械强度。天然橡胶是一种结晶性橡胶，在拉伸时可产生结晶，具有自补强作用。纯胶硫化胶的拉伸强度为 17～25 MPa，炭黑补强硫化胶的强度可达 25～35 MPa。

③ 具有很好的耐屈挠疲劳性能，滞后损失小；多次变形时，生热量也低。

此外，还具有良好的耐寒性、优良的气密性、防水性、电绝缘性和绝热性能。

天然橡胶的缺点是耐油性差，耐臭氧老化和耐热氧老化性能也差。

天然橡胶为非极性橡胶，因此易溶于汽油和苯等非极性有机溶剂。

在天然橡胶结构中含有不饱和双键，化学性质活泼。在空气中易与氧发生自动催化氧化的连锁反应，使分子断链或过度交联，因此使橡胶发生粘连或龟裂，即发生老化现象。未加防老剂的橡胶，曝晒 4～7 天即出现龟裂，与臭氧接触几秒钟后即出现裂口。加入防老剂，可以显著改善其耐老化性能。

天然橡胶是用途最广泛的一种通用橡胶。主要用于制造各种轮胎、工业橡胶制品等，如胶管、胶带和工业用橡胶制品等。此外，天然橡胶还广泛应用于日常生活用品，如胶鞋、雨衣以及医疗卫生制品等。

4.2.4　合成橡胶

4.2.4.1　二烯烃橡胶

二烯烃橡胶包括二烯烃均聚橡胶和二烯烃共聚橡胶，前一类的品种有聚丁二烯橡胶、聚异戊二烯橡胶和聚间戊二烯橡胶等，后一类的品种主要有丁苯橡胶、丁腈橡胶和丁吡橡胶等。

二烯烃橡胶主要由自由基聚合反应制得，发展较早。二烯烃单体聚合时常形成各种立体异构体，直到 1954 年发明了 Ziegler-Natta 催化剂后，才制成了立体规整性好的二烯烃均聚橡胶。

（1）聚丁二烯橡胶

聚丁二烯橡胶是以 1，3-丁二烯为单体聚合制得的一种通用合成橡胶。1956 年美国首先合成了高顺式聚丁二烯橡胶。中国于 1967 年实现顺丁橡胶的工业化生产。在世界合成橡胶中，聚丁二烯（橡胶）的产量和消耗量仅次于丁苯橡胶，居第二位。

① 种类和制法　按聚合方法不同，聚丁二烯橡胶可分为溶液聚合（溶聚）丁二烯橡胶、乳液聚合（乳聚）丁二烯橡胶和本体聚合丁钠橡胶 3 种。按分子结构分类，可分为顺式聚丁二烯和反式聚丁二烯。顺式聚丁二烯橡胶又依顺式含量不同分为 3 类：用钴化物或镍化物构成的 Ziegler-Natta 催化体系制得的高顺式（96%～98%）聚 1，4-丁二烯，以钛化物体系制得的中顺式（86%～95%）聚 1，4-丁二烯和以烷基锂催化剂制得的低顺式（35%～40%）聚 1，4-丁二烯。

a. 溶聚丁二烯橡胶　它是丁二烯单体在有机溶剂中利用 Ziegler-Natta 催化剂、碱金属或其他有机化合物催化聚合的产物。选择不同的催化剂，可制得高顺式聚 1，4-丁二烯橡胶、低顺式聚 1，4-丁二烯橡胶和反式聚 1，4-丁二烯橡胶 3 种产品。

b. 乳聚丁二烯橡胶　它是丁二烯单体在去离子水介质中进行乳液聚合的产物。其顺式 1，4-结构含量为 14%，反式 1，4-结构含量为 69%，1，2-结构含量约 17%。平均分子量约为 10 万。

c. 丁钠橡胶　它是以金属钠为催化剂、丁二烯为主要单体进行本体聚合的产物。1932 年苏联开始工业化生产。因其性能不太好，未大规模生产。

② 性能与应用　聚丁二烯橡胶中最重要的品种是溶聚高顺式聚丁二烯橡胶。其性能特点是：弹性高，是橡胶中弹性最好的一种；耐低温性能好，其玻璃化转变温度为 -105℃，是通用橡胶中耐低温性能最好的一种。此外，其耐磨性能优异，滞后损失小，生热量低，耐屈挠性好，与其他橡胶的相容性好。高顺式聚丁二烯橡胶的缺点是：拉伸强度和抗撕裂强度均低于天然橡胶和丁苯橡胶；用作轮胎使用时，抗湿滑性能不佳；工艺加工性能和黏着性能较差，不易包辊。高顺式聚丁二烯橡胶由于具有优异的高弹性、耐寒性和耐磨耗性能，主要用于制造轮胎，也用于制造胶鞋、胶带、胶辊等耐磨性制品。

③ 聚丁二烯橡胶新品种　近 10 多年来，针对顺丁橡胶的弱点，从结构上进行调整，出现了一些新品种。

a. 中乙烯基聚丁二烯橡胶　结构中含有 35%～55% 的乙烯基结构（1，2-结构）。抗湿滑性能和热老化性能优于高顺式聚丁二烯橡胶，但强度和耐磨性稍有下降。

b. 高乙烯基聚丁二烯橡胶　其乙烯基含量为 70%。抗湿滑性好，适用于制造轿车胎的胎面胶。

c. 低反式聚丁二烯橡胶　含顺式 1，4-结构 90%，反式 1，4- 结构仅为 9%。不仅拉伸强度、撕裂强度提高，而且包辊性、压延性、冷流性也有改善。

d. 超高顺式聚丁二烯橡胶　其顺式 1，4-结构含量大于 98%。拉伸时结晶速率快，结晶度高。分子量分布宽，因此黏着性、强度和加工性能好。

（2）聚异戊二烯橡胶

聚异戊二烯橡胶简称异戊橡胶，其分子结构和性能与天然橡胶相似，故也称为合成天然橡胶。

① 制备方法　异戊橡胶是在催化剂作用下，异戊二烯单体经溶液聚合制得的顺式聚 1，4-异戊二烯。

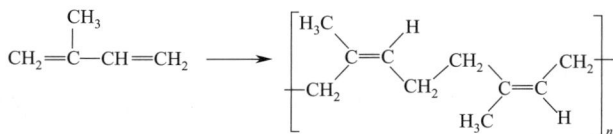

用 Zigler 型催化剂得到的异戊橡胶，其顺式 1,4-结构含量为 96%～98%；采用丁基锂催化时，顺式 1,4-结构含量为 92%～93%。我国在 1966 年研制成功的有机酸稀土盐三元催化体系制得的异戊橡胶，其顺式 1,4-结构含量高达 93%～94%。

② 性能与应用　异戊橡胶是一种综合性能最好的通用合成橡胶，具有优良的弹性、耐磨性、耐热性、抗撕裂性及低温屈挠性。与天然橡胶相比，具有生热小、抗龟裂的特点，而且吸水性小，电性能及耐老化性能好，但其硫化速度较天然橡胶慢。此外，炼胶时易粘辊，成型时黏度大，而且价格较贵。异戊橡胶的用途与天然橡胶基本相同，用于制造轮胎、医疗制品、胶管、胶鞋、胶带以及运动器材等。

③ 其他异戊橡胶　主要包括以下两种。

a. 充油异戊橡胶　为填充各种不同质量的油（如环烷油、芳烃油），可改善异戊橡胶性能，降低成本。流动性好，适用于制造复杂的模塑制品。

b. 反式聚 1,4-异戊二烯橡胶　又称合成巴拉塔橡胶。常温下是结晶状态，因而具有较高的拉伸强度和硬度。主要用于制造高尔夫球皮层，还可制作海底电缆、电线、医用夹板等。但由于成本高，尚未广泛使用。

（3）丁苯橡胶

丁苯橡胶是以丁二烯和苯乙烯为单体共聚得到的高分子弹性体。其结构式为：

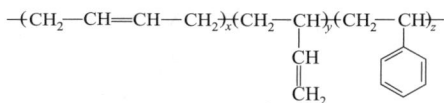

丁苯橡胶是最早工业化的合成橡胶，1937 年由德国首先实现工业化生产。丁苯橡胶的产量约占合成橡胶总产量的 55%，其产量和消耗量在合成橡胶中占据第一位。

丁苯橡胶的主要品种如图 4-4 所示。丁苯橡胶的耐磨性、耐热性、耐油性和耐老化性均比天然橡胶要好，硫化曲线平坦，不容易焦烧和过硫，而且与天然橡胶、顺丁橡胶的混溶性好。丁苯橡胶的缺点是：弹性、耐寒性、耐撕裂性和黏着性能均较天然橡胶差，纯胶强度低，滞后损失大，生热高；而且由于含双键比例较天然橡胶少，硫化速度慢。

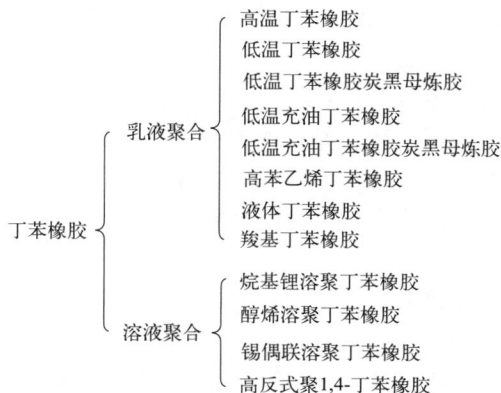

图4-4　丁苯橡胶的主要品种

丁苯橡胶成本低廉，其性能不足之处可通过与天然橡胶并用或调整配方得到改善。因此，丁苯橡胶是用量最大的通用合成橡胶。可以部分或全部代替天然橡胶，主要应用于制造轮胎，还有其他工业橡胶制品，如胶带、胶管、胶鞋等。

（4）丁腈橡胶

丁腈橡胶是以丁二烯和丙烯腈为单体，经乳液共聚制得的高分子弹性体。其结构式为：

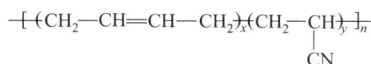

$$\underset{CN}{\underset{|}{+(CH_2-CH=CH-CH_2)_x(CH_2-CH)_y+_n}}$$

丁腈橡胶是以耐油性突出著称的特种合成橡胶。1937年在德国首先投入工业化生产。

可按丙烯腈含量、分子量、聚合温度等因素对丁腈橡胶进行分类。丙烯腈含量在15%～50%范围内，按其含量不同分成5种（见表4-9）。固体丁腈橡胶分子量达几十万，门尼黏度在20～140之间，按门尼黏度可分成许多类。依聚合温度不同，可分为热聚丁腈橡胶和冷聚丁腈橡胶，前者聚合温度为25～50℃，后者为5～20℃。

■ 表4-9 各种丁腈橡胶的丙烯腈含量

名 称	丙烯腈含量 /%	名 称	丙烯腈含量 /%
极高丙烯腈丁腈橡胶	43 以上	中丙烯腈丁腈橡胶	25～30
高丙烯腈丁腈橡胶	36～42	低丙烯腈丁腈橡胶	24 以下
中高丙烯腈丁腈橡胶	31～35		

4.2.4.2 氯丁橡胶

氯丁橡胶是2-氯-1,3-丁二烯聚合而成的一种高分子弹性体。其结构式为：

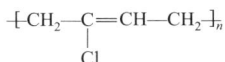

$$\underset{Cl}{\underset{|}{+CH_2-C=CH-CH_2+_n}}$$

氯丁橡胶是合成橡胶的主要品种之一，1931年在美国首先实现工业化生产。根据其性能和用途，分为通用型和专用型两大类。通用型氯丁橡胶又可分为硫磺调节型和非硫磺调节型，前者是以硫磺作调节剂，秋兰姆作促进剂；后者则采用硫醇作调节剂。专用型氯丁橡胶是指用于黏合剂及其他特殊用途的氯丁橡胶。

工业上采用乙炔法和丁二烯法制造氯丁二烯。乙炔法是将乙炔气体通入氯化亚铜-氯化铵络盐的溶液中，使之二聚生成乙烯基乙炔，再在氯化亚铜催化剂作用下与氯化氢反应制得氯丁二烯。丁二烯法是丁二烯经氯化、异构化、脱氯化氢等过程制取氯丁二烯。

氯丁橡胶通常采用乳液聚合法进行生产，以松香酸皂为乳化剂、过硫酸钾为引发剂。硫醇调节型氯丁橡胶的聚合温度为40℃；非硫醇调节型通常在10℃以下反应。聚合后，经凝聚、水洗、干燥得到成品。

氯丁橡胶具有优异的耐燃性，是通用橡胶中耐燃性最好的。还有优良的耐油、耐溶剂、耐老化性能，其耐油性仅次于丁腈橡胶，而优于其他通用橡胶。氯丁橡胶是结晶性橡胶，有自补强性，生胶强度高。还具有良好的黏着性、耐水性和气密性，其耐水性是合成橡胶中最好的，气密性比天然橡胶高5～6倍。氯丁橡胶的缺点是电绝缘性较差，耐寒性不好，密度大，贮存稳定性差，贮存过程中易硬化变质。氯丁橡胶具有较好的综合性能和耐燃、耐油等优异特性，广泛用于耐热运输带，耐油、耐化学腐蚀胶管和容器衬里，胶辊，密封胶条等。

4.2.4.3 聚异丁烯和丁基橡胶

（1）聚异丁烯

聚异丁烯是异丁烯的聚合产物，是接近无色或白色的弹性体。其结构式为：

$$\left[CH_2-\underset{\underset{CH_3}{|}}{\overset{\overset{CH_3}{|}}{C}}\right]_n$$

德国 BASF 公司于 1940 年首次建立了年产 6000 吨聚异丁烯生产装置。美国 Exxon 公司在 1942 年建立了第一个工业规模丁基橡胶厂，生产聚异丁烯产品，主要采用德国 BASF 公司和美国 Seandard Oil 公司的连续聚合技术。工业上采用两种生产工艺：一种是在三氟化硼存在下，在蒸发的乙烯介质中，在转动的链带上进行异丁烯的聚合（图4-5）。异丁烯预冷至 -40～-30℃，借助液体乙烯蒸发可降温至 -90℃。聚合物用刀具从链带上切下，经混炼-塑炼混匀后，切成小块而得成品。另一种是在带搅拌的聚合釜内，在三氯化铝存在下，在氯甲烷溶液中进行异丁烯的聚合。

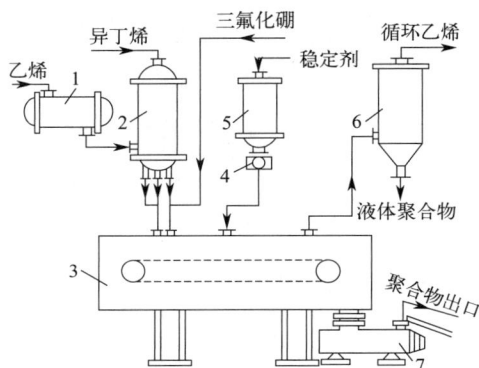

图4-5 在三氯化硼存在下于蒸发的乙烯介质中制取异丁烯工艺流程
1—液体乙烯收集槽；2—蛇管冷却器；3—聚合装置；4—视镜；5—稳定剂计量槽；6—吸附塔；7—混炼-塑炼机

我国的聚异丁烯研究开发始于 20 世纪 80 年代，1995 年吉化研究院建成了我国第一套年产 200 吨无色聚异丁烯生产装置，产品主要技术指标达到国际先进水平。

聚异丁烯具有高度饱和结构，所以耐热性、耐老化性和耐化学腐蚀性好，分解温度达 300℃。聚异丁烯耐寒性好，在 -50℃ 下仍能保持弹性。此外，还具有优异的介电性能、优良的防水性和气密性以及与橡胶和填料的混溶性。聚异丁烯耐油性差，还具有冷流性。由于分子链不含双键，不能单独用硫磺硫化，需要使用过氧化物或者过氧化物与硫磺并用硫化。聚异丁烯与天然橡胶、合成橡胶和填料等并用。其硫化胶可用于制作防水布、防腐器材、耐酸软管、输送带等。

（2）丁基橡胶

丁基橡胶是异丁烯和少量异戊二烯的共聚物，为白色或暗灰色透明弹性体。其结构式为：

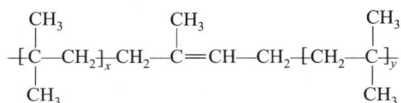

$$\left[C(CH_3)_2-CH_2\right]_x CH_2-\underset{\underset{}{\overset{\overset{CH_3}{|}}{C}}}=CH-CH_2-\left[CH_2-C(CH_3)_2\right]_y$$

丁基橡胶于 1943 年在美国开始工业生产。由于性能好，发展较快，已成为通用橡胶之一。

丁基橡胶是气密性最好的橡胶，其气体透过率约为天然橡胶的 1/20。顺丁橡胶的 1/30。丁基橡胶的耐热性、耐候性和耐臭氧老化性都很突出，最高使用温度可达 200℃。能长时间暴露于阳光和空气中而不易改变结构；抗臭氧性能比天然橡胶、丁苯橡胶等不饱和橡胶高约 10 倍。丁基橡胶耐化学腐蚀性好，耐酸、碱和极性溶剂。此外，丁基橡胶的电绝缘性和耐电晕性能比其他合成橡胶好。耐水性能优异，水渗透率极低。减震性能好，在 −30～50℃ 具有良好的减震性能，在玻璃化转变温度（−73℃）时仍具有屈挠性。丁基橡胶的缺点是硫化速度很慢，需要高温或长时间硫化，自黏性和互黏性差，与其他橡胶相容性差，难以并用，耐油性不好。

为改善丁基橡胶共混性差的缺点，1960 年以后将丁基橡胶溶于烷烃或环烷烃中，在搅拌下进行卤化反应制得。丁基橡胶卤化后，硫化速度大大提高，与其他橡胶的共混性和硫化性能均有所改善，黏结性也有明显提高。卤化丁基橡胶除有通用丁基橡胶的用途外，特别适用于制作无内胎轮胎的内密封层、子午线轮胎的胎侧和胶黏剂等。

丁基橡胶主要应用于气密性制品，如汽车内胎、无内胎轮胎的气密层等，也广泛应用于蒸汽软管、耐热输送带、化工设备衬里、耐热耐水密封垫片、电绝缘材料及防震缓冲器材等产品。

4.2.4.4　以乙烯为基础的橡胶

聚乙烯分子链柔性大，其内聚能与橡胶材料相近，玻璃化转变温度也很低；但由于分子链规整性好，易于结晶，常温下不呈现弹性。在聚乙烯分子链中引入其他原子或基团，可以抑制其结晶，从而获得橡胶态的性质。由此开发了乙丙橡胶、氯化聚乙烯及氯磺化聚乙烯等弹性材料。

（1）乙丙橡胶

乙丙橡胶是以乙烯、丙烯为单体，或以乙烯、丙烯与少量非共轭二烯烃为单体，在有规立体催化剂作用下制得的无规共聚物，是一种介于通用橡胶和特种橡胶之间的合成橡胶。1957 年在意大利首先实现了二元乙丙橡胶工业化生产。乙丙橡胶主要分为二元乙丙橡胶和三元乙丙橡胶两大类。三元乙丙橡胶按第三单体种类不同又分为双环戊二烯乙丙橡胶、亚乙基降冰片烯乙丙橡胶和 1，4-己二烯三元乙丙橡胶 3 类。

乙丙橡胶是一种饱和橡胶，具有独特的性能，尤其是其耐老化性能是通用橡胶中最好的。具有突出的耐臭氧性能，优于以耐老化著称的丁基橡胶；耐热性好，可在 120℃ 长期使用；具有较高的弹性和低温性能，其弹性仅次于天然橡胶和顺丁橡胶，最低使用温度可达 −50℃；具有非常好的电绝缘性和耐电晕性；吸水性低，浸水后电气性能变化很小；耐化学腐蚀性好，对酸、碱和极性溶剂有较大的耐受性。此外，还具有较好的耐蒸气性和高填充性。乙丙橡胶的密度为 $0.860～0.870\ g\cdot cm^{-3}$，是所有橡胶中最低的。乙丙橡胶的缺点是硫化速度慢，不易与不饱和橡胶并用，自黏性和互黏性差，耐燃性、耐油性和气密性差，因而限制了它的应用。三元乙丙橡胶则可以解决其硫化交联问题。

乙丙橡胶主要用于汽车零件、电气制品、建筑材料、橡胶工业制品及家庭用品，如汽车轮胎胎侧、内胎及散热器胶管，高、中压电缆绝缘材料，代替沥青的屋顶防水材料，耐热输送带，橡胶辊，耐酸、碱介质的罐衬里材料及冰箱用磁性橡胶等。

（2）氯化聚乙烯橡胶和氯磺化聚乙烯橡胶

因氯化降低了聚乙烯的结构规整性，同时引入极性基团，可用于提高一些脆性塑料的韧性。

4.2.4.5 其他合成橡胶

除上述合成橡胶外，还有一些其他品种的合成橡胶，虽然其通用的力学性能较差，但具有某方面的独特性能，可满足某些特殊需要。所以，尽管产量不太高，但在技术上、经济上都具有特殊的意义。简要介绍如下。

（1）聚氨基甲酸酯橡胶

聚氨基甲酸酯橡胶简称聚氨酯橡胶，是由聚酯或聚醚多元醇与二异氰酸酯反应制得。它随原料种类和加工方法的不同而分为许多种类。

这种橡胶的最大优点是：具有优良的耐磨性，强度、弹性也很好，同时还具有良好的耐油、耐低温和耐臭氧老化等性能。因此，它主要用于耐磨制品、高强度耐油制品。

聚氨酯橡胶的最大缺点是易水解，其制品不宜在潮湿条件下使用，另外生热大、散热慢、耐热性不好。但可以利用聚氨酯橡胶水解反应放出二氧化碳的特点，制得密度较小的泡沫橡胶。

（2）硅橡胶

硅橡胶是由环状有机硅氧烷通过开环聚合或以不同硅氧烷进行共聚制得的弹性体共聚物。

硅橡胶分子主链含有硅氧结构（—Si—O—），分子链柔性大，分子间作用力小，因而性能优异。其最大特点是耐热性、耐寒性好，可在很宽的温度范围内（$-100\sim300℃$）使用，还具有很好的电绝缘性、良好的耐候性和耐臭氧性能，并且无味、无毒。因此，可用于制造耐高温、低温橡胶制品，如各种垫圈、密封件、高温电线、电缆绝缘层、食品工业耐高温制品以及人造心脏、人造血管等人造器官和医疗卫生材料。

硅橡胶的主要缺点是拉伸强度和撕裂强度低，耐酸碱腐蚀性差，加工性能不好，因而限制了它的应用。

（3）氟橡胶

氟橡胶是含氟单体加聚得到的高分子弹性体。氟橡胶品种很多，主要分为四大类：含氟烯烃类、亚硝基类、全氟醚类和氧化磷腈类。

氟橡胶的突出特点是耐热、耐油及耐化学腐蚀，其耐热性可与硅橡胶媲美，对日光、臭氧及气候的作用十分稳定，对有机溶剂及腐蚀性介质的耐抗性均优于其他橡胶，因此是现代航空、导弹、火箭、宇宙航行等尖端科学技术部门及其他工业部门不可缺少的材料，用作耐高温、耐特种介质腐蚀的制品。

其主要缺点是弹性和加工性能较差。

（4）丙烯酸酯橡胶

丙烯酸酯橡胶是丙烯酸烷基酯与其他不饱和单体共聚制得的一类弹性体，其中最主要的品种是丙烯酸丁酯与丙烯腈共聚物。

这类橡胶的性能特点是具有较高的耐热性、耐油性、耐臭氧性以及良好的气密性，但耐水及耐溶剂性稍差。主要用于汽车的相关密封配件。

（5）聚硫橡胶

聚硫橡胶是分子主链含有硫原子的一种橡胶，是以有机二卤化物与碱金属多硫化物缩聚制得。有固态橡胶、液态橡胶和乳胶 3 种，其中以液态橡胶产量最大。

聚硫橡胶主链含硫原子，所以具有良好的耐油性、耐溶剂性和耐臭氧老化性，但强度较低。主要用于印刷胶辊等耐油制品和长效性油灰、腻子、油箱密封材料等。

（6）氯醚橡胶

氯醚橡胶是由环氧氯丙烷均聚或环氧氯丙烷与环氧乙烷共聚制得的弹性体，又称氯醇橡胶。

氯醚橡胶具有高度饱和结构，又含有氯甲基，兼具饱和橡胶和极性橡胶的特性，其耐热性、耐寒性、耐臭氧性、耐油性、耐燃性、耐酸碱和耐溶剂性能等均较好，气密性也很好，因此广泛应用于汽车、飞机和机械的配件，如各种垫圈、密封圈等，也可制作印刷胶辊、耐油胶管等。

4.2.5　热塑性弹性体

热塑性弹性体是指在高温下能塑化成型，而在常温下又能显示橡胶弹性的一类材料。既具有类似硫化橡胶的力学性能，又具有类似热塑性塑料的加工特性，而且加工过程中产生的边角料及废料均可重复加工使用。因此，这类新型材料自 1958 年问世以来引起极大重视，被称为"橡胶的第三代"，得到了迅速发展。已工业化生产的品种有聚烯烃类、苯乙烯嵌段共聚物类、聚氨酯类和聚酯类。

4.2.5.1　结构特征

（1）交联形式

热塑性弹性体的性能与硫化橡胶类似，聚合物链间也存在交联结构。这种交联可以是化学交联或物理交联，以后者为主要交联形式。但这些交联有可逆性，即温度升高时物理交联消失，而当冷却到室温时这些交联又都起到与硫化橡胶交联键类似的作用。

图 4-6 是苯乙烯-丁二烯热塑性三嵌段共聚物的结构。

（2）硬段和软段

热塑性弹性体高分子链的突出特点是同时串联或接枝化学结构不同的硬段和软段。硬段的链段间作用力是以之形成物理交联或缔合或在较高温度下能离解的化学键，软段则是柔性较大的高弹性链段，并且硬段链段不能过长、软段链段不能过短，硬段和软段应有适当的排列顺序和连接方式。

（3）微相分离结构

热塑性弹性体从熔融态转变成固态时，硬链段凝聚成不连续相，形成物理交联区域，分散在周围大量的橡胶弹性链段中（图 4-6），从而形成微相分离结构。

4.2.5.2　聚烯烃类热塑性弹性体

热塑性聚烯烃弹性体（thermoplastic polyolefin，简称 TPO）是由橡胶和聚烯烃两组分构成的弹性体材料，使用较多的品种是 EPDM 和 PP。主要生产方法有机械掺混法、反应器合成法和动态全硫化法 3 种工艺。机械掺混法是开发最早、技术最成熟的生产工艺，它是通过双螺杆挤出机将乙丙橡胶与聚丙烯进行强烈共混；反应器合成法是在反应器中先通入丙烯生成均聚丙烯，再通入乙烯、丙烯生成乙烯-丙烯共聚物；动态全硫化法是通过动态硫化和共混过程将完全硫化的橡胶微粒均匀分散在聚烯烃热塑性材料构成的连续基体中。

机械掺混法和反应器合成法生产的热塑性聚烯烃弹性体的橡胶组分含量低于 50%，只能作为高抗冲聚丙烯用于汽车（保险杠）及家用电器等领域；动态全硫化法生产的热塑性聚烯烃弹性体橡胶组分含量可高达 60%～70%，产品综合性能相当于乙丙硫化胶，可部分代替三元乙丙硫化胶用于制造汽车配件、建筑材料、电子电气、工业用品和消费品。

4.2.5.3　苯乙烯烃热塑性弹性体

苯乙烯烃热塑性弹性体是指由聚苯乙烯链段和聚丁二烯链段组成的嵌段共聚物（SBS）。1963 年由美国 Philips 公司首先投入生产。

线型三嵌段苯乙烯热塑性弹性体是采用单官能团阴离子引发的三步合成法，或采用双官能团引发的两步合成法，也可以采用单官能团的两步合成，然后偶联反应制得。星型苯乙烯烃热塑性弹性体（SB）$_4$R 采用单官能团活性双嵌段共聚物与多官能团偶联剂反应制得。如用四氯化硅作偶联剂，可得到四臂嵌段共聚物（SB）$_4$R，如图 4-7 所示。

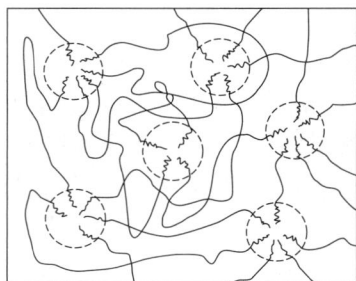

图4-6　苯乙烯-丁二烯热塑性三嵌段共聚物的结构

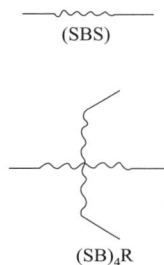

图4-7　苯乙烯嵌段共聚物

4.2.5.4　聚酯型热塑性弹性体

聚酯型热塑性弹性体是由长、短两种聚酯链段组成的嵌段共聚物。1972 年在美国投产，商品名为 Hytrel。它是由对苯二甲酸二甲酯、聚四亚甲基乙二醇醚与 1，4-丁二醇进行酯交换反应制得的无规嵌段共聚物。其结构为：

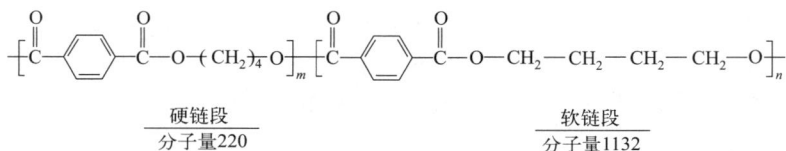

聚酯型热塑性弹性体弹性好，耐挠曲性能优异，耐磨，使用温度范围宽（−55～150℃）。此外，还具有良好的耐化学腐蚀、耐油、耐老化等性能。可用于制作耐压软管、浇铸轮胎、传动带等。

4.2.5.5　热塑性聚氨酯弹性体

热塑性聚氨酯是最早开发的一种热塑性弹性体，1958 年在德国首先研制成功。它是由二异氰酸酯与聚醚或聚酯多元醇以及低分子量二元醇扩链剂反应制得，聚醚或聚酯链段为软链段，氨基甲酸酯基为硬链段。氨基甲酸酯基的高极性使分子间相互作用形成结晶区，起到类似物理交联的作用。

热塑性聚氨酯弹性体除具有较好的耐磨性、硬度和弹性外，还具有良好的抗撕裂性、抗臭氧性、对化学药品和溶剂等的抗耐性，应用于汽车外部制件、电线电缆护套、胶管、鞋底、薄膜等领域。

4.2.5.6 其他热塑性弹性体

（1）热塑性天然橡胶

为天然橡胶与热塑性树脂机械共混或化学接枝制得。

（2）热塑性聚 1，2-丁二烯

高 1，2-结构含量的聚 1，2-丁二烯，其 1，2-结构含量在 90% 以上，结晶度达 15%～25% 时材料显示出热塑性弹性体性能。

（3）热塑性硅弹性体

为聚苯乙烯或聚碳酸酯与聚二甲基硅氧烷的嵌段共聚物。

4.2.6 微孔高分子材料

内部具有大量微小气孔的一类高分子材料称为微孔高分子材料。以树脂为基体的称泡沫塑料；以生胶或胶乳为基体的称为泡沫橡胶，俗称为海绵橡胶。根据微孔的结构，泡沫塑料和泡沫橡胶均可分为开孔型和闭孔型两类，微孔间互相连通的称开孔型，微孔间互相隔离的称闭孔型。根据机械强度高低，又可分为硬质制品和软质制品两种。

微孔高分子材料的制造方法有机械法和化学法等。机械法是借助外界强烈的机械搅拌，把大量空气或其他气体引入液态塑料或浓缩胶乳中，然后用物理或化学方法固定微孔结构。例如，制备泡沫橡胶时，搅拌发泡后经硫化而成。化学法是在成型时加入发泡剂。制备泡沫塑料是在成型前将发泡剂加入树脂的配合料中，制备泡沫橡胶则是在生胶中加入发泡剂。

微孔高分子材料具有质轻、绝热、吸声、防震、耐潮湿、耐腐蚀等优良特性。泡沫橡胶更加柔软、弹性大。这类材料广泛应用于汽车、飞机、化工、建筑、日用品等工业中，用作保温材料、隔声材料、防震材料以及制造坐垫和床垫等。

4.3 纤维

纤维是指长度与其直径相比大很多倍，并具有一定柔韧性的纤细物质。供纺织应用的纤维长度与直径之比一般大于 1000∶1。典型的纺织纤维的直径仅为几微米至几十微米，而长度超过 25 mm。

纤维可分为两大类：一类是天然纤维，如棉花、羊毛、蚕丝和麻等；另一类是化学纤维，即用天然或合成高分子化合物经纺丝加工制得的纤维。化学纤维可按聚合物的来源、化学结构等进行分类，其主要类型如图 4-8 所示。

人造纤维是以天然聚合物为原料，经化学处理和机械加工制得的纤维。其中，以含有纤维素的物质如棉短绒、木材等为原料的称纤维素纤维，以蛋白质为原料的称再生蛋白质纤维。合成纤维是由合成高分子化合物加工制成纤维。根据聚合物主链的化学组成，又分为杂链纤维和碳链纤维两类。

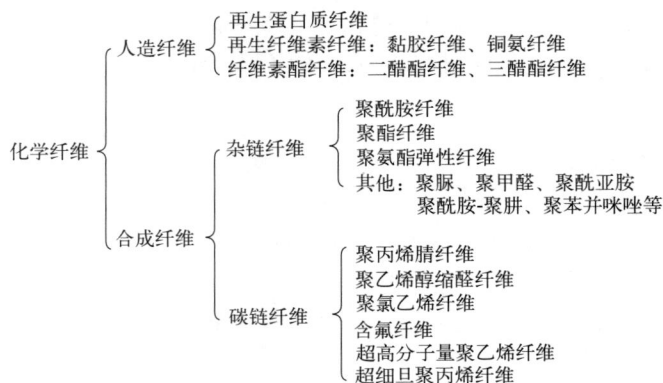

```
                                ┌ 再生蛋白质纤维
                  ┌ 人造纤维 ┤ 再生纤维素纤维：黏胶纤维、铜氨纤维
                  │            └ 纤维素酯纤维：二醋酯纤维、三醋酯纤维
                  │
                  │                        ┌ 聚酰胺纤维
                  │                        │ 聚酯纤维
                  │            ┌ 杂链纤维 ┤ 聚氨酯弹性纤维
         化学纤维 ┤            │            └ 其他：聚脲、聚甲醛、聚酰亚胺
                  │            │                聚酰胺-聚肼、聚苯并咪唑等
                  └ 合成纤维 ┤
                               │            ┌ 聚丙烯腈纤维
                               │            │ 聚乙烯醇缩醛纤维
                               └ 碳链纤维 ┤ 聚氯乙烯纤维
                                            │ 含氟纤维
                                            │ 超高分子量聚乙烯纤维
                                            └ 超细旦聚丙烯纤维
```

图4-8　纤维的分类

合成纤维品种繁多，已投入工业生产的有 40 多种。其中最主要的是聚酯纤维（涤纶）、聚酰胺纤维（锦纶）和聚丙烯腈纤维（腈纶）三大类，这三大类纤维的产量占合成纤维总产量的 90% 以上。

纤维的加工过程包括纺丝液的制备、纺丝及初生纤维的后加工等过程。通常是先将成纤聚合物溶解或熔融成黏稠的液体（称纺丝液），然后将这种液体用纺丝泵连续、定量而均匀地从喷丝头小孔压出，形成的黏液细流经凝固或冷凝而成纤维，最后根据不同的要求进行后加工。工业上常用的纺丝方法主要是熔融纺丝法和溶液纺丝法。熔融纺丝法是将聚合物加热熔融成熔体，再经喷丝头喷成细流，在空气或水中冷却而凝固成纤维的方法，再经后续的拉伸、热定型等二次成型加工便制得具有实用性的成品纤维。溶液纺丝法是将聚合物溶解在溶剂中，制得黏稠的纺丝液，然后由喷丝头喷成细流，再通过凝固介质使其凝固而形成纤维。

合成纤维的主要纺丝方法除熔融纺丝、溶液纺丝等常规纺丝方法外，随着航空、空间技术、国防等工业的发展，对合成纤维的性能提出了新的要求，合成了许多新的成纤聚合物，它们往往不能用常规纺丝方法进行加工。因此，出现了一系列新的纺丝方法，如干湿纺丝法、液晶纺丝、冻胶纺丝、相分离法纺丝、乳液或悬浮液纺丝、反应纺丝法等。用这些方法纺制出的纤维强度很低，手感粗硬，甚至发脆，不能直接用于纺织加工制成织物，必须经过后加工工序，才能得到结构稳定、性能优良、可以进行纺织加工的纤维。另外，化学纤维还大量用于与天然纤维混纺。因此，在后加工过程中，有时需将连续不断的丝条切断，得到与棉花、羊毛等天然纤维相似的具有一定长度和卷曲度的纤维，以适应纺织加工的要求。后加工的具体过程根据所纺纤维的品种和纺织加工的具体要求有所不同。

4.3.1　天然纤维和人造纤维

4.3.1.1　天然纤维

如前所述，天然纤维包括植物纤维和动物纤维。植物纤维主要是棉纤维和麻纤维；动物纤维主要是毛纤维和蚕丝。

（1）棉纤维

棉纤维主要成分是纤维素，占 90%～94%；其次是水分、脂肪、蜡质及灰分等。纤维

素是由许多失水 β-葡萄糖基连接而成的天然高分子化合物，分子式可表示为 $+C_6H_{10}O_5+_n$，n 为平均聚合度，可达 $1000 \sim 15000$。棉纤维的截面是由许多同心层组成，纤维长度与直径之比为 $1000 \sim 3000$。棉纤维的强度和延伸率较低，但湿强度较高。

（2）麻纤维

麻纤维是一年或多年生草本双子叶植物的韧皮纤维和单子叶植物的叶纤维总称，以苎麻纤维和亚麻纤维为主。麻纤维的组成物质与棉纤维相似，纤维细胞的断面形状有扁圆形、椭圆形、多角形等。苎麻纤维和亚麻纤维的性能特点是：干、湿强度均较高，但延伸率低；初始模量高，耐腐蚀性也好。生物质纤维的使用将极大地实现原材料的可持续性和技术进步。

（3）毛纤维

毛纤维以羊毛纤维为主。毛纤维的组成物质主要是蛋白质，弹性好，吸湿率较高，耐酸性好；但强度低，耐热性和耐碱性较差。

（4）蚕丝

蚕丝又称为天然丝。生丝是由两根丝纤朊（$75\% \sim 82\%$）被丝胶朊（$18\% \sim 25\%$）黏合而成。丝胶朊能溶于热水或弱碱性溶液。除去丝胶朊而得的丝纤朊俗称熟丝。具有色白、柔软、有光泽、强度高等特点，是热和电的不良导体，是冬天保暖、舒适的良品。

4.3.1.2　人造纤维

人造纤维是以天然聚合物为原料，经化学处理与机械加工制得的化学纤维。人造纤维一般具有与天然纤维相似的性能，有良好的吸湿性、透气性和染色性，手感柔软，富有光泽，是一类重要的纺织材料。

按化学组成不同，可分为再生纤维素纤维、纤维素酯纤维、再生蛋白质纤维 3 类。再生纤维素纤维是以含纤维素的农林产物如木材、棉短绒等为原料制得，纤维的化学组成与原料相同，但物理结构发生变化。纤维素酯纤维也是以纤维素为原料经酯化后纺丝制得的纤维，纤维的化学组成与原料不同。再生蛋白质纤维的原料则是玉米、大豆、花生以及牛乳酪素等蛋白质。

下面具体介绍几种主要的人造纤维。

（1）黏胶纤维

黏胶纤维在 1905 年开始工业化生产，是化学纤维中发展最早的品种。由于原料易得，成本低廉、应用广泛，至今在化学纤维生产中仍占有重要的地位。

黏胶纤维是以木材、棉短绒、甘蔗渣、芦苇等为原料，以湿法纺丝制成的。先将原料经预处理提纯，得到 α-纤维素含量较高的浆粕。依次通过浓碱液和二硫化碳处理，得到纤维素黄原酸钠。再溶于稀氢氧化钠溶液中而成为黏稠的纺丝液，称为黏胶。黏胶经过滤、熟成（在一定温度下放置约 $18 \sim 30$ h，以降低纤维素黄原酸酯的酯化度），脱泡后，进行湿法纺丝。凝固浴由硫酸、硫酸钠和硫酸锌等成分组成，纤维素黄原酸钠与硫酸作用分解，从而使纤维素再生析出。最后经过水洗、脱硫、漂白、干燥，即得到黏胶纤维。

黏胶纤维的化学组成与棉纤维相同，因此其性能与棉相似，如吸湿性与透气性、染色性以及纺织加工性等均较好。但由于黏胶纤维的聚合度较棉纤维低，分子取向度较小，分子链间排列也不如棉纤维紧密，因此有些性能不如棉纤维，如干态强度比较接近棉纤维，但湿态强度远低于棉纤维。棉纤维的湿态强度往往大于干态强度，增加 $2\% \sim 10\%$；而黏胶纤维湿态强度大大低于干态强度，只有干态强度的 60% 左右。另外，黏胶纤维缩水率较大，可高达 10%。由于黏胶纤维吸水后膨化，黏胶纤维织物在水中变硬。

黏胶纤维可以纯纺，也可以与天然纤维或其他化学纤维混纺。黏胶纤维长丝又称人造丝，应用广泛，可织成各种平滑柔软的丝织品。毛型短纤维俗称人造毛，是毛纺厂不可缺少的原料。棉型黏胶短纤维俗称人造棉，可以织成色彩绚丽的人造棉布，适用于做内衣、外衣以及各种装饰织物。新型黏胶纤维——高湿模量黏胶纤维，我国称为富强纤维，其大分子链取向度高、结构均匀，在坚牢度、耐水洗性、抗皱性和形状稳定性等方面更接近优质棉。黏胶强力丝则有高的强度，适用于轮胎的帘子线。

（2）醋酯纤维

醋酯纤维又称醋酸纤维素纤维，是以醋酸纤维素为原料经纺丝制得的人造纤维。醋酸纤维素是以精制棉短绒为原料，与醋酐进行酯化反应得到三醋酸纤维素（酯化度为 280～300），三醋酸纤维素在稀醋酸液中进行部分水解得到二醋酸纤维素（酯化度为 200～260）。因此，醋酸纤维依所用原料、醋酸纤维素的酯化度不同，分为二醋酯纤维和三醋酯纤维两类。通常使用的醋酯纤维是指二醋酯纤维。

（3）铜氨纤维

铜氨纤维是经提纯的纤维素溶解于铜氨溶液中纺制而成的一种再生纤维素纤维。与黏胶纤维相同，采用经提纯的 α-纤维素含量高的浆粕作原料，溶于铜氨溶液中，制成浓度很高的纺丝液，采用溶液法纺丝，由喷丝头的细口压入纯水或稀酸的凝固浴中，在高度拉伸（约 400 倍）的同时逐渐固化形成纤维。可制得极细的单丝。

铜氨纤维在外观、手感和柔软性方面与蚕丝很相近，柔韧性也大，富有弹性和极好的悬垂性。其他性质与黏胶纤维相似，纤维截面呈圆形。铜氨纤维纺制成的长纤维特别适合制造变形竹节丝，纺成很像蚕丝的粗节丝。铜氨纤维适于织成薄如蝉衣的织物和针织内衣，穿用舒适。

（4）再生蛋白质纤维

再生蛋白质纤维简称蛋白质纤维，是用动物或植物蛋白质为原料制成。主要品种有酪朊纤维、大豆蛋白质纤维、玉米蛋白质纤维和花生蛋白质纤维。其物理和化学性质与羊毛相近，染色性能也很好；但强度较低，湿强度更差，因而应用不普遍。通常切断成短纤维，可以纯纺或与羊毛、黏胶纤维和锦纶短纤维等进行混纺。

4.3.2 合成纤维

合成纤维工业是在 20 世纪 40 年代才发展起来的。由于合成纤维性能优异、用途广泛、原料来源丰富易得，其生产不受自然条件限制，合成纤维工业的发展速度十分迅速。合成纤维具有优良的物理性能、机械性能和化学性能，如强度高、密度小、弹性高、耐磨性好、吸水性低、保暖性好、耐酸碱性好、不会发霉或虫蛀等，一些特种合成纤维还具有耐高温、耐辐射、高弹力、高模量等特殊性能。因此，合成纤维应用广泛，已远远超出了纺织工业传统的概念和范围，深入到国防工业、航空航天、交通运输、医疗卫生、海洋水产、通信信息等重要领域，成为不可缺少的重要材料。不仅可以纺制轻暖、耐穿、易洗快干的各种衣料，而且还应用于轮胎帘子线、运输带、传送带、渔网、绳索、耐酸碱的滤布和工作服等。高性能的特种合成纤维则用作降落伞，飞行服，飞机、导弹和雷达的绝缘材料，在原子能工业中作特殊的防护材料等。

合成纤维品种很多，但从性能、应用范围和技术成熟程度方面看，重点发展的是聚酰胺纤维、聚酯纤维和聚丙烯腈纤维三大类。

4.3.2.1　聚酰胺纤维

聚酰胺纤维是世界上最早投入工业化生产的合成纤维，是合成纤维中的主要品种。聚酰胺纤维是指分子主链含有酰胺键（$-\overset{\overset{\text{O}}{\|}}{\text{C}}-\text{NH}-$）的一类合成纤维。我国商品名称为锦纶，国外商品名有"尼龙""耐纶""卡普隆"等。聚酰胺品种很多，我国主要生产聚酰胺6、聚酰胺66等。聚酰胺1010是以蓖麻油为原料，为我国特有的品种。

聚酰胺纤维分为两大类。

一类是由二元胺与二元酸缩聚而得，通式为：

$$-[\text{NH}(\text{CH}_2)_x\text{NHCO}(\text{CH}_2)_y\text{CO}]_n-$$

根据二元胺和二元酸的碳原子数目可得到不同品种的命名。例如，聚酰胺66纤维是由己二胺和己二酸缩聚而得，聚酰胺610纤维是由己二胺和癸二酸缩聚而得。

另一类是由ω-氨基酸缩聚或由内酰胺开环聚合制得，通式为：

$$-[\text{NH}(\text{CH}_2)_x\text{CO}]_n-$$

根据其单体所含碳原子数目可得到不同品种的命名。例如，聚酰胺6纤维是由己内酰胺开环聚合而得。

聚酰胺纤维的主要品种和命名列于表4-10。

■　表4-10　聚酰胺纤维的主要品种和命名

纤维名称	分子结构	系统命名	商品名称
聚酰胺4	$-[\text{NH}(\text{CH}_2)_3\text{CO}]_n-$	聚α-吡咯烷酮纤维	锦纶4
聚酰胺6	$-[\text{NH}(\text{CH}_2)_5\text{CO}]_n-$	聚己内酰胺纤维	锦纶6
聚酰胺7	$-[\text{NH}(\text{CH}_2)_6\text{CO}]_n-$	聚ω-氨基庚酸纤维	锦纶7
聚酰胺8	$-[\text{NH}(\text{CH}_2)_7\text{CO}]_n-$	聚辛内酰胺纤维	锦纶8
聚酰胺9	$-[\text{NH}(\text{CH}_2)_8\text{CO}]_n-$	聚ω-氨基壬酸纤维	锦纶9
聚酰胺11	$-[\text{NH}(\text{CH}_2)_{10}\text{CO}]_n-$	聚ω-氨基十一酸纤维	锦纶11
聚酰胺12	$-[\text{NH}(\text{CH}_2)_{11}\text{CO}]_n-$	聚十二内酰胺纤维	锦纶12
聚酰胺66	$-[\text{NH}(\text{CH}_2)_6\text{NHCO}(\text{CH}_2)_4\text{CO}]_n-$	聚己二酸己二胺纤维	锦纶66
聚酰胺610	$-[\text{NH}(\text{CH}_2)_6\text{NHCO}(\text{CH}_2)_8\text{CO}]_n-$	聚癸二酸己二胺纤维	锦纶610
聚酰胺1010	$-[\text{NH}(\text{CH}_2)_{10}\text{NHCO}(\text{CH}_2)_8\text{CO}]_n-$	聚癸二酸癸二胺纤维	锦纶1010
聚酰胺6T	$-[\text{NH}(\text{CH}_2)_6\text{NHCO}-\bigcirc-\text{CO}]_n-$	聚对苯二甲酸己二胺纤维	锦纶6T
MXD-6	$-[\text{NHCH}_2-\bigcirc-\text{CH}_2\text{NHCO}(\text{CH}_2)_4\text{CO}]_n-$	聚己二酸间亚苯基二甲基胺纤维	锦纶MXD-6
奎纳（Qiana）	$-[\text{NH}-\bigcirc-\text{CH}_2-\bigcirc-\text{NHCO}(\text{CH}_2)_{10}\text{CO}]_n-$	聚十二烷二酰双环己基甲烷二胺纤维	锦纶472
聚酰胺612	$-[\text{NH}(\text{CH}_2)_6\text{NHCO}(\text{CH}_2)_{10}\text{CO}]_n-$	聚十二酸己二胺纤维	锦纶612

聚酰胺纤维是合成纤维中性能优良、用途广泛的品种之一，其性能特点有以下几点：

① 耐磨性好。优于其他纤维，比棉花高 10 倍，比羊毛高 20 倍。

② 强度高、耐冲击性好。它是强度最高的合成纤维之一。

③ 弹性、耐疲劳性好。可经受数万次双挠曲，比棉花高 7～8 倍。

④ 密度低。除聚丙烯纤维和聚乙烯纤维外，它是其他纤维中最轻的，密度仅为 $1.04～1.14 \ g \cdot cm^{-3}$。

此外，耐腐蚀、不发霉，染色性也较好。

聚酰胺纤维的缺点是弹性模量低，使用过程中易变形，耐热性及耐光性较差。

聚酰胺纤维可以纯纺和混纺作各种衣料及针织品，特别适用于制造单丝、复丝弹力丝袜，耐磨又耐穿。工业上主要用作轮胎帘子线、渔网、运输带、绳索以及降落伞、宇航服等。

4.3.2.2 聚酯纤维

聚酯纤维是由聚酯树脂经熔融纺丝和后加工处理制成的一种合成纤维。聚酯树脂由二元酸与二元醇经缩聚制得。其聚合物主链中含有酯基（—C—O—），故称聚酯纤维。

聚酯纤维品种很多，但主要品种是聚对苯二甲酸乙二醇酯纤维，是由对苯二甲酸或对苯二甲酸二甲酯与乙二醇缩聚制得的。我国聚酯纤维的商品名称为"涤纶"，俗称"的确良"。国外商品名称有"达柯纶""帝特纶""特丽纶""拉芙桑"等。聚酯纤维在 1953 年投入工业化生产，由于性能优良、用途广泛，是合成纤维中发展最快的品种，产量居第一位。除聚对苯二甲酸乙二醇酯纤维外，已工业化生产的各种聚酯纤维如表 4-11 所列。

■ 表 4-11 已工业化生产的各种聚酯纤维

名　称	生产方式	性能特点
聚对苯二甲酸 1,4-环己烷二甲酯纤维	1,4-环己烷二甲醇（$HOCH_2$—〇—CH_2OH）与对苯二甲酸（$HOOC$—〇—$COOH$）缩聚	耐热性高，熔点 290～295℃
聚对苯二甲酸乙二醇酯、间苯二甲酸乙二醇酯纤维	对苯二甲酸、间苯二甲酸与乙二醇共缩聚	易染色
低聚合度聚对苯二甲酸乙二醇酯纤维	降低聚合度	抗起球
聚醚酯纤维	添加 5%～10% 对羟乙基苯甲酸（$HOCH_2CH_2$—〇—$COOH$）共缩聚	易染色
	添加 5%～10%（摩尔分数）对羟基苯甲酸共缩聚	易染色
含有二羧基苯磺酸钠的聚对苯二甲酸乙二醇酯纤维	添加 2%（摩尔分数）3,5-二羧基苯磺酸钠共缩聚	易染色，抗起球

以对苯二甲酸二甲酯为原料生产涤纶纤维，主要经过酯交换、缩聚、纺丝、纤维后加工 4 个主要步骤。首先将对苯二甲酸二甲酯溶于乙二醇，进行酯交换反应，生成对苯二甲酸乙二醇酯，再在高真空度、265～285℃下进行缩聚，然后将聚合物熔体铸带、切片。聚酯纤维纺丝通常采用挤压熔融纺丝法进行。

聚酯纤维具有一系列优异性能，如：

① 弹性好。聚酯纤维的弹性接近羊毛，耐皱性超过其他纤维，弹性模量比聚酰胺纤

维高。

② 强度大。湿态下强度不变。其冲击强度比聚酰胺纤维高 4 倍，比黏胶纤维高 20 倍。

③ 吸水性小。聚酯纤维的回潮率仅为 0.4%～0.5%，因而电绝缘性好，织物易洗易干。

④ 耐热性好。聚酯纤维熔点为 255～260℃，比聚酰胺耐热性好。

此外，耐磨性仅次于聚酰胺纤维，耐光性仅次于聚丙烯腈纤维，还具有较好的耐腐蚀性。

由于聚酯纤维弹性好，织物有易洗易干、保形性好、免熨等特点，是理想的纺织材料，可纯纺或与其他纤维混纺，制作各种服装及针织品。在工业上，可作为电绝缘材料、运输带、绳索、渔网、轮胎帘子线、人造血管等。

4.3.2.3 聚丙烯腈纤维

聚丙烯腈纤维是以丙烯腈（$CH_2{=}CH$，CN）为单体原料聚合成聚丙烯腈，而后纺丝制成的合成纤维。我国商品名称为"腈纶"，国外商品名称有"奥纶""开司米纶"等。

聚丙烯腈纤维自 1950 年投入工业生产以来，发展速度一直很快，产量仅次于聚酯纤维和聚酰胺纤维，其世界产量居合成纤维第三位。大量生产的聚丙烯腈纤维是由 85% 以上的丙烯腈与少量其他单体的共聚物纺丝制成的。丙烯腈均聚物纺制的纤维硬而脆，难以染色，原因是其聚合物链上的氰基极性太大，使大分子间作用力很强、分子排列紧密所致。为了改善纤维硬、脆的缺点，常与 5%～10% 的丙烯酸甲酯、乙酸乙烯酯等"第二单体"进行共聚；为了改善染色性，常加入 1%～2% 的亚甲基丁二酸、丙烯磺酸钠等"第三单体"进行共聚。

聚丙烯腈纤维无论外观还是手感都很像羊毛，因此有"合成羊毛"之称，而且某些性能指标已超过羊毛。纤维强度比羊毛高 1～2.5 倍，密度（相对密度 1.14～1.17）比羊毛（相对密度 1.30～1.32）小，保暖性和弹性均较好。聚丙烯腈纤维弹性模量高，仅次于聚酯纤维，比聚酰胺纤维高 2 倍，保型性好，其耐光性与耐气候性能是天然纤维和化学纤维中除含氟纤维外最好的。纤维在室外曝晒 1 年，强度仅降低 20%，而聚酰胺纤维、黏胶纤维等强度完全损失。此外，聚丙烯腈纤维具有很高的化学稳定性，对酸、氧化剂及有机溶剂极为稳定，其耐热性也较好。因此，聚丙烯腈纤维已经广泛代替羊毛或与羊毛混纺制备毛织物、棉织物等，还适用于制作军用帆布、窗帘、帐篷等。

4.3.2.4 其他纤维

（1）聚丙烯纤维

聚丙烯纤维是 1957 年投入工业化生产的，我国商品名为"丙纶"，国外称"帕纶""梅克丽纶"等，发展速度很快，产量仅次于涤纶、锦纶和腈纶，是合成纤维中的第四大品种。聚丙烯纤维的工业生产是采用连续聚合的方法进行定向聚合，得到等规聚丙烯树脂。由于熔体黏度较高、热稳定性好，通常采用熔融挤压法纺丝。

（2）聚乙烯醇纤维

聚乙烯醇纤维是将聚乙烯醇纺制成纤维，再用甲醛缩醛化制得的聚乙烯醇缩甲醛纤维。我国商品名为"维纶"，国外商品名有"维尼纶""维纳纶"等。

聚乙烯醇纤维于 1950 年投入工业化生产，世界产量在合成纤维中占第五位。其生产是以乙酸乙烯酯为原料，经聚合得到聚乙酸乙烯酯，再经醇解得到聚乙烯醇，将聚乙烯醇溶于热水中，经湿法纺丝、拉伸等工序，再经热处理、缩醛化制得聚乙烯醇纤维，缩醛度控制在30%左右。湿法纺丝主要生产短纤维，干法纺丝生产维纶长丝。

聚乙烯醇纤维由于原料易得、性能良好，用途广泛，性能近似棉花，因此有"合成棉花"之称。其最大特点是吸湿性好，可达5%，与棉花（7%）接近。它是高强度纤维，强度为棉花的1.5～2倍，不亚于以强度高著称的锦纶和涤纶。此外，耐化学腐蚀、耐日晒、耐虫蛀等性能均很好。聚乙烯醇纤维的缺点是弹性较差，织物易皱，染色性能较差，并且颜色不鲜艳；耐水性不好，不宜在热水中长时间浸泡。其最大用途是与棉混纺制成维棉混纺布或针织品；长丝可用于人力车胎帘子线。

（3）聚氯乙烯纤维

聚氯乙烯纤维是用聚氯乙烯树脂采用溶液纺丝法制得的纤维。我国商品名为"氯纶"，国外商品名有"天美纶""罗维尔"等。

通常将氯乙烯为基本原料制成的纤维统称为含氯纤维，其中主要包括聚氯乙烯纤维、过氯乙烯纤维（过氯纶）、偏二氯乙烯-氯乙烯共聚物纤维（偏氯纶）等。其突出的优点是：耐化学腐蚀性、保暖性和难燃性；耐晒、耐磨和弹性都很好；吸湿性很小，电绝缘性强；其强度接近棉纤维。缺点是耐热性差、沸水收缩率大和染色困难。

（4）特种合成纤维

特种合成纤维具有独特的性能，产量较小，但起着重要的作用。特种合成纤维品种按其性能可分为耐高温纤维、耐腐蚀纤维、阻燃纤维、弹性纤维、吸湿性纤维等。主要品种简述如下。

① 耐高温纤维　主要有以下几种。

a. 芳香族聚酰胺纤维　芳香族聚酰胺纤维是聚合物由酰胺基与芳基连接的一类合成纤维。我国商品名为"芳纶"。几种主要的芳香族聚酰胺纤维列于表4-12。

■ **表4-12　几种主要的芳香族聚酰胺纤维**

学　名	结　构　式	商　品　名
聚间苯二甲酰间苯二胺纤维		HT-1，芳纶1313
聚对苯二甲酰对苯二胺纤维		纤维-B，芳纶1414
聚对氨基苯甲酰纤维		PRD-49，芳纶14
聚对苯二甲酰己二胺纤维		尼龙6T
聚对苯二甲酰对氨基苯甲酰肼纤维		X-500

b. 碳纤维　碳纤维是主要的耐高温纤维之一，是用再生纤维素或聚丙烯腈纤维高温碳化制得的。碳纤维包括碳素纤维和石墨纤维两种，前者含碳量为80%～95%，后者含碳量在99%以上。碳素纤维可耐1000℃高温，石墨纤维则可耐3000℃高温，并且具有高强度、高

模量，高温下持久不变形，良好的高温化学稳定性、导电性和导热性。它们是宇宙航行、飞机制造、原子能工业的优良材料。

c. 聚酰亚胺纤维 聚酰亚胺纤维是由均苯四酸二酐与芳香族二胺聚合，经溶液纺丝后，再经热处理脱水环化制得。其外观为金黄色，商品名为 PRD-14。可在 −150～340℃下使用，具有高强度、高弹性、高韧性、耐原子辐射、高绝缘等性能，用于宇宙航行、电气绝缘、核动力防护织物、涂层织物和层压材料等。

此外，耐高温纤维还有聚苯并咪唑纤维、聚砜酰胺纤维等。

② 耐腐蚀纤维 主要是聚四氟乙烯纤维，还有四氟乙烯-六氟丙烯共聚物纤维、聚偏氟乙烯纤维等含氟共聚纤维。

③ 阻燃纤维 阻燃纤维是指纤维在中、小型火源点燃下会发生小火焰燃烧，火源撤走后又能较快地自行熄灭的一类纤维。阻燃纤维又称难燃纤维。主要品种有聚偏二氯乙烯纤维（偏氯纶）、聚氯乙烯纤维（氯纶）、维氯纶、腈氯纶等，其中以偏氯纶阻燃性能最好，偏氯纶是 80%～90% 的偏二氯乙烯与 10%～20% 的氯乙烯共聚物经熔融纺丝制成的纤维。

氯纶纤维具有突出的难燃性和耐腐蚀性，弹性较好，但强度低。主要用作工业用布及防火织物。采用共聚法、共混法和纤维阻燃后整理法可制得阻燃涤纶、阻燃腈纶和阻燃丙纶。

④ 弹性纤维 弹性纤维是指具有类似橡胶丝的高伸长性（＞400%）和回弹力的一类纤维。通常用于制作紧身衣、运动衣、游泳衣及弹性织物等。主要品种有聚氨酯弹性纤维和聚丙烯酸酯弹性纤维。

聚氨酯弹性纤维在我国的商品名为"氨纶"。它是由柔性聚醚或聚酯链段与刚性芳香族二异氰酸酯链段组成的嵌段共聚物，再用脂肪族二胺进行交联，获得类似橡胶的高伸长性和回弹力。当聚氨酯弹性纤维伸长 600%～750% 时，其回弹率可达 95% 以上。

聚丙烯酸酯弹性纤维商品名为"阿尼姆"。此类纤维是由丙烯酸乙酯或丁酯与交联型单体乳液共聚后，再与偏二氯乙烯等接枝共聚，经乳液纺丝法制得。这类纤维的强度和延伸特性不如聚氨酯弹性纤维，但是它的耐光性、抗老化性和耐磨性、耐溶剂及漂白剂等性能均比聚氨酯类纤维好，还具有难燃性。

⑤ 吸湿性纤维和抗静电纤维 合成纤维的缺点之一是吸湿性差。吸湿性纤维主要品种是锦纶 4，由于分子链上的酰胺基含量高，吸湿性优于锦纶品种，比锦纶 6 高 1 倍，与棉花相似，兼有棉花和锦纶 6 的优点。新出现的高吸湿性腈纶、亲水丙纶，主要是改变纤维的物理结构，如增加纤维的内部微孔、使纤维截面异形化和表面粗糙化等。

容易带静电是合成纤维的另一缺点，这是由于分子链主要由共价键组成，不能传递电子之故。合成纤维的带静电性与疏水性密切相关；吸湿性越大，则导电性越好。通常把经过改性而具有良好导电性的纤维称为抗静电纤维。抗静电纤维主要有耐久性抗静电锦纶和耐久性抗静电涤纶，是通过与抗静电组分的共聚等方法制得的，用于制作无尘衣、无菌衣、防爆衣等。

4.4　胶黏剂及涂料

4.4.1　胶黏剂

胶黏剂又称黏合剂，是一种能把其他材料紧密结合在一起的物质；借助胶黏剂将几种物件连接起来的技术称为胶接（粘接、黏合）技术。胶黏剂是具有良好粘接能力的物质，其中最有代表性的是高分子材料。

4.4.1.1　胶黏剂的分类及组成

（1）分类

胶黏剂分类如下。

① 按胶接强度特性分类　可分为结构型胶黏剂、非结构型胶黏剂和次结构型胶黏剂3种类型。结构型胶黏剂具有足够高的胶接强度，胶接接头可经受较苛刻的条件，因而此类胶黏剂可用于胶接结构件；非结构型胶黏剂胶接强度较低，主要用于非结构部件的胶接；次结构型胶黏剂则介于二者之间。

② 按主要组成成分分类　这里所讨论的胶黏剂主要是指合成胶黏剂。按其最终化学结构的不同，合成胶黏剂可分为以下3种。

a. 热固性胶黏剂　其主要成分是含有活性基团的线型聚合物，当加入固化剂后，由于化学反应生成交联的体型结构，从而产生胶接作用。此类胶黏剂主要包括热固性树脂胶黏剂、聚氨酯胶黏剂、橡胶类胶黏剂和混合型胶黏剂等。

b. 热塑性树脂溶液胶黏剂　它是热塑性聚合物加溶剂配制而成。如聚乙酸乙烯酯胶黏剂、聚异氰酸酯胶黏剂等。

c. 热熔胶黏剂　这种胶黏剂是以热塑性聚合物为基本组分的无溶剂型固态胶黏剂，通过加热熔融黏合，然后冷却凝固后，得到粘接的作用。如乙烯-乙酸乙烯酯共聚物热熔胶、低分子量聚酰胺热熔胶等。

（2）组成

胶黏剂是以聚合物为基本组分的多组分体系。除基本组分聚合物（即黏料）外，根据配方及用途的不同，还包含以下辅料中的一种或几种。

① 增塑剂及增韧剂　主要用于提高胶黏剂的韧性。

② 固化剂　用以使胶黏剂交联、固化，提高内聚强度。

③ 填料　用以降低胶黏剂固化时的收缩率，降低成本，以及提高抗冲击强度、胶接强度，提高耐热性等，同时为了胶黏剂具有某种指定性能，如导电性、耐温性等。

④ 溶剂　胶黏剂有溶剂型和无溶剂型两种。加入溶剂是用以溶解黏料以及调节黏度，以利于施工。溶剂的种类与用量、胶接工艺密切相关。

⑤ 其他辅料　如稀释剂、稳定剂、偶联剂、色料等。

4.4.1.2　胶接及其机理

依靠胶黏剂将两个物体连接起来的方法称为胶接。胶接接头是由胶黏剂夹在物件中间构成的，其结构如图4-9所示。显然，要达到良好的胶接必须具备两个条件：第一胶黏剂需要能很好地润湿被粘物表面；第二胶黏剂与被粘物之间需要有较强的相互结合力，这种结合力的来源和本质就是胶接机理。

（1）液体对固体表面的润湿

液体对固体表面的润湿情况可用接触角描述，如图4-10 所示。接触角 θ 就是在液滴与固体、气体接触的三相点 O 处液滴曲面的切线与固体表面的夹角，图中 γ_{SL}、γ_L、γ_S 分别为固-液界面、液体、固体的表面张力。

在热力学平衡条件下，符合下列关系式：

$$\gamma_S = \gamma_{SL} + \gamma_L \cos\theta \qquad (4\text{-}1)$$

固、液之间的黏附功 W_A 为：

$$W_A = \gamma_S + \gamma_L - \gamma_{SL} \qquad (4\text{-}2)$$

可得：

$$W_A = \gamma_L(1 + \cos\theta) \qquad (4\text{-}3)$$

由式（4-2）可知，液体能润湿固体表面的必要条件是：$\gamma_S + \gamma_L > \gamma_{SL}$。

由式（4-3）可知，接触角越小，黏附功越大。θ 角趋于零时，液体的表面张力称为临界表面张力，以 γ_C 表示。

大多数金属、金属氧化物的表面张力都较大，属于高能表面；聚合物的主链为共价键，分子间力为范德华作用力，其表面张力较低；玻璃、陶瓷介于二者之间。具体数值列于表4-13和表4-14。只有当胶黏剂表面张力（即表面能）比被粘物小时，才能较好地润湿其表面，易于胶接；反之，则难以胶接。例如，环氧树脂表面张力大于聚乙烯而小于金属的表面张力，可较好地胶接金属而难以胶接聚乙烯。胶接的难易程度可根据聚合物的临界表面张力 γ_C 确定，当 $\gamma_L \leqslant \gamma_C$ 时才能完全润湿被粘物表面。一些聚合物的 γ_C 值列于表4-15。

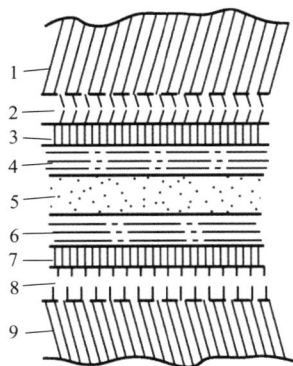

图4-9　胶接接头结构

1，9—被粘物；2，8—被粘物表面层；
4，6—受界面影响的胶黏剂层；
3，7—被粘物与胶黏剂界面；5—胶黏剂本体

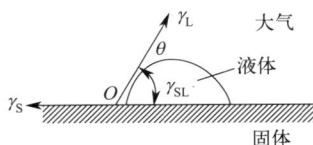

图4-10　液体与固体表面的接触角

第 4 章　通用高分子材料

■　表4-13　一些高、中表面能物质液态表面张力

物质名称	温度 /℃	$\gamma_L/(\text{kN}\cdot\text{m}^{-1})$	物质名称	温度 /℃	$\gamma_L/(\text{kN}\cdot\text{m}^{-1})$
汞	20	4840	铜	1120	1270
铅	350	442	铁	1570	1835
锡	700	538	镍	1550	1925
锌	700	750	钴	1550	1935
铝	700	900	氧化亚铁	1420	585
银	1000	920	氧化铝	2080	700
金	1120	1128	玻璃	1000	225～290

■　表4-14　一些常用胶黏剂的表面张力

胶黏剂	在20℃时的 $\gamma_L/(\text{kN}\cdot\text{m}^{-1})$	胶黏剂	在20℃时的 $\gamma_L/(\text{kN}\cdot\text{m}^{-1})$
酸固化酚醛胶	78	聚乙酸乙烯酯乳胶	38
脲醛胶	71	动物胶	43
酪朊胶	47	硝酸纤维素胶	26
环氧树脂	47		

聚　合　物	在20℃时的 γ_C/(kN·m^{-1})	聚　合　物	在20℃时的 γ_C/(kN·m^{-1})
聚己二酰己二胺（尼龙66）	46	聚乙烯	31
聚对苯二甲酸乙二醇酯	43	聚氟乙烯	28
聚偏二氯乙烯	40	聚三氟乙烯	22
聚氯乙烯	39	聚甲基硅氧烷	20.1
聚甲基丙烯酸甲酯	39	聚四氟乙烯	18.5
聚乙烯醇	37	聚全氟丙烯	16.2
聚苯乙烯	33	聚甲基丙烯酸全氟辛酯	10.6

　　然而，即使符合上述条件，胶黏剂也未必就能很好地润湿被粘物的表面，还必须对被粘物表面进行一定的清洗和处理，才能达到良好的润湿，这是由固体表面的特性决定的。

（2）固体表面的特性

　　固体表面的结构及性质与固体内部不同。固体表面有如下的重要特性。

　　① 固体表面由于原子、分子间作用力不平衡，都具有吸附性。吸附分为产生化学键的化学吸附和只产生次价键结合的物理吸附。

　　② 固体表面通常由气体吸附层、油污尘埃污染层、氧化层等组成，要使胶黏剂能润湿表面，必须很好地清洗被粘物表面。

　　③ 固体表面不是平滑的，而是由凸凹不平的峰谷组成的粗糙表面，即使是镜面，粗糙度亦在25 nm以上。因此，两个固体表面的接触只是点接触，实际接触面积只有几何表面积的1%左右。

　　④ 固体表面具有多孔性，如木材、皮革、纸张等材料，即使是金属与玻璃的表面也具有一定的多孔性。

（3）胶接机理

　　产生胶接的过程可分为两个阶段。第一阶段，液态胶黏剂分子向被粘物表面扩散，逐渐润湿被粘物表面并渗入表面微孔中，取代并解吸被粘物表面吸附的气体，使被粘物表面间的点接触变为与胶黏剂间的面接触，施加压力和提高温度有利于此过程的进行。第二阶段，产生吸附作用形成次价键或主价键，黏合剂本身经物理或化学的变化由液体变为固体，使胶接作用固定下来。当然，这两个阶段是同时进行的。

　　胶黏剂与被粘物之间的结合力有以下几种情况：

　　① 由于吸附以及相互扩散形成的次价键结合。

　　② 由于化学吸附或表面化学反应形成的化学键。

　　③ 配价键，例如金属原子与胶黏剂分子中的N、O等原子生成的配价键。

　　④ 被粘物表面与胶黏剂由于带有异种电荷而产生的静电吸引力。

　　⑤ 由于胶黏剂分子渗进被粘物表面微孔中和凸凹不平处而形成的机械啮合力。

　　在不同情况下这些力所占的比重不同，因而产生了不同的胶接理论，如吸附理论、扩散理论、化学键理论及静电吸引理论等。

（4）胶接强度

　　在外力作用下，胶接接头的破坏有4种情况：①胶黏剂本身被破坏，称为内聚破坏；②被粘物破坏，称为材料破坏；③胶层与被粘物分离，称为黏附破坏；④兼有①及③两种情况的，称为混合破坏。一般而言，当被粘物强度较大而胶接又较好时，①、④两种情况是主要的破坏形式。可见胶黏剂本身的内聚力及黏附力的大小是决定胶接强度的关键因素。

根据接头受力情况的不同，胶接强度可分为拉伸强度、剪切强度、扯裂（劈开）强度和剥离强度等，如图4-11所示。

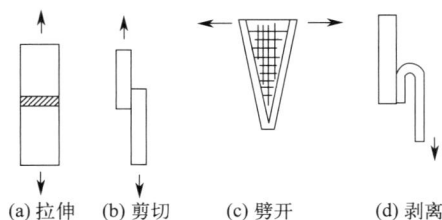

(a)拉伸　(b)剪切　(c)劈开　(d)剥离

图4-11　胶接接头4种基本受力类型

接头的拉伸强度约为剪切强度的 $2 \sim 3$ 倍、劈裂强度的 $4 \sim 5$ 倍，比剥离强度要大数十倍。影响胶接强度的因素可分为胶黏剂分子结构及粘接条件（即胶接工艺）两个方面。在胶黏剂分子中含有能与被粘物形成化学键或强力次价键结合（如氢键）的基团时，可大幅度提高胶接强度。胶黏剂分子链若能向被粘物中扩散，也可提高胶接强度。外界条件的影响因素主要有温度、被粘物表面情况、黏附层厚度等。提高温度、被粘物表面有适度的粗糙度，则有利于提高胶接强度。但黏附层也不宜过厚，因为厚度越大，产生缺陷和裂纹的可能就越大，因而越不利于胶接强度的提高。被粘物和黏合剂热膨胀系数不宜相差过大，否则会产生较大的内应力，而使胶接强度下降。合理的胶接工艺可创造最适宜的外部条件，提高胶接强度。

（5）胶接工艺

胶接工艺通常可分为初清洗、胶接接头机械加工、表面处理、上胶、固化及修整等步骤。初清洗是将被粘物件表面的油污、锈迹、附着物等清洗干净。然后根据胶接接头的形式和形状对接头处进行机械加工，如喷砂打毛等表面机械处理，形成适当的被粘物表面粗糙度。胶接的表面处理是胶接好坏的关键。常用的表面处理方法有溶剂清洗、表面喷砂、打毛、化学处理等。化学处理通常是用铬酸盐和硫酸溶液、碱溶液等除去表面疏松的氧化物和其他污物，或使某些较活泼的金属"钝化"，获得牢固的胶接层。上胶厚度通常以 $0.05 \sim 0.15$ mm 为宜。胶黏剂交联固化时，应确定适当的温度，同时施加压力，有利于胶接强度的提高。

4.4.1.3　不同类型材料的胶接

不同类型的材料需要选择不同的胶黏剂和不同的胶接工艺条件进行胶接。以下简要介绍几类材料胶接时适用的胶黏剂。

（1）金属材料

金属材料是高强度材料，在胶接金属时应考虑载荷、工作环境等条件选择适当种类的胶黏剂。对铁和铝，大多数混合型胶黏剂都能适用；铜、锌、镁、钛次之；银、铂、金可用的胶黏剂种类较少。胶接金属的胶黏剂主要有改性环氧胶、丙烯酸酯胶、改性酚醛胶和聚氨酯胶等。杂环化合物胶黏剂和聚苯硫醚（PPS）等也是较好的金属胶黏剂。由于金属是致密材料，不能吸收水分和溶剂，不宜采用溶剂型或乳液型胶黏剂。胶接金属时，表面处理至关重要。金属与非金属胶接时，选用的胶黏剂有环氧胶、氯丁胶、聚乙酸乙烯酯胶、聚氨酯胶、氰基丙烯酸酯胶、丙烯酸酯胶等。

（2）塑料、橡胶

橡胶与橡胶间的胶接可用橡胶胶泥、氯丁胶等。橡胶与其他非金属的胶接可视被黏材料的情况选择胶种。橡胶-皮革间的胶接可选用氯丁胶、聚氨酯胶；橡胶-塑料、橡胶-玻璃及橡胶-陶瓷间的胶接可选用硅橡胶胶；橡胶-玻璃钢、橡胶-酚醛塑料间的胶接可选用氰基丙烯酸酯胶、丙烯酸酯胶等；橡胶-混凝土、橡胶-石材间的胶接可选用氯丁胶、环氧胶、氰基丙烯酸酯胶等。橡胶-金属间的胶接可选用改性的橡胶胶黏剂，如氯丁-酚醛胶、氰基丙烯酸酯胶等。

（3）玻璃

用于粘接玻璃的胶黏剂，除考虑强度外，还要考虑透明性以及与玻璃间热膨胀系数的匹配。作为胶接玻璃的胶黏剂，应含有—OH、$\diagdown$C=O、—COOH 等极性基团，并与玻璃有良好的浸润性。常用的有环氧胶、聚乙酸乙烯酯胶、聚乙烯醇缩丁醛胶、氰基丙烯酸酯胶、有机硅胶、天然的加拿大香脂等。

（4）混凝土

胶接混凝土可采用环氧胶；对载荷不大的非结构件，也可选用聚氨酯胶。混凝土与其他材料胶接时，常用的胶黏剂品种有环氧胶、聚乙酸乙烯酯胶、丙烯酸酯胶、氰基丙烯酸酯胶、氯丁胶、聚氨酯胶等。

4.4.1.4　环氧树脂胶黏剂

凡是以环氧树脂为基料的胶黏剂统称为环氧树脂胶黏剂，简称环氧胶。环氧胶是由环氧树脂、固化剂和其他添加剂复配组成的，是应用最广泛的胶种之一。环氧胶有很强的黏合力，对大部分材料如金属、木材、玻璃、陶瓷、橡胶、纤维、塑料、皮革等都有良好的黏合能力，故有"万能胶"之称。与金属的胶接强度可达 20MPa 以上。

（1）环氧树脂及其固化剂

用作胶黏剂的环氧树脂，分子量通常为 300～7000，黏度为 4～15 Pa·s。主要有两类：一类是缩水甘油基型环氧树脂，包括双酚 A 型环氧树脂、环氧化酚醛、丁二醇双缩水甘油醚环氧树脂等；另一类是环氧化烯烃，如环氧化聚丁二烯等。环氧树脂的质量指标主要是黏度、外观、环氧当量、环氧值等，环氧当量是指含 1g 环氧基的树脂质量（克），环氧值是指 100g 环氧树脂所含环氧基团的物质的量。

环氧树脂固化剂可分为有机胺类固化剂、改性有机胺类固化剂、有机酸酐类固化剂等，简述如下：

① 有机胺类又分脂肪胺和芳香胺，常用的有乙二胺、二乙三胺、三乙四胺、多乙烯多胺、己二胺、间苯二胺、苯二甲胺、三乙醇胺、苄基二甲胺及双氰胺等。伯胺类固化环氧树脂时，反应分 3 个阶段进行：第一阶段主要是氨基与环氧基加成，使环氧树脂分子量提高，同时伯氨基转变成仲氨基；第二阶段主要是仲氨基与环氧基反应和羟基与环氧基反应生成支化聚合物；第三阶段是残余的环氧基、氨基与羟基间的反应，最终生成交联网络结构。伯胺、仲胺直接参与反应，氨基上的一个氢与一个环氧基反应，如：每 100 g 环氧树脂应加入的伯胺、仲胺固化剂的质量（g）= 环氧值 × 胺的分子量 /胺中活泼氢的原子数。例如，用二乙三胺使 E-44 环氧树脂（环氧值为 0.44）固化，则 100 g E-44 需 9.6 g 二乙三胺。叔胺类的固化机理则不同，叔胺并不参与反应，而是起催化作用，使环氧树脂本身聚合并交联。叔胺用量为环氧树脂的 5%～15%。

② 采用改性有机胺类固化剂，可改进其与环氧树脂的混溶性，提高韧性、耐候性等。常用的改性胺固化剂有 591 固化剂（二乙三胺与丙烯腈的加成物）、703 固化剂（乙二胺、苯酚、甲醛缩合物）等。

③ 有机酸酐类固化剂有马来酸酐、均苯四酐、桐油改性酸酐等。与胺类固化剂相比，酸酐类固化剂固化速度较慢、固化温度较高，但酸酐固化的环氧胶有较好的耐热性和电性能。

④ 其他类型的固化剂还有咪唑类固化剂、低分子量聚酰胺树脂、线型酚醛树脂、脲醛树脂、聚氨酯等。此外尚有潜伏性固化剂，如双氰双胺、胺-硼酸盐络合物等。

（2）添加剂

环氧树脂的添加剂主要有以下几种。

① 增塑剂和增韧剂　主要用来改进环氧树脂的低温韧性，多为高聚物，参与固化反应，能大幅度改进环氧胶的韧性。常用的品种有低分子量聚酰胺、低分子量聚硫橡胶、液体丁腈胶、羧基丁腈胶等。

② 稀释剂　稀释剂的加入是为降低环氧树脂固化体系的黏度，便于施工、交联反应和改善性能，分为非活性稀释剂（如丙酮、甲苯、苯乙烯等）和活性稀释剂。活性稀释剂是分子中含有环氧基团的低分子物，不仅可使胶的黏度下降，还参与固化反应，有时还能改善环氧胶的性能（如韧性）。常用的活性稀释剂有环氧丙烷丁基醚、乙二醇缩水甘油醚、甘油环氧树脂、多缩水甘油醚等。

③ 填料　填料可改进物理性能，降低固化收缩率、热膨胀系数以及降低成本等。常用的填料有石棉纤维、玻璃纤维、云母粉、铝粉、水泥、瓷粉、滑石粉、石英粉、氧化铝、二氧化钛、石墨粉等。

④ 其他辅料　其他辅料有固化促进剂、防老剂（稳定剂）、填料表面处理的偶联剂等。

（3）改性环氧胶黏剂

当前广泛使用的改性环氧胶有以下 3 种。

① 聚硫改性环氧胶　在环氧胶中加入低分子量的聚硫橡胶，用以提高韧性、黏附性和密封性能等。

② 丁腈橡胶改性环氧胶　这是性能较好的结构胶。

③ 其他改性环氧胶　如重点提高韧性的聚氨酯改性胶、聚乙烯醇缩醛改性胶、聚酯改性胶、改善综合性能的尼龙-环氧胶等。

4.4.1.5　酚醛树脂胶黏剂

酚醛树脂胶粘接力强、耐高温性好，可在 300℃下使用；其缺点是结构中含有大量的苯环而导致性脆、剥离强度低。但酚醛树脂胶价格低，是用量大的品种之一。未改性的酚醛树脂胶主要以甲阶酚醛树脂为黏料，以酸类如石油磺酸、对甲苯磺酸、磷酸的乙二醇溶液、盐酸的酒精溶液等组成，在高温下固化。主要用于胶接木材、木质层压板、胶合板、泡沫塑料，也可用于胶接金属、陶瓷等。还可以加入填料以改善其性能。采用一些柔性聚合物，如橡胶、聚乙烯醇缩醛等，可以提高酚醛树脂胶黏剂的韧性和剥离强度，从而制得性能优异的改性酚醛树脂胶黏剂。

4.4.1.6　丙烯酸酯类胶黏剂

丙烯酸酯类聚合物用作胶黏剂可分为两类：一类是以聚合物本身作胶黏剂，例如溶液型胶黏剂、热熔胶、乳液胶黏剂等；另一类是以单体或预聚体作胶黏剂，通过随后的聚合固化，例如 α-氰基丙烯酸酯胶黏剂和厌氧胶等。

（1） α-氰基丙烯酸酯胶黏剂

α-氰基丙烯酸酯胶黏剂的基本组分是 α-氰基丙烯酸酯类单体，常用的有 α-氰基丙烯酸甲酯、α-氰基丙烯酸乙酯和 α-氰基丙烯酸丁酯等，其他组分是稳定剂、增塑剂、增稠剂、阻聚剂等。

α-氰基丙烯酸酯是十分活泼的单体，很容易在弱碱和水的催化作用下进行阴离子聚合，并且反应速率很快。因为反应太快，胶层很脆，所以必须加入其他组分。稳定剂是为防止贮存过程中发生阴离子聚合，常用的是二氧化硫；增稠剂是为提高胶的黏度，便于施工，如聚甲基丙烯酸甲酯（PMMA）等，用量为 5%～10%；增塑剂用以提高胶膜韧性，如邻苯二甲酸二丁酯、磷酸三甲酚等；阻聚剂是为防止单体存放时发生自由基聚合反应，如对苯二酚等。市售的"501"胶和"502"胶就是这类胶黏剂。

α-氰基丙烯酸酯具有透明性好、固化速度快、使用方便、气密性好等优点，广泛应用于胶接金属、玻璃、宝石、有机玻璃、橡皮、硬质塑料等。其缺点是不耐水、性脆、耐温性差，并有一定的气味。

（2）厌氧性胶黏剂

厌氧胶是一种新型胶种，它贮存时与空气接触，一直保持液态，不固化，但一旦与空气隔绝就很快固化而起到粘接或密封作用，因此称为厌氧胶。

厌氧胶主要由 3 部分组成：可聚合单体、引发剂和促进剂。用作厌氧胶的单体都是甲基丙烯酸酯类，常用的有甲基丙烯酸二缩三乙二醇双酯、甲基丙烯酸羟丙酯、甲基丙烯酸环氧酯、聚氨酯-甲基丙烯酸酯等。常用的引发剂有异丙苯过氧化氢、过氧化二苯甲酰等。常用的促进剂有 N, N-二甲基苯胺、三乙胺等。

厌氧胶主要应用于螺栓紧固防松、密封防漏、固定轴承以及其他机件的胶接。

（3）第二代丙烯酸酯胶黏剂

第二代丙烯酸酯胶黏剂是 20 世纪 70 年代中期问世的反应型双组分胶黏剂，由丙烯酸酯类单体或低聚物、引发剂、弹性体、促进剂等组成。组分应分装，可将单体、弹性体、引发剂等装在一起，促进剂另装。当这两种组分混合后，即发生固化反应，使单体（如 MMA）与弹性体（如氯磺化聚乙烯）产生接枝聚合，从而得到很高的胶接强度。

第二代丙烯酸酯胶黏剂具有室温快速固化、胶接强度大、胶接范围广等优点，可用于胶接钢、铝、青铜等金属，ABS、PVC、玻璃钢、PMMA 等塑料，以及橡胶、木材、玻璃、混凝土等；特别适于异种材料的胶接。但存在气味、耐水耐热性差、贮存稳定性不好等缺点。

4.4.1.7 其他常用的胶黏剂

（1）聚乙酸乙烯酯胶黏剂

聚乙酸乙烯酯及其共聚物可制成乳液胶黏剂（简称白胶）、溶液胶黏剂，主要用于胶接木材、纸张、皮革、混凝土、瓷砖等。这是一类用途广泛的非结构型胶种。

（2）聚氨酯胶黏剂

以多异氰酸酯和聚氨酯为基本组分的胶黏剂统称为聚氨酯胶黏剂。聚氨酯胶黏剂分为多异氰酸酯胶黏剂、单包装封闭型聚氨酯胶黏剂、端异氰酸酯基聚氨酯预聚体胶黏剂和热熔性聚氨酯胶黏剂 4 种类型。因分子中含有—NCO、—NH—COO—等基团，具有强的极性和反应活性，对很多材料具有很高的黏接性，可用于胶接金属、陶瓷、玻璃、木材等多种材料。

（3）橡胶类胶黏剂

以氯丁橡胶、丁腈橡胶、丁基橡胶、聚硫橡胶、天然橡胶等为基本组分配制成的胶黏剂称为橡胶类胶黏剂。这类胶黏剂强度较低、耐热性不高，但具有良好的弹性，适用于胶接柔软材料以及热膨胀系数相差悬殊的材料。

（4）有机硅胶黏剂

有机硅胶黏剂分为以硅树脂为基的胶黏剂和以有机硅弹性体为基的胶黏剂，此外尚有改性的有机硅胶黏剂。有机硅胶黏剂具有耐高低温、耐蚀、耐辐射、防水性和耐候性好等特点，广泛用于宇航、飞机制造、电子工业、建筑、医疗等方面。

（5）溶液型胶黏剂

热塑性聚合物为线型结构，可溶于有机溶剂中，配制成热塑性树脂溶液型胶黏剂。这类胶黏剂主要用于塑料等非结构件上的胶接，强度是通过溶剂的挥发实现的。有机玻璃、聚氯乙烯、聚苯乙烯、尼龙、醋酸纤维素、橡皮、聚碳酸酯等都常用来配制成溶液型胶黏剂。

（6）热熔型胶黏剂

热塑性聚合物受热后软化、熔融而具有流动性，其中不少熔体可作为胶黏剂使用，冷却后凝固而达到粘接的目的，所以称为热熔型胶黏剂，简称为热熔胶。常用的品种有乙烯-乙酸乙烯酯共聚物热熔胶（EVA热熔胶）、聚酰胺热熔胶、聚酯热熔胶等。除热熔性聚合物外，热熔胶配方中常常还包含增黏剂、增塑剂、填料等组分。热熔胶主要用于包装材料、服装内衬、塑料制品等。

（7）压敏胶黏剂

压敏胶黏剂简称压敏胶，在常温下施加轻微的外力就能在被粘表面间形成良好的黏附性。压敏胶的应用是通过压敏胶带、标签、医用制品等实现的，压敏胶带是将压敏胶涂于基材上加工而成的带状制品。压敏胶的特点是其黏附性对压力很敏感，可在压力作用下黏附于被粘物表面，又可扯下来。压敏胶是以长链聚合物为基础，加入增黏剂、软化剂、填料、防老剂、溶剂等复合而成的，可分为橡胶系压敏胶和树脂系压敏胶两类。树脂系压敏胶最重要的品种是丙烯酸酯类压敏胶。压敏胶制成的胶带主要用于包装、绝缘包覆、标签、医用等方面。

最早制备的压敏胶黏剂以有机溶剂为介质，采用热引发丙烯酸酯单体，并添加丙烯酸等功能单体，在油溶性自由基引发剂作用下，于相应反应温度聚合 $2 \sim 4 \, h$，得到溶剂型压敏胶黏剂。经涂敷、干燥后，制成压敏胶黏剂制品。尽管反应条件可控。压敏性能也较好，但在去除有机溶剂过程中会产生有机挥发分（VOCs）而造成环境污染。

随着社会对环保问题的重视，发展了水乳型压敏胶黏剂及其制品。该类压敏胶黏剂乳液通常采用半连续乳液聚合技术和水溶性引发体系，得到较高固含量的核/壳结构聚丙烯酸酯乳液。核层组成可以是交联甲基丙烯酸甲酯或丙烯酸丁酯；当改为纳米二氧化硅时，可显著提高压敏胶黏剂的持黏性能。壳层聚合物的玻璃化转变温度必须低于室温，因此通常使用丙烯酸丁酯与功能单体的混合物，或者采用单独加入单体原料的方式，得到径向梯度组成的结构，以调控其压敏性能。

乳液压敏胶黏剂制备保护胶带的过程包括3个步骤：第一步是乳液压敏胶黏剂的合成，需要在 $60 \sim 80 \, ℃$ 下反应 $3 \sim 6 \, h$；第二步是乳液的复配，需要将消泡剂、流平剂等与制备的乳液混合复配，以保证乳液在基材表面如PET或PE等表面很好地涂布；第三步是复配乳液在薄膜基材表面的干燥。

因为乳液胶黏剂中含 50% 左右的去离子水，需要高温、超长烘道除去，消耗大量能量，为此近期开发出常温、光引发、本体聚合一步法制备保护胶带新工艺。以丙烯酸酯和功能单体的混合物为例，添加 1%～2% 的光引发剂 2，4，6-三甲基苯甲酰基二苯基氧膦（TPO），用波长为 395 nm、功率为 9 W 的 LED 灯照射混合单体组分，其黏度与照射时间的关系如图 4-12 所示，产物的黏度上升很快，即光聚合速率很快。图 4-13 为不同照射时间时产物的红外光谱图，体系经 20 s 照射后已经没有 C＝C 双键峰，即没有未反应的单体了，可见光聚合反应丙烯酸酯混合单体非常迅速且完全。因此，很好地将压敏胶黏剂和压敏胶带两步制备工艺合并为一步，常温引发聚合，无介质，解决了高耗能、多工序和长时间生产等的技术瓶颈问题，实现节能、高效、清洁生产。

拓展阅读
4-4
本体法压
敏胶黏剂

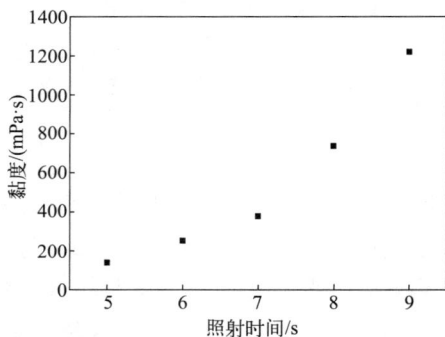
图4-12　混合单体照射时间与体系黏度的关系

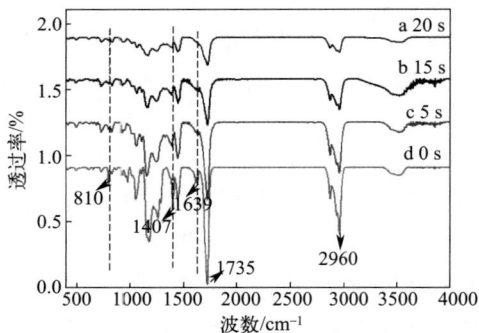
图4-13　不同照射时间聚合物的红外光谱图

4.4.2　涂料

涂料是指涂布在物体表面形成具有保护和装饰作用膜层的材料。涂料最早是用植物油和天然树脂熬炼而成，其作用与我国的大漆相近，因而称为"油漆"。随着石油化工和合成聚合物工业的发展，当前植物油和天然树脂已逐渐被合成聚合物改性和取代，涂料所包括的范围已远远超过"油漆"原来的狭义范围。

4.4.2.1　涂料的组成

涂料为多组分体系，是由成膜物质（亦称粘料）和颜料、溶剂、催干剂、增塑剂等组分构成。成膜物质为聚合物或能形成聚合物的物质，它是涂料的基本组分，决定了涂料的基本性能。根据不同的聚合物品种和使用要求还需添加不同的添加剂，如颜料、溶剂等。

（1）成膜物质

作为成膜物质，必须与物体表面和颜料具有良好的结合力（附着力）。很多天然的和合成的聚合物都可作为成膜物质，与塑料、纤维、橡胶等所用聚合物的主要差别是涂料用聚合物的平均分子量较低。

成膜物质可分为反应性和非反应性两种类型。植物油或具有反应活性的低聚物、单体等构成的成膜物质称为反应性成膜物质，将它涂布于物体表面后，在一定条件下进行加聚或缩聚反应，从而形成坚韧的膜层；非反应性成膜物质是由溶解或分散于液体介质中的线型聚合物构成，涂布后，由于液体介质的挥发而形成聚合物膜层。反应性成膜物质有植物油、天然树脂、环氧树脂、醇酸树脂、氨基树脂等；非反应性成膜物质有纤维素衍生物、氯化橡胶、乙烯基聚合物、丙烯酸树脂等。

（2）颜料

涂料中加入颜料能起装饰作用，并对物体表面起到抗腐蚀的保护作用。常用的颜料有：无机颜料，如铬黄、铁黄、镉黄、铁红、氧化锌、钛白粉、铁黑等；防锈颜料，如红丹、锌铬黄、铝粉、磷酸锌等；金属颜料，如铝粉、铜粉等；有机颜料，如炭黑酞菁蓝、耐光黄、大红粉等；特种颜料，如夜光粉、荧光颜料等。

（3）填充剂

填充剂又称增量剂，在涂料工业中亦称为体质颜料，如重晶石粉、碳酸钙、滑石粉、石棉粉、云母粉、石英粉等。它们不具有遮盖力和着色力，而是起到改进涂料的流动性能，提高膜层的力学性能和耐久性、光泽的目的，并可降低涂料的成本。

（4）溶剂

溶剂是用以溶解成膜物质的易挥发性液体。常用的溶剂有甲苯、二甲苯、丁醇、丁酮、乙酸乙酯等。

（5）增塑剂

增塑剂是为提高漆膜柔性而加入的有机添加剂。常用的增塑剂有氯化石蜡、邻苯二甲酸二丁酯（DBP）和邻苯二甲酸二辛酯（DOP）等。

（6）催干剂

催干剂是对聚合物膜层的聚合或交联起到促进作用的催化剂，有利于漆膜的干燥。常用的催干剂有环烷酸、辛酸、松香酸及亚油酸的铝盐、钴盐和锰盐，其次是有机酸的铅盐和锆盐等。

（7）增稠剂及稀释剂

增稠剂是为提高涂料的黏度而加入的添加剂，常用的有纤维素醚类、细分散的二氧化硅以及黏土等。稀释剂是为降低涂料的黏度、便于施工加入的添加剂，常用的有乙醇、丙酮等。

（8）其他添加剂

在涂料中，其他添加成分还有杀菌剂、颜料分散剂以及为延长贮存期加入的阻聚剂、防结皮剂等。

4.4.2.2　涂料的类型

涂料的品种有上千种，可从不同的角度进行分类。最早出现的是清油和厚漆。清油是单纯植物油熬炼而成的；在清油中加入颜料、填充剂等制成的糊状物称为厚漆。最初的调和漆是由厚漆与清油调制而成的，其目的是便于涂布。随后，为提高漆膜的光泽度和改进漆膜的性能增加了天然树脂或合成树脂。加有树脂的清油称为清漆。清漆加颜料后即成为色漆，因为漆膜光亮，如搪瓷一般，因而又称为磁漆。

涂料根据施工的进程可分为腻子、底漆、面漆、罩光漆等，根据稀释介质的不同可分为溶剂型、水溶型、水乳型等，根据漆膜的光泽可分为无光漆、半光（平光）漆、有光漆等，根据用途可分为防锈漆、绝缘漆、耐高温漆、地板漆、罐头漆、船舶漆、铅笔漆、美术漆等，根据施工方法的不同可分为喷漆、烘漆、电泳漆等。

但通常是按成膜物质中所包含的树脂类型进行分类，可分为以下的类别：

① 油性涂料。即油基树脂漆，它是一种低档漆，包括油脂类漆、天然树脂类漆、沥青漆等。

② 合成树脂类漆。包括酚醛树脂漆、醇酸树脂漆、氨基树脂漆、纤维素漆、过氯乙烯漆、乙烯树脂漆、丙烯酸酯树脂漆、聚酯树脂漆、环氧树脂漆、聚氨基甲酸酯漆、元素有机聚合物漆等。合成树脂类漆都属于高档漆。

4.4.2.3 油基树脂漆

（1）油脂类漆

油脂类漆是以植物油、植物油添加天然树脂或改性酚醛树脂为基的涂料，有清油、清漆、色漆等不同类型。清油是干性油的加工产品，含有树脂时称为清漆，清漆中加颜料即为色漆（瓷漆）。在配方中 1 份树脂所使用油的份数称为油度比。以质量比计，当树脂：油的质量比为 1：3 时称为长油度，质量比为 1：（2～3）时称为中油度，质量比为 1：（0.5～2）时称为短油度。

下面对油脂类漆所用的主要成分简介如下。

① 油类　植物油主要成分为甘油三脂肪酸酯，其通式为 $\begin{matrix} CH_2—OCOR^3 \\ | \\ CH—OCOR^2 \\ | \\ CH_2—OCOR^1 \end{matrix}$ ，R^1、R^2、R^3 既可以相同也可以不同，这是体现油类性质的主要部分。此外，植物油中还含有一些非脂肪成分，如磷脂、固醇、色素等杂质，这类物质对制漆不利，在制漆时应除去。

形成甘油三酸酯的脂肪酸分为饱和脂肪酸和不饱和脂肪酸两种。饱和脂肪酸如硬脂酸，因分子内不含双键，不能进行聚合反应；不饱和脂肪酸如油酸、桐油酸等，分子结构中含有双键，可在空气中氧的作用下进行聚合与交联反应。含有不饱和脂肪酸的植物油可进行氧化聚合而干燥成膜，故称为干性油；不能进行氧化聚合的植物油称为不干性油。

涂料工业应用的植物油可分为干性油、半干性油和不干性油 3 种，依碘值划分：当碘值在 140 以上时为干性油，如桐油、梓油、亚麻油、大麻油等；当碘值为 100～140 时为半干性油，如豆油、花生油、棉籽油等，它们干燥的速度比干性油慢；不能自行干燥的油称为不干性油，用于增塑剂和制造合成树脂，如蓖麻油、椰子油、米糠油等都属于不干性油。

② 松香加工树脂　松香的主要成分为树脂酸 $C_{19}H_{29}COOH$。树脂酸有多种异构体，包括松香酸、新松香酸、海松酸等，其中最主要的是松香酸，它是一种不饱和酸。在涂料中使用的松香加工树脂是松香经加工处理制得的松香皂类、酯类或与其他材料改性的树脂，如松香改性酚醛树脂。

③ 催干剂　催干剂即油类氧化聚合的催化剂，常用的有钴、锰的有机酸皂类，其中最重要的是环烷酸钴。钙和锌的有机酸皂常用作助催干剂。

④ 其他树脂　油性涂料常用的其他树脂有松香改性酚醛树脂、丁醇醚化酚醛树脂、酚醛树脂、石油树脂、古马隆树脂等。

⑤ 溶剂　油基树脂漆主要使用油漆溶剂油、二甲苯及松节油等。

（2）大漆

大漆是一种天然漆，俗称土漆或生漆。生漆是漆树的分泌物，是一种天然水乳胶漆，其主要成分是漆酚。漆酚是含有不同脂肪烃取代基的邻苯二酚混合物，可表示为 ，R

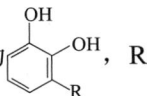

中双键越多漆的质量越好。漆酚在生漆中的含量为 50%～80%，是生漆的成膜物质。

生漆中含有 1% 的漆酶，它是一种氧化酶，为生漆的天然有机催干剂。生漆中还含有 20%～40% 的水分、1%～5% 的油分和 3.5%～9% 的树脂质。树脂质即松香质，是一种多糖类化合物，在生漆中起到悬浮剂和稳定剂的作用。

生漆可用油类改性及用其他树脂改性。生漆经加工即成熟漆。

（3）沥青漆

沥青漆是以沥青为基料，添加植物油、树脂、催干剂、颜料、填料等助剂制成的涂料。沥青漆具有耐水、耐酸、耐碱和电绝缘性。因其成本低，用途较为广泛。

4.4.2.4 合成树脂漆

（1）醇酸树脂漆

以醇酸树脂为基，加入植物油类制成的漆类称为醇酸树脂漆。

醇酸树脂是由多元醇、多元酸与脂肪酸反应制得。常用的多元醇有甘油、季戊四醇；常用的多元酸为邻苯二甲酸酐；常用的油类有椰子油、蓖麻油、豆油、亚麻油、桐油等。醇酸树脂约占涂料合成树脂量的一半。

醇酸树脂分为两类：一类是干性油醇酸树脂，是采用不饱和脂肪酸制成的，能直接固化成膜；另一类是不干性油醇酸树脂，它不能直接作涂料用，需要与其他树脂混合使用。

醇酸树脂漆具有附着力大、光泽好、硬度高、保光性和耐候性好等特点，可制成清漆、磁漆、底漆和腻子。

醇酸树脂可与硝酸纤维素、过氯乙烯树脂、氨基树脂、氯化橡胶并用改性；也可以在制备过程中加入其他成分改性醇酸树脂，如松香改性醇酸树脂、酚醛改性醇酸树脂、苯乙烯改性醇酸树脂、丙烯酸酯改性醇酸树脂等。

（2）氨基树脂漆

涂料中使用的氨基树脂有三聚氰胺甲醛树脂、脲醛树脂、烃基三聚氰胺甲醛树脂以及其他共聚改性的氨基树脂。氨基树脂也可与醇酸树脂、丙烯酸树脂、环氧树脂、有机硅树脂等并用，制得改性的氨基树脂漆。氨基醇酸树脂烘烤漆是应用广泛的一种工业用漆。

（3）环氧树脂漆

环氧树脂漆根据固化剂的类型分为胺固化型漆、合成树脂固化型漆、脂肪酸酯固化型漆等。环氧树脂也可制成无溶剂漆和粉末涂料。环氧树脂漆性能优异，广泛应用于汽车工业、造船工业以及化工和电气工业中。

环氧树脂漆常为双组分，一种是树脂组分，另一种是固化剂组分，使用时将二者按比例混合。表 4-16 列出一种用于钢质贮罐内壁的环氧树脂漆配方。

（4）聚氨酯漆

选用不同的异氰酸酯与聚酯、聚醚、多元醇或与其他树脂配用，可制得许多品种的聚氨酯漆。例如，先将干性油与多元醇进行酯交换，再与二异氰酸酯反应，加入催干剂后即制得单组分的氨酯油，它是通过油脂中的双键氧化聚合而交联固化。

聚氨酯漆主要有几种类型：多异氰酸酯/含羟基树脂——双组分漆；封端型多异氰酸酯/含羟基树脂——单组分烘干漆；预聚物，潮气固化型——单组分漆；预聚物，催化固化型——双组分漆；聚氨酯沥青漆；聚氨酯弹性涂料，用于皮革、纺织品等。

表 4-16　一种用于钢质贮罐内壁的环氧树脂漆配方（单位：质量份）

组分		用量
组分 A（树脂组分）	环氧树脂（E-20）	28.00
	红丹	59.90
	硅藻土	5.65
	滑石粉	4.65
	丁醇醚化三聚氰胺甲醛树脂	0.85
	甲苯 / 丁醇（8/2）	25.00
组分 B（固化剂组分）	己二胺	1.63
	乙醇	1.63

聚氨酯漆具有耐磨性优异、附着力强、耐化学腐蚀等特点，用于地板漆、甲板漆、纱管漆等。

（5）纤维素漆

纤维素漆是指以纤维素醚或纤维素酯为基料的漆类。常用的有硝酸纤维素、醋酸纤维素、醋酸丁酸纤维素、乙基纤维素等。使用时经常与其他天然的或合成的树脂并用，以改善漆膜的性能。

纤维素漆常用作汽车快干漆。

（6）丙烯酸酯漆

丙烯酸酯漆分为热塑性和热固性两类。热塑性丙烯酸酯漆广泛应用于织物、木器及金属制件。加入荧光颜料时，可制成发光漆，在航空工业及建筑工业中有广泛应用。热固性丙烯酸酯漆固化后性能更好，在要求高装饰性能的轻工产品如缝纫机、洗衣机、电冰箱、仪表等方面应用十分广泛。

丙烯酸酯类单体经过不同的制备工艺，可制成水性漆、电泳漆、乳胶漆，也可制成粉末涂料。常用的单体有甲基丙烯酸 β-羟乙酯、甲基丙烯酸缩水甘油酯、丙烯酰胺、甲基丙烯酰胺等。

（7）其他合成树脂漆

其他合成树脂漆有乙烯树脂漆，如氯乙烯-乙酸乙烯酯共聚树脂漆、偏二氯乙烯共聚树脂漆、聚乙烯醇缩醛漆、过氯乙烯漆、氯化聚烯烃漆等；还有不饱和聚酯漆、有机硅树脂漆、橡胶漆等。

橡胶漆是将天然橡胶经过化学处理转变成分子量较低的氯化橡胶、环化橡胶制成的漆类。合成橡胶如丁苯橡胶、聚硫橡胶、丁腈橡胶、氯丁橡胶等都可制成橡胶漆。橡胶漆主要应用在防腐、防护、水闸、交通工具等方面。

4.4.2.5　水性树脂涂料

水性树脂涂料是指以水为介质的水溶性聚合物涂料和以水为介质的乳胶型涂料。

（1）水溶性聚合物涂料

大多数聚合物不溶于水，但可通过一定的方法制得水溶性聚合物。制备方法有：带有氨基的聚合物以羧酸中和成盐；带有羧基的聚合物用胺或碱（如 NaOH）中和成盐；破坏氢键，例如使纤维素甲基化制成甲基纤维素，破坏了纤维素分子间的氢键，从而制成可溶于水的甲基纤维素；皂化，例如从聚乙酸乙烯酯制备可溶于水的聚乙烯醇涂料。在水溶性涂料中常用的聚合物有水溶性油、水溶性环氧树脂、水溶性醇酸树脂、水溶性聚丙烯酸酯类等。水溶性树脂漆常用的固化剂有水溶性三聚氰胺甲醛树脂、脲醛树脂等。

可采用喷、浸、刷等方法涂布，还可采用电沉积法（电泳法）进行施工。

（2）乳胶型涂料

在合成的乳液中加入颜料、体质颜料、保护胶体、增塑剂、润湿剂、防冻剂、防锈剂、防霉剂等，经研磨分散，即成为乳胶涂料（即乳胶漆）。

乳胶漆的主要品种有聚乙酸乙烯酯乳胶漆、乙酸乙烯酯-顺丁烯二酸二丁酯共聚乳胶漆、丙烯酸酯类乳胶漆及丁苯乳胶漆等。

4.4.2.6 粉末涂料

粉末涂料为固体粉末状的涂料，全部组分都是固体，采用喷涂、静电喷涂等工艺施工，再经加热熔化成膜。最早出现的粉末涂料有聚乙烯、聚氯乙烯和尼龙粉末涂料。早在20世纪60年代，德国就开始生产粉末涂料；我国的粉末涂料是从20世纪80年代开始生产的。

粉末涂料分为两类：一类是热塑性粉末涂料，如聚乙烯、尼龙和聚苯硫醚（PPS）等；另一类是热固性粉末涂料，它是由反应性成膜物质复合物（如树脂、交联剂、颜料、填料、流平剂等）混合而成。最常用的有环氧粉末涂料、聚酯型粉末涂料等。热固性粉末涂料主要用于家用电器、自行车、电子元件、金属家具等的表面保护和装饰。热塑性粉末涂料主要用于防腐及纺织方面。

4.4.2.7 超疏水涂料

超疏水涂层因其具有自清洁、防水、防腐蚀、防生物黏附、防冻、减阻、油水分离等功能，在建材、化工、石油、国防军事、能源等领域具有广阔的应用前景，是一种极具发展潜力的新材料。丙烯酸酯胶黏剂因其具有优异的黏结性、耐热性、机械性能和电气性能等，是作为超疏水涂层基底的一类理想材料。

构筑超疏水表面通常需要两个必要条件：一是表面微纳结构；二是构筑的材料具有较低的表面能。将丙烯酸酯作为胶黏剂与低表面能的无机纳米颗粒（例如纳米二氧化硅、二氧化钛、纳米管等）复合，可满足上述的两个条件，从而获得具有优异超疏水效果的超疏水涂层。此外，将超疏水性能与其他功能特性（例如储热、可穿戴电子器件、传感器等）结合，可获得功能更为广泛的涂层。例如，通过阳离子聚合及傅克反应，可快速、批量地制备具有丰富介孔孔壁的竹节状超交联聚苯乙烯纳米管［图4-14（a）～（c）］；利用其疏水性（接触角143°，滚动角58.3°）、对烷烃（石蜡）的高吸附性［图4-14（d）］以及竹节状内部支撑结构带来的稳定性，进而通过α-氰基丙烯酸酯的黏合作用，可制备可喷涂的超疏水储能（STES）涂层，此涂层在强酸/碱性、紫外照射、超声、苛刻的机械磨损条件下仍能保持超疏水性能，同时该涂层具有优异的相变储能效果。α-氰基丙烯酸酯作为黏合剂，不仅提高了复合填料间的相互作用，而且增强了涂层与基板间的界面结合力。

聚二甲基硅氧烷（PDMS）是一种疏水性弹性体，分子链具有较好的柔顺性，将其与纳米粒子复合可得到超疏水涂层。例如，可通过浸渍法将聚二甲基硅氧烷/硬脂酸/纳米二氧化硅（PDMS/STA/SiO$_2$）混合物涂敷在纺织品表面［图4-15（a）］，可得到具有优异耐久性的超疏水织物，涂层织物能够抗拒多种液体，具有良好的防水性能［图4-15（b）］、优异的自清洁性能和抗紫外线性能，即使经过 700 次机械磨损后织物的水接触角（WCA）仍可达 150°以上［图 4-15（c）（d）］，保持其超疏水性，而且 PDMS/STA/SiO$_2$ 涂层对织物的色牢度没有影响。其中聚二甲基硅氧烷（PDMS）起到疏水剂和黏结层的作用，硬脂酸（STA）的长烷基链提供较低的表面能，而纳米二氧化硅（nano-SiO$_2$）提高了表面粗糙度。

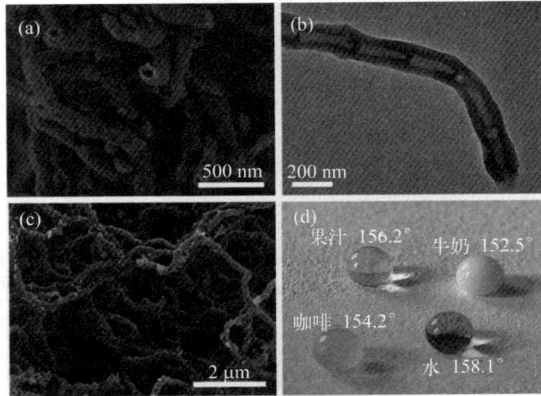

图4-14　超交联聚苯乙烯纳米管的SEM图（a）和TEM图（b），STES涂层的SEM图（c）以及果汁、牛奶、咖啡、水在STES涂层上的光学照片（d）

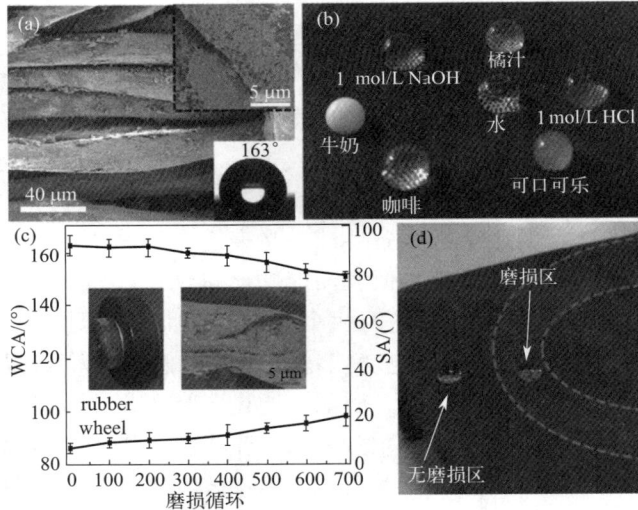

图4-15　（a）PDMS/STA/SiO$_2$涂层织物SEM图；（b）不同种类的液体在PDMS/STA/SiO$_2$涂层织物上的光学图像；（c）PDMS/STA/SiO$_2$涂层织物的水接触角（WCA）和滑动角（SA）随磨损情况的变化（插入图为700次磨损后的SEM图像和磨损仪橡胶轮照片）；（d）PDMS/STA/SiO$_2$涂层织物上磨损区和无磨损区的水滴形状

参 考 文 献

[1]　Brydson J A. Plastics Materials.London：Iliffe，1969.

[2]　石安富，龚云表 . 工程塑料 . 上海：上海科学技术出版社，1986.

[3]　蔡贤钦，等.特种工程塑料及树脂的国外发展概况.高分子材料，1981，（1）：35-56.

[4]　钱知勉.塑料性能应用手册.上海：上海科学技术出版社，1981.

[5]　赵德仁.高聚物合成工艺学.北京：化学工业出版社，1983.

[6]　张留成，等.缩合聚合.北京：化学工业出版社，1986.

[7]　[苏]加尔莫诺夫ИВ著.合成橡胶.秦怀德，等.译.北京：化学工业出版社，1988.

[8]　[美]沃克ВM著.热塑性弹性体手册.朱绍忠，等，译.北京：化学工业出版社，1984.

[9]　董纪震，等.合成纤维生成工艺学.上册.北京：中国纺织出版社，1981.

[10]　成晓旭，等.合成纤维新品种和用途.北京：中国纺织出版社，1988.

[11]　Boxall J，et al. Paint Formulation，Principles and Practice. London：George Godwin Limited，1980.

[12]　杨玉昆，等.合成胶黏剂.北京：科学出版社，1980.

[13]　刘国杰，等.涂料应用科学与工艺学.北京：轻工业出版社，1994.

[14]　耿跃宗，等.合成聚合物乳液制造与应用技术.北京：中国轻工业出版社，1999.

[15]　金关泰，主编.高分子化学理论与应用进展.北京：中国石化出版社，1995.

[16]　Liu M，Wang S，Jiang L. Nature-inspired superwettability systems. Nature Reviews Materials，2017，2（7）：17036.

[17]　Kong L B，Kong X F，Zhang X，et al. Large-scale fabrication of robust superhydrophobic thermal energy-storage sprayable coating based on polymer nanotube. ACS Applied Materials & Interfaces，2020，12（44）：49694-49704.

[18]　Liu X L，Gu Y C，Zhang X，et al. Dip-coating approach to fabricate durable PDMS/STA/SiO$_2$ superhydrophobic polyester fabrics. Coatings，2021，11，326.

习题与思考题

1. 简要说明塑料的特性及其类型。

2. 解释如下术语：

（1）填料　　　　（2）增强剂　　（3）增塑剂

（4）稳定剂　　　（5）润滑剂　　（6）抗静电剂

（7）阻燃剂　　　（8）偶联剂　　（9）固化剂

3. 简述塑料成型加工的主要方法。

4. 试述橡胶的结构特征。

5. 写出天然橡胶和合成橡胶的主要品种。

6. 简述橡胶制品的主要原料。

7. 举例说明热塑性弹性体结构特征和性能特点。

8. 解释如下术语：

（1）热塑性聚氨酯弹性体　（2）微孔高分子材料

9. 举例说明纤维的结构特点及其主要品种。

10. 简要叙述胶黏剂及涂料的主要类型。

11. 根据受力情况的不同，黏结强度有哪几种？

12. 解释下列名词：

（1）压敏胶　（2）热熔胶　（3）厌氧胶

第 **5** 章　功能高分子材料

功能高分子材料是指具有特定的功能作用，可作为功能材料使用的高分子材料。这是一类深受瞩目、发展迅速的高分子材料，本章选择一些主要品种进行阐述。

5.1　液晶高分子

5.1.1　基本概念

5.1.1.1　液晶的定义

物质在晶态和液态之间还会存在某种中间状态，此中间状态称为介晶态（mesophase），而液晶态是一种主要的介晶态。

液晶（liquid crystal）即液态晶体，既具有液体的流动性，又具有晶体的各向异性。物质中存在两种基本的有序性：取向有序和平移有序。而在晶体中，原子或分子的取向和平移都有序。将晶体加热，它可沿着两个途径转变为各向同性液体：一个途径是先失去取向有序，保留平移有序而成为液晶，只有球状分子才可能有此表现；另一个途径是先失去平移有序，保留取向有序而成为液晶，但这时平移有序未必立即完全丧失，所以这些液晶还可能保留一定程度的平移有序性。

胆甾醇苯甲酸酯是在 1888 年最早发展的液晶物质，并在 1904 年被 Lehman 命名为液晶，由此开始了在液晶领域的研究。

5.1.1.2　液晶的分类

（1）根据液晶分子在空间排列有序性分类

根据液晶分子在空间排列有序性的不同，液晶相可分为向列型、近晶型、胆甾型和碟型4 类，如图 5-1 所示。

向列型（nematicstate）以字母 N 表示，在这种液晶中，分子排列只有取向有序，无分子质心的远程有序，分子排列是一维有序的。

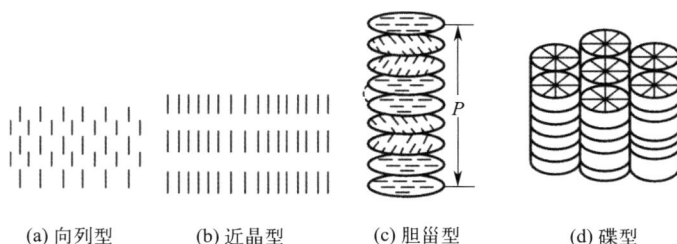

(a) 向列型　　(b) 近晶型　　(c) 胆甾型　　(d) 碟型

图5-1　液晶态类型

近晶型（smecticstate）除取向有序外，还有由分子质心组成的层状结构，分子呈二维有序排列。根据层内排列的差别，近晶型液晶还可细分为不同的子集相结构，这些子集相分别标注为 S_A、S_B、S_C、S_D、S_E、S_F、S_G、S_H、S_I、S_J、S_K 及 S_M 等。如果在这类液晶分子中含有不对称碳原子，则会形成螺旋结构，生成相应的具有手征性的相，这种手征性相常用星号"*"表示。例如，S_C^*、S_G^* 即分别表示具有手征性的近晶 C 相和近晶 G 相。

胆甾型液晶相（cholestericstate）具有扭转分子层结构，在每一层分子平面上分子以向列型方式排列，而在各个分子层之间又按周期扭转或螺旋方式上下叠在一起，使相邻各层分子取向方向间形成一定的夹角。此类液晶分子都具有不对称碳原子，因而具有手征性。此类液晶常用字母 N^* 表示，也可用 Ch 或 C^* 表示。

除以上 3 种基本类型外，1977 年还发现了一类被称为碟型液晶相（discoticstate）的物质。

此外，有些物质虽然本身不是液晶物质，但在一定外界条件（压力、电场、光照等）下可形成液晶相，此类物质可称为感应性液晶物质。

（2）根据液晶相形成条件分类

根据液晶相形成条件的不同，液晶可分为热致型液晶和溶致型液晶两种类型。

对溶致型液晶，一个重要的物理量是形成液晶的临界浓度，即在此浓度以上液晶相才能形成。当然，临界浓度还是温度的函数。

热致型液晶相态间的转变是由温度变化引起的。相转变点温度是表征液晶态的重要物理量，从晶态到液晶态间的转变温度称为熔点或转变点，由液晶态转变为各向同性液体的温度称为澄清点或清亮点。有些物质，如 N-对戊苯基-N'-对丁苯基对苯二甲胺（TBPA），在不同温度下可呈现不同的液晶态结构。例如，TBPA 的相变序为 $I_{233}N_{212}S_{A179}S_{C149}S_{F140}S_{G61}$ $S_H \rightarrow Cr$。其中 I 表示各向同性的液相，S_A、S_C、S_F、S_G、S_H 分别表示近晶 A 相、C 相、F 相、G 相、H 相，Cr 表示晶相，数字表示相应的相转变温度。

5.1.1.3　液晶的构成

大多数液晶物质是由棒状分子构成的。其分子结构常常具有两个显著的特征：一是分子的几何形状具有不对称性，即有大的长径比（L/D），通常 L/D 值大于 4；二是分子间具有各向异性的相互作用。

Gray 和 Brown 指出，多数液晶物质具有如下的分子结构：

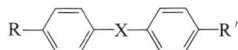

179

即此类分子由三部分构成：由两个或多个芳香环组成的核，最常见的是苯环，有时为杂原子环或脂肪环；核之间有一个桥键X，例如—CH＝N—、—N＝N—、—N＝N（O）—、—COO—、$\overset{O}{\underset{}{-C-NH-}}$、—C≡C—等；分子的尾端含有较柔顺的极性或可极化的基团—R、—R′，例如酯基、氰基、硝基、氨基、卤素等。分子的中间部分，如 ⟨◯⟩—X—⟨◯⟩ ，也常称为介晶单元。

除棒状分子外，近来发现盘状或碟状分子也会呈液晶态，如：

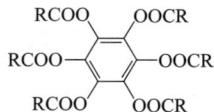

这些"碟子"状的分子一个个重叠起来，形成圆柱状的分子聚集体，组成柱状相的新液晶相。

还有一类液晶是双亲性分子的溶液，如正壬酸钾溶液。

5.1.1.4 最早的应用

自从 Frergason 等设计出根据胆甾型液晶的颜色变化测定表面温度的方法，以及 20 世纪 60 年代末 Heilmeier 发现在外加电场作用下向列型液晶的透明薄膜出现浑浊的现象并在此基础上完成了数字显示器件及液晶钟表以来，液晶的研究和应用已取得了长足的进展。自 20 世纪 90 年代以来，液晶特别是液晶材料的研究和应用继续向纵深发展。

液晶高分子（LCP）的发现可追溯到 20 世纪 30 年代。自从 1966 年美国 DuPont 公司首次用向列型液晶聚对氨基苯甲酸制成了高强度、高模量的商品纤维 Fiber，并制成了聚对苯二甲酰对苯二胺纤维 Kevlar 以来，液晶高分子的研究进入了高潮，已成为国际上一个重要的研究热点。

5.1.2 液晶高分子材料的类型及合成方法

与小分子液晶类似，液晶高分子同样分为向列型、近晶型、胆甾型和碟型，其中以向列型或近晶型液晶高分子居多。

液晶高分子的分类方法有两种：从应用角度出发，可分为热致型液晶和溶致型液晶两类；从分子结构出发，可分为主链型液晶和侧链型液晶两类。这两种分类方法是相互交叉的，例如，主链型液晶高分子既有热致型液晶也有溶致型液晶，热致型液晶高分子既有主链型液晶也有侧链型液晶。为便于对液晶高分子结构与性能关系的研究，常按分子结构进行分类，即分为主链型液晶高分子和侧链型液晶高分子两类。

5.1.2.1 主链型液晶高分子

主链型液晶高分子是指介晶基元处于主链上的一类高分子。主链型液晶高分子又可分为热致型和溶致型两种情况。

（1）溶致主链型液晶高分子

最先发现的溶致主链型液晶高分子是天然存在的聚（L-谷氨酸-γ-苄酯）；最先受到普遍关注的合成溶致主链型液晶高分子是聚对苯甲酸铵（PBA）和聚对苯二甲酰对苯二胺（PPTA）。在合成的溶致主链型液晶高分子中，最重要的类型是芳香族聚酰胺。溶剂可以是强质子酸，也可以是酰胺类溶剂，需添加 2%～5% 的 LiCl 或 CaCl$_2$，以增加聚合物的溶解性。吲哚类高分子也能形成溶致型液晶。

广泛采用的制备可溶型芳香族聚酰胺的方法是胺与酰氯的缩合反应，例如：

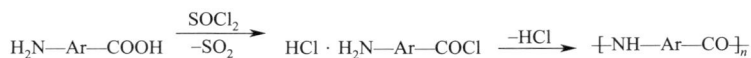

$$H_2N—Ar—COOH \xrightarrow[-SO_2]{SOCl_2} HCl \cdot H_2N—Ar—COCl \xrightarrow{-HCl} \underset{n}{[NH—Ar—CO]}$$

其他缩合方法，如界面缩聚、使用缩合磷酸盐和吡啶混合物等，亦有报道。

除缩合聚合反应外，还有氧化酰化反应、酯的氨解以及在有咪唑存在下的酰胺反应，也被用来制备芳香族聚酰胺液晶。

吲哚类聚合物也可形成溶致型液晶，其具有梯形结构，多用于制备耐热材料。但被称为PBZ 的一类吲哚聚合物例外，它用于制备超强纤维，即通过由它们形成的溶致液晶进行纺丝制得高模量、高强度的纤维。此类聚合物的结构为：

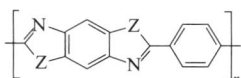

其中按 Z 代表的原子不同，又可分为聚对亚苯基苯并二噻唑（PBT）（当 Z 为 S 时）、聚对亚苯基苯并二唑（PBO）（当 Z 为 O 时）和聚对亚苯基苯并二咪唑（PBI）（当 Z 为 N 时）。其中研究较多的是反式 PBT，其合成路线为：

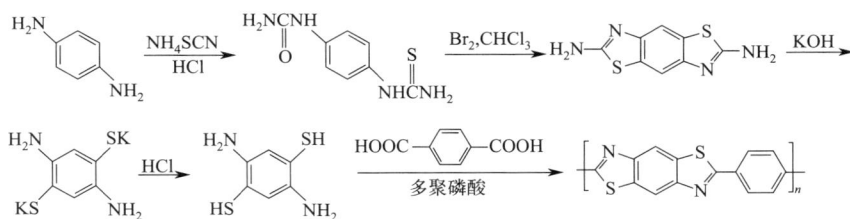

在实际应用中，除了上述两类取得很大成功的溶致主链型液晶高分子外，还有很多液晶高分子也能形成此类液晶，如聚肽、共聚酯等。

纤维素及其衍生物，如二羟丙基纤维素等，也能形成溶致型液晶，所形成的液晶是胆甾型的。此外，聚有机磷嗪、含有金属的聚炔烃也可形成溶致型液晶。

（2）热致主链型液晶高分子

热致主链型液晶高分子通常是由聚酯类高分子形成的。由于缺少酰胺键中的氢原子，此类高分子很难形成溶致型液晶。此种聚酯类高分子通常为芳香族聚酯和共聚酯。此外，还有含有偶氮苯、氧化偶氮苯和苄连氮等特征基团的共聚酯。

由于主链的刚性和不溶解性质，此类高分子的合成比较困难。改进的方法是：先制备分子量较小的中间体，然后在此中间体的熔点附近进行固相聚合，进一步缩聚成高分子量的芳香族聚酯。

有以下 4 个基本反应可用于芳香族聚酯的合成：

① 芳香族酰氯与酚类的 Schotten-Baumann 反应；

② 高温酯交换反应；

③ 氧化酯化，其反应机理可表示为：

$$ArOH + Ar'COOH + (C_6H_5)_3P + C_2Cl_6 \longrightarrow ArCOOAr' + (C_6H_5)_3PO + C_2Cl_4 + 2HCl$$

④ 通过新的酸酐进行聚合，此反应是酯与酚交换反应的改进，例如：

181

$$RCOOH+ArSO_2Cl \longrightarrow RCOOSO_2Ar \xrightarrow{R'OH} RCOOR' +ArSO_3H$$

工业上广泛应用的是高温酯交换反应。

除上述的主链型液晶高分子外，报道表现为热致液晶行为的主链型液晶高分子还有聚醚

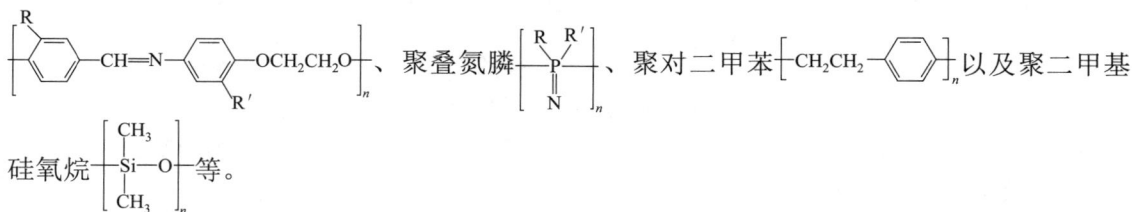

$\left[\begin{array}{c} R \\ \end{array} \text{—CH=N—} \begin{array}{c} \\ R' \end{array} \text{—OCH}_2\text{CH}_2\text{O—}\right]_n$ 、聚叠氮膦 $\left[\begin{array}{c} R\ R' \\ P \\ N \end{array}\right]_n$ 、聚对二甲苯 $\left[\text{CH}_2\text{CH}_2 \text{—} \text{—}\right]_n$ 以及聚二甲基

硅氧烷 $\left[\begin{array}{c} CH_3 \\ Si—O \\ CH_3 \end{array}\right]_n$ 等。

5.1.2.2 侧链型液晶高分子

侧链型液晶高分子是指介晶基元位于聚合物侧链的液晶高分子。与主链型液晶高分子不同，侧链型液晶高分子的性质主要决定于介晶基元，受聚合物主链的影响程度较小。对侧链型液晶高分子，液晶态的形成并不要求聚合物链处于取向态，而完全由介晶基元的各向异性排列决定。介晶基元大多是通过柔性链与聚合物主链连接，所以其行为更接近小分子液晶。主链型液晶高分子主要用于增强材料，侧链型液晶高分子则主要用作功能材料。

介晶基元按结构可分为双亲性介晶基元和非双亲性介晶基元。相应的侧链型液晶高分子可分为双亲性侧链型液晶高分子和非双亲性侧链型液晶高分子两类，研究和应用较多的是非双亲性侧链型液晶高分子。若非特别指明，侧链型液晶高分子都是指非双亲性的。

（1）非双亲性侧链型液晶高分子 侧链型液晶高分子的主链主要是柔性聚合物链，有聚丙烯酸酯类、聚硅氧烷、聚苯乙烯和聚乙烯醇 4 类。聚硅氧烷链由于柔性较大，是受到重视的一类主链。

介晶基元与主链的连接方式有端接（end-on）、侧接（side-on）两种；另外，还有在一根侧链上并列接上两个介晶基元的连接方式，从而形成孪生（twin）侧链型液晶高分子。

侧链型液晶高分子的分子结构可分为主链、间隔链（spacer）和介晶基元 3 部分：

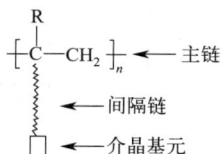

$$\left[\begin{array}{c} R \\ C—CH_2 \\ \end{array}\right]_n \leftarrow 主链$$
$$\wedge\wedge\wedge \leftarrow 间隔链$$
$$\square \leftarrow 介晶基元$$

间隔链的作用十分重要。当无柔性间隔链时，受聚合物主链构象的影响，介晶基元取向困难，难以出现液晶相；同时又由于介晶基元的影响，整个聚合物链刚性增加，玻璃化转变温度（T_g）提高，这种现象也称为聚合物主链与侧链间的偶合（coupling）作用。间隔链即柔性连接链可消除或大大减弱此种偶合作用，称为去偶合（decoupling）作用。

各向异性单体的聚合过程对液晶有序性也有影响。例如，无论单体是胆甾型还是近晶型，聚合后均表现为近晶液晶行为。因此，要得到胆甾型液晶高分子，就必须采用能形成液晶且处于各向同性的旋光活性单体。

丙烯酸酯类聚合物通常是通过自由基聚合物反应获得的，分子量分布较宽，使其光电转换的效率受到限制。采用阳离子聚合方法制备侧链型液晶高分子，控制其分子量分布。活性开环聚合反应也可制备分子量分布较窄的液晶高分子。

共聚合反应是制备侧链型液晶高分子最有效的方法。两种共聚单体或者都含有介晶基元或者其中一种单体不含介晶基元，采取共聚方法，可有效地调节聚合物的结构和性质。含有胆甾型介晶基元的单体，得到的均聚物只表现近晶态。因此，含有介晶基元的单体共聚是制备胆甾型液晶高分子最有益的方法。

缩聚反应是合成侧链型液晶高分子的另一类重要反应。通过缩聚反应还可制得主链上和侧链上都含有介晶基元混合结构的液晶高分子。对同一高分子物，两种不同介晶基元的相互作用会引起性质的变化，为液晶分子的设计增加了新的途径。

基团转移聚合反应也是制成侧链型液晶高分子的有效方法，此类反应主要用来合成聚甲基丙烯酸酯类为主链的侧链型液晶高分子。

（2）双亲性侧链型液晶高分子

双亲性单体聚合可得到双亲性聚合物，亦称"聚皂"。此类溶致液晶是由 Friberg 等首先提出的，由单体至聚合物的转变伴随着由单体六方相向聚合物片晶相（lamellar）的转变。

此类液晶的相结构与双亲性介晶基元和聚合物主链的连接方式有关，有以下两种连接方式。

① A 型　憎水一端与主链相接，例如：

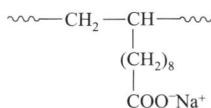

$$\sim\sim\sim-CH_2-CH\sim\sim\sim$$
$$(CH_2)_8$$
$$COO^-Na^+$$

② B 型　亲水一端与主链相接，例如：

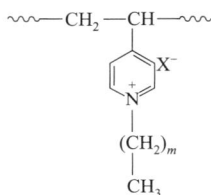

$$\sim\sim\sim-CH_2-CH\sim\sim\sim$$
$$\overset{+}{N}\quad X^-$$
$$(CH_2)_m$$
$$CH_3$$

5.1.3　液晶高分子材料的特性及应用

液晶分子的取向程度可用有序参数 S 表征。对于向列型液晶，液晶体系是轴对称的，S 可表示为：

$$S=<P_2>=\langle\frac{3}{2}\cos^2\theta-\frac{1}{2}\rangle$$

式中，θ 为主链方向与取向方向之间的夹角。如果不是向列态，液晶系不是轴对称，S 必须用张量表示。S 值随温度的增加而减小。

在液晶的许多特性中，最有意义的是它独特的流动性。

图 5-2 给出了聚对苯二甲酰对苯二胺（PPTA）浓硫酸溶液的黏度-浓度关系曲线。从图中可以看到，这种液晶态溶液的黏度随浓度的变化规律与通常高分子溶液体系不同。通常高分子溶液体系的黏度是随浓度增加而单调增大的。而这种液晶溶液在低浓度范围的

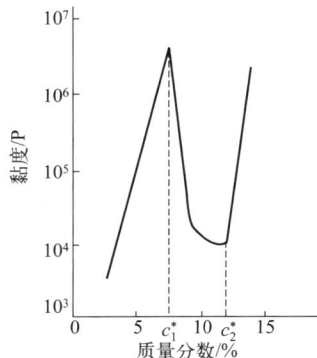

图5-2　聚对苯二甲酰对苯二胺浓硫酸溶液的黏度-浓度曲线（20℃，M=29700）

黏度随浓度增加急剧上升，出现一个黏度极大值；随后浓度增加，黏度反而急剧下降，并出现了一个黏度极小值；最后，黏度又随浓度的增大而上升。这种黏度随浓度变化的形式是刚性高分子链形成液晶态溶液体系的规律，反映了溶液体系内区域结构的变化。当浓度很小时，刚性高分子在溶液中均匀分散，无规取向，形成均匀的各向同性溶液，此时该溶液的黏度与浓度关系和普通体系相同，即随着浓度的增加黏度迅速增大。黏度出现极大值的浓度是一个临界浓度 c_1^*，达到这个浓度时，体系开始建立起一定的有序区域结构，形成向列型液晶，使黏度迅速下降，这时溶液中各向异性相与各向同性相共存。当浓度继续增大时，各向异性相所占的比例增大，黏度减小，直到体系成为均匀的各向异性溶液时，体系的黏度达到极小值，这时溶液的浓度是另一个临界值 c_2^*。临界浓度 c_1^*、c_2^* 的值与高聚物的分子量和体系的温度有关，通常随分子量增大而降低，随温度升高而增大。

拓展阅读
5-1
液晶高分子材料的发展趋势

液晶态溶液的黏度与温度间的变化规律也不同于高分子浓溶液体系。随着温度的升高，黏度出现极大值和极小值。根据液晶态溶液的浓度-温度-黏度关系创造了新的纺丝技术——液晶纺丝。该技术解决了通常情况下难以解决的高浓度必然伴随高黏度的问题；同时由于液晶分子的取向特性，纺丝时可以在较低的牵伸倍率下获得较高的取向度，避免纤维在高倍拉伸时产生内应力而使性能受到损伤，获得高强度、高模量、综合性能好的纤维。例如聚对苯二甲酰对苯二胺（芳香尼龙）的一些溶剂体系的浓溶液，运用新技术纺丝，获得纤维的拉伸强度可高达每旦 25 g，模量高达每旦 1000 g。旦为旦尼尔的简称，为纤度单位。9000 m 长的天然丝或化学纤维的重量是多少克数，即称其纤度为多少旦。

此外，液晶显示技术是利用向列型液晶灵敏的电响应特性和光学特性的例子。把透明的向列型液晶薄膜夹在两块导电玻璃板之间，施加适当的电压，很快变成不透明。因此，当电压以某种图形施加到液晶薄膜上，便产生图像。这一原理可以应用于数码显示、电光学快门，甚至可用于复杂图像的显示，做成电视屏幕、广告牌等。还有胆甾型液晶的颜色随温度变化的特征，可用于温度的测量，如对小于 0.1℃ 的温度变化，就可以借助液晶的颜色变化用视觉辨别。胆甾型液晶的螺距会因某些微量杂质的存在受到强烈的影响，从而改变颜色，这一特性可用作某些化合物痕量存在的指示剂。

5.2 吸附性高分子材料

吸附性高分子材料是指具有突出吸附或吸收性能的高分子功能材料，主要包括吸附树脂、活性碳纤维、高吸水性树脂和高吸油性树脂（拓展阅读）4 类。

5.2.1 吸附树脂

吸附树脂是一类多孔性、高度交联的高分子共聚物，亦称为高分子吸附剂。我国自 1980 年后开始工业化生产和应用吸附树脂。

吸附树脂具有多孔结构，其外观为球形颗粒，颗粒内部由众多微球堆积、连接在一起。正是这种多孔结构，赋予吸附树脂优良的吸附性能。吸附树脂按化学结构可分为非极性吸附树脂和极性吸附树脂等不同类型，也可按吸附机理或孔结构等进行分类，通常是按化学结构

高分子材料基础（第四版）

进行区分的。

非极性吸附树脂是指由非极性单体聚合而成的多孔树脂，例如由二乙烯基苯为单体聚合而成的吸附树脂。极性吸附树脂按极性的大小又可区分为中极性吸附树脂、极性吸附树脂和强极性吸附树脂。中极性吸附树脂是由含酯基、羰基一类单体聚合而成的，通常含有酰胺基、亚砜基、氰基等；强极性吸附树脂含有吡啶基、氨基等强极性基团。

5.2.1.1 吸附树脂的制备

吸附树脂的制备技术主要包括成球和致孔两个方面。

（1）成球

采用悬浮聚合方法制成粒径为 0.3 ～ 1.0 mm 的吸附树脂。例如，单体（二乙烯基苯）、致孔剂（甲苯、200 号汽油）、引发剂（过氧化二苯甲酰）按一定比例混合，随后进行悬浮聚合，即可制得非极性吸附树脂。

当烯烃类单体含有极性基团时，如丙烯酸甲酯、甲基丙烯酸甲酯、丙烯腈、乙酸乙烯酯、丙烯酰胺等，它们在水中具有较大的溶解度，虽然仍能采用悬浮聚合方法合成相应的球形聚合物，但聚合条件与苯乙烯、二乙烯基苯等非极性单体的悬浮聚合不同。当缩聚树脂所用单体的水溶性大时，需要采用反相悬浮缩聚反应进行成球反应，即反应时的分散介质为惰性的有机液体，如液体石蜡等。

（2）致孔

就是在球形聚合物颗粒内形成孔隙的技术。通常的方法是在聚合过程中加入致孔剂。致孔剂包括低分子和高分子两类。

在悬浮聚合体系的单体相中，加入不参与聚合反应并与单体相溶、沸点高于聚合温度的惰性溶剂，在聚合完成后，再用适当的方法，如萃取或冷冻干燥等，将其从聚合物珠体中除去，得到大孔聚合物珠体，惰性溶剂原来占据的空间就成为聚合物珠体中的孔。这种惰性溶剂就是一种低分子致孔剂。线型高分子也可用作致孔剂，称为聚合物致孔剂。可用作致孔剂的线型聚合物有聚乙烯、聚乙酸乙烯酯、聚丙烯酸酯类等。在聚合过程中，作为线型聚合物溶剂的单体逐渐减少和消失，发生相分离。悬浮聚合完成后，采用溶剂抽提方法除去聚合物珠体中的线型聚合物，得到孔径较大的大孔树脂。也可将合适的低分子致孔剂和高分子致孔剂按一定比例混合使用，以制得所需孔结构的吸附树脂。

以上方法制得的吸附树脂孔径大，而孔的比表面积较小，因此吸附效率不理想。

为提高孔的比表面积，发展了如下几种新的致孔技术。

① 后交联致孔技术　用悬浮聚合方法制备吸附树脂时，交联度［二乙烯基苯（DVB）的含量］对孔结构的影响较大。用 50% 含量的工业 DVB 制得的吸附树脂，比表面积不足 500 m^2/g；而采用后交联致孔技术，可大幅度提高孔的比表面积。

例如，先用苯乙烯和少量 DVB 以悬浮聚合方法制成凝胶（不加致孔剂）或多孔性（比表面积不大）的低交联（0.5% ～6.0%）的共聚物，再用氯甲醚进行氯甲基化反应（Fridel-Crafts 反应）：

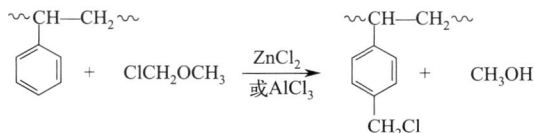

在较高温度下引入的氯甲基可与邻近的苯环进一步发生 Fridel-Crafts 反应：

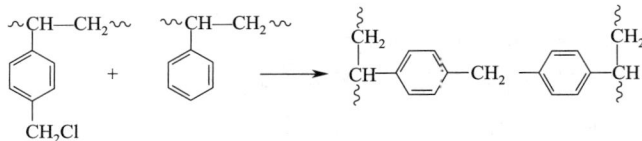

这样，原来分属两个分子链上的苯环通过亚甲基桥联实现了交联，未用其他的交联剂；同时又是在聚合后进行交联，称为后交联。如此制得的吸附树脂孔的比表面积可达 1000 m²/g 以上。

② 乳液制孔技术　该技术是以可聚合的单体为油相，制备油包水（W/O）型乳液。在聚合时，分散在油相中的水珠起致孔剂的作用，通过控制分散剂类型与用量、油相与水相比例、搅拌速率等因素调整孔径（水珠直径）和孔度（水珠含量）。这种方法制备的吸附树脂孔径均一，具有良好的吸附动力学特征和较高的吸附选择性。

③ 无机微粒致孔技术　采用溶胶-凝胶工艺制备出粒度均一的无机纳米粒子，若此纳米粒子在适当条件下能够溶解，就可用作多孔材料的致孔剂。以其作为致孔剂，采用模板胶体晶技术，可制得三维有序、窄分布的孔结构材料。已用这种方法制得平均孔径为 71～480 nm 的三维有序间规聚苯乙烯吸附树脂。

5.2.1.2　吸附树脂的特性和用途

吸附树脂具有吸附选择性，其主要特性如下：

① 水溶性小的有机物易被吸附，在水中的溶解度越小越易被吸附。无机酸、碱、盐则不被吸附。

② 吸附树脂不能吸附溶于有机溶剂的有机物。如溶于水中的苯酚，可被吸附；而溶于乙醇或溶于丙酮中的苯酚，则不能被吸附。

③ 当吸附树脂与有机物形成氢键时，可增加吸附量和吸附选择性。

吸附树脂已广泛应用于天然食品添加剂的提取、药物提取纯化、环境保护以及血液净化等方面。

5.2.2　活性碳纤维

活性碳纤维是以高聚物为原料，经高温碳化和活化制成的一种纤维状高效吸附分离材料。可根据原料的名称进行分类和命名，例如，以纤维素为原料制得的称为纤维素基活性碳纤维，以聚丙烯腈为原料制得的称为聚丙烯腈基活性碳纤维等。活性碳纤维的制备工艺可概括为预处理、碳化和活化 3 个主要阶段，如图 5-3 所示。

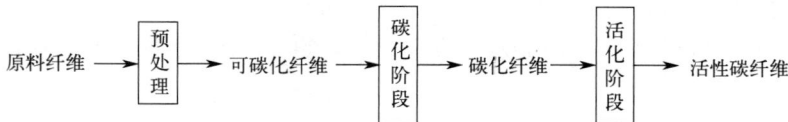

原料纤维 → 预处理 → 可碳化纤维 → 碳化阶段 → 碳化纤维 → 活化阶段 → 活性碳纤维

图5-3　活性碳纤维的生产过程

活性碳纤维的表面含有大量含氧官能团，如酚羟基、醌基、酮基、羧基等；此外还有 C—H 结构以及 C 原子与 N 等杂原子形成的基团。活性碳纤维的本体（体相）的 C 原子主要以类石墨平面片层大共轭结构存在。活性碳纤维的比表面积为 $1000\sim3000\ m^2/g$，巨大的比表面积赋予它极高的吸附容量。

活性碳纤维孔结构特点是微孔占孔体积的 90% 以上（孔径 2 nm 以下的为微孔）、孔径小且分布窄（图 5-4），所以吸附分离性能好。另一特点是微孔直接分布在纤维表面，吸附和解吸的途径短，因而具有很高的吸附和解吸速率；不像颗粒状活性炭，吸附分子必须经过大孔、中孔才到达微孔吸附中心。图 5-5 为活性碳纤维的孔结构模型。

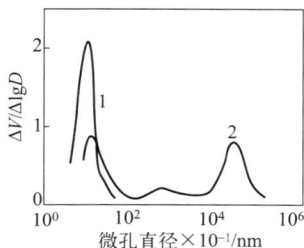

图5-4　活性碳纤维和活性炭的孔径分布
1—活性碳纤维；2—活性炭

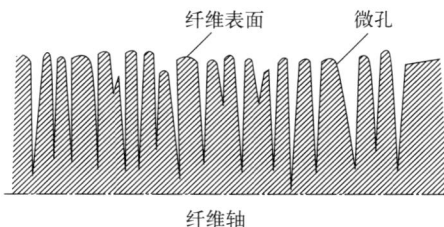

图5-5　活性碳纤维的孔结构模型

活性碳纤维具有与传统活性炭等吸附材料不同的化学结构与物理结构，具有优异的性能特征，如碳含量高、比表面积大、微孔丰富、孔径小且分布窄，因而吸附量大，吸附速度快，再生容易。此外，还能以纱、线、布、毡等形式使用，在工程应用上灵活方便。在化学化工、环境保护、医疗卫生、电气、军工等领域具有良好的应用前景，已成功应用于溶剂回收、废水废气净化、毒气、毒液、放射性物质及微生物的吸附处理、贵金属回收等方面。因此，活性炭纤维一直受到科学家和企业家的重视，是当今国际上多孔吸附分离材料研究的热点，是当今优秀的环境材料之一。

5.2.3　高吸水性树脂

高吸水性树脂是一种吸水能力高、保水能力强的功能高分子材料，能吸收自身重量几十倍乃至上千倍的水并膨润成凝胶，即使施加压力也不能把水脱离出来。迄今为止，研制成功的高分子吸水性树脂最高吸水倍数可达 5000 倍。高吸水性树脂由于是用作凝胶的干状物质，有时也被称作干胶。高分子吸水性树脂因其奇特的性能和可观的应用前景，由普通的应用性能和功能向智能化、多功能材料的高层次开发发展，其应用领域已经渗透到国民经济的许多方面。

5.2.3.1　高吸水性树脂的结构特征及吸水机理

高吸水性树脂具有轻度交联的三维网络结构，其主链由饱和的碳-碳链组成，侧链因参与聚合的单体不同而不同，通常有羧基、羟基、磺酸基等亲水基团，使该树脂具有吸水性，但不溶于水，也不溶解在常规的有机溶剂中。其结构特征在于含有大量亲水基团的侧链、不溶于水的骨架主链及网络。

高吸水性树脂的分子结构大多是聚电解质，是一种带有离子基团的聚合物。当这种聚合物接触到水，反离子溶解于水，同时网络结构上也形成固定的离子基团。由于树脂内外有离子浓度差，形成渗透压，导致水分子能进入树脂的内部，如图 5-6 所示。另一方面，聚合物支链上存在亲水基团，它们的水合作用也促进了树脂的吸水膨胀。在盐溶液中，由于电荷屏蔽效应，溶液中的离子改变了聚电解质分子内外的相互作用，更重要的是由于吸水树脂外部离子浓度的升高，凝胶内的渗透压降低，导致吸水树脂膨胀性能的大幅度降低。

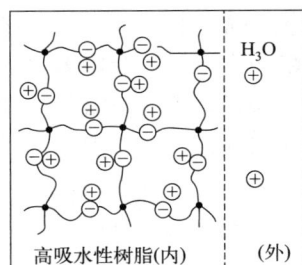

图5-6　高吸水性树脂吸水机理（H_2O）

5.2.3.2　高吸水性树脂的分类及制备

高吸水性树脂种类繁多。以原料来源分类，可分为天然高分子及其改性物，如淀粉系列（淀粉接枝、羧甲基化等）、纤维素系列（羧甲基化、接枝等）；合成高分子，如聚丙烯酸、聚丙烯酰胺等。有些吸水性树脂可降解，有些则不能。

吸水性树脂的合成大多采用功能性单体的均聚、共聚及接枝共聚等。引发方法有化学引发、射线辐射引发、微波辐射引发、紫外线辐射引发和等离子体引发等，以化学引发为主。聚合实施方法可以采用本体聚合法、溶液聚合法和反相悬浮聚合法等。与前两种方法相比，反相悬浮聚合法聚合过程稳定，聚合产物不易成块状凝胶、粒径均匀、吸水率高。由于采用的原料及产物是亲水性的，采用反相悬浮聚合法可避免聚合产物吸收大量水分，有利于产物的后处理。

（1）淀粉类

淀粉是亲水性的天然多羟基高分子化合物，其接枝共聚物是最早开发的一种高吸水性树脂。其制备方法是淀粉和取代烯烃在引发剂存在下进行接枝共聚。如用淀粉和丙烯腈在引发剂存在下进行接枝共聚，聚合产物在强碱条件下加压水解，接枝的丙烯腈变成丙烯酰胺或丙烯酸盐，干燥后即得产品。这种接枝的吸水树脂吸水率较高，可达自身质量的千倍以上，但长期保水性和耐热性较差。

（2）纤维素类

纤维素与淀粉相似，也可以作为接枝共聚体的骨架，接枝单体除丙烯腈外还可使用丙烯酰胺或丙烯酸等，所得产品为片状。将纤维素与氯乙酸反应得到羧甲基纤维素，在加热条件下进行不溶化处理或用环氧氯丙烷等交联后，可制得高吸水性树脂。虽然纤维素类吸水性树脂的吸水能力比淀粉类低，但是在一些特殊性能方面，纤维素类吸水性树脂是不能代替的，例如制作高吸水性织物等。

（3）合成树脂类

合成树脂类高吸水性树脂有如下几大类。

① 聚丙烯酸系树脂　这类树脂的代表性产品是丙烯酸甲酯与乙酸乙烯酯共聚后的皂化产物。它有三大特点：一是高吸水状态下仍有很高的强度；二是对光和热有较高的稳定性；三是具有优良的保水性。与淀粉类树脂相比，具有更高的耐热性、耐腐蚀性和保水性。

② 聚丙烯腈系树脂　这类树脂是由聚丙烯腈纤维皂化其表面层，再用甲醛交联制得；腈纶丝水解后用 $Al(OH)_3$ 交联的产物也属于这一类。后者的吸水能力可达自身质量的 700 倍，而且成本低廉。

③ 聚乙烯醇系树脂　日本 Kuraray 公司开发了用聚乙烯醇与酸酐反应制备改性聚乙烯醇高吸水性树脂的方法。顺酐溶解在有机溶剂中，然后加入聚乙烯醇粉末，在加热搅拌条件下进行非均相反应，使聚乙烯醇上的部分羟基酯化，引入羧基，再用碱处理，得到高吸水性的改性聚乙烯醇树脂。

④ 聚环氧乙烷系树脂 聚环氧乙烷交联制得的高吸水性树脂虽然吸水能力不高，但它是非电解质，耐热性强，盐水几乎不降低其吸水能力。

⑤ 其他非离子型合成树脂 开发了以羟基、醚基、酰胺基水溶液进行辐射交联，得到含羟基的吸水性树脂。这类树脂吸水能力较小，一般只能达到自身质量的 50 倍。它们通常不作吸水材料用，而是作为水凝胶用于人造水晶和酶的固定化方面。

5.2.3.3　高吸水性树脂的应用

高分子吸水性树脂具有高吸水性、高保水性、高增稠性三大功能。高吸水性树脂主要有如下几方面的应用。

① 日常用品 一次性卫生用品是高分子吸水性树脂主要的应用领域，约占高分子吸水性树脂总用量的 70%～80%，主要用于婴幼儿护理卫生用品、妇女护理卫生用品和成人失禁卫生用品。

② 农林方面 土壤中混入 0.1%～0.5% 高吸水性树脂后，即使干旱缺水时，也能保持其有效稳定的湿度，减少浇水次数，使作物生长旺盛、产量提高，节省劳动力。此外，高分子吸水性树脂还有改善土壤团粒结构的作用。在改造沙漠中，高吸水性树脂可作水分保持剂、肥料缓蚀剂。高吸水性树脂吸水后与种子混合，用于大规模机械化流体播种，不仅可节省50% 的种子，而且种子受机械损害程度小，成活率高。

③ 隔水材料 用高吸水性树脂与橡胶或塑料共混后，可加工成许多形状，用于土木建筑领域挤缝。这些材料遇水后就会急剧膨胀，有很高的水密封性。这一技术在防止油气渗漏、废水渗漏等油田化学中，已作为密封或包装密封而得到广泛应用。

④ 露点抑制剂和温度调节剂 高吸水性树脂具有平衡水分的功能，在高湿度下能吸收水分，在低湿度下又能放出水分。国外制造高吸水性树脂非织布，将它衬在包装箱内或做成口袋包装水果、蔬菜，这样可调节水分并防止在塑料袋内形成水珠，以保持水果、蔬菜等的鲜度。该高吸水性树脂非织布用于内墙装饰，可防止结露并调节空气湿度。

⑤ 医疗保健 用作外用软膏基质，有提高药效、清洗方便的特点；用于缓释药物的制造；制成的冰枕、冰袋，有降低体温、防止身体局部过热的作用。

⑥ 在水泥改性中的应用 高吸水性树脂应用于水泥改性、制造高强度混凝土的研究始于 20 世纪 70 年代末，研究集中在丙烯酸及其衍生物高吸水性树脂上。将耐盐型的部分磷酸化聚乙烯醇高吸水性树脂应用于混凝土改性中，效果良好。当选择合适的交联密度和可解离磷酸根含量时，添加 2.4%～3.0% 的此类树脂，可使抗压强度提高 25% 以上，并且耐蚀性大为提高，而收缩率大大降低。

拓展阅读

5-2
高吸油性
树脂

5.3　离子交换树脂和离子交换纤维

5.3.1　离子交换树脂

离子交换树脂亦称为离子交换剂，是由交联结构的高分子骨架和可电离的基团两个部分组成的不溶性高分子电解质。它能与液相中带相同电荷的离子进行交换反应，并且此交换反应是可逆的；当条件改变时，用适当的电解质（如酸或碱等）又可恢复其原来的状态而供再次使用，这称为离子交换树脂的再生。

以强酸型离子交换树脂 R—SO₃H 为例（R 为树脂母体），存在如下可逆反应：

$$R-SO_3H+Na^+ \rightleftharpoons R-SO_3Na+H^+$$

在过量 Na^+ 存在时，反应向右进行，H 型树脂可完全转化成钠型树脂，此为除去溶液中 Na^+ 的原理。当 H^+ 过量时（即加入酸时），则反应向左进行，此即强酸型离子交换树脂再生的原理。

5.3.1.1 类型

离子交换树脂品种繁多。有两种分类方法，即根据离子交换树脂上所带交换官能基团进行分类和根据树脂的孔结构进行分类。

（1）根据官能基团分类

根据离子交换树脂上所带离子化基团的不同，可分为如下几类。

① 阳离子交换树脂 按其交换性能的强弱分为强酸型、中等酸型和弱酸型 3 类。强酸型阳离子交换树脂如磺化苯乙烯-二乙烯基苯共聚物、磺化酚醛树脂等，其交换功能基团都是—SO₃H。中等酸型阳离子交换树脂的例子有磷酸类阳离子交换树脂和膦酸类阳离子交换树脂等。弱酸型阳离子交换树脂有含羧基的阳离子交换树脂和含酚基的阳离子交换树脂。

② 阴离子交换树脂 有强碱型、弱碱型和强弱碱型混合体的区分。强碱型阴离子交换树脂又分为季铵类阴离子交换树脂、鏻离子类阴离子交换树脂、锍离子类交换树脂，分别以 ☰N⁺X⁻、☰P⁺X⁻、☰S⁺X⁻ 基作为离子交换基团。弱碱型阴离子交换树脂如间苯二胺-甲醛、三聚氰胺-胍-甲醛、吡啶-二乙烯基苯和苯酚-多亚乙基胺-甲醛等离子交换树脂。强弱碱型混合阴离子交换树脂如四乙五胺 [H(HNCH₂CH₂)₄NH] 与环氧氯丙烷生成的离子交换树脂。

③ 特殊的离子交换树脂 包括螯合树脂、两性离子交换树脂（蛇笼树脂）、氧化还原树脂等特殊功能的离子交换树脂。

螯合树脂可以螯合键吸附金属离子，如下式所示：

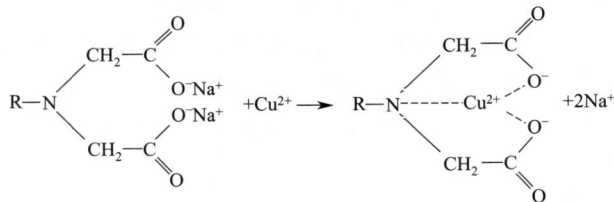

这是一类具有高度选择性的离子交换树脂。

两性离子交换树脂是同时具有酸性阳离子交换基团和碱性阴离子交换基团的离子交换树脂。其中最特殊的是"蛇笼树脂"（snake cage resin）；它是在同一个树脂颗粒里带有阴、阳交换功能的两种聚合物，以一种交联的树脂为"笼"，另一种线型树脂为"蛇"。例如以交联的阴离子交换树脂为笼，如丙烯酸盐聚合，使能聚合的阴离子所生成的线型聚合物在体型母体内被紧紧抓住，而不能被其他离子置换。这种树脂的两种功能基团相互接近，相互中和；但遇到溶液中的离子时，还能起交换作用，可使溶液脱盐，使用后只需用水洗即可恢复交换能力，如图 5-7 所示。蛇笼树脂应用的原理是离子阻滞，即利用蛇笼树脂中所带阴、阳两种功能基团截留阻滞处理液中的电解质。

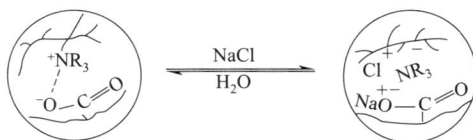

图5-7 蛇笼树脂及其离子交换机理

氧化还原树脂亦称为电子转移性树脂，是指能反复进行氧化-还原反应的高分子聚合物，例如带氢醌基、巯基等基团的高分子聚合物。这类树脂主要应用于催化氧化-还原反应，以及用作去氧剂和抗氧剂、净化单体及环境保护等。

此外还有热再生树脂、磁性树脂、碳化树脂等具有特殊功用的交换树脂，在耐热高分子聚合物骨架上赋予交换基团的耐热性离子交换树脂。

（2）根据孔结构分类

根据树脂的孔结构，可分为凝胶型离子交换树脂和大孔型离子交换树脂。

凝胶型离子交换树脂是指：在合成离子交换树脂或其前体的过程中，聚合体系中除单体和引发剂之外不含不参与聚合的物质，即致孔剂，所得离子交换树脂在干态和湿态都是透明的颗粒。在溶胀状态下，存在聚合物链间的凝胶孔，孔径为 2～4 nm，小分子或离子可在凝胶孔内扩散。大孔型离子交换树脂是指：在其合成过程中或其前体的合成过程中，除单体和引发剂外，还加入不参加反应、与单体互溶的致孔剂。在所得的离子交换树脂颗粒内存在海绵状多孔结构，因而是不透明的。这种聚合物在分子水平上类似烧结玻璃过滤器。大孔型离子交换树脂的孔径从几纳米到几百纳米甚至到微米级，比表面积可达每克数百平方米。

凝胶型离子交换树脂的优点是：体积交换容量大、成本低；缺点是：耐渗透强度低。大孔型离子交换树脂的优点是：耐渗透强度高、抗有机污染、可交换较大的离子且交换速率大；缺点是：成本高、体积交换量较低。

5.3.1.2 制备方法

离子交换树脂是在具有微细网状结构的高分子骨架（母体）上引入离子交换基团的树脂。其合成方法可分为两种：一种方法是在交联的高分子骨架上通过高分子反应引入交换基团，例如使苯乙烯与二乙烯基苯共聚（二乙烯基苯的用量决定其交联程度），再进行磺化，引入—SO_3H，即得强酸型阳离子交换树脂；另一种方法是带有离子交换基团的单体进行聚合或缩聚反应，例如通过如下反应制得弱酸型阳离子交换树脂。

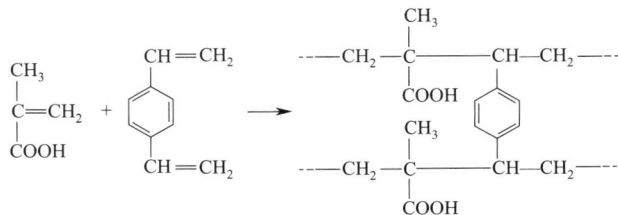

最早是将块状聚合物粉碎制成粒状离子交换树脂，市售物料都是 20～50 目的球体，是通过悬浮聚合方法制得的。在制备大孔树脂时，还需要在聚合过程中加入适当的致孔剂。

5.3.2 离子交换纤维

离子交换纤维是以合成纤维或天然纤维为基体的纤维状离子交换材料。离子交换纤维可以不同的织物形式存在，如纤维、纱绒、无纺布、毡、纸等，还可以是中空离子交换纤维、离子交换纤维膜等。

与离子交换树脂分类相同，离子交换纤维也可分为阳离子交换纤维、阴离子交换纤维和两性离子交换纤维。

离子交换纤维的制备方法可分为直接功能化法和共混法或共混物成纤-功能化法。

5.3.3 用途

拓展阅读

5-3
螯合树脂
及配位高
分子材料

离子交换树脂和离子交换纤维的应用已涉及许多工业领域，是发展较为完善的一类高分子材料。其用途主要有以下几个方面：

① 水处理。包括硬水软化、高压锅炉用水、医疗用水、海水淡化、去除水中放射性物质、回收废水中贵金属等。

② 提取及分离。铀的提取及其他贵重金属的分离回收。

③ 在医药方面。例如用弱酸型阳离子交换树脂分离与提纯链霉素，用于治疗溃疡病等。

④ 在食品工业中。在制糖业，用于精制白糖；在酿酒中，用于除去醛类物质以及回收氨基酸、酒石酸等。

⑤ 在化工中。广泛用作高分子催化剂。如酯的水解、醇醛缩合、蔗糖转化等都可应用离子交换树脂作催化剂，它具有选择性高、不腐蚀设备、减少副反应、可回收等一系列优点。在某些氧化还原反应中，可用作氧化-还原树脂的催化剂等。

此外，在化学分析、净化、脱色、环境保护等方面也都有广泛的应用。

5.4 感光性高分子材料

感光性高分子又称为感光性树脂，是具有感光性质的高分子材料。高分子的感光性质是指高分子吸收光能量后分子内会产生化学或结构的变化，如降解、交联、重排等。吸收光的过程借助其他感光性低分子物（光敏剂），光敏剂吸收光能后，再引发高分子材料的化学变化。

感光性高分子是根据照相制版术的需要发展起来的，所以用于照相制版的感光树脂称为光致抗蚀材料。感光性高分子材料的研究可追溯到 1813 年，当时法国 Niepce 研究了沥青的光固化性，将沥青涂在石板上，放进照相机中，曝光后以松节油揩去未固化的沥青而得到图像。进入 20 世纪，特别是第二次世界大战后，以聚乙烯醇肉桂酸酯为开端，感光性高分子的研究和应用进入了迅速发展的阶段。

5.4.1 感光性高分子材料的类型

感光性高分子，根据光照后物性的变化可分为光致溶化型、光致不溶化型、光降解型、光导电型、光致变色性型等，根据感光基团的种类可分为重氮型、叠氮型、肉桂酸型、丙烯酸型等，根据光反应的种类可分为光交联型、光聚合型、光氧化还原型、光二聚型、光分解型等。

常采用的分类方法是根据高分子的形态或组成分为以下类型。

① 感光性化合物＋高分子型　这是感光性化合物与高分子混合而成的感光高分子。在其组成中还有溶剂、染料和增塑剂等添加剂。常用的感光性化合物有重铬酸盐类、芳香族重氮化合物、芳香族叠氮化合物、有机卤素化合物等，此外还包括光聚合引发剂与不饱和高分子组成的体系。

② 带有感光基团的高分子型　感光性高分子就是指此类高分子。作为感光材料使用时还需要添加光敏剂、溶剂、增塑剂等添加物。带有感光基团的高分子的主要品种有：聚乙烯醇肉桂酸酯及其他带有肉桂酸基的高分子；具有重氮和叠氮基的高分子；具有其他感光基团的高分子，如噻唑系高分子、含硝基的高分子等。此外，还有光降解型的感光高分子，如聚甲基乙烯基酮等。

③ 光聚合组成型　作为感光性材料用的光聚合组成体系是多组分的，包括单体、聚合物或预聚物、光聚合引发剂、热聚合抑制剂、增塑剂、色料等。可分为：单纯光聚合体系，由单体和光敏剂组成；光聚合单体与高分子组成的体系。

5.4.2　感光性高分子材料的合成方法

这里主要是指带有感光基团的高分子的合成方法。有两种基本类型。

① 使带有感光基团的单体进行聚合或缩聚反应。表 5-1 中列出了一些带有感光基团的单体。

■　表 5-1　一些带有感光基团的单体

感光基团	单体
肉桂酰基	
亚肉桂基	
吡喃酮	
香豆素	
叠氮	
二苯酮	

② 通过高分子反应使高分子链骨架上带感光基团。例如，把聚乙烯醇用肉桂酰氯酯化，制得聚乙烯醇肉桂酸酯：

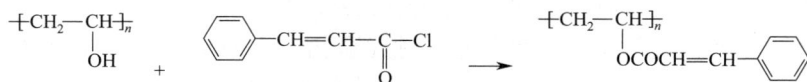

$$\begin{array}{ccc} \text{聚乙烯醇} & + & \text{肉桂酰氯} \end{array} \longrightarrow \text{聚乙烯醇肉桂酸酯}$$

该聚合物受到光照后发生交联固化，可制备出很多品种的感光性高分子。

在实际应用中，只引入感光基团还不够，常需要对高分子骨架进行改性。改性的主要途径是：通过在高分子链上的反应引入新的侧基，以及与其他单体进行共聚反应。改性的目的是改进其溶解性能、成膜性能以及力学性能等，以满足实际应用的要求。例如，用聚乙烯醇肉桂酸酯类光致抗蚀剂显影时需要用有机溶剂，这是很大的缺点。改为水体系显影液，可采用在聚合物骨架上引入羟基、磺酸基等方法提高其水溶性。为提高其成膜性，可以引入长链烷基或进行共聚改性。

5.4.3　感光性高分子材料的功能性质

感光性高分子具有制作照相图像、制作固化膜、光降解老化、催化及其他反应、固相表面改性等功能。

（1）照相功能

感光性高分子是主要的光致抗蚀剂和印刷制版的感光材料，它属于非银盐感光材料。感光性高分子的图像形成是通过显影，不需要的部分被溶解除掉，可直接得到永久图像，即显影，也包括定影。

感光性高分子的照相功能有以下几种主要指标。

① 感度（S）　即感光速度，是以能引起一基准量的变化所必需的曝光量为基础规定的。这是对光照敏感程度的一种量度。

② 分辨力　是指两条以上等间隔排列的线与线之间的幅度，能够在感光面上再现的宽度（最小线宽）。也有用在单位长度上等间隔排列的组数表示。例如，分辨力为 100 线 /mm，就是指能够清晰区别 5 μm 的间隔。理论上分辨力有可能达到 0.2～0.5 μm，但工业上只能达到 4～5 μm。

③ 显影性　是指显影条件，如显影液组成、温度、显影时间、显影方法等条件变化与感光性高分子的感度和分辨力的关系。显影条件对感度和分辨力等特性变化影响小的材料，称之显影性好。

④ 耐用性　以光致抗蚀型感光性高分子作为抗蚀膜时，在腐蚀、电镀或印刷等工序中必须保持最大限度的耐用性。腐蚀是将腐蚀液垂直喷向抗蚀膜，从而在垂直方向较快地进行腐蚀，但也会发生少量侧壁腐蚀。设腐蚀深度为 d、侧壁腐蚀大小为 l、则 d/l 为腐蚀系数，腐蚀系数越大越好。抗蚀剂与金属表面黏合力越大、柔性越高，耐用性越好。

此外，在光刻和电成型之后需剥膜去除抗蚀剂，所以也要求光致抗蚀剂具有易剥膜性。照相功能受膜厚度和分子量影响，减少膜的厚度可提高感度和分辨力；感光高分子的分子量越大，感度越高，但分辨力下降；分子量分布越窄，感度和分辨力越高。

（2）光固化功能及光降解（老化）功能

光固化反应可在常温下进行，这对于高温不易变质产品的包装及涂饰很有意义。光降解功能可用于制备一次性无污染包装材料，如农用塑料薄膜。

（3）其他功能

借助高分子感光性基团催化其他光化学反应，称为高分子光敏剂，又称为感光性高分子光反应的催化剂。在侧链上带有大的 π 电子系结构的高分子具有光导电性，例如聚乙烯基咔唑就是一种典型的光导电性高分子。此外，还有感光性高分子具有光致发光性和光致变色性等功能。

5.4.4　感光性高分子材料在微电子技术中的应用与发展

感光性高分子材料凭借其独有的光化学反应能力，在印刷、成像、数据存储和微电子制造等多个领域发挥着至关重要的作用。在众多应用中，最为引人注目的当属其在半导体制造领域的应用，即用作光刻胶。

光刻胶作为现代微电子工业的核心材料和技术，在半导体制造、印刷电路板生产以及纳米级器件加工中扮演着重要角色。其主要功能是：在硅片或其他基底表面通过精密曝光和显影过程实现微细图形的转移和固化，从而指导后续蚀刻或沉积工艺，以形成复杂的电子结构。光刻胶蚀刻工艺如图 5-8 所示。

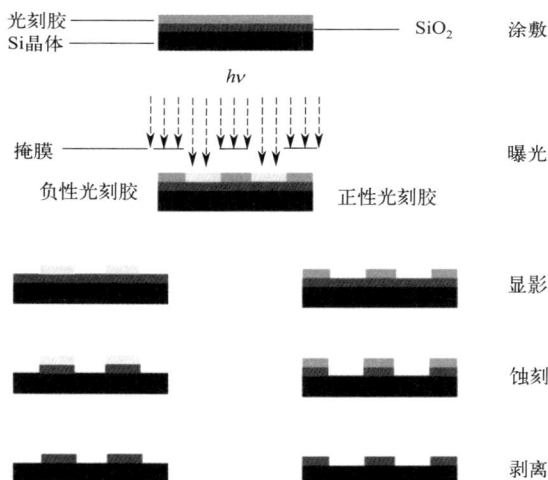

图5-8　光刻胶蚀刻工艺

光刻胶根据其在曝光后的反应特性可分为正性光刻胶和负性光刻胶两类。正性光刻胶（positive photoresist）在曝光后，光刻胶中的光敏化合物（通常是光产酸剂）会发生光化学反应，产生酸。这些酸会催化光刻胶中的聚合物链发生脱保护反应，使曝光区域的光刻胶变得可溶于显影液中。未曝光区域的光刻胶保持不溶，从而在显影过程中保留下来。负性光刻胶（negative photoresist）在曝光后，光敏化合物（如光产酸剂）同样产生酸，但与正性光刻胶不同的是，这些酸会催化光刻胶中的聚合物链发生交联反应，使得曝光区域的光刻胶变得不溶于显影液。非曝光区域的光刻胶因为没有发生交联，会在显影过程中被洗去。

此外，还有一种创新的化学增幅型光刻胶（chemically amplified photoresist），利用光产酸剂（或光产碱剂）在曝光时产生的强酸（或强碱）催化光刻胶中的化学反应。这种光刻胶的特点是其感度和分辨力比非化学增幅型光刻胶高得多，因为即使是少量的光子也能通过链式反应引发大量的化学反应。这种光刻胶特别适用于深紫外（DUV）甚至极紫外（EUV）等短波长光源下的高精度成像。

光刻胶的构成主要包括成膜树脂、光敏化合物（有些光刻胶的树脂本身就含有光敏基团，不需要另外添加光敏化合物）、溶剂和添加剂（单体、助剂）四大组分。成膜树脂是一种惰性的聚合物基质，作为光刻胶的基本骨架，决定了其薄膜性质、热稳定性和机械性能，同时影响显影效果。光敏化合物是光刻胶的核心部分，负责响应特定波长的辐射，产生足够的活性物质（如酸、自由基等），并能有效地扩散到树脂中，从而引发树脂的化学变化。溶剂确保树脂和光敏成分均匀分散并易于涂覆，是光刻胶中含量最大的组分。添加剂则是优化光刻胶整体性能的关键元素，例如增强附着力、调控黏度、改善抗蚀刻性能和提高储存稳定性。

随着微电子技术向更小特征尺寸发展，光刻胶技术不断突破极限。从最初的紫外光（G线 436 nm，I 线 365 nm）到 248 nm KrF 激光，再到 193 nm（包括干式和浸没式）ArF 激光，已进入极紫外区（EUV，13.5 nm）。光源波长的持续缩短不仅要求光刻胶薄膜变得更薄，而且对树脂的分子结构设计提出了更高的要求。化学增幅型光刻胶的研发成功为此提供了有力支持，特别是在 193 nm 光刻技术中，显著提高了图形精细度和制造效率。

进入次纳米时代，EUV 光刻胶成为推动集成电路特征尺寸突破 22 nm 节点并进一步迈向 7 nm 和 5 nm 技术节点的关键核心技术。针对极紫外光源 13.5 nm 波长的特殊性质研发了一系列性能优越、能应对新挑战的光刻胶体系。新型光刻胶具有更高的分辨力、更低的线边缘粗糙度（LER）和更强的感度。其中，单分子树脂型（又称为"分子玻璃"）光刻胶因其独特的微观结构与反应机制，在实现极高精度图案转移方面表现出显著优势。该类光刻胶通常基于多元酚、杯芳烃衍生物或富勒烯等母体化合物，并引入可酸解保护基或感光基团进行改性，确保在曝光后能够产生稳定的溶解性变化，从而满足了在 16 nm 节点以下超精细制造工艺中对关键尺寸均一性和批次稳定性等方面的严格要求。

此外，有机-无机杂化型光刻胶的研发也在该领域取得了显著进展，特别是含有金属元素如 Zn、Hf、Sn 等的有机配合物光刻胶，它们在 EUV 波段表现出强烈的吸收能力以及出色的抗蚀刻性能。比如，研究者开发出含有 Zn 纳米颗粒的有机金属络合物光刻胶，这些材料在 EUV 光刻过程中不仅能够高效利用光子能量，还能通过优化配方实现较低的线宽粗糙度（LWR）。此外，基于 Pt 和 Pd 的碳酸盐和草酸盐等复杂配位化合物也被证实是富有潜力的候选材料，在兼顾吸收强度的同时能够提供良好的成膜质量和加工窗口，有助于克服 EUV 光刻过程中的散粒噪声问题，并提高整体光刻效果。

随着半导体行业不断向更小制程推进，新型 EUV 光刻胶的研发不仅注重提升光刻性能的基本参数，还在主体材料选择、光化学反应机理优化以及克服光源特性带来的难题等方面展开了深入研究和创新实践，为实现下一代微电子器件的精密制造奠定了坚实的基础。

与此同时，光刻技术的发展也催生了新的工艺方法，例如纳米压印光刻技术（nanoimprint lithography，NIL）。相比传统光学光刻受限于衍射极限，NIL 技术凭借其非光学物理复制机制实现了超高的图案分辨率。在紫外纳米压印光刻（UV-NIL）过程中，液体光刻胶被涂布在基材上，随后通过带有纳米图案的模具进行压印，并在紫外光照射下快速聚合固化，精确复制出模具上的细微结构。对于纳米压印光刻胶，其性能需求更为苛刻，需具备极快的紫外固化速度、优异的成膜性与加工性、适宜的黏度与流动性以及极低的固化收缩率以确保图案复制的精度。此外，良好的基材黏附力以及固化后能轻松脱离模具而不损伤图案也是此类光刻胶的重要指标。在实际应用中，正在探索自由基聚合和阳离子聚合等多种化学体系，包括丙烯酸酯类和环氧乙烯基酯类材料以及有机硅改性的丙烯酸或甲基丙烯酸酯体系，旨在平衡光刻胶的各项性能，满足不同应用场景的需求。

拓展阅读
5-4
光刻胶
5-5
高分子催化剂

5.5 生物医用高分子材料

5.5.1 生物医用高分子材料概述

生物医用高分子材料（biomedical polymer materials）是高分子材料中的重要组成部分，主要指用于人工组织器官与再生医学、体内外诊断、药物传输和医疗器械等领域的一类高分子材料。生物医用高分子材料是介于现代医学与高分子科学之间，涉及材料学、化学、物理学、生物学和医学的一门交叉学科。

生物医用高分子材料的发展是由生物医学学科的发展推动的。早在古代，一些天然高分子材料就有应用，如用棉花纤维缝合伤口、用木片修补受伤的颅骨等。进入 21 世纪，随着高分子科学迅速发展，合成高分子材料大量出现，极大地推动了生物医学科学的发展。科学家们发展了一系列生物惰性高分子材料、组织诱导型生物活性材料、智能响应型高分子材料等，用于组织工程与再生、药物递送、纳米诊断和器官芯片等领域。

5.5.2 生物医用高分子材料分类

生物医用高分子材料根据其来源的不同，可以分为两种类型。

① 天然生物医用高分子材料　如胶原、明胶、丝蛋白和角质蛋白、淀粉、纤维素、壳聚糖、透明质酸、海藻酸盐等。

② 合成生物医用高分子材料　合成生物医用高分子材料又可分为生物不可降解高分子材料和生物可降解高分子材料两类。其中，生物不可降解高分子材料常见的有超高分子量聚乙烯（UHMWPE）、聚乙烯亚胺（PEI）、聚 N-异丙基丙烯酰胺、聚丙烯（PP）、聚乙烯醇（PVA）、聚乙烯吡咯烷酮（PVP）、聚甲基丙烯酸甲酯（PMMA）及其衍生物、聚氨酯（PU）、聚四氟乙烯（PTFE）、聚硅氧烷（SIR）等；生物可降解高分子材料常见的有聚乙醇酸（PGA）、聚乳酸（PLA）、乳酸-乙醇酸共聚物（PLGA）、聚己内酯（PCL）、聚碳酸酯（PC）、聚磷酸酯、聚氨基酸、聚酸酐、聚膦腈等。生物可降解高分子材料已应用于药物控制递送系统、组织再生的临时支架、伤口闭合的可吸收装置等。

5.5.3 生物医用高分子材料的结构、合成、性质及应用

5.5.3.1 天然的生物可降解高分子材料

甲壳素和壳聚糖是常用的天然高分子的代表。

第 5 章 功能高分子材料

甲壳素（chitin）又称为甲壳质，是一种广泛存在于昆虫、海洋无脊椎动物的外壳以及真菌细胞中的天然高分子材料。甲壳素溶解性差，仅溶于浓盐酸/磷酸/硫酸/乙酸，不溶于水和有机溶剂。甲壳素在强碱性（如强氧化钠、氢氧化钾、硫酸肼等）条件下脱乙酰化后可制备壳聚糖。

壳聚糖（chitosan）是甲壳素脱乙酰化产物，甲壳素和壳聚糖结构如图5-9所示。壳聚糖是自然界中唯一的碱性多糖，其分子结构中含有大量的氢键，但壳聚糖不溶于水。在酸性环境（pH < 6），壳聚糖上的氨基被质子化，壳聚糖为阳离子聚糖；在碱性条件下（pH > 6.5），壳聚糖上的氨基变为可具有反应活性的氨基。壳聚糖分子中含有大量的—OH、—NH$_2$、吡喃环、氧桥等功能基团，在适当条件下可以发生生物降解、水解、烷基化、酰基化、缩合等多种化学反应。壳聚糖的分子量和脱乙酰度与其溶解性、结晶度、黏度、生物降解、生物相容性、抗菌活性能等密切相关。甲壳素的脱乙酰度也会影响壳聚糖的溶解性，N-脱乙酰度在55%以上的甲壳素就能够溶解在稀酸中。作为工业品的壳聚糖，N-脱乙酰度通常在70%以上。

（1）壳聚糖微球/纳米粒的制备

乳液交联法：向壳聚糖水溶液中滴加油相溶剂制备油/水乳液，再加入适当的交联剂交联壳聚糖侧链上的氨基，过滤微球，用乙醇洗涤，得到壳聚糖微球/纳米粒（图5-10）。微球粒径大小与壳聚糖溶液浓度，交联剂种类、用量和搅拌速率密切相关。

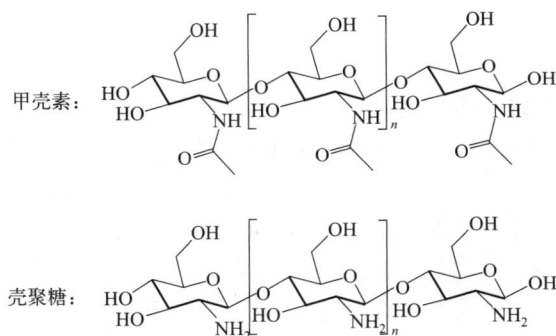

图5-9　甲壳素和壳聚糖化学结构式

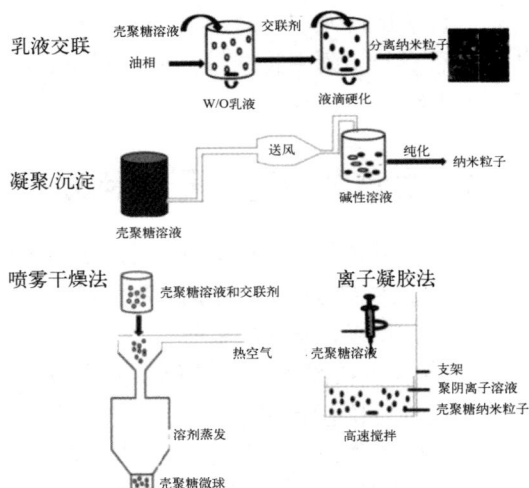

图5-10　壳聚糖微球/纳米粒制备方法

凝聚/沉淀法：利用壳聚糖不溶于碱性介质的特点，借助压缩空气将壳聚糖酸性溶液喷入NaOH或NaOH/乙醇溶液中形成凝聚微粒，改变空气压力和喷嘴大小控制微粒粒径。该方法常用于制备粒径较大的壳聚糖微球/纳米粒。

喷雾干燥法：将壳聚糖酸性溶液与药物充分混合，加入适当的交联剂（如甲醛或戊二醛），将溶液在热空气中雾化成小液滴，迅速蒸发成粉末状颗粒。颗粒的大小与喷雾流量、雾化压力、进气温度和交联剂用量密切相关。该方法常用于制备壳聚糖微球。

离子凝胶法：利用壳聚糖阳离子与另外一种带相反电荷的聚合物发生静电吸附，降低壳聚糖溶解度而凝聚成粒子。该方法常用于制备壳聚糖微球，在基因药物递送应用中研究较多。

（2）壳聚糖水凝胶的制备

物理交联壳聚糖水凝胶：壳聚糖与阴离子化合物、聚电解质、聚合物通过物理交联形成水凝胶，水凝胶强度可以通过调节壳聚糖分子量和脱乙酰度、壳聚糖浓度、电荷密度、聚电解质浓度、聚合物浓度等参数实现。壳聚糖/阴离子化合物水凝胶是壳聚糖与阴离子化合物（如硫酸盐、柠檬酸盐、磷酸盐）、金属阴离子[Pt（Ⅱ），Pd（Ⅱ），Mo（Ⅵ）]通过正负电荷相互作用或配位化学键制备。壳聚糖/聚电解质水凝胶是由壳聚糖与聚合物电解质如聚糖阴离子（硫酸软骨素、透明质酸、海藻酸钠、葡聚糖等）、蛋白（明胶、胶原、角质素、白蛋白）等复合而成。壳聚糖/聚合物水凝胶通常是由壳聚糖和水溶性非离子型高分子通过二级结构（如氢键）或疏水相互作用形成水凝胶。壳聚糖/聚乙烯醇水凝胶是通过冷冻-解冻循环过程中结晶形成水凝胶。

化学交联壳聚糖水凝胶：壳聚糖上含有大量可反应基团，如—NH₂、—OH等，可与化学试剂反应或通过聚合、辐射等引发化学反应制备化学交联壳聚糖水凝胶。京尼平和戊二醛是常用的壳聚糖化学交联剂，它们可以与壳聚糖上的氨基发生化学反应，形成水凝胶。通过在壳聚糖和温敏材料 pluronic F127 混合液中加入光引发剂，采用紫外光交联技术，可制备壳聚糖-pluronic 温敏水凝胶。将壳聚糖溶液与单体混合后进行聚合反应可制备互穿网络水凝胶，如壳聚糖/聚环氧乙烷（CS/PEO）水凝胶、壳聚糖/聚乙烯吡咯烷酮（CS/PVP）水凝胶、壳聚糖/聚 N-异丙基丙烯酰胺（CS/PNIPAM）水凝胶等，如图 5-11 所示。

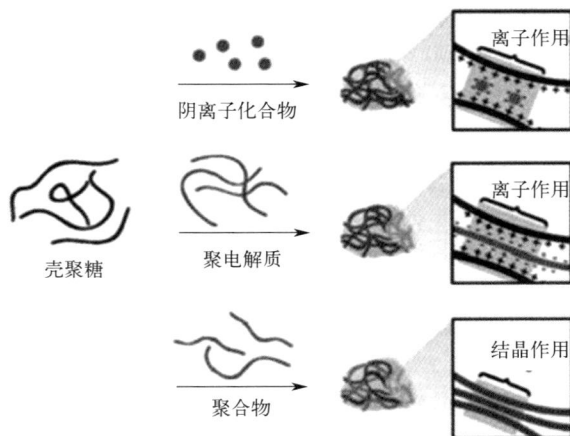

图5-11 壳聚糖水凝胶的制备方法

5.5.3.2 合成的生物可降解高分子材料

（1）聚乳酸

聚乳酸（PLA）是一种生物可降解的脂肪族聚酯，通过化学方法制备的聚乳酸材料可以被微生物降解，生成无毒无害的水和二氧化碳。

聚乳酸的合成方法分为乳酸缩聚法和丙交酯开环聚合法。

乳酸缩聚法是利用乳酸单体脱水进行直接缩合，得到的聚乳酸分子量较低且分子量分布较宽。

丙交酯开环聚合法是先使乳酸生成环状二聚体丙交酯，再开环聚合成聚乳酸。由于开环聚合对单体的聚合过程高度可控，能够得到分子量高且分子量分布窄的聚乳酸，是当前聚乳酸制备最常用的方法。丙交酯开环聚合制备聚乳酸时主要分为预聚物的形成、丙交酯的生成和丙交酯的聚合3个步骤。这种方法将溶剂的去除过程和蒸馏过程相结合，可以得到分子量可控的聚乳酸。首先将乳酸单体浓缩脱水，形成低分子量的聚乳酸预聚物；然后通过预聚物的可控解聚得到乳酸的六元环二聚体，也即丙交酯；丙交酯再通过真空蒸馏过程进行结晶纯化，纯化后的丙交酯在催化剂作用下开环聚合形成分子量可控的聚乳酸。聚乳酸材料具有良好的生物相容性、较好的机械强度和加工性能等特性，广泛应用于药物运输、骨科固定件、手术缝合线等。

（2）聚氨基酸

聚氨基酸是另一类具有良好生物相容性和可降解性的高分子材料，由同型氨基酸或不同氨基酸经肽键连接而成。聚氨基酸按照来源不同可分为天然聚氨基酸和人工合成聚氨基酸，天然来源的聚氨基酸包括由生物发酵法制备的聚 γ-谷氨酸和聚 ε-赖氨酸等，人工合成的聚氨基酸是由一种或几种氨基酸单体经聚合反应而成的合成材料。

聚氨基酸的合成方法包括多肽固相合成法和单体开环聚合法等。多肽固相合成法可以合成序列明确的氨基酸序列结构，但该方法只能合成不超过100个氨基酸残基的多肽链，而且制备成本较高。以氨基酸-N-羧基内酸酐（NCA）环状单体为基础的开环聚合方法合成的多肽虽然不具备明确的聚合度和复杂的氨基酸序列结构，但是其制备过程简单，便于规模化生产，成为医用聚氨基酸制备方法的主流。传统的NCA开环聚合采用初级胺、二级胺、三级胺或金属烷氧基化合物作为引发剂。其开环聚合的机理一般分为两种：正常氨基机理（normal amine mechanism，NAM）和活化单体机理（activated monomer mechanism，AMM），如图5-12所示。

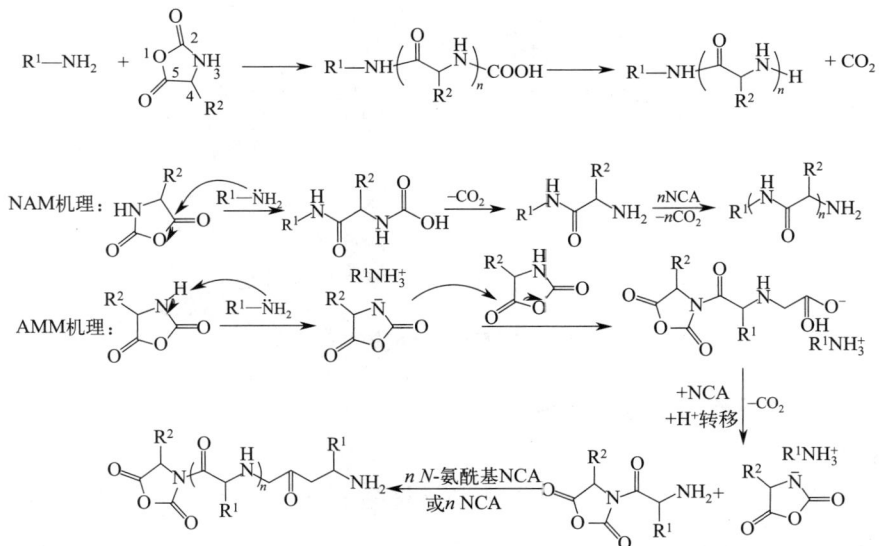

图5-12 亲核性氨基引发NCA开环聚合正常氨基机理（NAM）和单体活化机理（AMM）

聚氨基酸侧链的结构、组成及其排列方式最终决定聚氨基酸的理化性质，如亲疏水性、极性、电荷种类与密度、特殊的生物活性等。侧基功能化的聚氨基酸制备方法有3种：第一种是传统的保护-脱保护-化学键合法，首先将含有保护基团的NCA单体聚合，再将反应基团脱除，得到含有反应活性的侧基聚氨基酸，随后将目标分子键合到聚氨基酸的侧基上。第二种是含功能基团 NCA 单体的聚合法，首先直接合成具有目标功能化侧基的 NCA 单体，再进行开环聚合反应，得到具有侧链功能化的聚氨基酸。第三种是聚氨基酸侧基后修饰法，多用于侧链含有可进行点击化学反应的聚氨基酸，点击化学反应具有高效性、高选择性、反应条件温和的特点，使得药物在聚氨基酸上高效修饰具有可行性。聚氨基酸侧基后修饰法广泛应用于聚氨基酸的功能化修饰领域，发展了一系列可进行点击化学反应侧基的 NCA 单体，如炔基、叠氮基、烯基等，如图 5-13 所示。

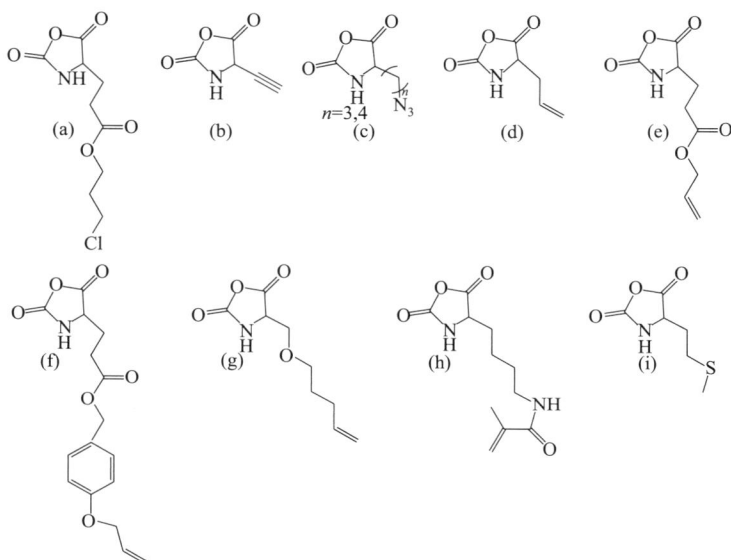

图5-13   可进行点击化学反应侧基的NCA单体

5.5.3.3   合成的生物不可降解高分子材料

聚有机硅氧烷和聚氨酯是常见的两种合成的生物不可降解高分子材料。这些材料生物惰性好，不发生降解或交联。

聚有机硅氧烷是含有—Si—O—Si—结构单元的聚合物，高分子量线型聚有机硅氧烷可表示为（$RR'SiO$）$_n$，其中 R 和 R' 为相同或不同的一价有机基团，如 $CH_2=CH[Si(CH_3)_2O]_nSi(CH_3)_2CH=CH_2$（$\alpha, \omega$-二乙烯基聚二甲基硅氧烷）。聚有机硅氧烷可以加工成液态的有机硅油、高伸长率的有机硅橡胶和固态的有机硅树脂。硅油为分子量较小的聚有机硅氧烷，根据分子链封端基团不同可分为聚二甲基硅氧烷-α, ω-二醇、α, ω-烷氧基聚二甲基硅氧烷、三甲基封端聚二甲基硅氧烷等。医用级硅油可用作润滑剂、高级护肤霜和喷雾剂等。有机硅橡胶在线型聚合物中含有三官能度链节，这类聚硅氧烷呈凝胶状，或在添加催化剂后形成固体。硅橡胶由于有较好的氧气和二氧化碳透过性，常用于输血管材。有机硅树脂含有更多的三官能度链节，材料呈现塑性，可用作医疗器械表面的有机硅硬膜，改善器械和人体组织间的性能。

聚氨酯是由异氰酸酯与含活泼氢的化合物（如醇、胺、羧酸、水等）、扩链剂和催化剂反应制备的，由硬段异氰酸酯和软段多元醇组成。通过选择适当的软、硬段结构及其比例，就可以合成出既具有良好的力学性能又具有生物相容性的医用聚氨酯材料。其主要性能如下：①临床应用中生物相容性好，无过敏反应，从而成为许多天然胶乳医用制品的换代材料；②具有优良的韧性和弹性，加工性能好，是制作医用弹性体的首选材料；③具有优异的耐磨性能、耐湿气性、耐多种化学药品性能。聚醚型聚氨酯生物制品在体内容易降解而诱发炎症，通过对聚氨酯表面活性端基改性、在聚氨酯表面接枝聚合、在聚氨酯表面形成半互穿网络、使用表面活性添加剂及与纳米无机材料复合，可提高其生物学性能，拓展聚氨酯的生物医用领域。

5.5.4 展望

生物医用高分子在当代生物医学中起着越来越重要的作用。过去几十年，生物医用高分子材料经历了从简单的生物相容性和体内降解性材料到生物活性材料及智能型材料的巨大发展，其应用范围也从一般的用途拓展到组织功能修复甚至组织器官替代等领域。但是，生物医用高分子材料的发展依然有很多方面需要进一步加强。一方面，医用级高分子材料的批量制备和质量控制、新型功能性材料的合成、结构与性能的构效关系及体内影响等有待深入研究；另一方面，材料与新兴生物医学技术的结合将丰富生物医用高分子材料在更多领域（如抗菌、基因编辑、癌症免疫治疗、3D 生物打印等）的应用。

5.6 导电高分子材料及聚合物光导纤维材料

5.6.1 导电高分子材料

导电高分子材料是一类以聚合物为基体、自身具有导电功能的材料。

5.6.1.1 类型及导电机理

导电高分子材料根据其组成可分为复合型及本征型两大类。

复合型导电高分子材料也称为导电聚合物复合材料，是指以通用聚合物为基体，加入导电性物质（如金属及非金属导体、本征型导电高分子等），采用物理或化学方法复合后，得到的既具有一定导电功能又具有良好力学性能的多相复合材料。这种导电材料的导电机理与其具体组成有关。导电机理比较复杂，通常包括导电通道、隧道效应和场致发射 3 种机理。

本征型导电高分子材料根据其导电机理的不同又分为载流子为自由电子的电子导电高分子材料、载流子为离子的离子导电高分子材料和载流子为电子转移的氧化还原型导电高分子材料。

常见的电子导电高分子材料的名称及结构通式如图 5-14 所示，导电聚合物是导电高分子的主体，具有共轭结构。因此，狭义而言，导电高分子即指共轭高分子。

电子导电高分子的共同结构特征是：分子内有大的共轭 π 电子体系，给自由电子提供了离域迁移条件。当共轭结构足够大时，电子的离域性就足够大，因而就具有导电功能。但如果需要导电性足够高，还需要通过掺杂工序。电子导电聚合物的导电性能受掺杂剂、掺杂量、温度、共轭链长度等因素影响。

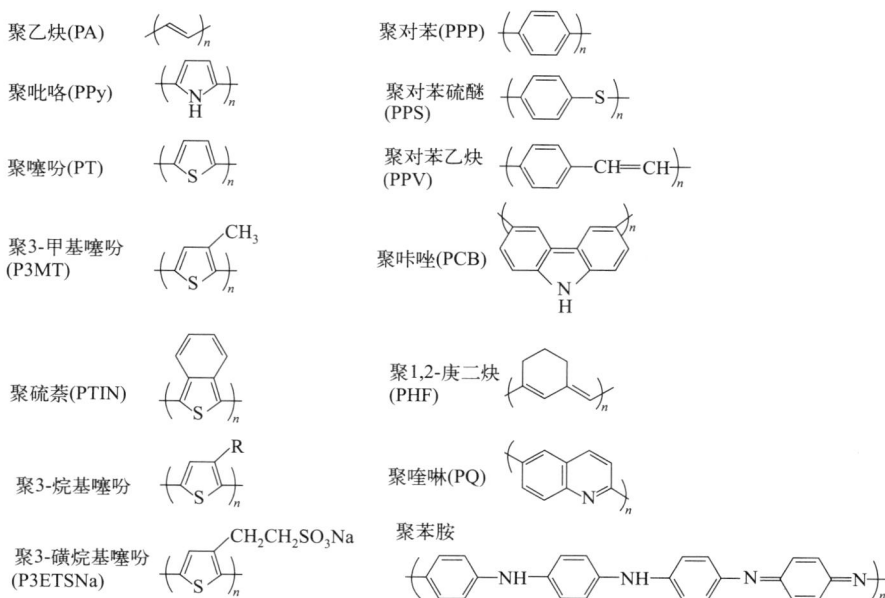

图5-14 常见的电子导电高分子材料的名称及结构通式

固体离子导电的两个先决条件是：具有能定向移动离子和具有对离子有溶解能力的载体。离子导电高分子材料也必须满足这两个条件：一是在玻璃化转变温度以上聚合物类似高黏液体，有一定的流动性；二是在电场作用下离子可做定向扩散，因而产生导电性。

氧化还原型导电高分子是指聚合物侧链上带有可进行可逆氧化还原反应的活性基团，有时聚合物主链也具有氧化还原能力。当电极电位达到聚合物活性基团的还原（氧化）电位时，靠近电极的活性基团首先被还原（氧化），得到（失去）电子，形成的还原（氧化）态基团可通过同样的还原（氧化）反应传递给相邻的基团，如此重复，直到将电子传送到另一侧电极，完成电子的定向移动。

5.6.1.2 导电高分子的掺杂

具有大 π 键结构、电子导电的高分子是导电高分子材料的主体。在纯聚合物高分子中，各 π 键分子轨道之间存在能级差，使得 π 电子不能自由移动，因此高分子的导电性不高。降低这一能垒是提高其导电性的有效方法，就是掺杂。"掺杂"一词来自半导体科学，掺杂的作用是在聚合物的空轨道中加入电子，或从占有轨道中提出电子，减小能带间能量差，使得自由电子或空穴迁移时阻力减小，使导电能力提高。

这类 π 共轭体系高分子经化学或电化学掺杂后普适结构式为：

p 型掺杂：$[(P^+)_{1-y}(A^-)_y]_n$

n 型掺杂：$[(P^-)_{1-y}(A^+)_y]_n$

式中，P^+ 及 P^- 分别为带正电（p 型掺杂）和带负电（n 型掺杂）的高分子链，A^- 和 A^+ 为一价阴离子（p 型掺杂）和一价阳离子（n 型掺杂）对，y 为掺杂度，n 为聚合度。

导电高分子是由 π 共轭高分子链和一对离子构成。离子与高分子链无化学键合，仅是正负电荷平衡，因此导电高分子的掺杂 /脱掺杂过程是完全可逆的。

5.6.1.3 特性及应用

（1）特性

导电高分子与普通高分子一样，除具有可分子设计和合成特性外，还有半导体（p型掺杂或n型掺杂）和金属的特性（高导电性、电磁屏蔽效应等），是一种极具发展前途的功能材料。

高分子共轭键的结构特征、独特的掺杂机制和完全可逆的掺杂/脱掺杂过程，使导电高分子材料具有如下的性能特征：

① 电性能。导电高分子室温电导率依掺杂程度的变化，可在绝缘体-半导体-金属的范围内变化（$10^{-10} \sim 10^{15}$ S/cm），绝缘体/半导体/导体三相共存是其电学性能的显著特点。导电性常常还是各向异性的，沿分子链拉伸方向电导率较大，垂直于分子链拉伸方向电导率较小。

② 光学性能。由于聚合物具有π共轭结构，在紫外-可见光区有强的光吸收，并且具有显著的非线性光学效应。

③ 磁性能。导电高分子的磁化率χ由与温度有关的居里磁化率（χ_c）和与温度无关的泡利磁化率（χ_p）两部分构成。

④ 电化学性能。导电高分子都具有氧化/还原特性，并且伴随氧化/还原过程，高分子的颜色也发生相应变化。例如，当聚苯胺经历全还原态⟷中间氧化态⟷全氧化态的可逆变化时，聚苯胺的颜色也呈现黄色⟷蓝色⟷紫色的可逆变化。

（2）应用

导电高分子材料由于具有以上这些特征，在能源（二次电池、太阳能电池）、光学电子器件、电磁屏蔽、隐身技术、传感器、金属防腐、分子器件和生命科学等领域都有广阔的应用前景，有些已经向实用化方向发展。

经过几十年的发展，共轭高分子因其独特的导电性质，已经广泛应用于多个领域。一维共轭高分子材料已经应用于有机薄膜晶体管、有机光伏、生物应用等领域。二维共轭高分子材料不仅具有较好的电子传输能力，而且具有稳定的结晶多孔结构，在光催化、能源存储、放射性元素的吸附等领域崭露头角。

（3）一维共轭高分子材料的应用领域

① 有机薄膜晶体管　一维共轭高分子材料是有机薄膜晶体管的重要组成部分，其中应用比例最高的噻吩基聚合物经过多次改进，从聚噻吩（PT）到聚3-己基噻吩（P3HT），再到聚3,3′-二烷基四噻吩（PQTs）和新型噻吩基聚合物（DPP），空穴迁移率逐渐提高，它们的结构如图5-15所示。

② 有机光伏　太阳能光伏能源是一种清洁、稳定的可再生能源。一维共轭高分子材料也可用于太阳能电池的光电转换材料，将太阳能转化为电能。尽管它们在转换效率方面仍落后于无机同类产品，但这些有机太阳能电池具有可扩展性、可印刷性、柔韧性和低成本等优点。噻吩基聚合物是有机光伏领域研究最多的供体和空穴传输材料。尽管纯聚噻吩难以加工，但可以通过对其功能部分进行改进，增加其溶解性和空穴传输性能。

③ 生物应用　一维共轭高分子材料利用自身的导电性质，可以作为生物传感器应用于生物医疗领域。但原始的共轭高分子大多是疏水材料，不能很好地与生物体相结合，所以需要在其分子链上接枝离子官能团，以提高其水溶性。以应用最为广泛的水溶性聚噻吩基聚合物（图5-16）为例，接枝的水溶性侧链可分为阴离子型、阳离子型、两性离子型，这些拥有不同侧链的水溶性噻吩基共轭高分子可以适应于许多不同的生物应用场景。

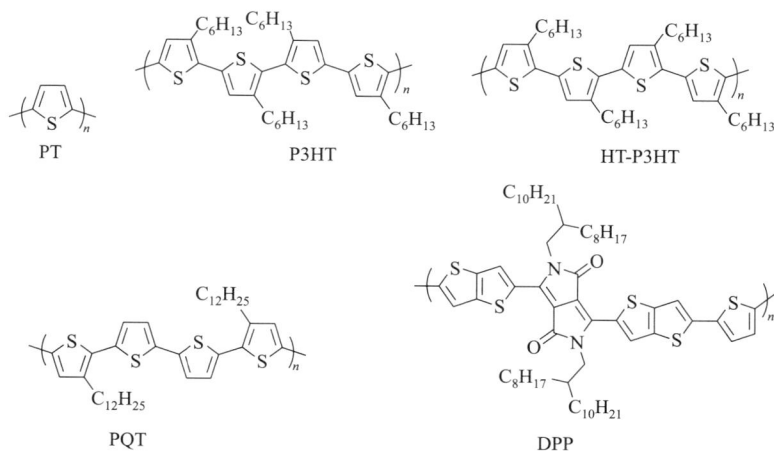

图5-15　应用于有机薄膜晶体管的一维噻吩基共轭高分子

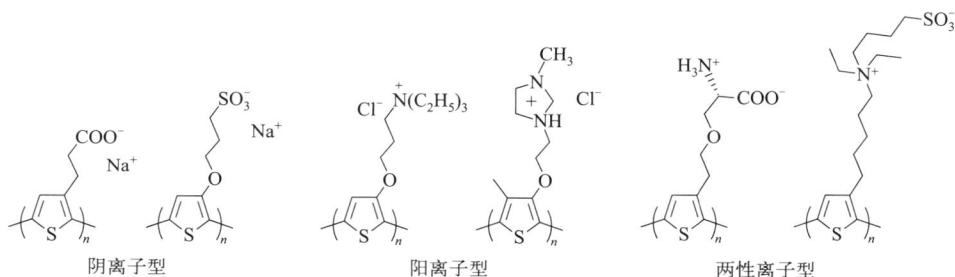

图5-16　水溶性聚噻吩基聚合物

（4）二维共轭高分子材料的应用领域

① 光催化　二维共轭高分子材料可作为高效的光催化材料，用于光催化水分解、二氧化碳还原、有机污染物降解、芳香胺氧化等领域。以一种新型的方酸基共价有机骨架光催化剂 SQ-COF-1（图 5-17）为例，通过引入两性离子共振结构增强了其局部电荷极化，从而提高了其电荷分离性能和光催化活性。这种光催化剂的性能优于其他类似的共价有机骨架光催化剂和常用的 C_3N_4 光催化剂。这为设计高性能光催化材料提供了新的思路。

② 能源存储　二维共轭高分子材料也应用于开发高性能能源存储材料，制作锂电池、锂硫电池、超级电容器等能源存储设备。以新型的多孔芳香骨架材料 BPAF-1 为例，通过 Biginelli-oxidation 多组分聚合反应引入 2-氨基嘧啶结构，增强了其对多硫化锂的吸附性能，使其成为优异的锂硫电池硫载体材料。这种锂硫电池具有高容量保持率和高倍率性能。此外，还可以通过改变第三组分制备出不同的 2-取代嘧啶基 PAFs 材料。

③ 放射性元素的吸附　随着经济的发展，对电能的需求日趋增加。核能作为一种高效能源，在很多国家已经成为主要电力来源之一。但核能发电中产生的核废料若处置不当，也会成为水体污染源之一。利用多孔材料对放射性重金属离子进行吸附去除，是解决这一困局的方法之一。二维共轭高分子不仅具有大比表面积的微孔，可以对放射性重金属离子进行物理吸附，而且可以通过在孔壁上修饰能与金属离子进行螯合的胺肟等化学官能团达到化学吸附的目的，这大大提高了对放射性重金属离子的吸附效率。

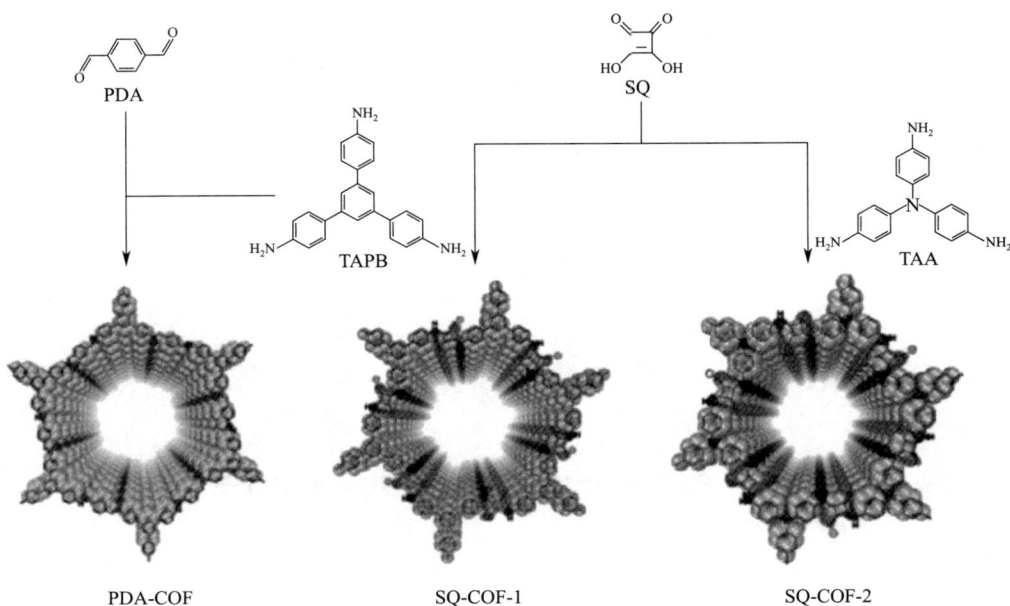

图5-17 方酸基共价有机骨架与席夫碱类共价有机骨架对比

5.6.2 聚合物光导纤维材料

5.6.2.1 原理和特性

电可在由导电材料制成的线路中传输，同样光也可在线路中传输，这种线路是由光导材料制成的，光导纤维就是传导光波的线路。光导纤维是一种由导光材料制成的细丝状传输光信号的传输线，简称为光纤。

透明材料即可视为导光材料，透明材料就是不吸收光波的材料。如 3.4.3.3 小节图 3-36 所示，设光从介质射入空气的入射角为 α，若 $\sin\alpha \geq \dfrac{1}{n}$（$n$ 为介质折射率），则发生内反射，即光波不能射入空气而全部折回介质中。这时若光从一端射入就一直传输到另一端，犹如电子在导线中传输一样，这就是光导纤维传输光波的基本原理。

光导纤维按光纤材料不同可分为石英光纤、多组分玻璃光纤和聚合物光纤（POF）。其中石英光纤是当今通信使用量最大的一种光纤，这是由于它具有低色散、高带宽、低损耗、耐高温等一系列优点。多组分玻璃光纤通常含有多个氧化物组分的玻璃，如钠钙硅酸盐玻璃、钠硼硅酸盐玻璃、磷酸盐玻璃、硼硅酸盐玻璃等。

聚合物光纤材料主要是一些透明性好的聚合物，如聚苯乙烯（PS）、有机玻璃（PMMA）、聚碳酸酯（PC）等。聚合物光纤的优点是质轻、成本低，缺点是损耗大、耐热性不高。聚合物光纤是应用领域日益拓宽、重要性不断增加的一类光导纤维。对此类光导纤维最为关注的是损耗问题。聚合物光纤的损耗包括固有损耗和非固有损耗两方面。固有损耗包括吸收损耗和瑞利散射损耗，吸收损耗是因聚合物链的主链及侧基 C—X 键（X 可为 C、H、O、N 等）振动吸收产生的，散射损耗是由材料密度、取向和成分等的变化引起的。非固有损耗包括因吸收水、含有重金属及有机杂质产生的吸收损耗和因灰尘、波导结构缺陷产生的散射损耗，波导结构缺陷包括波导（指光纤芯线及包层）几何缺陷（如直径、椭圆度等）以及包层中的

206

气泡、裂纹、灰尘等。

5.6.2.2 对材料的要求

聚合物光纤由芯和皮层两部分组成。

聚合物光纤对材料质量的要求很严格，主要包括：

① 聚合物光纤芯材、皮材要求透光率在 90% 以上。

② 要有足够大的折射率。

③ 皮层一般厚度在 1 μm 以上，并且耐候性、耐热性好。

④ 为保证传光性能，芯材需要有高的纯度，不需要加入添加剂；同时 POF 芯材和皮材纯度是与聚合工艺紧密联系的。POF 芯材的制备采用本体聚合方法，不采用悬浮聚合或乳液聚合方法。

⑤ 芯材和皮材之间的匹配。POF 芯材与皮材除要求折射率匹配外，还要求芯材与皮材之间有较好的黏接性能，以免传输光在芯皮界面上产生散射，导致一部分光从皮层泄漏，增加 POF 非固有损耗。此外，POF 芯材与皮材应有相应的热膨胀系数。

5.6.2.3 聚合物种类

用于聚合物光纤的聚合物主要有以下几种：

① 聚苯乙烯（PS）。PS 芯 POF 的优点在于芯材吸湿系数低，可在潮湿环境中使用。

② 聚甲基丙烯酸甲酯（PMMA）。其透光性优异，比一般的光学玻璃还好，可采用共聚改性等方法提高其耐热性。

③ 聚碳酸酯（PC）。是综合性能优异的 POF 材料，但其透明性不如 PMMA。

④ 耐热 ARTON 树脂。其主要单体组成为双环戊二烯。ARTON 以降冰片烯结构为分子主链骨架结构，其玻璃化温度为 171℃，透光率为 92%。

⑤ 非晶态氟塑料（Teflon AF）。其力学性能与氟塑料类似，易加工，透光性优于 PMMA。

⑥ 聚 4-甲基-1-戊烯（TPX）。用 4-甲基-1-戊烯制备出的立体等规聚合物 TPX 是结晶型透明材料，密度仅为 0.83 g·cm^{-3}。虽为结晶聚合物，但其结晶区和非晶区的密度几乎相等，折射率相等，故有很好的透明性，而且具有优异的抗老化性和抗溶剂性能。

此外，还有环烯烃聚合物、四氟乙烯-偏二氟乙烯共聚物等。

5.7　高分子功能膜材料

拓展阅读

5-7
导电高分
子材料

高分子功能膜是一种新兴功能材料，它以天然的或合成的高分子为基材，用特殊工艺和技术制备成膜状材料。它可以对不同的物质如气体、离子、微粒等进行有选择性的分离。高分子膜材料具有简便、快捷、节能等优点，已经在许多领域得到广泛应用，如气体分离、水处理、食品保鲜等。高分子膜材料在医学和药学方面也展现出了巨大的潜力，用于血液透析、药物缓释、生物传感器等。

5.7.1　分类

高分子功能膜材料有很多种，可以用于分离、缓释、保护等目的。它们可以根据不同的标准进行分类，如按使用功能、被分离物质性质、被分离物质粒度大小、膜的形成过程、膜性质和膜的形态等分类。每种分类方法下都有一些典型的膜材料，如微滤膜、超滤膜、超细滤膜、密度膜、电透析膜、液体膜等。这些膜材料的分离机理、制备方法、性能特点和应用领域各有不同。

此外，根据膜材料的宏观外形，常用的有平面膜、中空纤维膜和管状膜。平面膜结构简单、制作方便、成本低廉，适用于多种分离过程，但机械强度较低，容易造成膜表面问题。中空纤维膜使用密度高，可在高压力下使用，适用于血液透析和人工肾脏等，但容易受到污染，难以清洗。管状膜容易清洗，适用于分离浓度高或污物多的溶液，但使用密度小，能耗大。表 5-2 列出了几种不同外形结构分离材料的分离面积与使用体积之比。

■ 表 5-2　几种不同外形结构分离材料的分离面积与使用体积之比

分离膜的结构	面积与体积之比（A/V）	分离膜的结构	面积与体积之比（A/V）
中空纤维膜		中空纤维膜	
外径 =50 μm	12000	外径 =300 μm	200
外径 =100 μm	6000	平面膜	150～250
外径 =200 μm	3000	管状膜（外径 =2 cm）	50

5.7.2　膜分离原理及应用

被分离物质能够从膜的一侧克服膜材料的阻碍穿过分离膜，需要有特定的内在因素和合适的外在条件。有些物质容易透过，而另一些物质比较困难，这也说明各种物质与膜的相互作用是不相同的。

膜分离作用主要依靠过筛作用和溶解扩散作用。聚合物分离膜的过筛作用类似物理过筛过程，与常见的筛网材料相比，不同点在于膜的孔径要小得多。被分离物质能否通过筛网取决于物质粒径尺寸和网孔的大小。物质粒径尺寸既包括长度和体积也包括形状参数。当被分离物质以分子分散态存在时，分子的大小决定粒径尺寸；而当物质以聚集态存在时，由其聚集态颗粒尺寸起作用。分离膜网孔的大小则决定了允许哪些物质透过，另一些物质被阻挡在一侧。在任何膜分离过程中都不仅仅存在物理过筛一种作用形式，分离膜和被分离物质的亲水性、相容性、电负性等性质也起着相当重要的作用。因为在膜分离过程中往往还伴有吸附、溶解、交换等作用发生，这样膜分离过程不仅与膜的宏观结构关系密切，而且取决于膜材料的化学组成和结构以及由此产生的与被分离物质的相互作用关系等因素。

膜分离的另外一种作用形式是溶解扩散作用。当膜材料对某些物质具有一定的溶解能力时，在外力作用下，被溶解物质能够在膜中扩散运动，从膜的一侧扩散到另一侧，再离开分离膜。这种溶解扩散作用对于用密度膜对气体的分离过程和用反渗透膜对溶质与溶液的分离过程起主要作用。

气体或液体混合物的分离是功能膜材料的主要应用领域。分离过程是可以自发进行混合过程的逆过程，不能自发完成，需要有外力参与，这类外力包括浓度差驱动力、压力驱动力和电场驱动力等。在这些外力作用下，上述难以自动发生的过程，如气体富集、溶液浓缩、混合物分离等过程，可以通过膜分离过程实现。功能分离膜材料的最主要应用领域包括：医学透析、人工肾脏；水处理，包括海水脱盐；化学工业方面的气体和液体分离、医用输液的消毒等。依据分离机理，包括纯机械的过滤作用、溶解扩散作用、物质交换作用、电场力的吸引和排斥作用。功能膜材料特别是各种分离膜研究的发展，对于节约能源、发展高新产业具有重要意义。此外，对于具有其他特殊功能的膜材料，在修饰电极和光电子器件研究等方面的应用也有报道。

拓展阅读
5-8 智能高分子材料
5-9 电流变材料

根据膜的特性、驱动力和分离特点，膜分离可分成6类，见表5-3。同时，表中还列出了几种分离膜的应用领域。

■ 表5-3　重要膜分离的性质及特征

分离方法	分离结果及产物	驱动力	分离依据	分离机理	迁移物质
气体、蒸气、有机液体分离	某种成分的富集	浓度梯度驱动（压力和温度起间接作用）	立体尺寸和溶解度	扩散与溶解	所有组分
透析	脱除聚合物溶液中的小分子溶质	浓度梯度	立体尺寸和溶解度	扩散、溶解、过滤	小分子溶质
电渗析	①脱除离子型溶质	电场力	离子迁移性	反离子通过离子聚合膜	小分子离子
	②浓缩离子型溶质	电场力	离子交换能力	反离子通过离子聚合膜	小分子离子
	③离子置换	电场力	离子交换能力	反离子通过离子聚合膜	小分子离子
	④电解产物分离	电场力	离子迁移性	反离子通过离子聚合膜	小分子离子
微滤	消毒、脱微粒	压力	立体尺寸	过筛	溶液
超滤	①脱除聚合物溶液中的小分子溶质	压力	立体尺寸	过筛	小分子溶质
	②聚合物溶液的分级	压力	立体尺寸	过筛	体积较小的聚合物溶质
超细滤	①纯化溶剂	有效压力	立体尺寸和溶解度	选择吸附和毛细流动	溶剂
	②脱盐	有效压力	溶解度和吸附性	选择吸附和毛细流动	水

参 考 文 献

[1] 黄维垣，等.高技术有机高分子材料进展.北京：化学工业出版社，1994.

[2] 高以烜，等.膜分离技术基础.北京：科学出版社，1989.

[3] 周其凤，等.液晶高分子.北京：科学出版社，1994.

[4] 姚康德，等.智能材料.天津：天津大学出版社，1996.

[5] 赵文元，等.功能高分子材料化学.北京：化学工业出版社，1996.

[6] 施良和，胡汉杰.高分子科学的今天与明天.北京：化学工业出版社，1994.

[7] 张留成.材料学导论.保定：河北大学出版社，1999.

[8] 马建标，等.功能高分子材料.北京：化学工业出版社，2000.

[9] Dash M，Chiellini F，Ottenbrite R M，et al. Chitosan—A versatile semi-synthetic polymer in biomedical applications. Progress in Polymer Science，2011，36（8）：981-1014.

[10] Duse L，Baghdan E，Pinnapireddy S R，et al. Preparation and characterization of curcumin loaded chitosan nanoparticles for photodynamic therapy. Physica Status Solidi（A），2018，215（15）：1700709.

[11] Wang Y，Khan A，Liu Y，et al. Chitosan oligosaccharide-based dual pH responsive nano-micelles for targeted delivery of hydrophobic drugs. Carbohydrate Polymers，2019，223：115061.

[12] Fukuda J，Khademhosseini A，Yeo Y，et al. Micromolding of photocrosslinkable chitosan hydrogel for spheroid microarray and co-cultures. Biomaterials，2006，27（30）：5259-5267.

[13] Feng G, Zhang J, Li Y, et al. IGF-1 C domain–modified hydrogel enhances cell therapy for AKI. Journal of the American Society of Nephrology, 2016, 27 (8): 2357-2369.

[14] Shikinami Y, Okuno M. Bioresorbable devices made of forged composites of hydroxyapatite (HA) particles and poly-L-lactide (PLLA): Part Ⅰ. Basic characteristics. Biomaterials, 1999, 20 (9): 859-877.

[15] Engler A C, Lee H, Hammond P T. Highly efficient "grafting onto" a polypeptide backbone using click chemistry. Angewandte Chemie, 2009, 121 (49): 9498-9502.

[16] Zhang C, Yuan J, Lu J, et al. From neutral to zwitterionic poly α-amino acid nonfouling surfaces: Effects of helical conformation and anchoring orientation. Biomaterials, 2018, 178: 728-737.

[17] Zhang C, Lu J, Hou Y, et al. Investigation on the linker length of synthetic zwitterionic polypeptides for improved nonfouling surfaces. ACS Applied Materials & Interfaces, 2018, 10 (20): 17463-17470.

[18] Xi Y, Song T, Tang S, et al. Preparation and antibacterial mechanism insight of polypeptide-based micelles with excellent antibacterial activities. Biomacromolecules, 2016, 17 (12): 3922-3930.

[19] Cheng Y, He C, Xiao C, et al. Decisive role of hydrophobic side groups of polypeptides in thermosensitive gelation. Biomacromolecules, 2012, 13 (7): 2053-2059.

[20] 何炳林, 等. 离子交换与吸附树脂. 上海: 上海科技教育出版社, 1995.

[21] 祁喜望, 等. 膜科学与技术, 1995, 15 (3): 1.

[22] [日] 永松原太郎, 等. 感光性高分子. 丁一, 等译. 北京: 科学出版社, 1984.

[23] 张留成, 等. 高分子材料进展. 第 5 章. 北京: 化学工业出版社, 2005.

[24] 李秀错, 等. 复合材料学报, 2000, 17 (4): 119-123.

[25] 韦亚一. 超大规模集成电路先进光刻理论与应用. 北京: 科学出版社, 2016.

[26] 聂俊, 朱晓群. 光固化技术与应用. 北京: 化学工业出版社, 2021.

[27] 赵慧芳, 周作虎, 张磊. 极紫外光刻胶的研究进展与展望. 中国激光, 2024, 51 (18): 1801002.

习题与思考题

1. 聚合物液晶的分子结构有何特点？根据液晶分子排列的有序性，液晶可分为哪几种类型？如何表征？

2. 解释如下术语：

（1）热致性液晶（2）溶致性液晶（3）液晶高分子原位复合材料（4）液晶离聚物（5）功能液晶高分子

3. 液晶高分子溶液的黏度变化有何特性？此种特性有何应用？

4. 简述液晶高分子的发展趋势。

5. 解释如下术语：

（1）离子交换树脂（2）离子交换纤维（3）蛇笼树脂（4）吸附树脂（5）活性碳纤维

6. 简要叙述螯合树脂和配位高分子的基本概念及其主要用途。

7. 试述感光高分子的功能性质及其主要用途。

8. 举例说明如下术语：

（1）高分子催化剂（2）生物医用高分子（3）高吸水树脂（4）导电高分子（5）LB 膜（6）高吸油树脂

9. 试述高分子功能膜材料的主要类型及其应用。

第6章　聚合物共混物

聚合物共混是获得综合性能优异的高分子材料卓有成效的途径。聚合物共混物是指两种或两种以上聚合物，通过物理或化学的方法混合，形成宏观上均匀、连续的固体高分子材料。聚合物共混物的历史可追溯到 1846 年，当时 Hancock 将天然橡胶与古塔波胶混合制成雨衣，并提出了两种聚合物混合以改进制品性能的思想。表 6-1 列出了聚合物共混改性的重要历史进程。

■ 表 6-1　聚合物共混改性的重要历史进程

年　份	重要事项及意义
1846	聚合物共混物的第一份专利 —— 天然橡胶与古塔波胶共混
1942	研制成功 PVC/NBR 共混物，NBR 作为常效增塑剂使用，发表了热塑性聚合物共混物的第一篇专利
1942	制成苯乙烯和丁二烯的互穿聚合物网络（IPNs），商品名为 Styralloy，首先使用"聚合物合金"这一名称
1946	发展了 A 型 ABS 树脂（机械共混物）
1951	制成了结晶聚丙烯，此后发展了 PP/PE 共混物
1954	美国马尔邦化学公司首先采用接枝共聚-共混法制成 ABS 树脂，聚合物共混工艺获得重大进展
1960	发现了 PPE/PS 相容性共混物，并于 1965 年开始 Noryl 系列共混物的工业化生产；建立了互穿聚合物网络（IPNs）的概念，开始一类新型聚合物共混物的发展；提出了银纹核心理论，使橡胶增韧塑料机理的研究有了重大进展
1962	ABS 与 α-甲基苯乙烯-芳腈共聚物共混，制成高耐热 ABS
1964	四氧化锇（OsO_4）染色技术研究成功，使得可用透射电镜直接观察共混物的形态结构
1965	研制成功 SBS 树脂，发表了 SBS 的第一篇专利
1969	ABS/PVC 共混物工业化生产，商品名为 Cycovin；制成 PP/EPDM 共混物
1975	DuPont 公司发展了超韧性尼龙——Zytel-ST
1976	发展了 PET/PBT 共混物（Valox800 系列）
1979	研制成功 PC 与 PBT 及 PET 的增韧共混物，商品名为 Xenoy
1981	制成苯乙烯-马来酸酐共聚物（SMA）与 ABS 的共混物（Cadon）以及 SMA 与 PC 的共混物（Arloy）
1983	PPE/PA 共混物研究成功，商品名为 Noryl GTX
1984	制成聚氨酯/聚碳酸酯共混物，广泛用于汽车工业，商品名为 Texin；实现了性能优良的 ABS/PA 共混物；发展了用于汽车工业的 PC/PBT/弹性体共混物，商品名为 Macroblend
1985	制成 PC 与丙烯酸酯-苯乙烯-丙烯腈共聚物（ASA）的共混物，商品名为 Terblend
1986	PC/ABS 新型共混物，商品名为 Pulse，适用于轿车内衬

6.1　聚合物共混物的基本概念及其制备方法

6.1.1　基本概念

聚合物共混物的初期概念仅局限于异种聚合物组分的简单物理混合。20 世纪 50 年代 ABS 树脂出现，形成了接枝共聚-共混物这一新概念。随着对聚合物共混体系形态结构研究的深入，发现存在两相结构是此种体系普遍、重要的特征。所以，凡具有复相结构的聚合体系均属于聚合物共混物范畴。也就是说，具有复相结构的接枝共聚物、嵌段共聚物、互穿聚合物网络（interpenetrating polymer networks，IPNs）、复合聚合物（复合聚合物薄膜、复合聚合物纤维），甚至含有晶相与非晶相的均聚物、含有不同晶型结构的结晶聚合物等，均可看作聚合物共混物。两种聚合物不同的分子链组合方式如图 6-1 所示。

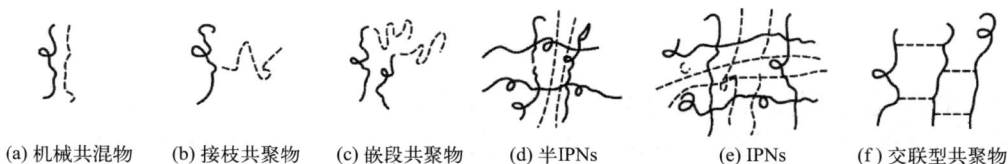

(a) 机械共混物　　(b) 接枝共聚物　　(c) 嵌段共聚物　　(d) 半IPNs　　(e) IPNs　　(f) 交联型共聚物

图6-1　两种聚合物组分间不同的组合方式

聚合物共混物有许多类型，但通常是指塑料与塑料的共混物和在塑料中掺混橡胶的共混物，在工业上称之为高分子合金或塑料合金。对于在塑料中掺混少量橡胶的共混物，由于其在抗冲性能上获得很大的提高，故亦称为橡胶增韧塑料。

聚合物共混物按聚合物组分数量分为二元聚合物共混物和多元聚合物共混物。按照聚合物共混物中连续相基体树脂的名称分为聚烯烃共混物、聚氯乙烯共混物、聚酰胺共混物等。按性能特征又有耐高温聚合物共混物、耐低温聚合物共混物、耐燃聚合物共混物、耐老化聚合物共混物等之分。虽然从形态结构上看，有些均聚物亦属聚合物共混物的范围，但并不归入共混物中。

为简单而又明确地表示聚合物共混物的组成情况，对由基体聚合物 A 和聚合物 B 按 x/y 的质量比组成的共混物可表示为 A/B（x/y）。例如，聚丙烯/聚乙烯（85/15）即表示由 85 份聚丙烯和 15 份聚乙烯组成的共混物。

聚合物共混已成为高分子材料改性的重要手段，其主要优点体现在以下几方面：

① 综合均衡各聚合物组分的性能，取长补短，消除单一聚合物组分性能上的弱点，获得综合性能优异的高分子材料。例如，将聚丙烯与聚乙烯共混，可克服聚丙烯耐应力开裂性差的缺点，获得综合性能优异的聚烯烃共混材料。

② 使用少量的某一聚合物可以作为另一聚合物的改性剂，而且改性效果显著。例如，聚苯乙烯、聚氯乙烯等硬脆性聚合物与 10%～20% 橡胶类聚合物共混，可使前者的抗冲击强度提高 2～10 倍。又如，乙烯-乙酸乙酯共聚物还可用作聚氯乙烯的长效增塑剂等。

③ 通过共混可改善某些聚合物的加工性能。例如，难熔、难溶的聚酰亚胺与熔融流动性良好的聚苯硫醚共混，可提高聚酰亚胺的流动性，使其可进行注射成型。为改进聚碳酸酯的流动性能，可采用三元共聚的方法，例如聚碳酸酯/聚对苯二甲酸乙二醇酯/乙烯-乙酸乙酯共聚物等。

④ 聚合物共混可满足一些特殊性能的需要，制备一系列具有崭新性能的高分子材料。例如，为制备耐燃高分子材料，可使基体聚合物与含卤素等耐燃聚合物共混；为获得装饰用具有珍珠光泽的塑料，可将光学性能差异较大的不同聚合物共混；利用硅树脂的润滑性，可与许多聚合物共混，以制得具有良好自润滑性的高分子材料；可将拉伸强度较悬殊且混溶性欠佳的两种聚合物共混后发泡，制成多层多孔材料，具有美丽的自然木纹，代替木材使用。

共混技术在制备低收缩模压料方面具有特别重要的作用。不饱和聚酯树脂模压料在加热、加压和过氧化物作用下交联固化时有很大的体积收缩，容易使制品表面粗糙、外观不良以及产生内部裂纹和气泡。为解决这一问题，曾采用加入大量填料、分步聚合或共聚等方法，均未获得理想效果。而采用共混的方法，在不饱和聚酯模压料中掺入 7%～20% 的热塑性树脂，如聚苯乙烯、聚乙烯、聚酰胺等，可制得低收缩或无收缩的模压料。

6.1.2 制备方法

聚合物共混物的制备方法可分为物理方法和化学方法两种类型。

6.1.2.1 物理共混法

物理共混法又称为机械共混法，是将不同种类聚合物在混合（或混炼）设备中实现共混的方法。共混过程包括混合作用和分散作用。在共混操作中，通过不同机械混合设备提供的能量（机械能、热能等）和剪切作用，使被混物料粒子尺寸不断减小并相互分散，最终形成较为均匀分散的共混物。由于聚合物粒子很大，在机械共混过程中主要是靠对流和剪切两种作用实现物料间的共混，而聚合物的黏度大，扩散作用较为次要。在机械共混操作中，会有物理作用发生。但在强烈的机械剪切作用下，少量聚合物断链，产生聚合物自由基，继而形成接枝或嵌段共聚物，即力化学过程（见第 3 章）。

（1）分类

物理共混法包括干粉共混、熔体共混、溶液共混和乳液共混等方法。

① 干粉共混法　将两种或两种以上不同的细粉或颗粒状聚合物在通用的塑料混合设备中进行混合以制备聚合物共混物的方法。常用的混合设备有球磨机、高速或低速混合机、捏合机等。在干粉混合的同时可加入其他配合剂，制得的共混物料可直接成型或经挤出造粒后再成型成最终制品。干粉共混的效果不太好，不宜单独使用，可作为熔融共混的初混过程，但对难溶难熔聚合物的共混有实际应用价值。

② 熔体共混法　亦称熔融共混法，是将几种聚合物组分在黏流温度以上进行分散、混合以制备聚合物共混物的方法。其工艺流程如图 6-2 所示。熔融共混法具有共混效果好、适用面广的优点，是最通常采用的共混方法。

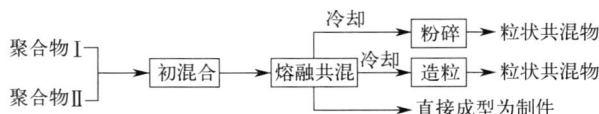

图6-2　熔融共混过程

③ 溶液共混法　将几种聚合物组分加到共同溶剂中（或分别溶解后再混合），搅拌均匀，然后除去溶剂或再加入沉淀剂沉淀，以制得聚合物共混物。这种混合方法除共混物以溶液状态直接应用外，主要用于聚合物共混的理论研究，如相图分析等，较少应用在工业生产实

际中。

④ 乳液共混法　将不同品种聚合物乳液混合均匀，然后加入凝聚剂使之共沉析，以制得共混物的方法。当原料聚合物为乳液，或者共混物以乳液形式应用时，可采用这种方法。因为乳胶粒的尺寸在 1 μm 以下，得到凝聚物共混物的形态结构比较均匀。

（2）混炼挤出设备

聚合物机械共混是依靠位置交换、捏合和剪切混炼设备实现的，共混物的性能与混合设备的混炼效率有密切关系。为达到高效的混合分散效果以制得性能优异的共混物，发展了一系列高效混炼挤出设备。这些混炼挤出设备强化了剪切和对流作用，从提高剪切速率、延长混炼作用时间、加强对混合物料的分割和扰动这三方面提高共混效果。

高效混炼挤出设备主要有以下几种类型。

① 混炼型单螺杆挤出机　通常将装有混炼螺杆的挤出机称为混炼型挤出机。混炼螺杆有屏障型、销钉型和沟槽型等不同类型，其结构如图 6-3 所示。当被混物料通过螺杆上设置的屏障段、销钉或特殊的沟槽时，受到很大的剪切作用；同时流体被分割、流向发生转折，从而使物料得以充分分散和混合。

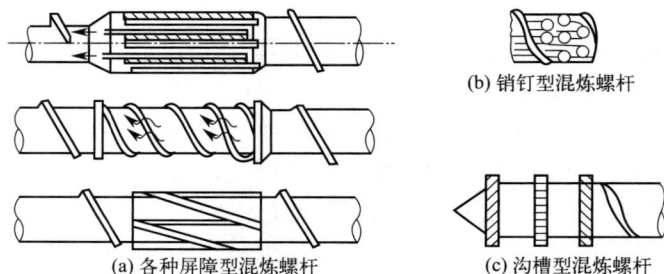

(b) 销钉型混炼螺杆

(a) 各种屏障型混炼螺杆　　(c) 沟槽型混炼螺杆

图6-3　混炼螺杆

② 混炼-挤出机组（FCM）　是由两个操作段组成的，如图 6-4 所示。第一段由混炼装置构成，在此段以高剪切速率（$500 \sim 1500 \ s^{-1}$）使聚合物物料受到混炼。第二段由单螺杆挤出机构成，用 $30 \sim 70 \ s^{-1}$ 的低剪切速率挤出、造粒。

③ 双螺杆挤出机　是由两根互相啮合的螺杆（图 6-5）构成的挤出机，其工作原理与单螺杆挤出机完全不同。物料在单螺杆挤出机中的输送主要靠熔体与料筒内壁的摩擦力，而双螺杆挤出机是由两根相互啮合的螺杆在料筒内旋转产生的正向输送作用强制地将物料推向料筒末端。采用双螺杆挤出机进行聚合物间的共混，具有混炼效果好、物料在料筒内停留时间分布窄，以及挤出量大、能耗小等优点。

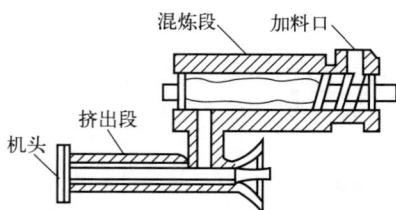

图6-4　混炼-挤出机组（FCM）　　　　**图6-5　双螺杆**

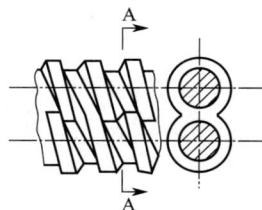

④ DIS 螺杆挤出机　这是一种新型的分配混合装置，是使用具有特殊结构的 DIS 螺杆

（图 6-6）构成的挤出机，混炼效果优异，对于混溶性不佳的聚合物共混尤为适用。

⑤ 静态混合器　这是一类使流体在流动过程中不断被静止的设备元件分割的渠道式连续混炼设备。它装在挤出机机头与模口之间，不能单独使用。若用于注射机，可与注射机喷嘴合为一体。最早出现的静态混合器是 1965 年由美国 Kenics 公司研制的 Kenics 静态混合器，如图 6-7 所示。此后发展了 ISG 静态混合器、Sulzer 静态混合器和 LPO 静态混合器等。

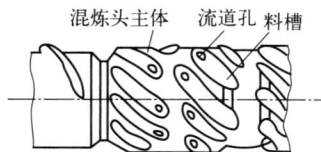

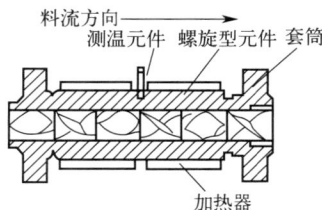

图6-6　DIS螺杆　　　　　图6-7　Kenics静态混合器

6.1.2.2　共聚-共混法

共聚-共混法是一种化学方法，主要有接枝共聚-共混和嵌段共聚-共混两种。

在制备聚合物共混物时，接枝共聚-共混法更为重要。接枝共聚-共混法首先制备聚合物 1，然后将其溶于另一种单体 2 中，再使单体 2 聚合并与聚合物 1 发生接枝共聚。制得的聚合物共混物通常包含 3 种组分，即聚合物 1、聚合物 2 和聚合物 1 骨架上有聚合物 2 的接枝共聚物。这两种均聚物的比例，接枝共聚物的接枝链长短、数量及其分布对共混物的性能有决定性影响。由于接枝共聚物的存在改进了聚合物 1 和聚合物 2 间的混溶性，增加了两相间的作用力，共聚-共混法制得的聚合物共混物性能优于机械共混物。

共聚-共混法发展得很快，一些重要的聚合物共混材料，如抗冲聚苯乙烯（HIPS）、ABS 树脂、MBS 树脂等，都是采用这种方法制备的。

6.1.2.3　互穿聚合物网络

互穿聚合物网络（IPNs），是用化学方法将两种或两种以上的聚合物相互贯穿，成为交织网络状的一类新型复相结构聚合物共混材料。互穿聚合物网络从制备方法上接近接枝共聚-共混法，从相间化学结合上接近机械共混法（图 6-1），因此经常把 IPNs 视为用化学方法实现的机械共混物。由 x 份聚合物 A 和 y 份聚合物 B 组成的互穿网络聚合物简记为 IPNs x/y A/B。

互穿聚合物网络有分步型 IPNs、同步型 IPNs、互穿网络弹性体 IPNs 和胶乳-IPNs 等不同类型，它们是由不同的聚合方法制备的。

① 分步型 IPNs　简记为 IPNs。它是先合成交联聚合物 1，再加入引发剂和交联剂后使单体 2 在聚合物 1 中溶胀一定时间，然后使单体 2 就地聚合并交联而得。例如，先合成交联的聚乙酸乙烯酯（PEA），再用含有引发剂和交联剂的等量苯乙烯单体使其溶胀，待溶胀均匀后，将苯乙烯聚合并交联，即制得白色革状的 IPNs 50/50 PEA/PS。

由于最先合成的 IPNs 是弹性体为聚合物 1，塑料为聚合物 2。因此，当以塑料为聚合物 1 而以弹性体为聚合物 2 时，就称为逆-IPNs。若构成 IPNs 的两种聚合物成分中仅有一种聚合物是交联的，则称为半-IPNs。

上述分步 IPNs 都是指单体 2 对聚合物 1 的溶胀已达到平衡状态，因此制得的 IPNs 具有宏观均一的组成。若在溶胀达到平衡之前就使单体 2 迅速聚合，由于从聚合物 1 的表面至内部单体 2 的浓度逐渐降低，产物的宏观组成具有一定的浓度变化梯度，由此制得的产物称为梯度-IPNs（gradient IPNs）。

② 同步型 IPNs 若两种聚合物网络是同时生成的，不存在先后次序，则称为同步型 IPNs，简记为 SIN。其制备方法是：将两种单体混溶在一起，使两者以互不干扰的方式各自聚合并交联。当一种单体进行加聚而另一种单体进行缩聚时，即可达此目的。由环氧树脂和交联聚丙烯酸酯构成的同步 IPNs，即 SIN Epoxy/Acrylic，就是一例。半-SIN 亦常称作间充复相聚合物，生成半-SIN 的反应称为间充聚合反应。

③ 互穿网络弹性体 由两种线型弹性体胶乳混合在一起，再进行凝聚并同时进行交联，如此制得的 IPNs 称为互穿网络弹性体，简记为 IEN。例如，将氨酯脲（PU）胶乳与聚丙烯酸酯（PA）胶乳共混、凝聚并交联，即制成 IEN PU/PA。

④ 胶乳-IPNs 当 IPNs、SIN 和 IEN 为热固性材料时，因难以成型加工，可采用乳液聚合方法加以克服。胶乳-IPNs 简记为 LIPNs，就是用乳液聚合的方法制得 IPNs。将交联的聚合物 1 作为"种子"胶乳，加入单体 2、交联剂和引发剂，使单体 2 在"种子"乳胶粒聚合物 1 表面上进行聚合和交联，如此制得的 IPNs 具有核-壳状结构。因为互穿网络仅限于各个乳胶粒范围内，所以又称为微观 IPNs。LIPNs 可采用注射法或挤出法成型。

6.2　主要品种

6.2.1　以聚乙烯为基的共混物

聚乙烯是最重要的通用塑料之一，产量居各种塑料的首位。聚乙烯的主要缺点是软化点低、强度不高、容易应力开裂、不容易染色等。采用共混法是克服这些缺点的重要途径。

以聚乙烯为主要成分的共混物主要有以下几种类型。

6.2.1.1　不同密度聚乙烯之间的共混物

包括高密度聚乙烯与低密度聚乙烯共混物、中密度聚乙烯与低密度聚乙烯共混物等。

不同密度聚乙烯共混，可使熔融区域加宽；冷却时，延缓结晶，这在聚乙烯泡沫塑料的制备中很有应用价值。控制不同密度聚乙烯的质量比，可得到多种性能的泡沫塑料。

6.2.1.2　聚乙烯与乙烯-乙酸乙烯酯共聚物的共混物

聚乙烯（PE）与乙烯-乙酸乙烯酯共聚物（EVA）组成的共混物具有优良的韧性、加工性，较好的透气性和印刷性。PE/EVA 的性能可在宽广的范围内变化，EVA 中 VAc 的含量、EVA 的分子量、EVA 的用量以及共混时的加工成型条件等都对共混物制品性能有明显影响。PE/EVA 熔体流动性随 EVA 含量的变化显示有极大值和极小值，如图 6-8 所示。

PE/EVA 共混物可用于制备泡沫塑料，也可用于印

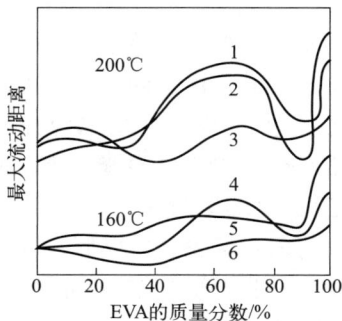

图6-8　EVA含量对PE/EVA流动性的影响

1,4—EVA 中含 VAc 18%，熔融指数 146；
2,5—EVA 中含 VAc 28%，熔融指数 147；
3,6—EVA 中含 VAc 28%，熔融指数 49

高分子材料基础（第四版）

刷业。

6.2.1.3　聚乙烯与丙烯酸酯类的共混物

将聚乙烯（PE）与聚甲基丙烯酸甲酯（PMMA）和聚甲基丙烯酸乙酯（PEMA）共混，可大幅度提高 PE 材料对油墨的黏结力。例如，加入 5%～20% 质量份的 PMMA，与油墨的黏结力可提高 7 倍。因此，这类共混物在印刷薄膜方面有应用价值。

6.2.1.4　聚乙烯与氯化聚乙烯的共混物

将氯化聚乙烯（CPE）加到 PE 中，可以提高 PE 的印刷性、耐燃性和韧性等。例如，将 PE 与 5% 质量份 CPE（含氯量 55%）共混，可使 PE 与油墨的黏结力提高 3 倍。

CPE 具有优良的阻燃性，将其加到 PE 中并同时添加三氧化二锑组分，可制得耐燃性很好的共混物。

6.2.1.5　聚乙烯与其他聚合物的共混物

聚乙烯与橡胶类聚合物如热塑性弹性体、聚异丁烯、丁苯橡胶、天然橡胶等共混，可显著提高其抗冲击强度，还能改善其加工性能。

其他有应用价值的共混物还有 PE 与 PP（聚丙烯）、EPR（乙丙橡胶）、EPDM（三元乙丙橡胶）、PC（聚碳酸酯）、PS（聚苯乙烯）等组成的共混物。

6.2.2　以聚丙烯为基的共混物

聚丙烯（PP）的耐热性优于聚乙烯，可在 120℃长期使用，刚性、耐折叠性好，而且加工性能优良。主要缺点是因结晶导致的产品成型收缩率较大、低温容易脆裂、耐磨性不足、耐光性差、不容易染色等。与其他聚合物共混是克服这些缺点的重要途径。

聚丙烯共混物通常采用机械共聚法制备，采用嵌段共聚-共混等方法也得到了发展，例如聚丙烯与聚乙烯共混物、乙-丙共聚物共混物的制备。

6.2.2.1　PP/PE共混物

PP/PE 共混物的拉伸强度通常随 PE 含量增大而下降，但韧性增加。在 PP 中加入 10%～40% 的 HDPE，在 −20℃时共混物的落球抗冲击强度可提高 8 倍，而且加工流动性增加，适用于制备大型塑料容器。聚丙烯在钙塑材料中加入 PE，也有很好的改性作用。

6.2.2.2　PP/EPR共混物及PP/EPDM共混物

聚丙烯（PP）与乙丙橡胶（EPR）共混可改善 PP 的抗冲击性能和低温脆性。另一种常用作 PP 改性的乙丙共聚物是含有二烯烃类组分的三元共聚物——乙烯、丙烯与非共轭二烯烃的共聚物，简称 EPDM。PP/EPDM 的耐老化性能超过 PP/EPR。此外，还发展了 PP/PE/EPR 三元共混物，这种共混物具有更理想的综合性能。

PP/EPR 类共混物广泛用于生产容器、建筑防护材料等。

6.2.2.3　PP/BR共混物

聚丙烯（PP）与顺丁橡胶（BR）共混可大幅度提高聚丙烯的韧性。例如，PP 与 15% 的 BR 共混，共混物的抗冲击强度比聚丙烯可提高到 6 倍以上，同时脆化温度由 PP 的 30℃降至 8℃。PP/BR 共混物的挤出膨胀现象比 PP、PP/PE、PP/EVA、PP/SBS 等都轻，因此制品的尺寸稳定性好，不容易翘曲变形。

PP/PE/BR 三元共混物已经获得了工业应用。

6.2.2.4 聚丙烯与其他聚合物的共混物

聚丙烯（PP）与聚异丁烯（PIB）、丁基橡胶、热塑性弹性体（TPE）如 SBS 以及与乙烯-乙酸乙烯酯共聚物（EVA）的共混物也得到发展。PP/EVA 共混物具有较好的印刷性、加工性、耐应力开裂性等，而且抗冲击性能较好；PP/PIB/EPDM 三元共混物具有很好的加工性能；PP/PIB/EVA 三元共混物具有较好的力学性能、刚度和透明性。

PP/PE/EVA/BR 四元共混物具有优良的韧性，已获得工业应用。

6.2.3 以聚氯乙烯为基的共混物

聚氯乙烯（PVC）是一种综合性能良好、用途广泛的聚合物。其主要缺点是热稳定性不够好，100℃就开始降解，因而加工性能欠佳。此外，聚氯乙烯本身较硬脆，抗冲击强度不足，耐老化性差，耐寒性不好。与其他聚合物共混是 PVC 改性的主要途径之一。聚氯乙烯与一些聚合物共混在很多方面有显著的改性作用（表6-2）。

■ 表6-2　聚氯乙烯共混改性一览表

共混物形态	主要改性效果	聚合物类型	代表的聚合物
均相	增塑，软化	相溶性低分子量聚合物	PER
	改善一次加工性，促进凝胶化	相溶性高分子量聚合物	PMMA，PAS
	改善二次加工性	极性橡胶及树脂	NBR，CPE，EVA，CR，ACR
非均相	改善抗冲击性	橡胶类聚合物，二烯烃	ABS，MBS，SAN
	改善低温特性	或接枝共聚物，非二烯烃	EVA，CPE，EPDM
	改善流动性	不相容树脂	PE，PP

6.2.3.1 PVC/EVA共混物

PVC/EVA 共混物可采用机械共混法和接枝共聚-共混法制备，EVA 起到增塑、增韧的作用。

PVC/EVA 共混物使用范围广泛，可用于生产硬质制品和软质制品。硬质制品以挤出管材为主，还有板材、异型材、低发泡合成材料、注射成型制品等。软质制品主要有薄膜、软片、人造革、电缆及泡沫塑料等。

6.2.3.2 PVC/CPE共混物

PVC/CPE 共混物均采用机械共混法生产。合适氯化程度的 CPE 与 PVC 共混可改进加工性能、提高韧性。

PVC/CPE 具有良好的耐燃性和抗冲击性能，广泛应用于生产抗冲、耐候、耐燃的塑料制品，主要为建筑型材，其他还有薄膜、管道、建筑板、支架、劳动保护（安全帽）用品等。

6.2.3.3 聚氯乙烯与橡胶的共混物

聚氯乙烯（PVC）与天然橡胶（NR）、顺丁橡胶（PB）、聚异戊二烯橡胶（IR）、氯丁橡胶（CR）、丁腈橡胶（NBR）、丁苯橡胶（SBR）等共混，能大幅度提高 PVC 的抗冲性能。此类共混物主要由机械共混法制备。由于 NR、PB、IR 等与 PVC 的混溶性差，常需在这些非极性橡胶分子中引入卤素、氰基等极性基团后，才能制得性能优异的共混物。

CR 和 NBR 与 PVC 的混溶性较好，可制得高性能的共混物。PVC/CR（85/15）共混物可使抗冲击强度比纯 PVC 提高 8 倍，但其刚性也有一定程度的下降。PVC/NBR 共混物的性能比 PVC/CR 好；当 NBR 中 AN 含量为 20% 时，PVC/NBR 共混物的抗冲击强度最高，其拉伸强度随 NBR 中 AN 含量的增加而提高。

6.2.3.4　PVC与ABS及MBS的共混物

PVC/ABS 共混物抗冲击强度高、热稳定性好、加工性能优良。作为 PVC 增韧改性使用的 ABS，按其中聚丁二烯（PB）的含量不同，可分为标准 ABS [丁二烯（30）-丙烯腈（25）-苯乙烯（45）] 和高丁二烯 ABS [丁二烯（50）-丙烯腈（18）-苯乙烯（32）]。由于高丁二烯含量的 ABS 增韧 PVC 的效果优于标准 ABS（图6-9），多数情况下采用的是高丁二烯含量的 ABS 作为 PVC 的增韧改性剂。

MBS 是甲基丙烯酸甲酯和苯乙烯接枝到顺丁橡胶或丁苯橡胶主链上的共聚物，将其用于改性 PVC，得

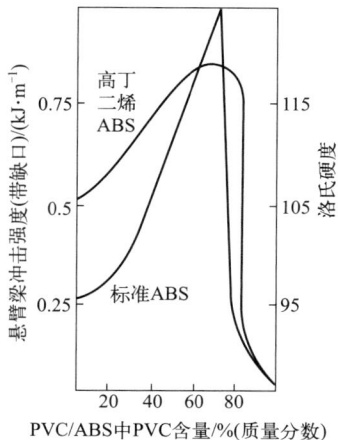

图6-9　PVC/ABS的抗冲击强度与硬度

到 PVC/MBS 共混物，当选择合适的共聚物组成，可以得到与 PVC 折射率相近的 MBS，则其共混物是透明、高韧性的材料。PVC/MBS 的抗冲击强度比 PVC 高 5～30 倍。此种共混物适用于制备透明薄膜、吹塑容器、真空成型制品、管材、异型材等。

6.2.3.5　PVC与其他聚合物的共混物

为改善 PVC 材料缺口冲击强度低的缺点，尽管国内广泛使用氯化聚乙烯（CPE）作为冲击改性剂，但其容易使制品变黄而影响其使用寿命和性能。为此，国内外系统研究了聚丙烯酸酯核壳结构冲击改性剂。采用种子乳液聚合方法，在单体滴加过程中控制好混合单体中阴离子乳化剂的补加量和滴加速率，可制得乳胶粒粒径和径向组成均可控的胶乳型聚丙烯酸酯互穿聚合物网络（LIPNs），简称 ACR。

图 6-10（a）为种子乳液聚合反应过程中单体转化率与反应时间的关系，前 60 min 为制备种子阶段，随后每间隔 30 min 取样，得到单体瞬时转化率和总转化率随反应时间的变化，瞬时转化率均在 86%（质量分数）以上，总转化率在 97%（质量分数）以上。假设乳胶粒是

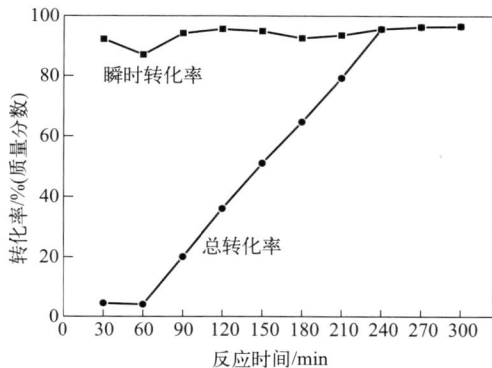

（a）混合丙烯酸酯单体转化率随反应时间的变化

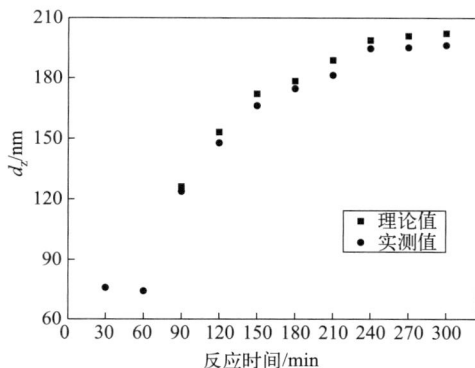

（b）乳胶粒粒径随反应时间的变化

图6-10　混合丙烯酸酯单体转化率和乳胶粒粒径随反应时间的变化

球形增长，其每一时刻的粒径（d_z）可通过种子阶段结束时乳胶粒的粒径计算得到，如图6-10（b）所示。由图可知，乳胶粒粒径的实测值与理论值一致，说明在乳胶粒粒径增长阶段没有形成二次粒子（即新的胶束），新加入的单体在原乳胶粒表面生长；测得的不同聚合反应阶段乳胶粒的粒径分布系数（PDI）均小于0.05，说明乳胶粒径呈单分散分布。因此，最终获得粒径均匀、尺寸为196 nm的核壳结构丙烯酸酯聚合物（ACR）。乳液经喷雾干燥，用于PVC的改性。

图6-11为100质量份PVC加入0～6质量份ACR时PVC/ACR共混物的简支梁缺口冲击强度与ACR加入量的关系，当ACR加入量仅为3 phr时，由纯PVC的6.62 kJ·m^{-2}提高到27.19 kJ/m^2；而此时的拉伸强度只下降2.45%，断裂延伸率提高了31.8%。可见这种ACR核壳结构改性剂对PVC基体有很高的冲击改性效率。

图6-12为不同ACR含量PVC/ACR共混物的缺口冲击断面形貌SEM图。纯PVC断面表面光滑，呈明显脆性断裂特征[图6-12（a）]。图6-12（b）中ACR加入量为3 phr时，共混物的冲击断面呈均匀、致密的网状结构；从放大后的扫描电镜照片[图6-12（c）]还可以看到除了上述特征外的橡胶空穴化现象。PVC具有较高的裂纹引发活化能，但裂纹增长活化能较低，即对缺口具有敏感性。当用橡胶粒子改性时，在橡胶颗粒内部或表面会产生微孔，这些微孔的产生使橡胶颗粒的体积增加，并引起橡胶颗粒周围基体的剪切屈服，释放颗粒内因分子取向或剪切而产生的静压力及颗粒周围的热应力，使基体中的三轴应力转变为平面应力，从而使其剪切屈服，即PVC基体因塑性屈服而吸收大量冲击能。Dompas等对MBS增韧PVC的研究表明，用顺丁橡胶（PB）为橡胶组分时产生空穴化的橡胶粒径临界值为150 nm，而用聚丙烯酸丁酯为橡胶组分时橡胶粒径的临界值约为180 nm。同时Chakrabarti等的研究表明ACR壳层组分PMMA与基体PVC树脂间有良好的相容性，当连续相PVC受到外界冲击时，通过ACR壳层的PMMA将能量传递、分散到橡胶粒子即聚丙烯酸酯橡胶颗粒表面，从而显著提高PVC的韧性。

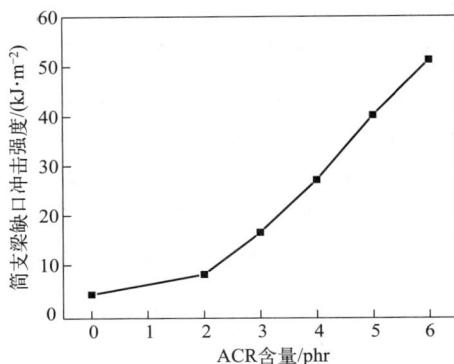

图6-11　PVC/ARC共混物简支梁缺口冲击强度与ACR含量的关系

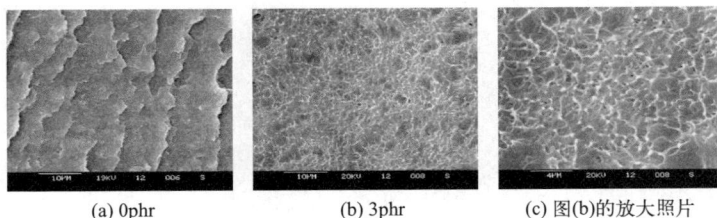

(a) 0phr　　　　(b) 3phr　　　　(c) 图(b)的放大照片

图6-12　不同ACR含量PVC/ARC共混物的冲击缺口断面形貌SEM图

其他有应用价值的PVC共混物还有：PVC与丙烯酸酯类共聚物的共混物，此类主要用以改进其加工性能；以及PVC与聚α-甲基苯乙烯的共混物，PVC与聚酯、聚氨酯等的共混物。

6.2.4 以聚苯乙烯为基的共混物

聚苯乙烯（PS）的主要缺点是性脆、抗冲击强度低、容易应力开裂、不耐沸水等。采用共混改性是克服这些缺点的主要方法，共混改性聚苯乙烯在苯乙烯系聚合物体系中占首要地位。

共混改性聚苯乙烯主要包括高抗冲聚苯乙烯和 ABS 树脂等。

6.2.4.1 高抗冲聚苯乙烯

高抗冲聚苯乙烯（HIPS）是聚苯乙烯与橡胶的共混物。制备方法有机械共混法和接枝共聚共混法两种。机械共混法主要采用丁苯橡胶（SBR），按 PS/SBR 质量比为 80/20 制备共混物。接枝共混法生产 HIPS 的操作方法以本体聚合法和本体-悬浮聚合法为主，是以聚丁二烯（PB）或丁苯橡胶（SBR）作为主链，接枝上聚苯乙烯，再与聚苯乙烯共混后制备得到的。当前 PS/SBR/SBS 三元共混物也获得广泛应用。此外，还有 PS/EPR、PS/EPDM 等共混物。

高抗冲聚苯乙烯除韧性优异之外，还具有刚性好、容易加工和染色等优点，广泛用于生产仪表外壳、纺织器材、电器零件、生活用品等。

6.2.4.2 ABS树脂

ABS 树脂（参见第 4 章）是一类由丙烯腈、丁二烯和苯乙烯 3 种成分构成的共聚-共混物。

ABS 树脂最初是以机械共混法制备的，主要采用接枝共聚-共混法。机械共混法 ABS 亦称 B 型 ABS，其生产包括丁腈胶乳制备、苯乙烯-丙烯腈共聚物（AS 树脂）乳液制备和上述两组分共混 3 个主要步骤，橡胶组分除丁腈橡胶外亦可选用丁苯橡胶、顺丁橡胶和混合橡胶等。接枝共聚-共混法可选用聚丁二烯作为接枝骨架，在其主链上接枝苯乙烯-丙烯腈共聚物支链而成，用于制备 ABS 的橡胶要求具有一定的交联度，制备过程主要包括聚丁二烯胶乳制备、接枝共聚和后处理 3 个工序。最近发展了生产 ABS 的乳液-悬浮法工艺，此法第一步是进行乳液接枝共聚，反应到一定程度后再在悬浮聚合条件下进行悬浮聚合。此外，还研究成功了乳液接枝-悬浮混合法新工艺。

ABS 树脂是产量最大、应用最广的聚合物共混物，同时也是最重要的工程塑料之一。为了进一步改善 ABS 树脂的耐候性、耐热性、耐寒性、耐燃性等，开发了许多新型 ABS 树脂，如 MBS、MABS、AAS、ACS、AES 等。也可将 ABS 与其他聚合物共混改性，如与 PVC 共混以改进耐燃性、与聚芳砜共混以提高其耐热性等。

6.2.5 其他聚合物的共混物

其他重要的聚合物的共混物有以下几种。

① 以聚碳酸酯（PC）为基的共混物。例如 PC/PS 共混物、PC/ABS 共混物、PC/氟树脂共混物、PC/丙烯酸酯类树脂共混物等。

② 以聚对苯二甲酸酯类为基的共混物。例如聚对苯二甲酸乙二醇酯（PET）与聚对苯二甲酸丁二醇酯（PBT）的共混物、PET/PC 共混物等。

③ 以聚酰胺（PA）为基的共混物。例如尼龙 6/尼龙 66 共混物、尼龙 6/LDPE 共混物、尼龙 6/聚丙烯/聚丙烯-酸酐接枝共聚物/酸酐多元共混物、聚酰胺/EVA 共混物、聚酰胺/ABS 共混物、聚酰胺/聚酯共混物等。

④ 以环氧树脂为基的共混物。例如环氧树脂与聚硫橡胶、聚乙酸乙烯酯、低分子量聚酰胺的共混物等。

⑤ 以酚醛树脂为基的共混物。例如酚醛树脂与PVC、NBR、聚酰胺、环氧树脂等的共混物。

此外，以聚乙烯醇为基的共混物、以氟树脂为基的共混物和以聚苯硫醚（PPS）为基的共混物等都日益受到重视。表6-3列出了一些重要的工程塑料及其共混物的性能。

■ 表6-3　一些重要的工程塑料及其共混物的性能

聚合物或 其共混物	商品名	伸长率 /%	弯曲模量 /GPa	拉伸强度 /MPa	缺口冲击 强度（23℃） /(J·m⁻¹)	热变形温度 （1.8 MPa）/℃
PC	Lexan	90	2.20	56	640	132
PC/ABS	Pulse	100	2.59	53	530	96
PC/SMA	Arloy	80	2.20	45	640	121
PC/PET	Macroblend	165	2.07	52	970	88
PC/PBT	Xenoy	130	2.07	56	854	121
PA-66	Zytel	60	2.83	83	53	90
PA/PO	Zytel-ST	60	1.72	52	907	71
PA/PPS	—	90	2.18	45	955	—
PA-6/ABS	Elemld	—	2.07	48	998	200
HIPS	—	8	7.66	159	105	235
PSF	Udel	60	2.69	70	69	174
PSF/PC		14	2.46	62	390	180
POM	Delrin	40	2.83	48	75	136
POM/弹性体	Duraloy	220	1.04	37	<220	60
POM/弹性体	Delrin	75	2.62	69	123	136

6.3　聚合物之间的互溶性

聚合物之间的互溶性（miscibility）亦称混溶性，与低分子物的溶解度（solubility）相对应，是指聚合物之间热力学上的相互溶解性。聚合物之间的相容性（compatibility）起源于乳液体系各组分相容的概念，是指聚合物间容易相互分散而制得性能良好、结构稳定的共混物的能力，是聚合物共混工艺性能的一种表达形式。相容性与混溶性并不完全一致，例如两种聚合物熔体的黏度比对热力学上的互溶性并无直接关系，但对相容性却是很重要的参数；聚合物之间良好的混溶性是良好的相容性的基础。

聚合物之间的混溶性是选择适宜的共混方法的重要依据，也是决定共混物形态结构和性能的关键因素之一。因此，下文将对其进行较为系统的阐述。

6.3.1　聚合物/聚合物互溶性的基本特点

聚合物的分子量很大，但混合熵很小，因此热力学上真正完全互溶即可以以任意比例互溶的聚合物对较少，大多数聚合物之间是不互溶或部分互溶的。当部分互溶性（即相互溶解度）较大时，称为互溶性好；当部分互溶性较小时，称为互溶性差；当部分互溶性很小时，称为不互溶或基本不互溶。表 6-4 和表 6-5 分别列出了一些常见的完全互溶和不互溶聚合物对的例子。

■ 表6-4 室温下可以以任意比例互溶的聚合物对

聚合物 1	聚合物 2	聚合物 1	聚合物 2
硝基纤维素	聚乙酸乙烯酯	聚苯乙烯	聚 2,6-二乙基-1,4-亚苯醚
硝基纤维素	聚甲基丙烯酸甲酯	聚苯乙烯	聚 2-甲基-6-乙基-1,4-亚苯醚
硝基纤维系	聚丙烯酸甲酯	聚苯乙烯	聚 2,6-二丙基-1,4-亚苯醚
聚氯乙烯	α-甲基苯乙烯/甲基丙烯腈/丙烯酸乙酯共聚物（质量比为 58：40：2）	聚丙烯酸异丙酯	聚甲基丙烯酸异丙酯
		聚 α-甲基苯乙烯	聚 2,6-二甲基-1,4-亚苯醚
		聚 2,6-二甲基-1,4-亚苯醚	聚 2-甲基-6-苯基-1,4-亚苯醚
聚乙酸乙烯酯	聚硝酸乙烯酯	聚乙烯醇缩丁醛	苯乙烯/顺丁烯二酸共聚物
聚苯乙烯	聚 2,6-二甲基-1,4-亚苯醚		

■ 表6-5 一些不互溶的聚合物对

聚合物 1	聚合物 2	聚合物 1	聚合物 2
聚苯乙烯	聚异丁烯	尼龙 6	聚甲基丙烯酸甲酯
聚甲基丙烯酸甲酯	聚乙酸乙烯酯	尼龙 66	聚对苯二甲酸乙二醇酯
天然橡胶	丁苯橡胶	聚苯乙烯	聚丙烯酸乙酯
聚苯乙烯	聚丁二烯	聚苯乙烯	聚异戊二烯
聚甲基丙烯酸甲酯	聚苯乙烯	聚氨酯	聚甲基丙烯酸甲酯
聚甲基丙烯酸甲酯	纤维素三醋酸酯		

6.3.1.1 聚合物/聚合物二元体系相图

图 6-13 为聚合物/聚合物二元体系相图的基本类型：（a）为任意比例互溶；（b）为具有最高临界互溶温度（UCST）；（c）为具有最低临界互溶温度（LCST）；（d）和（f）为具有局部不互溶区域的情况；（e）同时具有 UCST 和 LCST。实际上，聚合物/聚合物间的互溶度和相图的类型还与其分子量及其分布有密切关系。

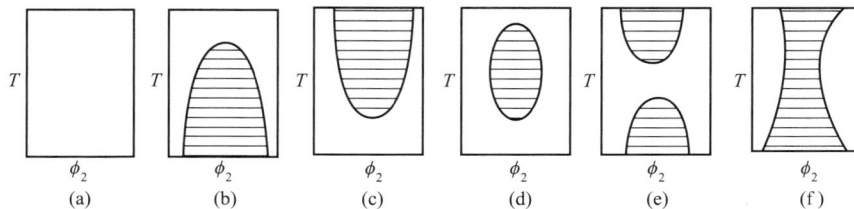

图6-13 聚合物/聚合物二元体系相图的基本类型
阴影部分代表相分离区，ϕ_2 为聚合物 2 的体积分数，T 为热力学温度

相图对分析聚合物共混物各相组成和相的体积分数非常重要。只要知道某一聚合物对的相图和起始组成，即可计算出共混物两相的组成和体积比。

6.3.1.2 增容作用及增容方法

如上所述，大多数聚合物之间的互溶性较差，这往往使聚合物共混体系难以达到所要求的分散程度。即使借助外界条件使两种聚合物在共混过程中实现均匀分散，在使用过程中也会出现相分离现象，导致共混物性能不稳定和性能下降。解决这一问题的方法可采用"增容"措施。增容作用有两方面涵义：一方面是使聚合物之间易于相互分散，以得到宏观上均匀的共混物；另一方面是改善聚合物之间相界面的性能，增加相间的黏合力，加之聚合物熔体的黏度都很高，可以使共混物具有长期稳定的优良性能。

聚合物共混物界面产生增容作用的方法有：加入增容剂，亦称增混剂；在聚合物组分间引入氢键、离子键或能形成互穿聚合物网络等。

（1）加入增容剂的方法

增容剂是指能与两种聚合物组分都有较好互溶性的物质，它可以降低两组分间界面张力，增加互溶性，其作用与胶体化学中的乳化剂和高分子复合材料中的偶联剂作用相当。

（2）引入化学反应的方法

在高剪切混合机中，橡胶大分子链会发生自由基裂解和重新结合；在聚烯烃强烈混合时，也会发生类似的现象，形成少量嵌段共聚物或接枝共聚物，从而产生增容作用。为提高这一过程的效率，有时加入少量过氧化物类的自由基引发剂。

缩聚型聚合物在混合过程中发生链交换反应，从而产生明显的增容作用。例如，聚酰胺66与聚对苯二甲酸乙二醇酯（PET）在混合过程中由于催化酯交换反应可形成嵌段共聚物，因而产生明显的增容作用。

在混合过程中使共混物组分间发生交联反应也是一种有效的增容方法，这种交联可分化学交联和物理交联两种情况。例如，用辐射方法使 LDPE/PP 产生化学交联，在此过程中首先形成具有增容作用的共聚物，在共聚物作用下形成所希望的形态结构，然后继续交联使所形成的形态结构稳定。结晶作用属于物理交联，例如 PET/PP 和 PET/PA 66 等，由于分子链取向结构能够结晶，使已形成的共混物形态结构稳定，从而产生增容作用。

（3）引入相互作用基团的方法

在聚合物组分中引入离子基团或离子-偶极等相互作用，可实现增容作用。例如，在聚苯乙烯分子链中引入 5%（质量分数）的—SO_3H 基团，同时将丙烯酸乙酯与 5%（质量分数）的乙烯基吡啶共聚，然后将二者共混，即可制得性能优异且稳定的共混物。利用电子给予体和电子接受体的络合作用，也可产生增容作用。

（4）共同溶剂方法和 IPNs 方法

两种互不相溶的聚合物常可在共同溶剂中形成真溶液。将溶剂除去后，由于相界面非常大，以致很弱的聚合物-聚合物相互作用就足以使共混物形成均匀的形态结构和稳定的性能。互穿聚合物网络（IPNs）技术是产生增容作用的新方法，其原理是将两种聚合物结合成稳定、相互贯穿的网络，从而产生明显的物理增容作用。

6.3.2 聚合物/聚合物互溶性的热力学分析

6.3.2.1 二元体系的稳定条件

在恒定温度 T 和压力 p 下，多元体系热力学平衡的条件是：其混合自由焓 ΔG_m 为极小值。这一热力学原则可用以规定二元体系相稳定的条件。图 6-14 为一种二元体系混合自由焓 ΔG_m

与组分 2 摩尔分数 X_2 的关系曲线。设此二元体系的组成为 P，则 $A_1P=x_2$，$\Delta G_m=PQ$。

若此体系相分离的组成为 P' 和 P'' 的两个相，此两相量的比为 $PP'':PP'$，其混合自由焓分别为 $P'Q'$ 和 $P''Q''$。由几何原理可以证明此两相总的混合自由焓为 PQ^+。若在 Q 点 ΔG_m 曲线是向上凹的，则 Q^+ 位于点 Q 之上。因此，当发生相分离时，自由焓增大。这就是说，当组成在 P 点及其邻近区域时，均相状态是热力学稳定的。

若 ΔG_m 曲线在整个组成范围内都是向上凹的，则此二元体系在任意组成时均相都是热力学的稳定平衡状态，即两组分间可以以任意比例互溶（即相互溶解）。

设组分 1 及组分 2 的化学位分别为 $\Delta\mu_1$ 及 $\Delta\mu_2$，根据 Gibbs-Duhm 关系式，有

$$\Delta G_m = x_1\Delta\mu_1 + x_2\Delta\mu_2 \tag{6-1}$$

$$\left(\frac{\partial\Delta G_m}{\partial x_2}\right)_{T,p} = \Delta\mu_2 - \Delta\mu_1 \tag{6-2}$$

因此

$$\Delta\mu_1 = \Delta G_m - x_2\left(\frac{\partial\Delta G_m}{\partial x_2}\right)_{T,p}$$

$$\Delta\mu_2 = \Delta G_m - x_1\left(\frac{\partial\Delta G_m}{\partial x_2}\right)_{T,p} \tag{6-3}$$

在 ΔG_m 曲线上任意点做切线，则此切线在 $x_1=1$ 及 $x_2=1$ 处的截距即分别为 $\Delta\mu_1$ 及 $\Delta\mu_2$。在图 6-14 中，对于切线 B_1B_2，$\Delta\mu_1=A_1B_1$，$\Delta\mu_2=A_2B_2$。

图 6-15 所示的情况则比较复杂。当组成在 A_1P' 或 A_2P'' 范围内时，均相是热力学稳定状态。而当组成在 P' 和 P'' 之间时，情况比较复杂。例如，在 P 点，ΔG_m 曲线仍是向上凹的，依上所述，它对分离为相邻组成的两相是热力学稳定的，但对分离为组成分别是 P' 和 P''（相应于双切线 $Q'Q''$ 上的两个切点）的两相是热力学不稳定的。这种情况称为介稳状态。当组成在 ΔG_m 曲线的两个拐点之间时，均相状态是不稳定的，会自发分离为相互平衡的两个相。

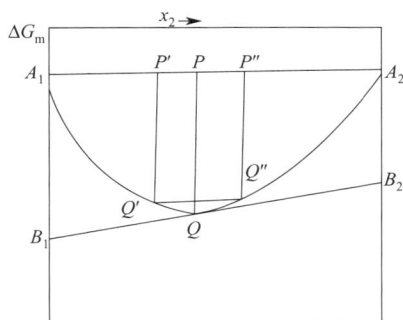

图6-14　组分之间完全相容的二元体系混合自由焓 ΔG_m 与组成的关系曲线

$PQ=\Delta G_m$，　$A_1B_1=\Delta\mu_1$，　$A_2B_2=\Delta\mu_2$

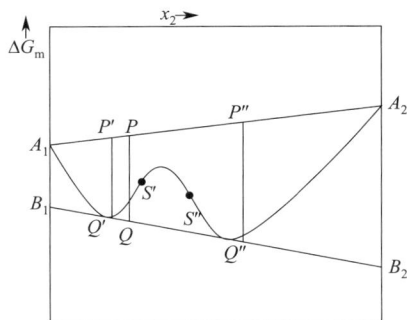

图6-15　组分之间部分相容的二元体系混合自由焓 ΔG_m 与组成的关系曲线

S' 和 S'' 为曲线的两个拐点，$A_1B_1=\Delta\mu_1$，$A_2B_2=\Delta\mu_2$

$\Delta\mu_1$ 及 $\Delta\mu_2$ 是由切线的截距给出的，而对应组成分别为 P' 和 P'' 的两个平衡相，必然有

$$\Delta\mu'_1 = \Delta\mu''_1, \quad \Delta\mu'_2 = \Delta\mu''_2 \tag{6-4}$$

所以其切线必然是重合的。这就是说，仅当其组成分别对应于二重切线两个切点的两个相时，才处于热力学平衡状态。

不稳定区域的范围由 ΔG_m 曲线的拐点决定。在拐点处，$\dfrac{\partial^2 \Delta G_m}{\partial x_2^2}=0$，由式（6-2）知

$$\frac{\partial \Delta \mu_1}{\partial x_2} = \frac{\partial \Delta \mu_2}{\partial x_2}=0 \tag{6-5}$$

ΔG_m-组成曲线与温度有密切关系。例如，大多数低分子混合物，随着温度升高，双重切线的两个切点相互靠近，最后相互重合，转变成图 6-14 类型的曲线。这时不仅式（6-5）成立，而且式（6-6）亦成立：

$$\frac{\partial^2 \Delta \mu_1}{\partial x_2^2} = \frac{\partial^2 \Delta \mu_2}{\partial x_2^2}=0 \tag{6-6}$$

相互平衡共存的两相相互重合而形成均相的重合点称为临界点，与临界点相对应的温度称为临界温度，相应的组成称为临界组成。临界点由式（6-5）和式（6-6）决定。

对二元体系，稳定性的判据可归纳为以下几点：

① 若 $\dfrac{\partial^2 \Delta G_m}{\partial x_2^2} > 0$，即 ΔG_m-组成曲线向上凹的组成范围内，均相状态是热力学稳定的或介稳的；

② 若 $\dfrac{\partial^2 \Delta G_m}{\partial x_2^2} < 0$，即 ΔG_m-组成曲线向上凸的组成范围内，均相状态是热力学不稳定的；

③ 上述两组成范围的边界由式（6-5）决定；

④ 对大多数低分子混合物二元体系，温度升高时，不稳定区域逐渐消失，在临界点有如图 6-16 所示的情况。

图 6-16 表示具有最高临界互溶温度（UCST）的部分互溶二元聚合物体系混合自由焓 ΔG_m 与组成的关系。图的上部表示恒温恒压下 ΔG_m 与组成的关系，其中 s' 和 s'' 为拐点；下部为此二元体系的相图。ΔG_m 随 x_2 的平衡变量由实线 $b'\,b''$ 表示。

当组成在两拐点 s' 和 s'' 之间时，会自发分离成组成为 b' 和 b'' 的两个相。这种相分离过程是通过反向扩散（即向浓度较大的方向扩散）完成的，称为旋节分离机理（SD）。因此，拐点 s' 和 s'' 亦称为旋节点。图 6-16 下部的点虚线称为旋节线。旋节相分离倾向于产生两相交错的形态结构，相畴较小，相界面较模糊，有利于共混物性能的提高。

$$\frac{\partial^3 \Delta G_m}{\partial x_2^3}=0, \quad 即 \frac{\partial^2 \Delta \mu_1}{\partial x_2^2} = \frac{\partial^2 \Delta \mu_2}{\partial x_2^2}=0 \tag{6-7}$$

当组成在 b' 和 s' 以及 b'' 和 s'' 之间时，为介稳态，组成的微小波动会使体系自由焓增大，所以相分离不能自发进行，需要成核作用促使相分离。这种相分离过程包括成核和核的增长两个阶段，称为成核-增长相分离机理（NG）。这种相分离过程较慢，所形成的分散相常为较规则的球状颗粒。

对部分互溶的聚合物/聚合物体系，ΔG_m-组成曲线与温度常存在复杂的关系。图 6-16 所表示的是表现为最高临界互溶温度（UCST）的情况。最高临界

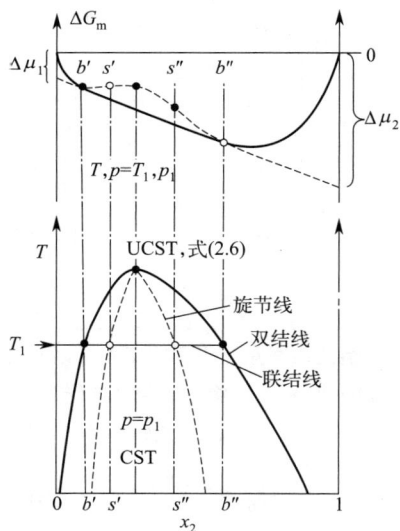

图6-16 具有最高临界互溶温度（UCST）的部分互溶二元聚合物体系混合自由焓 ΔG_m-组成曲线和二元体系恒压相图

互溶温度是指超过此温度，体系完全互溶。而最低临界互溶温度（LCST）是指低于此温度，体系完全互溶。图 6-13 为聚合物/聚合物共混物相图的类型。

根据经典热力学分析，聚合物/聚合物体系表现 UCST 行为是易于理解的，但对 LCST 等情况却常在意料之外。所以，需进一步对聚合物/聚合物体系的互溶性做热力学分析。

6.3.2.2 聚合物/聚合物互溶性热力学理论

根据热力学第二定律，两种液体等温混合时：

$$\Delta G_m = \Delta H_m - T\Delta S_m \tag{6-8}$$

式中，ΔG_m 为摩尔混合自由焓，ΔH_m 为摩尔混合热，ΔS_m 为摩尔混合熵，T 为热力学温度。只有当 $\Delta G_m < 0$ 时，混合过程在热力学上才能自发进行。

1949 年，Huggins 和 Flory 从液-液相平衡的晶格理论出发导出了 ΔH_m 和 ΔS_m 的表示式，得到聚合物二元共混物的热力学表示式：

$$\Delta G_m = RT(n_1\ln\phi_1 + n_2\ln\phi_2 + \chi_{12}n_1\phi_2) \tag{6-9}$$

即

$$\Delta S_m = -R(n_1\ln\phi_1 + n_2\ln\phi_2)$$
$$\Delta H_m = RT\chi_{12}n_1\phi_2$$

式中，n_1、n_2 分别为组分 1、组分 2 的摩尔分数，ϕ_1、ϕ_2 分别为组分 1、组分 2 的体积分数，R 为气体常数，χ_{12} 为 Huggins-Flory 相互作用参数。

令 V_1 和 V_2 分别为组分 1 和组分 2 的摩尔体积，则式（6-9）亦可写成如下的形式：

$$\Delta G_m^R = \frac{\Delta G_m}{RT} = \frac{\phi_1\ln\phi_1}{V_1} + \frac{\phi_2\ln\phi_2}{V_2} + \frac{\chi_{12}\phi_1\phi_2}{V_1} \tag{6-10}$$

或

$$\Delta G_m^R = \frac{\phi_1\ln\phi_1}{V_1} + \frac{\phi_2\ln\phi_2}{V_2} + \chi'_{12}\phi_1\phi_2 \tag{6-10a}$$

式中，χ'_{12} 为二元体系的相互作用参数。

$$\chi'_{12} = \frac{\chi_{12}}{V_1} \tag{6-11}$$

χ'_{12} 是纯粹的焓，与组分 1 和组分 2 的溶解度参数 δ_1 和 δ_2 之差的平方成正比：

$$\chi'_{12} = \frac{(\delta_1 - \delta_2)^2}{RT} \tag{6-12}$$

因此，χ'_{12} 或 χ_{12} 是非负的。所以，按 Huggins-Flory 理论，仅由于混合熵的作用，才能达到聚合物之间的相互溶解。

χ'_{12} 用式（6-12）表示，可以解释聚合物/聚合物体系的 UCST 行为，并且由于聚合物分子量很大，混合熵很小，通常聚合物之间的互溶度是很小的。但式（6-10）并未直接给出互溶度与聚合物分子量的直接关系。

Scott 从热力学理论出发，讨论了聚合物之间混合热力学问题。聚合物/聚合物二元共混体系偏摩尔混合自由焓为

$$\Delta\widetilde{G} = RT\left[\ln\phi_1 + \left(1 - \frac{m_1}{m_2}\right)\phi_2 + m_1\chi_{12}\phi_2^2\right] \tag{6-13}$$

$$\Delta\widetilde{G} = RT\left[\ln\phi_2 + \left(1 - \frac{m_2}{m_1}\right)\phi_1 + m_2\chi_{12}\phi_1^2\right] \tag{6-14}$$

式中，$\Delta\tilde{G}_1$、$\Delta\tilde{G}_2$ 分别为聚合物 1、聚合物 2 的偏摩尔混合自由焓，ϕ_1、ϕ_2 分别为聚合物 1、聚合物 2 的体积分数，χ_{12} 为 Huggins-Flory 相互作用参数（吸热时为正值，放热时为负值），m_1、m_2 分别为聚合物 1、聚合物 2 的聚合度，T 为热力学温度，R 为气体常数。

分别求 $\Delta\tilde{G}_1$ 和 $\Delta\tilde{G}_1$ 对 ϕ_1 和 ϕ_2 的一阶和二阶导数。令其为零，可求得开始发生相分离时的 χ_{12} 临界值 $(\chi_{12})_c$：

$$(\chi_{12})_c = \frac{1}{2}\left[\left(\frac{1}{m_1}\right)^{\frac{1}{2}} + \left(\frac{1}{m_2}\right)^{\frac{1}{2}}\right] \tag{6-15}$$

两种聚合物互溶的条件是 $\chi_{12} \leqslant (\chi_{12})_c$。由式（6-15）可知，聚合物分子量越大，则 $(\chi_{12})_c$ 越小，越不易相溶。通常 $(\chi_{12})_c$ 为 0.01 左右，这是一个很小的数值，两种聚合物之间的 χ_{12} 值在很多情况下会大于此值。所以，真正热力学上相互溶解的聚合物对较少。

按式（6-12）将 χ'_{12} 和 χ_{12} 与溶解度参数联系起来，可以推算出：当两种聚合物间的溶解度参数差值在 0.5 以上时，就不会互溶。但是，按照 χ_{12} 一定为非负值即混合热为非负值的假定，是无法解释 LCST 现象的（这是聚合物/聚合物体系的多数情况）。事实上，只有非极性聚合物才能用溶解度参数考察聚合物之间的互溶性；对极性聚合物，极性基团之间的相互作用常常起到关键作用。

为解释聚合物之间互溶性的复杂情况发展了一系列热力学理论，例如状态方程理论、气体晶格模型理论等，都从不同侧面修正了经典的统计热力学理论。

对聚合物-聚合物共混体系，混合熵很小，常可忽略。所以，仅当 χ_{12} 为零或负值时，才可能 $\Delta G_m < 0$，形成完全的相溶。χ_{12} 可看作由 3 部分分量组成：色散力、偶极力和特殊的相互作用力（如氢键等）。这些分量的相对大小及其与温度的关系表示于图 6-17，图中 χ'_{12} 与 χ_{12} 的关系见式（6-11）。由图 6-17 可见，根据 $\chi'_{12}(\chi_{12})$ 与温度的不同关系，即可以解释 LCST 及 UCST 行为。

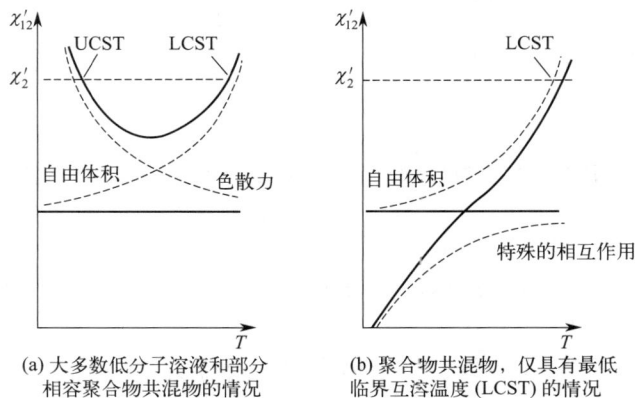

(a) 大多数低分子溶液和部分　　　　(b) 聚合物共混物，仅具有最低
　相容聚合物共混物的情况　　　　　临界互溶温度 (LCST) 的情况

图6-17　χ'_{12} 与温度的关系

6.3.3　不互溶体系相分离机理

如前所述，有两种相分离机理：成核与增长机理（NG）和旋节分离机理（SD）。成核与增长机理发生于双结线与旋节线之间的亚稳区。在亚稳区发生相分离时，首先需沿图 6-16 中的切线上面的联结线"跳跃"，以越过 ΔG_m-x 曲线上与其相邻、位置比它较高的部分。这种跳跃所需的活化能即成核活化能。此后分离成组成为双结线决定的两个相，是自发进

行的。

成核是由浓度的局部升落引发的。成核活化能与形成一个核所需的界面能有关，即依赖界面张力系数 γ 和核的表面积 S。成核后，因聚合物向成核微区扩散，珠滴尺寸增大，此过程的速度可表示为：

$$\frac{\mathrm{d}V_\mathrm{d}}{\mathrm{d}t} \propto \frac{Vx_\mathrm{e}V_\mathrm{m}D_\mathrm{t}}{RT} \quad \text{或} \quad d \propto t^{1/n_\mathrm{e}} \tag{6-16}$$

式中，n_e 为粗化指数（$n_\mathrm{e} \approx 3$），d、V_d 分别为珠滴的直径和体积，x_e 为平衡浓度（$x_\mathrm{e}=b'$ 或 $x_\mathrm{e}=b''$，见图 6-16），V_m 为珠滴相的摩尔体积，D_t 为扩散系数。

如图 6-18 所示，在 NG 区，$x_\mathrm{e}=$ 常数，与时间无关。珠滴的增长分为扩散和凝聚粗化两个阶段，每一阶段都决定于界面能的平衡。

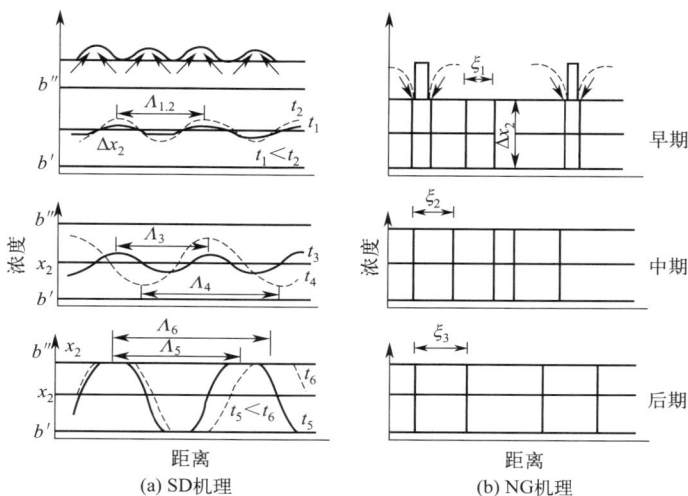

图6-18　按SD机理和NG机理进行的相分离的不同阶段

在 SD 机理的早期阶段浓度升落的波长 $\Lambda(t_1) = \Lambda(t_2)$，但在中、后期阶段 $\Lambda(t_3) < \Lambda(t_4)$；相分离时间 $t_1 < t_2$，$t_3 < t_4$（图上部表示了相分离过程中不同的扩散机理）

由 NG 机理进行相分离而形成的形态结构主要为珠滴/基体型，即：一相为连续相，另一相以球状颗粒的形式分散在其中。成核的原因是由浓度的局部升落引起的。这种升落可表示为能量波或浓度波，波的幅度依赖到达临界条件的距离。当接近旋节线时，相分离可依 NG 机理、亦可按 SD 机理进行。

如图 6-16 所示，在温度 T_1 进行相分离，就形成平衡组成 x_e 分别为 b' 和 b'' 的两个独立相。不论起始组成在不稳定区（SD 区）还是亚稳区（NG 区），结果都是这样的。但是，在相分离的初期阶段，SD 和 NG 是完全不同的。在 NG 区，相分离微区的组成分别为 $x'_\mathrm{e}=b'$ 或 b''，是常数，仅成核珠滴的直径及其分布随时间改变；而在 SD 区，组成和微区尺寸都依时间改变（图 6-18）。此外，前面已述及 SD 过程是靠反向扩散完成的。

按 SD 机理进行的相分离，相畴（即微区）尺寸的增长可分为 3 个阶段：扩散、液体流动和粗化。在扩散阶段，尺寸的增长遵从式（6-16）。扩散阶段仅限于 $d_0 \leqslant d \leqslant 5d_0$，$d_0$ 为起始直径。d_0 值随冷却宽度 $\Delta T=|T-T_\mathrm{c}|$ 的增大而减小。例如，对 PS/PVME 体系，当 ΔT 分别为 82℃、85℃、94℃时，d_0 分别为 9 nm、3 nm、2 nm。

流动区的范围为：$5d_0 \leqslant d=0.9tv/\eta \leqslant 1\ \mathrm{\mu m} \approx d_{\text{最大}}$。式中，$t$ 为时间，v 为界面张力系数，η

229

为分散液体的黏度，$d_{最大}$为最大直径，d_0 和 $d_{最大}$ 依赖分子参数。流动区之后的粗化阶段可使相畴进一步增大。

在 SD 过程中，形态结构发展过程可示意于图 6-19（a）～（e）。图 6-19（f）～（h）是粗化阶段产生的形态结构。

图6-19　聚合物-聚合物体系按SD机理进行相分离时形态结构的发展过程

SD 机理可形成三维共连续的形态结构。这种形态结构赋予聚合物共混物优异的力学性能和化学稳定性，是一些聚合物共混物具有明显协同效应的原因。在很多情况下，当一种聚合物含量较少，例如在 10% 左右时，SD 机理亦形成珠滴/基体型形态结构；但分散相的精细结构与 NG 的情况不同。

除温度之外，压力、应力等对相平衡也有显著影响，因而也可通过这些因素控制相分离过程，从而控制共混物的形态结构和性能。例如，在恒定 T、p 下，改变施加的应力强度，也可产生 SD 型或 NG 型的相分离，从而产生相对应的不同的形态结构。

相逆转也可产生两相共连续的形态结构。但是，相逆转和 SD 相分离之间存在 3 个基本区别：① SD 起始于均相、互溶的体系，经过冷却进入旋节区，从而产生相分离，而相逆转是在不混溶共混物体系中形态结构的变化；② SD 可发生于任意浓度，而相逆转仅限于较高的浓度范围；③ SD 产生的相畴尺寸微细，在最初阶段为纳米级，而相逆转导致较粗大的相畴，尺寸为 0.1～10 μm。总之，与相逆转相比，SD 可在更宽的浓度范围内对聚合物共混物性能进行更好的控制，但仅限于相容体系。而相逆转是不互溶聚合物共混物的一般现象，通常发生在高浓度范围。

6.3.4　聚合物/聚合物互溶性的研究方法

热力学上互溶意味着分子水平上的均匀分布。但在实际意义上是分散程度的一种量度，与测定方法有密切关系，是在实际测定条件下所显示的均匀性。测定方法不同，有时会得出不同的结论。例如，根据玻璃化转变温度的测定，共混物 PVC/NBR-40 只有一个玻璃化转变温度，是均相体系；而根据电子显微镜分析，它仍然是相畴很小的复相体系。所以，就实际意义而言，不同实验方法测得的关于聚合物之间相容性的结论具有一定的相对性。这种情况并非聚合物共混物的独特现象。例如，设法将油和水制成分散极细的乳液，它虽非热力学稳定状态，却具有相当的稳定性，称为介稳态。该体系是透明的，用一般光学显微镜看不到液滴存在，在很多方面表现均相性质。但用电子显微镜或用光散射法，就可观察到其非均相的特征。因此，即使是简单的液相混合，也常常难以断定混合物是均相体系还是多相体系。均相和多相具有热力学统计的意义，并非完全绝对的概念。是否均相，取决于鉴定的标准——空间尺度和时间尺度。完全均相代表分散相以分子级水平分散在连续相体系中，否则代表非均相体系或多相体系，由不同的测定方法得出不相同的结论也就不足为奇了。

研究聚合物之间相容性的方法很多。前面已述及，以热力学为基础的溶解度参数（δ）和 Huggins-Flory 相互作用参数 χ_{12} 判断互溶性。除热力学方法外，还可用玻璃化转变温度（T_g）法、红外光谱法、反气相色谱法和黏度法等。工程研究中最常用的是玻璃化转变温度法。以下仅介绍用玻璃化转变温度法估计聚合物之间的互溶性。

用玻璃化转变温度法测定聚合物-聚合物的互溶性，主要是基于如下的原则：聚合物共混物的玻璃化转变温度与两种聚合物分子水平的混合程度直接相关。若两种聚合物组分互溶，则共混物为均相体系，就只有一个玻璃化转变温度，此玻璃化转变温度决定于两组分各自的玻璃化转变温度和体积分数。若两组分完全不互溶，形成界面明显的两相结构，就有两个玻璃化转变温度，分别等于对应两组分各自的玻璃化转变温度。部分互溶的体系则介于上述两种极限情况之间。

当构成共混物的两聚合物之间具有一定程度的分子水平混合时，分子链间有一定程度的扩散，界面层就具有不可忽略的地位。这时虽然仍有两个玻璃化转变温度，但相互靠近了，其靠近的程度决定于分子级混合的程度。分子级混合程度越大，相互靠近就越明显。在某些情况下，界面层也可能表现出不太明显的第三个玻璃化转变温度。因此，根据共混物的玻璃化转变温度数值和数量不但可以推断组分之间的互溶性，还可得到有关形态结构方面的信息。

此外，可用共混物玻璃化转变区的宽度（T_w）估计聚合物之间的互溶性大小。对纯聚合物，T_w=6℃；对完全互溶的聚合物共混物，T_w=10℃左右；对部分互溶的共混物，$T_w \geqslant 32$℃。

最近 Lipatov 提出了半经验关系式表征聚合物共混物的相分离程度（segregation degree）和两聚合物组分之间的互溶程度，如图 6-20 所示。

相分离度 α 定义为

$$\alpha = \frac{h_2 + h_1 - (l_1 h_1 + l_2 h_2 + l_m h_m)/L}{h_1^0 + h_2^0} \tag{6-17}$$

式中，l_1、l_2 分别为共混物两纯组分玻璃化转变温度 T_g 的温度位移，h_1、h_2 分别为共混物与两个 T_g 相应的转变峰（$\tan\delta$）的高度，h_1^0、h_2^0 为与共混物两纯组分相应的两个 T_g 转变峰的高度，L 为共混物两纯组分 T_g 间的温度差值。

下标 m 表示中间相（界面相）。所以，h_m 表示此中间相的 T_g 转变峰的高度，l_m 表示中间相 T_g 与纯组分 T_g 之间的温度差值。

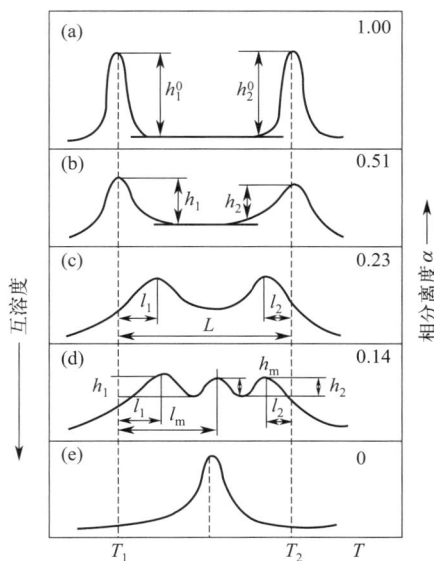

图6-20 聚合物共混物的互溶度和相分离程度

图中的峰为 $\tan\delta$ 峰，与峰值对应的温度为相应的 T_g

中间相并非在共混物体系都存在。式（6-17）并不适用于图 6-20（e）中的情况，这时只有一个转变峰，实际上是完全互溶的情况。

l_1h_1 和 l_2h_2 是相应 T_g 转变峰下面积的量度。当 $l_1+l_2=L$ 时，开始出现微多相形态结构，如图 6-20（b）所示，这时式（6-17）简化为

$$\alpha = \frac{h_1+h_2}{h_1^0+h_2^0} \tag{6-18}$$

6.4　聚合物共混物的形态结构

通常把聚合物共混物称作聚合物合金。如前所述，严格意义上，聚合物共混物与聚合物合金并不完全同义。合金可能是均相的，也可能是多相的。均相合金与无规共聚物以及互溶性聚合物共混物相对应，而多相合金则与不互溶的多相聚合物共混物相对应。金属合金的概念对研究聚合物共混物有很大的启发作用。

已知在 1110℃左右可将约 0.8% 的碳溶于铁中，随后将温度降至 720℃，发生相分离，出现两个相：其一是组成为 Fe_3C 的渗碳体，即碳化铁；其二是含 0.025% 碳的纯粒铁，即 α-Fe。这种两相结构的合金叫珠层铁，两相呈层状结构。α-Fe 柔软可延，渗碳体很坚硬，珠层铁则兼具二者的综合性能。为说明两相的形态结构对合金性能的影响，可把珠层铁与回火马氏体铁相对比。回火马氏体中的碳化铁是以球状颗粒分散在纯粒铁的连续相中，这与珠层铁的层状结构显然不同。所以，这两种合金虽然组成相同，但性能迥然不同。

上述例子说明相的形态结构对合金的性能有重大影响。聚合物共混物也存在同样的情况，例如将橡胶与聚苯乙烯共混可制得高抗冲聚苯乙烯（HIPS）。尽管组成相同，但不同的制备方法和工艺条件可产生极不相同的形态结构，从而共混物的冲击强度会有很大的差异。由此可见，与金属合金情况相似，聚合物共混物的形态结构也是决定其性能的最基本因素之一。所以，系统地研究聚合物共混物的形态结构是很有必要的。

聚合物共混物的形态结构受一系列因素影响，这些因素可归纳成以下 3 种类型：

① 热力学因素。如聚合物之间的相互作用参数、界面张力等。平衡热力学可用以预期共混物最终的平衡结构是均相的还是多相的；相分离可形成组成均匀的层或其他分散相结构。

② 动力学因素。相分离动力学决定平衡结构能否达到以及达到的程度。根据相分离动力学的不同，可出现两种类型的形态结构：NG 机理形成分散相结构；SD 机理形成交错层状的共连续相结构。具体的形态结构主要决定于骤冷程度。骤冷程度越大，聚集的起始尺寸越小，可由 100 nm 降至 10 nm。结构尺寸随时间的延长而趋于平衡热力学预期的最终值，但这种平衡结构由于聚合物的黏度很大，难以达到；采用增容的方法可将相分离动力学形成的结构稳定下来，从而提高共混物性能的稳定。

③ 在混合加工过程中流动场诱发的形态结构。这在本质上是由于流动参数的不同，而形成几种不同的非平衡结构。

了解以上 3 个方面的影响因素，就可对聚合物共混物形态结构形成的基本机理有一个总体的概念，从而可了解控制共混物形态结构和性能的基本途径。本节从上述观点出发讨论聚合物共混物形态结构的基本类型、相界面结构、互溶性和混合实施方法对形态结构的影响以及形态结构的主要研究方法。

6.4.1　聚合物共混物形态结构的基本类型

聚合物共混物由两种或两种以上的聚合物共混构成。对于热力学互溶的共混体系，有可能形成均相的形态结构，也可能形成两个或两个以上的多相形态结构。多相形态结构最为普遍，也最为复杂，是下面讨论的重点，并且重点讨论双组分体系；但所涉及的基本原则同样适用于多组分体系。

由两种聚合物构成的两相聚合物共混物按照相的连续性可分成 3 种基本类型：单相连续结构，即一个相是连续的，而另一个相是分散的；两相互锁或交错结构；相互贯穿的两相连续结构。

6.4.1.1　单相连续结构

单相连续结构是指在聚合物共混物的两个或者多个相中，仅有一个相连续。该连续相可视为分散介质，也称为基体，其余相则分散其中，被称为分散相。单相连续的形态结构又因分散相相畴（即微区结构）的形状、大小以及与连续相结合情况的不同而表现为多种形式。在复相聚合物共混体系中，每一相都以一定的聚集形态存在。因为相之间的交错，连续性较小的相或不连续的相就被分割成很多微小区域，这种区域称作相畴（phase domain）或微区。不同的体系，相畴的形状和大小亦不同。

（1）分散相形状不规则

分散相由形状很不规则、大小极为分散的颗粒组成。机械共混法制得的产物通常具有这种形态结构。在这种情况下，含量较大的组分构成连续相，含量较小的组分构成分散相。分散相颗粒尺寸通常为 $1 \sim 10~\mu m$。图 6-21 是机械共混法制得的 HIPS 超薄样品透射电子显微镜照片，橡胶成分（聚丁二烯）是以粗大且形状不规则的颗粒形式分散在聚苯乙烯基体（连续相）中。

（2）分散相颗粒较规则

分散相颗粒较规则（如为球形），颗粒内部不包含或只包含极少量的连续相成分。用羧基丁腈橡胶（CTBN）增韧的双酚 A 二缩水甘油醚环氧树脂即为这种形态结构，如图 6-22 所示。在 $50 \sim 80℃$ 下，CTBN 溶于低分子量环氧树脂中，再加入交联剂，最后将混合物加热交联固化。在所得产物中，橡胶以规则的球状颗粒分散在环氧树脂基体中，橡胶颗粒直径 1 μm 左右。虽然基体中也存在少量分子程度分散的橡胶，橡胶颗粒中亦可能溶解有微量环氧树脂，但两相基本上由单一组分构成。

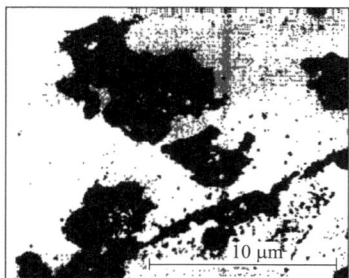

图6-21　机械共混法HIPS的透射电镜照片
（黑色不规则颗粒为橡胶分散相）

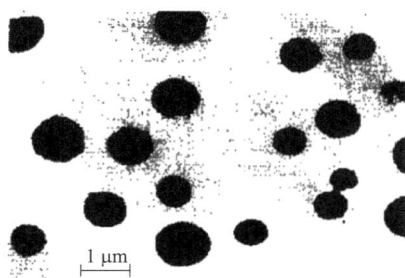

图6-22　8.7% CTBN橡胶增韧的环氧树脂的透射电镜照片（黑色小球为橡胶颗粒）

上述结构的另一例子是三嵌段共聚物，例如苯乙烯-丁二烯-苯乙烯三嵌段共聚物（SBS）。当聚丁二烯嵌段较短且聚丁二烯含量较少（如为20%）时，聚丁二烯嵌段是以均匀的球状颗粒分散在聚苯乙烯嵌段构成的连续相基体中。球形颗粒的直径为数十纳米，如图6-23所示。当聚丁二烯嵌段含量增加时，相应的形态结构也会发生变化。例如，当聚丁二烯嵌段含量为40%时，分散相变成圆柱状结构。随着聚丁二烯嵌段含量进一步增加，最后聚丁二烯嵌段转变成连续相，聚苯乙烯嵌段变成分散相的形态结构。

（3）分散相为胞状结构或香肠状结构

这类形态结构较前面两种情况复杂。其特点是：分散相颗粒内还包含连续相成分构成的更小颗粒。因此，在分散相内部又可把连续相成分构成的更小的包容物当作分散相，而构成颗粒的分散相成分则成为连续相，这时分散相颗粒的截面形似香肠，所以也称为香肠结构。可把分散相颗粒当作胞，胞壁由连续相成分构成，胞本身由分散相成分构成，而胞内又包含连续相成分构成的更小颗粒，所以也称为胞状结构。接枝共聚-共混法制得的共混物大多具有这种类型的形态结构。

图6-24是G型（乳液接枝共聚法）ABS共混物的透射电镜照片。这是用四氧化锇将聚丁二烯链节染色的方法得到的照片，其中黑色部分为橡胶，白色部分为树脂。这种类型的ABS是由橡胶颗粒和树脂基体构成的两相共混物，橡胶颗粒粒径为$0.1 \sim 0.5 \mu m$。反应过程中生成的接枝共聚物主要集中在两相的界面，起到增容剂的作用。这种接枝共聚物包络在分散颗粒表面，形成芯壳状结构。

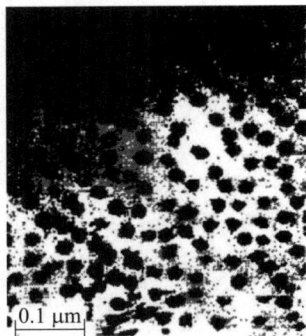

图6-23 SBS三嵌段共聚物的透射电镜照片
聚丁二烯含量为20%

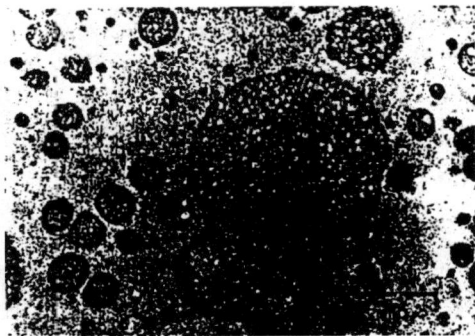

图6-24 G型ABS共混物的透射电镜照片
黑色部分为聚丁二烯

（4）分散相为片层状

这类形态是指分散相呈微片状分散在连续相基体中。当分散相浓度较高时，进一步形成分散相的片层。例如，将阻隔性卓越的聚酰胺呈微片状均匀分散在聚乙烯中，可以获得阻隔性良好的层状分散的聚合物共混物；将亲水性聚合物呈微片状分散，富集于聚乙烯或聚酰胺等连续相的表层中，可以获得抗静电性优良的聚合物共混物。图6-25为此类形态结构的透射电镜照片。

形成上述形态的必要条件为：分散相的熔体黏度大于作为连续相聚合物的熔体黏度、共混时大小适当的剪切速率和采用适当的界面增容技术。

6.4.1.2 两相互锁或交错结构

这类形态结构也称为两相共连续结构，包括层状结构和互锁结构。嵌段共聚物产生两相旋节分离，以及当两嵌段组分含量相近时，常形成这类形态结构。例如 SBS 三嵌段共聚物，当聚丁二烯嵌段含量为 60% 左右时，即形成两相交错的层状结构，如图 6-26 所示。以邻苯二甲酸正丁酯为溶剂，浇铸的苯乙烯-氧化乙烯嵌段共聚物也是这种类型，呈层状结构。所以，以嵌段共聚物为主要成分的聚合物共混物也容易形成此类形态结构。例如由苯乙烯和异戊二烯制备的二嵌段共聚物（PS-*b*-PI），其形态结构为层状交错。当与 PS 共混时，由于 PS 与嵌段共聚物中的 PS 嵌段相容，在 PS 含量较低时，层状形态只是出现局部的"膨胀"，但还不会变形；只有当 PS 含量较高时，才会使层状形态结构受到破坏。

图6-25 分散相为片层状聚合物共混物的透射电镜照片

微片状分散相（PA）均匀分布在连续相（HDPE）中或微片状分散相富集在连续相（ABS）表层中

图6-26 SBS（丁二烯含量60%）透射电镜照片

样品为以甲苯为溶剂的浇铸薄膜，用四氧化锇染色；黑色部分为聚丁二烯嵌段相，白色部分为聚苯乙烯嵌段相

聚合物共混物可在一定组成范围内发生相的逆转，原来是分散相的组分变成连续相，原来是连续相的组分变成分散相。这与乳液相逆转的情况类似。

设发生相逆转时组分 1 和组分 2 的体积分数分别为 ϕ_{1i} 及 ϕ_{2i}，则存在如下的经验关系式：

$$\frac{\phi_{1i}}{\phi_{2i}} = \frac{\eta_1}{\eta_2} = \lambda \tag{6-19}$$

式中，η_1、η_2 分别为共混条件下组分 1、组分 2 的熔体黏度。

这是一个很适用的近似关系式。例如，共混物 PS/PMMA、PS/HDPE、PS/PB 等的相逆转都与此经验式相吻合。因为 λ 值常与剪切应力有关，所以相逆转时的组成也受混合、加工方法及工艺条件等参数影响。

还有一些体系，相逆转组成 ϕ_i 对 λ 值的变化并不敏感，这与水/油乳液的情况相似。水/油乳液的 ϕ_i 值主要依赖乳化剂的类型和用量，并非 λ 值。这种情况说明了界面的不对称性。界面的不对称性就是：可把界面视为一层液膜，膜两边的界面张力系数是不相同的。

交错层状的共连续结构在本质上并非热力学稳定结构。但由于聚合物屈服应力 σ_y 的存在，此结构可长期稳定存在。σ_y 随组分浓度增大而提高，但不是对称函数。即使 $\lambda=1$，以聚合物 1 稀释聚合物 2，或以聚合物 2 稀释聚合物 1，在组成相同时产生的 σ_y 值也不同，因而形态结构也是不同的。

在相逆转的组成范围内，经常可形成两相交错、互锁的共连续形态结构，使共混物的力学性能提高。这也为共混物组成及加工条件的选择提供了一个重要依据。

6.4.1.3 相互贯穿的两相连续结构

相互贯穿的两相连续结构的典型例子是互穿聚合物网络（IPNs）。在 IPNs 中，两种聚合物网络相互贯穿，使得整个共混物成为一个交织网络，两个相都是连续的。IPNs 的两相连续

性已为电子显微镜分析（图 6-27）和动态力学性能
等的研究证实。

另外，根据 Davies 方程，两相连续体系的杨氏
模量与组成的关系为

$$E^{\frac{1}{5}} = \phi_1 E_1^{\frac{1}{5}} + \phi_2 E_2^{\frac{1}{5}} \tag{6-20}$$

式中，E、E_1、E_2 分别为共混物、组分 1、组分
2 的杨氏模量，ϕ_1、ϕ_2 分别为组分 1、组分 2 的体积
分数。

IPNs 符合 Davies 方程，这亦证明 IPNs 为两相
连续的形态结构。

IPNs 中两个相的连续程度通常是不同的。聚合
物 1 构成的相连续性较大，聚合物 2 构成的相连续性较小；即使聚合物 2 含量较多，结果也
是这样。连续性较大的相，对共混物性能的影响亦较大。

由图 6-27 可见，聚合物 1 即顺式聚丁二烯（*cis*-PB）构成连续性较大的相。同时还可以
看到，IPNs 具有胞状结构，聚合物 1 即 *cis*-PB 形成胞壁，聚合物 2 即聚苯乙烯（PS）构成
胞体，胞的尺寸为 0.05～0.10 μm。胞壁及胞的内部尚有尺寸为 10～20 nm 的更微细的结构。
两组分的相容性越好、交联度越大，则 IPNs 两相结构的相畴尺寸越小。

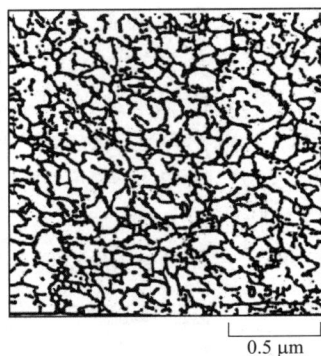

**图6-27　顺式聚丁二烯/聚苯乙烯IPNs
的透射电镜照片**

质量比为 24/50；黑色部分为聚丁二烯

6.4.2　聚合物共混物的界面层

在两种聚合物形成的共混物中存在 3 种区域结构：两种聚合物各自独立的相和两相之间
的界面层。界面层也称为过渡区，在此区域发生两相的黏合和两种聚合物链段之间的相互扩
散。界面层的结构，特别是两种聚合物之间的黏合强度，对共混物的性质特别是力学性能有
决定性的影响。

6.4.2.1　界面层的形成

聚合物共混物界面层的形成可分为两个步骤：第一步是两相之间的相互接触；第二步是
两种聚合物大分子链段之间的相互扩散。增加两相之间的接触面积有利于聚合物链段之间的
相互扩散，提高两相之间的黏合力。因此，在共混过程中保证两相之间的高度分散和减小相
畴尺寸是十分重要的。为增加两相之间的接触面积、提高分散程度，可采用高效率的共混机
械设备，如双螺杆挤出机和静态混合器等；另一种途径是采用 IPNs 技术；第三种方法也是
最可行的方法：添加增容剂。

当两种聚合物相互接触时，即发生链段之间的相互扩散。若两种聚合物大分子链具有
相近的活动性，则两种聚合物的链段就以相近的速度相互扩散；若两种聚合物大分子链的
活动性相差悬殊，则发生单向扩散。这种扩散的推动力是混合熵，即链段的热运动。若混
合过程吸热，则熵的增加最终为混合热抵消。而最终界面扩散的程度主要取决于两种聚合
物的热力学互溶性。扩散的结果使两种聚合物在相界面产生明显的浓度梯度。相界面以及
相界面两边具有明显浓度梯度的区域构成了两相之间的界面层（亦称界面区），如图 6-28
所示。

6.4.2.2　界面层厚度

界面层厚度主要决定于两种聚合物的互溶性，此外还与聚合物链段尺寸、组成以及相分离条件有关。不互溶的两种聚合物，链段之间只有轻微的相互扩散，因而两相之间有非常明显和确定的相界面。随着两种聚合物间互溶性的增加，扩散程度提高，相界面越来越模糊，界面层厚度 Δl 越来越大，两相之间的黏合力增加。完全互溶的两种聚合物最终形成均相结构，相界面消失。

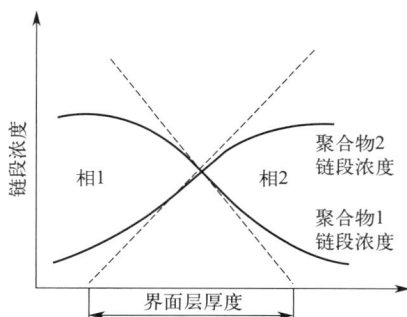

图6-28　界面层中两种聚合物链段的浓度梯度
1—聚合物 1 链段浓度；2—聚合物 2 链段浓度

通常情况下，界面层厚度 Δl 为几纳米至数十纳米，例如共混物 PS/PMMA 用透射电镜法（TEM）测得的 Δl 为 5 nm。当相畴尺寸很小（即高度分散）时，界面层的体积可占相当大的比例，例如当分散相颗粒直径为 100 nm 左右时界面层可达总体积的 20% 左右。因此，界面层可视为具有独立性质的第三相。

界面层厚度可根据不同的理论进行估算。

Ronca 等提出，界面层厚度 Δl 可表示为

$$\Delta l^2 = k_1 M T_c Q (T_c - T) \tag{6-21}$$

式中，M 为聚合物分子量，T_c 为临界混溶温度，Q 为与 T_c 和 M 有关的常数，T 为温度，k_1 为比例系数。

根据 Helfand 理论，对非极性聚合物，当分子量很大时，界面层厚度为

$$\Delta l = 2 \left(\frac{k}{\chi_{12}} \right)^{\frac{1}{2}} \tag{6-22}$$

式中，k 为常数，χ_{12} 为 Huggins-Flory 相互作用参数。

从热力学观点看，界面层厚度决定于熵和能两个因素。能量因素是指聚合物 1 和聚合物 2 之间的相互作用能，它与两种聚合物溶解度参数 δ_1 与 δ_2 之差的平方成正比，而此差值的平方又与 χ_{12} 成比例。表 6-6 列出了一些共混物对的 χ_{12} 及其界面层厚度。

■　表6-6　聚合物共混物对的 χ_{12} 及其界面层厚度

聚合物对	界面层厚度 /nm	χ_{12}
PS/PB	3	0.03
PS/PMMA	5	0.01

若两聚合物组分之间极性差别很大时，χ_{12} 与溶解度参数差并无简单关系。当两聚合物存在特殊的相互作用，如强极性和氢键作用时，χ_{12} 甚至为负值，这时界面层厚度可达到很大的值。

6.4.2.3　界面层的性质

（1）两相之间黏合

就两相间黏合力而言，界面层有两种基本类型：第一类是两相之间由化学键结合，例如接枝和嵌段共聚物的情况；第二类是两相之间仅靠次价力作用结合，如机械法共混物。

关于两种聚合物之间的次价力结合，普遍接受的是润湿-接触理论和扩散理论。根据润

湿-接触理论，黏合强度主要决定于界面张力：界面张力越小，黏合强度越大。根据扩散理论，黏合强度主要决定于两种聚合物之间的互溶性：互溶性越大，黏合强度越高。此外，为使两种聚合物大分子链段能相互扩散，温度必须在 T_g 以上。事实上这两种理论是内在统一的，只是处理问题的方法不同而已。界面张力与溶解度参数之差的平方成正比，所以互溶性好时界面张力也很小。

（2）界面层聚合物链形态

如图 6-29 所示，在界面层，大分子链末端的浓度比本体高，即链端向界面集中。链端倾向垂直于界面取向，聚合物链整体则趋向平行界面取向。

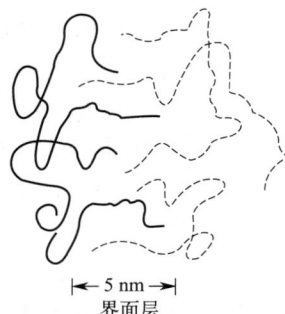

|←— 5 nm —→|
界面层

图6-29 聚合物共混物界面层的聚合物链和链端的取向

（3）界面层分子量分级效应

最近 Reiter 等的研究表明：若聚合物分子量分布较宽，则低分子量部分向界面区集中，产生分子量分级效应。这是由于分子量较低时聚合物互溶性大，而分子链熵值损失较小的缘故。

（4）密度及扩散系数

界面层聚合物密度既可能增大亦可能减小，这取决于两相之间相互作用力的大小。当存在化学键作用和强的相互吸引力时，界面层的密度会比本体大；若无这种作用，界面层的密度比本体要小。两相之间只存在次价力的情况，界面层的密度比本体小。这时，界面层的自由体积分数增大。虽然自由体积分数增加的值不是很大，但能使扩散系数提高 3 个数量级。

（5）其他添加剂

若在共混体系中还有其他添加剂，那么这些添加剂在两聚合物本体相和界面层中分配是不相同的。具有表面活性的添加剂、增容剂以及表面活性杂质等，则会向界面集中。

（6）其他

界面层的力学松弛性能与本体相是不同的。界面层及其所占的体积分数对共混物的性能有显著影响，这也是相畴尺寸对共混物性能有明显影响的原因。Bares 证实，界面层的玻璃化转变温度介于两聚合物纯组分玻璃化转变温度之间。随着相畴尺寸的减小，界面层所占的体积分数增大，作为第三相的玻璃化转变也越明显。无论是就组成而言还是就结构与性能而言，界面层都可视为介于两种聚合物组分单独相之间的第三相。

6.4.3 互溶性对聚合物共混物形态结构的影响

在许多情况下，热力学互溶性是聚合物之间均匀混合的主要推动力。两种聚合物的互溶性越好，就越容易相互扩散而实现均匀混合，过渡区也就越广。相界面越模糊，相畴越小，两相之间的结合力就越大。有两种极端情况。第一种是两种聚合物完全不互溶，两种聚合物链段间相互扩散的倾向极小，相界面很明显，其结果是混溶性较差，两相界面间结合力很弱，共混物性能不好。为改进共混物的性能，需采取适当的工艺措施，例如采取共聚-共混的方法或加入合适的增容剂等。第二种情况是两种聚合物完全互溶或互溶性极好，这时两种聚合物可相互完全溶解而形成均相体系或相畴极小的微分散体系。这两种极端情况都不利于实现共混改性的目的，尤其是力学性能的提高。一般而言，所需要的形态结构是两种聚合物有适中的互溶性，从而制得相畴大小适宜、两相间界面结合力较强的多相结构共混物。

为说明互溶性对共混物形态结构的影响，下面以 PVC/NBR 共混物为例进行讨论。丙烯腈-丁二烯共聚物即丁腈橡胶（NBR）的溶解度参数 δ 与丙烯腈（AN）的含量有关，如表 6-7 所示，PVC 的 δ 为 9.7 $(J \cdot cm^{-3})^{\frac{1}{2}}$。

表 6-7　NBR 的 δ 与 AN 含量的关系

项　目	数　值					
AN 质量分数 /%	51	41	33	29	21	0
$\delta/(J \cdot cm^{-3})^{\frac{1}{2}}$	10.2	9.6	9.4	9.1	8.6	8.2

根据动态黏弹性能测定和电镜观察分析，PVC 与聚丁二烯（PB）是不互溶的，相畴粗大，相界面明显，两相之间结合力弱，共混物的冲击强度低。而对 PVC/NBR 共混体系，当丙烯腈（AN）含量为 20% 左右时，是部分互溶体系，相畴适中，两相结合力较大，冲击强度很高；当 NBR 中 AN 含量超过 40% 时，PVC 与 NBR 二者的 δ 很接近，基本上完全互溶，共混物的形态趋于均相，相畴极小，冲击强度亦低。图 6-30 可充分说明相畴大小与互溶性的关系。

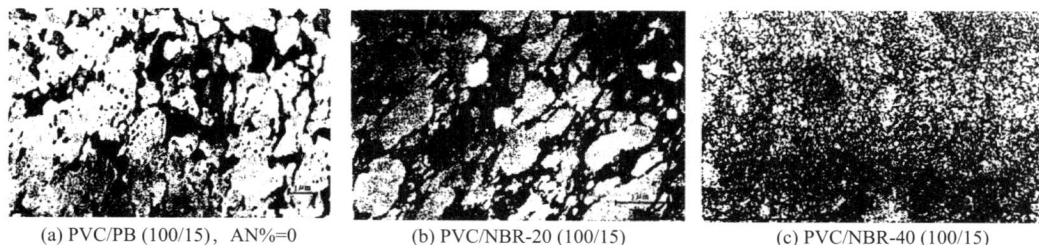

(a) PVC/PB (100/15)，AN%=0　　　(b) PVC/NBR-20 (100/15)　　　(c) PVC/NBR-40 (100/15)

图6-30　PVC/NBR共混物超薄片透射电镜照片

聚合物的分子量分布对共混物界面层和两相之间的结合力亦有影响。前已述及，聚合物之间的互溶性与分子量有关，分子量减小时互溶性增加。聚合物分子量分布较宽时，低分子级分向界面层扩散，在一定程度上起到乳化剂的作用，使两相之间的黏合力增加。

在共混加工过程的流动场中，聚合物之间的互溶性会发生变化。有两种不同的情况：①应力引起不可逆变化，如沉淀、结晶等，这时组分之间的互溶性降低；②应力引起可逆性变化，使互溶性增大。应力使互溶性增大的现象常称为应力均化。分散相珠滴具有可变形性，在流动场中表现黏弹效应，所储存的弹性能使分散相珠滴破碎，是产生均化作用的主要原因。

6.4.4　制备方法和工艺条件对聚合物共混物形态结构的影响

聚合物共混物的形态结构与制备方法、工艺条件等因素有密切关系。同一种聚合物共混体系，采用不同的制备方法，共混物的形态结构会迥然不同。同一种制备方法，由于具体工艺条件不同，形态结构也会不同。因此，混合和加工的工艺条件主要是指聚合物共混物熔体在混合及加工设备中各种不同的流动参数。

6.4.4.1 制备方法的影响

接枝共聚-共混法制得的共混物，其分散相为较规则的球状颗粒；熔融共混法制得的共混物，其分散相颗粒较不规则，颗粒尺寸亦较大。但有一些例外，如乙丙橡胶与聚丙烯的机械共混物，分散相乙丙橡胶颗粒是规则的球形。这是由于聚丙烯是结晶的，熔化后黏度较低，界面张力的影响起主导作用的缘故。

用本体法和本体-悬浮法制备高抗冲聚苯乙烯（HIPS）和丙烯腈-丁二烯-苯乙烯共聚物（ABS）时，丁腈橡胶颗粒中包含有 80%～90%（体积分数）的树脂（PS），而树脂包容物的产生主要是在相转变过程形成的。用同样的方法制备橡胶增韧的环氧树脂时无相转变过程。因此，橡胶颗粒中不包含环氧树脂。以乳液聚合法制得的 ABS，橡胶颗粒中包含约 50%（体积分数）的 AS 树脂，橡胶颗粒的直径亦较小。不同制备方法制得的 ABS 的形态结构示于图6-31。

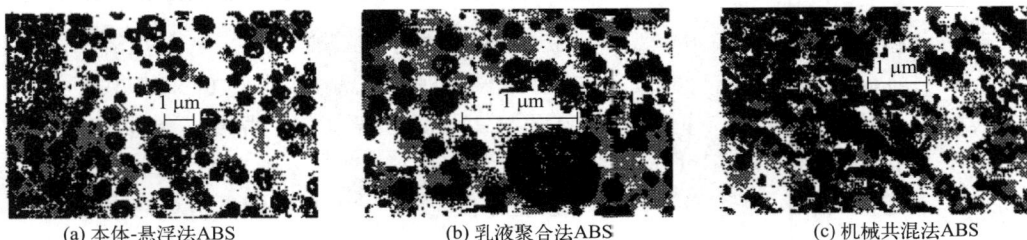

(a) 本体-悬浮法ABS   (b) 乳液聚合法ABS   (c) 机械共混法ABS

图6-31　3种不同方法制得的ABS形态结构对比

用四氧化锇染色的电镜照片，黑色邹分为橡胶相

当用溶液浇铸成膜时，产品的形态结构与所用的溶剂种类有关。例如 SBS 三嵌段共聚物浇铸成膜时，若以苯/庚烷（90/10）为溶剂，聚丁二烯嵌段为连续相。这是由于苯既可溶解聚丁二烯嵌段也可溶解聚苯乙烯嵌段，而庚烷只能溶解聚丁二烯嵌段，先蒸发苯再干燥除去庚烷时，聚苯乙烯嵌段首先沉析而分散在聚丁二烯嵌段的连续相中；反之，若用四氢呋喃/丁酮（90/10）为溶剂，由于四氢呋喃为共同溶剂，而丁酮只溶胀聚苯乙烯嵌段，先蒸发四氢呋喃再除去丁酮制得的结构中聚苯乙烯嵌段为连续相，而聚丁二烯嵌段为分散相。

6.4.4.2 流动参数的影响

在很多情况下，两种聚合物共混是在熔融状态下、在挤出机或双辊混炼机上进行的。流动是典型的剪切流动。因此，首先讨论在剪切作用下熔体发生珠滴变形和破碎过程。

Cox 和 Leal 研究了在剪切作用下牛顿液体珠滴的变形和流体力学的稳定性，采用稀乳液为模型体系，用如下参数表征流动情况。

① 悬浮液滴黏度 η_i 与连续介质黏度 η_0 之比 λ：

$$\lambda = \frac{\eta_i}{\eta_0} \tag{6-23}$$

② 参数 k：

$$k = \frac{v}{\eta_0 \dot{\gamma} a} \tag{6-24}$$

或参数 n：

$$n = \frac{\sigma_{12} d}{v} \tag{6-25}$$

式中，v 为两相之间的界面张力系数，$\dot{\gamma}$ 为剪切速率，a、d 分别为液滴的半径和直径，σ_{12} 为剪切应力。

在剪切作用下，珠滴会变成椭球状并沿速度梯度的方向取向（图6-32）。设椭球状液滴的长轴与速度梯度之间的夹角为 α，液滴的形变为 D，则当形变不太大时，D 与 λ、k 之间具有如下的关系：

$$D=\frac{d_1-d_2}{d_1+d_2}=\frac{5(19\lambda+16)}{4(\lambda+1)\left[(20k)^2+(19\lambda)^2\right]^{1/2}} \tag{6-26}$$

或

$$D=\frac{d_1-d_2}{d_1+d_2}=\frac{x(19\lambda/16+1)}{2(\lambda+1)}=E_T \tag{6-27}$$

及

$$\alpha=\frac{\pi}{4}+\frac{1}{2}\tan^{-1}\frac{19\lambda}{20k} \tag{6-28}$$

式中，d_1、d_2 分别为椭球状液滴的长轴和短轴。

由式（6-26）可见，λ 和 k 越大，形变 D 就越小，液滴就越不易破碎。而 k 值与界面张力系数 v 成正比，见式（6-24）。v 值还与两种液体间的互溶性有关，两种液体间的互溶性越小，v 值就越大。由此可见，在其他条件相同时，两种聚合物的互溶性越小，则所得共混物分散相的颗粒就越大，这与前面已阐述的情况完全一致。

当 η_0 不变时，分散相的黏度越大，则 λ 值越大，液珠的变形和破碎就越难。由此可见，聚合物共混时，欲得到分散均匀的产物，两种聚合物熔体黏度的匹配是十分重要的。

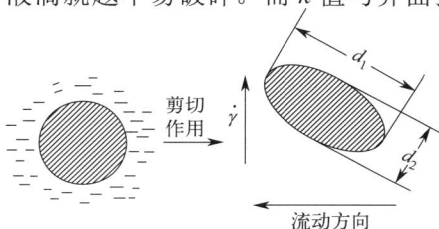

图6-32　在剪切力作用下液滴的变形

Cox 提出，液珠发生破碎的临界条件为

$$\frac{\sigma_{12}(19\lambda+16)}{16(\lambda+1)}>\frac{v}{d} \tag{6-29}$$

式中，σ_{12} 为剪切应力，d 为液珠直径，v 为界面张力系数。

由式（6-29）可见，当其他条件相同时，液珠直径越小，共混体系就越稳定。因此，要得到高度稳定结构的共混物，分散相颗粒不能过大。

Vanoene 估算了通常情况下 k 和 λ 的数值范围。对于大多数聚合物熔体，在通常的混合加工条件下，剪切应力为 $10^4\sim10^5$ Pa，λ 为 $0.2\sim5.0$，这时 k 值主要决定于液珠半径 a，$a<1$ μm 则 $k\gg1$，$a\approx1$ μm 则 $k\approx1$，$a>1$ μm 则 $k\ll1$。这说明，当 $a>1$ μm 时，液珠是不稳定的，易于变形和破碎。若界面张力系数 v 很大，$k\gg\lambda$ 时，由式（6-28）可知，$\alpha\approx45°$，即液珠的长轴与流动方向成 $45°$ 夹角。对于这种情况，可以认为界面张力起到了主导作用。反之，若 $\lambda\gg k$，则黏度因素起主导作用，$\alpha\approx90°$，即液珠的长轴与流动方向一致。

上述定量关系式是根据牛顿型液体的稀乳液模型导出的。用于聚合物共混物时，则仅是粗略地近似。对于聚合物共混物，还必须考虑浓度和聚合物熔体弹性效应等因素的影响。

除非聚合物共混物中一种聚合物组分含量很小的情况，还必须考虑液珠的聚集和屈服应力问题。与液珠破碎相反，聚集过程使分散相颗粒尺寸增大。聚集是一个动力学过程，其临界参数为临界聚结时间 t_c（开始出现聚集的时间）：

$$t_c=\frac{3n}{4\dot{\gamma}}\ln\frac{d}{4h_c} \tag{6-30}$$

式中，h_c 为临界分离距离，d 为液珠直径。

$$n = \frac{\sigma_{12}d}{v} \tag{6-31}$$

式（6-30）表示液珠聚集的临界条件，式（6-31）表示液珠破碎的临界条件。由参数 x 和 t_c 确定的液珠尺寸与剪切应力及界面张力系数的关系示于图6-33。

实际体系中，液珠的平均直径介于式（6-29）和式（6-30）确定的临界直径之间。平均直径正比于分散相体积分数的2/3次方，即

$$\bar{d} \propto \phi^{2/3}$$

根据式（6-29），对任意的 v、d 和 λ 都存在一个寻致液球破碎的剪切应力。然而实际情况并非如此，在一定的 λ 值范围，液珠可能不破碎而变成拉长的椭球或微丝状。Rumscheid 和 Grace 提出，在剪切和拉伸流动中，由于熔体的弹性，可存在4个液珠变形区：①当 $\lambda < 0.2$ 时，液珠呈 S 状，次级液珠从尖端脱离，形成更小的液珠；②当 $0.2 < \lambda < 0.7$ 时，液珠从器壁迁移向内部；③当 $0.7 < \lambda < 3.7$ 时，液珠可被拉长成线状，并依毛细不稳定的机理破裂；④当 $\lambda > 3.7$ 时，液珠可形成拉长的椭球而不破裂。这些情况示于图6-34。

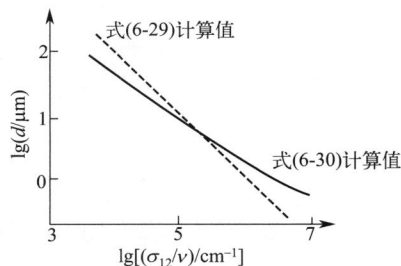

图6-33 液珠直径 d 与剪切应力和界面张力系数比值（σ_{12}/v）的关系

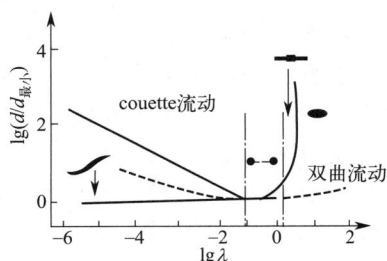

图6-34 在剪切和拉伸流动中对比直径 $d/d_{最小}$ 与 λ 的关系
$d_{最小}$ 表示最小直径

图6-35表示了共混物 PE/PS 形态结构与流动参数之间的关系。由图可见，此种体系可在大范围内形成纤维状结构，微丝直径为 $2\sim5$ μm。聚合物熔体通常为非牛顿液体，对聚合物共混物尚需考虑弹性效应的影响。根据 Vaneone 的研究，在剪切作用下两种聚合物熔体之间的界面张力与在静止状态下这两种聚合物熔体之间的界面张力是不相等的。因此，对聚合物共混物，应用式（6-29）和式（6-30）时，必须对界面张力进行修正。

此外，两种聚合物的共混物，以聚合物1为分散相和以聚合物2为分散相这两种情况，界面张力也常常并不相同。另一个需要考虑的因素是：聚合物熔体的黏度与剪切应力 σ_{12} 有关。在毛细管不同径向位置，σ_{12} 是不同。因此，λ 值常与熔体在流动中所处的位置有关。而流动包封作用和相反转又与 λ 值密切相关。所以，聚合物共混物，如 PE/PS、PA6/PC 等体系，挤出物的形态结构会依径向位置的不同而改变。

6.4.4.3 流动过程中的形态结构

聚合物共混物熔体在流动过程中可诱发以下几种形态结构：

① 流动包埋（flow encapsulation）。这是指在一定条件下黏度较小的组分（如聚合物1）迁移到器壁，最后包封组分2（聚合物2）而形成包埋型形态结构。

② 形成微丝状或微片状结构。

③ 由于剪切诱发的聚结形成的层状结构。例如，对于共混物 HDPE/PA6，由于混合、加工方法和条件的不同（即流动参数不同），可形成不同的形态结构，如图6-36所示。

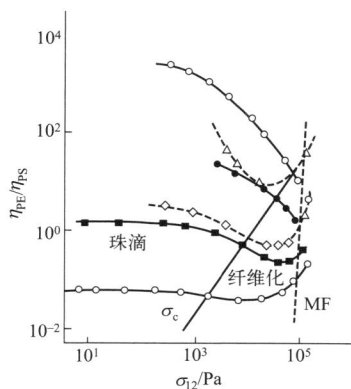

图6-35　PE/PS共混物形态结构
与流动参数的关系

点—实验值；直线是 σ_c—形成纤维状形态

结构与珠滴状形态结构之间的临界应力；

MF—熔体破裂；η_{PE}/η_{PS}—即 λ；σ_{12}—剪切应力

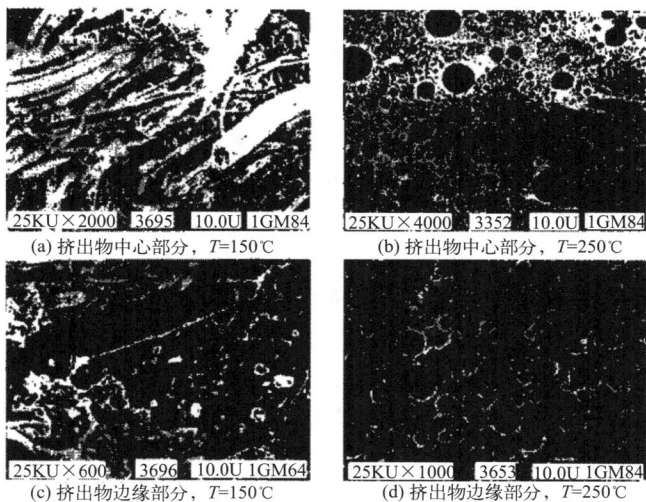

(a) 挤出物中心部分，$T=150℃$　　(b) 挤出物中心部分，$T=250℃$

(c) 挤出物边缘部分，$T=150℃$　　(d) 挤出物边缘部分，$T=250℃$

图6-36　HDPE/PA6（70/30）
共混物的扫描电镜照片

在混合和加工过程中，除流动参数的影响外，也可能发生化学反应，如剪切氧化、酯交换反应等，对形态结构也会有很大影响。例如，当 PC/PBT 在 260℃共混 30 min，可使组成为 60/40 共混物的形态结构由以 PBT 为连续相的结构转变成以 PC 为连续相的结构，这是由于在混合过程中 PC 发生降解而使黏度比 $\lambda=\eta_{PC}/\eta_{PBT}$ 下降的缘故。

由于聚合物共混物的黏弹性以及共混物在混合和加工过程中处于复杂的流动场，形态结构的形成是一个复杂的演变过程，形态结构具有多层次性，会产生各种次级结构，如复杂的颗粒结构（A 的小珠滴分散于 B 的珠滴中，整个珠滴又分散于 A 相的连续基体中）、纤维状结构和条带结构等；还不能从理论上准确预测这些复杂的形态结构。关于各种因素的影响，也只限于定性估计，还缺乏严密的定量关系。

6.4.5　聚合物共混物形态结构的研究方法

直接观察聚合物共混物形态结构的方法主要是显微分析法。显微分析法包括光学显微镜（OM）法、透射电子显微镜（TEM）法和扫描电子显微镜（SEM）法 3 种。这 3 种方法的主要指标和应用的尺寸范围列于表 6-8。

■　表6-8　显微分析法

参　　数	OM	SEM	TEM
放大倍数	$1\sim500$	$10\sim10^5$	$10^2\sim5\times10^6$
分辨率[①]/nm	$500\sim1000$	$5\sim10$	$0.1\sim0.2$
维数	$2\sim3$	3	2
景深[②]/μm	约 1	$10\sim100$	约 1
观察尺寸范围[③]/nm	$10^3\sim10^5$	$10^0\sim10^4$	$10^{-1}\sim10^2$
样品	固体或液体	固体	固体

① 分辨率：显微镜所能分清邻近两个小质点的最短距离。

② 景深：在垂直于电场方向可分辨的深度。

③ 观察尺寸范围：观察范围的对角线尺寸。

光学显微镜仅用于较大尺寸形态结构的观察，尺寸范围为 $10^3 \sim 10^5$ nm。在用电子显微镜法观察共混物形态结构时，样品制备是一个很关键的环节，它关系到实验的成败。由于电子的穿透能力较弱，大约只有 X 射线穿透能力的万分之一，电子只能穿透几十纳米至 100 nm 的深度，一般物体都不能直接进行观察，必须制备专用的薄膜样品。薄膜样品的制备可采用稀溶液挥发成膜的方法；也可以使用专门的超薄切片机，直接从固体聚合物共混物上切取。前者适用于观察分子的尺寸和形态以及薄膜的结构，后者适用于研究固体试样内部的形态结构。

对于许多电子不能透过的块状样品，为研究其表面结构，必须采用样品复型的方法，制备可供观察的间接样品。具体方法是：在原样品的表面上蒸发一层很薄的碳膜，然后将原样品溶解掉，留下一层与原样品表面结构相对应的复型薄膜，即可用电镜观察。为了增加所得物像的清晰度，常需增加物像的反差。对表面凹凸不平的样品，可做金属定向蒸发处理以提高物像的反差，即在样品上以较小的角度定向蒸发一层重金属原子，在凹凸不平的表面上落下数量不等的重金属原子。由于重金属原子对电子具有强的散射能力，落有重金属原子的部分在物像中出现阴影，增加物像的明暗对比度。同时，从阴影区的大小还可确定凸起部分的高度。聚合物共混物试样的制备很多情况下还需采用染色、溶胀、破裂、蚀镂等步骤。

6.4.5.1 光学显微镜法

当聚合物共混物相畴较大时，可用光学显微镜直接观察。例如可用光学显微镜直接观察高抗冲聚苯乙烯（HIPS）样品中橡胶颗粒的形态和尺寸。

有以下 3 种常用的操作方法可供选择：

① 溶剂法。用适当的溶剂将样品溶胀，用相衬显微镜或干涉显微镜观察其形态结构或进行照相。其原理是：根据共混物中两组分折射率的不同，可从显微镜中观察到光强度的差别。在图像中，明暗不同的部位显示了形态结构和相畴尺寸。为提高分辨效果，可用适当的染料，如史密斯混合物（甲基蓝和苏丹 Ⅲ 的混合物）、四氧化锇（OsO_4）等，使其中一种组分染上颜色。例如，研究 HIPS 的形态结构时，可将 HIPS 试样置于显微镜载片之间，加一滴甲苯。为增加分辨率，可用偶氮染料使橡胶颗粒染成红色，然后观察其形态结构。

② 切片法。用超薄切片机将样品切成 $1 \sim 5$ μm 厚的薄片，用透射相衬显微镜或干涉显微镜观察薄片内的形态结构。

③ 蚀镂法。用适当的蚀镂剂浸蚀试样中的某一组分，再用反射的方法观察蚀镂后的试样表面。有很多方法可制得符合要求的试样表面，例如模塑薄膜、低温破裂以及用抛光法或磨平法制得平滑的试样表面。对 HIPS 可采用如下的蚀镂剂：100 mL H_2SO_4、30 mL H_3PO_4、30 mL H_2O 加 5 g CrO_3。这种蚀镂剂可有效地蚀镂带有不饱和键的橡胶，而对聚苯乙烯没有作用。实验步骤如下：先将 HIPS 试样表面用适当的方法抛平或磨平，于 70℃在蚀镂剂中浸蚀 5 min，然后用显微镜观察试样表面的形态结构。

溶剂法简单易行，但由于溶剂对橡胶的溶胀作用，橡胶颗粒的形状及空间排列情况会发生变化，所得结果与真实情况会有出入。切片法的缺点是有时切片困难，以及由于剪切作用，使橡胶颗粒的形态可能发生改变。蚀镂法无上述之弊，其关键是选择适当的蚀镂剂。

光学显微镜法的应用范围有限。当相畴尺寸在 1 μm 以下时便不再适用，这时必须采用放大倍数更高的电子显微镜。

6.4.5.2 电子显微镜法

电子显微镜可观察到 0.01 μm，甚至比 0.01 μm 更小的颗粒。电子显微镜法又分为透射电子显微镜（TEM）法和扫描电子显微镜（SEM）法两种。最近发展了新的电子显微镜法。

（1）透射电子显微镜法

要使电子束透过，试样薄膜的厚度需要在 0.2 μm 以下，通常以 0.05 μm 为宜。当前制备超薄片的技术已比较成熟。

制备聚合物共混物超薄片试样的主要方法有复制法和超薄切片法，有时亦可采用溶剂浇铸法。

复制法是将试样形态结构的特点用适当的方法以超薄膜的形式复制下来，再用电镜分析复制膜的形态结构，从而观察试样的形态结构。先选择适当的蚀镂剂将样品表面浸蚀，如用铬酸蚀镂剂处理 HIPS，则橡胶颗粒被蚀去，在样品表面形成空洞，此空洞的形状和大小与原来的橡胶颗粒相同；再将这种蚀镂过的表面复制，用电镜进行观察分析。

复制可采用一步法或两步法。一步法是直接将炭粉蒸发到腐蚀过的样品表面上，再除去聚合物。两步法是先用明胶水溶液涂在已腐蚀过的样品表面，干燥后剥离复制物，用涂炭成影；再用水洗去明胶，得到的复制膜用电子显微镜观察。复制法可直接了解分散相颗粒的大小和形状以及颗粒在空间的配置情况；其缺点是难于分辨分散相颗粒的内部结构。而采用切片法可克服这一缺点。切片法是用电镜研究聚合物共混物最有效的方法。对于树脂/树脂型共混物，超薄切片也很容易。但对橡胶增韧塑料，由于橡胶的韧性，超薄切片存在困难。这一困难在 1965 年被 Kato 成功地解决了。Kato 方法的要点是用四氧化锇（OsO_4）处理样品，样品中含有双键的橡胶组分可与四氧化锇反应并变硬，从而便于超薄切片，同时橡胶组分亦被 OsO_4 染色，而便于用电镜进行观察分析。四氧化锇与橡胶大分子链中的双键按如下的方式反应，生成环状的锇酸酯：

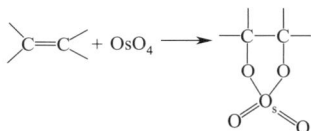

在进行实验时，可将样品置于 OsO_4 蒸气中一定时间，或于室温下用 1% 的 OsO_4 水溶液浸渍 2 昼夜，取出晾干，切成超薄片进行观察。

不含双键的饱和型橡胶不能与 OsO_4 发生上述反应。虽也可设法进行超薄切片，但未染色的橡胶颗粒和基体难以在电镜下清楚地区别开来。对此已提出了一些解决办法。例如，Kaning 提出了丙烯酸丁酯橡胶的两步染色法，即先用 NH_2NH_2 处理，再用四氧化锇进行染色。最近还发展了 Br_2 和四氧化钌（RuO_4）染色法等，RuO_4 可有效地使聚苯乙烯染色。不过，通常采用在超低温度下（喷液氮至样品表面）进行超薄切片制备 TEM 观察的样品。

（2）扫描电子显微镜法

扫描电子显微镜法是观察聚合物共混物形态结构分析的常用方法，具有分析迅速、制样容易等一系列优点。此方法制样不需切片。先将样品表面进行适当处理，如磨平、抛光等，再用适当的蚀镂剂浸蚀，用真空法涂上 0.02 μm 厚的金属薄层以防止在样品表面上因聚集电子而带电。这种方法避免了复制法中常常遇到的技术上难题；但是扫描电镜法不能观察分散相颗粒的内部结构。扫描电子显微镜法用于聚合物共混物形态结构分析还存在一些不足，有时还会造成人为的假象。例如，SEM 法的镀金属、TEM 法中的 OsO_4 染色等可能引入人为的粒子结构，特别是当其与被分析的结构尺寸相近时，情况更为严重。染色和硬化作用还可能使体系产生某种化学变化，引起体系相分离行为的某种变化，使测定结果产生误差。

（3）新的电子显微镜法

最近发展了两种新的方法：扫描-透射电子显微镜（STEM）法和低压扫描电子显微镜（LVSEM）法。

STEM 法使用厚度为 200 nm 的浇铸薄膜，并经硬化和染色。此法具有分辨率高的突出优点，已用于 PVC/PMMA、PVC/SAN 等共混物的形态结构观察和混溶性分析，还可用来估计相间的相互作用。

LVSEM 法的加速电压为 0.1～2 kV，采用平滑的超薄试样。LVSEM 法与 SEM 法相比，图像对比度可提高 10 倍，而且不存在带电问题。由于次级电子系数值高，微小的组成变化即可在图像中显示出来。由于次级电子能量低，此方法亦不需要对试样进行导电涂覆处理。LVSEM 法已用于 PC/PPS、PE/PS 和 PC/ABS 等聚合物共混物形态结构的研究。

此外，还有 X 射线散射法，包括 X 射线小角散射（SAXS）法和 X 射线大角散射（WAXS）法，也可用来观察聚合物共混物的相畴尺寸，获得有关形态结构的信息。

6.5　聚合物共混物的性能

6.5.1　聚合物共混物性能与其组分性能的一般关系

双组分体系的性能与其组分性能之间的关系可用"混合物法则"做近似估算，最常用的有如下两个关系式：

$$p=p_1\beta_1+p_2\beta_2 \tag{6-32}$$

$$\frac{1}{p}=\frac{\beta_1}{p_1}+\frac{\beta_2}{p_2} \tag{6-33}$$

式中，p 为双组分体系某一指定的性能，如 T_g、密度、电性能、模量等；p_1 和 p_2 为组分 1 和组分 2 相应的性能；β_1 和 β_2 为组分 1 和组分 2 的质量分数或体积分数。在大多数情况下，式（6-32）给出混合物性能的上限值，式（6-33）给出其下限值。

双组分体系无论均相还是多相，都统称为混合物。对于聚合物共混物，与上述法则偏离较大，偏离幅度与共混物的形态结构密切相关。对于两种聚合物完全互溶的情况，如无规共聚物等，符合式（6-33）。但在很多情况下，由于两组分间的相互作用，对简单的混合物法则常有明显的偏差，这时可采用修正式（6-34）：

$$p=p_1\beta_1+p_2\beta_2+I\beta_1\beta_2 \tag{6-34}$$

式中，I 为表示组分间相互作用的常数，称为作用因子，可正可负。例如，对乙酸乙烯酯与氯乙烯无规共聚物的玻璃化转变温度，可表示为

$$T_g=T_{g_1}W_1+T_{g_2}W_2-28W_1W_2$$

式中，W 为质量分数。

对于多相结构的共混物，组分之间的相互作用主要发生在界面层，这集中表现在两相之间黏合力的大小。黏合力的大小对某些性能如力学性能有很大的影响，而对另外一些性能影响不大。因此，对同一体系的不同性能，具体关系式差别会很大。材料的破坏是一个很复杂的过程，上述一般关系式不适用于机械强度的计算。

对于两相均为连续的共混物，其性能与组成的关系可表示如式（6-35）：

$$p^n=p_1^n\phi_1+p_2^n\phi_2 \tag{6-35}$$

式中，n 为与具体性能有关的常数。例如，对 IPNs，其弹性模量符合 $n=\dfrac{1}{3}$ 的情况。

在共混物中，含量大的组分构成连续相。当组成改变时，会发生相的反转，分散相变成连续相。在相转变区，如弹性模量等性能符合式（6-36）：

$$\lg p=\phi_1\lg p_1+\phi_2\lg p_2 \tag{6-36}$$

实际体系的情况比上述计算公式复杂得多，上述各关系式仅有基本的指导原则，并不能代替具体体系和具体性能的关系式。

6.5.2　聚合物共混物的力学松弛性能

与均聚物相比，聚合物共混物的玻璃化转变有两个主要特点：共混物有两个玻璃化转变温度（T_g）；玻璃化转变区的温度范围有不同程度的加宽，起决定作用的是两种聚合物的互溶性。

两个玻璃化转变的强度与共混物的形态结构和两相含量有关。以损耗正切值 $\tan\delta$ 的大小表示玻璃化转变强度，有以下规律：①构成连续相组分的 $\tan\delta$ 峰值较大，构成分散相组分的 $\tan\delta$ 峰值较小；②在其他条件相同时，分散相的 $\tan\delta$ 峰值大小随其含量的增加而提高；③分散相的 $\tan\delta$ 峰值与形态结构有关，通常起决定作用的是分散相的体积分数。

以 HIPS 为例，机械共混法 HIPS 橡胶相颗粒中不包含聚苯乙烯，而本体聚合法 HIPS 分散颗粒中包含 PS，故在相同组成比时后者的分散相所占的体积分数较大，所以其分散相的 $\tan\delta$ 峰值较大。但是，由于包容 PS，也会使橡胶相的 T_g 值提高，如图 6-37 所示。实验表明，分散相颗粒大小对玻璃化转变温度亦

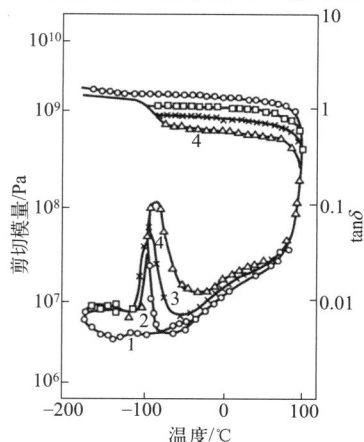

图6-37　HIPS动态力学损耗曲线

1—聚苯乙烯；2—机械共混法 HIPS，10%（质量分数）聚丁二烯；3—本体聚合法 HIPS，5%（质量分数）聚丁二烯；4—本体聚合法 HIPS，10%（质量分数）聚丁二烯

有影响。Wetton 等指出，当颗粒尺寸减小时，由于机械隔离作用的增加，分散相的 T_g 会下降。此外，在某些情况下也会出现与界面层对应的转变峰。

共混物力学松弛性能的最大特点是力学松弛谱加宽。均相聚合物在时间-温度叠合曲线上，玻璃化转变区的时间范围为 10^9 s 左右，但聚合物共混物的这一时间范围可达 10^{16} s。这可用图 6-38 做初步解释。在共混物内，特别是在界面层，存在两种聚合物组分的浓度梯度。共混物如同由一系列组成和性能递变的共聚物组成的体系，因此松弛时间谱较宽。由于力学松弛时间谱的加宽，共混物具有较好的阻尼性能，可作防震和隔音材料，具有重要的应用价值。

6.5.3　聚合物共混物的模量和强度

6.5.3.1　模量

共混物的弹性模量可根据混合法则进行估计，最简单的是根据式（6-32）和式（6-33）分别给出模量（E）的上、下限值。当模量较大的组分构成连续相、模量较小的组分为分散相时，

结果符合式（6-32）。若模量较小的组分构成连续相、模量较大的组分为分散相时，结果符合式（6-33）。如图 6-39 所示，图中曲线 2 为共混物模量实测值曲线。*AB* 区中，模量较小的组分为连续相，实测值接近按式（6-33）所得的理论值曲线 1。在 *CD* 区，模量较大的组分为连续相，故实测值接近按式（6-32）所得的上限值曲线 3。*BC* 区为共混物的相转变区。对两相都连续的共混物弹性模量，可按式（6-35）估算。这些原则也适用于以无机填料填充塑料或橡胶体系。

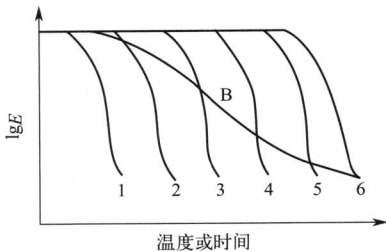

图6-38　模量-温度（时间）关系

曲线 1～6—6 种组成的无规共聚物；曲线 B—由上述
6 种无规共聚物组成的共混物

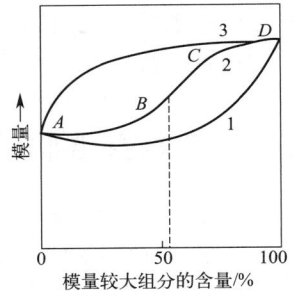

图6-39　共混物弹性模量与组成关系

1—理论值；2—实测值；3—上限值

6.5.3.2　机械强度

聚合物共混物是一种多相结构的材料，各相之间相互影响，又有明显的协同效应，其机械强度并不等于各级分机械强度的简单平均值。在大多数情况下，增加韧性是聚合物共混改性的主要目的，在下一节中将重点讨论这个问题。

6.5.4　聚合物共混物熔体的流变特性

聚合物共混物的熔体黏度与混合法则有很大的偏离，常有以下几种情况：①小比例共混就能产生较大的黏度下降，例如聚丙烯与苯乙烯-甲基丙烯酸四甲基哌啶醇酯（PDS）共聚物共混物和 EPDM 与聚氟弹性体（Viton）共混物的情况（图 6-40）。这种小比例共混组分使体系黏度大幅度下降的原因是：少量不相混溶的第二种聚合物沉积于管壁，因而产生了管壁与熔体之间滑移。②由于两相的相互影响及相的转变。当共混质量比改变时，共混物熔体黏度可能出现极大值或极小值，如图 6-41 所示。③共混物熔体黏度与组成的关系会受到剪切应

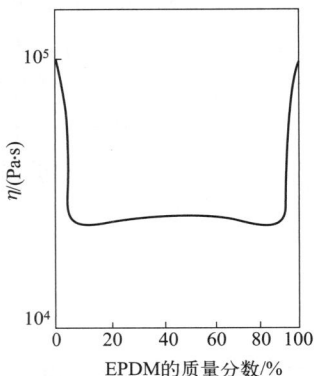

图6-40　Viton/EPDM共混物熔体黏度与组成的关系

温度 160℃，剪切速率 14 s⁻¹

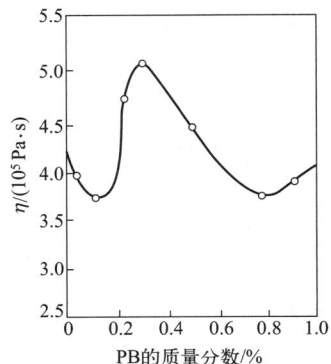

图6-41　PS/PB共混物熔体黏度与组成的关系

力大小影响。例如，POM（甲醛与 2% 1,3-二氧戊环共聚物）与 CPA（44% 己内酰胺与 37% 己二酸己二醇酯、19% 癸二酸己二醇酯的共聚物）共混物熔体黏度与组成的关系对剪切应力十分敏感，如图 6-42 所示。

共混物熔体流动时的弹性效应随组成质量比发生改变，有时会出现极大值或极小值，并且弹性的极大值经常与黏度的极小值相对应，弹性的极小值经常与黏度的极大值相对应，共混物 PE/PS 就是这种情况。共混物熔体的弹性效应还与剪切应力的大小有关，如图 6-43 所示。

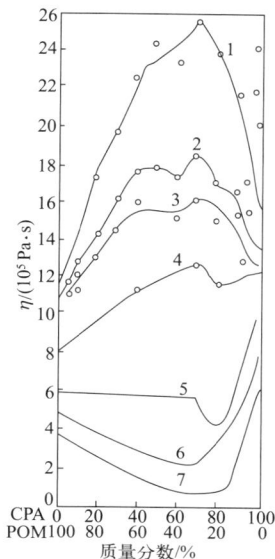

图6-42　CPA/POM共混物熔体黏度与组成的关系
剪切应力：1—1.27 N·cm^{-2}；2—3.93 N·cm^{-2}；3—5.44 N·cm^{-2}；
4—6.30 N·cm^{-2}；5—12.59 N·cm^{-2}；6—19.25 N·cm^{-2}；7—31.62 N·cm^{-2}

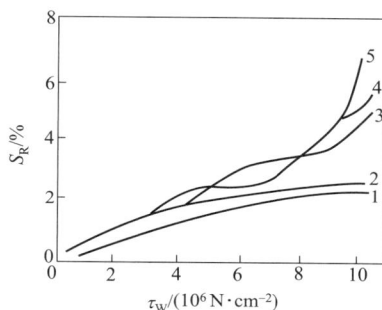

图6-43　恢复剪切形变S_R与剪切应力τ的关系
1—75/25，PE/PS；2—PE；3—PS；
4—50/50，PE/PS；5—25/75，PE/PS

单相连续的共混物熔体，例如橡胶增韧塑料体系，熔体在流动过程中会产生明显的径向迁移作用，即橡胶颗粒由器壁向中心轴方向迁移，结果产生了橡胶颗粒从器壁向中心轴的浓度梯度。颗粒越大、剪切速率越高，这种迁移现象越明显。这会造成制品内部的分层作用，从而影响制品的强度。

6.5.5　聚合物共混物的其他性能

6.5.5.1　透气性和可渗性

聚合物的透气性和可渗性具有重要的实用意义。例如在薄膜包装、提纯、分离、海水淡化和医学方面的应用，往往需要聚合物薄膜具有较好的机械强度、透过作用的高度选择性和较大的透过速度等。单一聚合物难以满足多方面的综合要求，需要借助共混方法制得综合性能优异的共混物薄膜，例如用三醋酸纤维素与二醋酸纤维素共混制成适于海水淡化的隔膜、用聚乙烯吡咯烷酮与聚氨酯共混制得高性能渗析膜等。

连续相对共混物的透气性起主导作用。当渗透系数较大的组分为连续相时，共混物的渗透系数接近按式（6-32）的计算值。当渗透系数较小的组分为连续相时，共混物的渗透系数接近按式（6-33）的计算值。当两组分完全混溶时，共混物的渗透系数 p_c 值符合下式：

$$\ln p_c = \phi_1 \ln p_1 + \phi_2 \ln p_2$$

对液体或蒸气的透过性称为可渗性。被共混物吸附的蒸气或液体有明显的溶胀作用，可显著改变共混物的松弛性能。因此，共混物对蒸气或液体的渗透系数依赖组分的浓度。共混物对蒸气或液体的平衡吸附量与共混物中两组分分子间的作用力有关，两组分间的 Huggins-Flory 作用参数 χ_{12} 越大，平衡吸附量越小。因此，据此也可以研究共混组分间的混溶性。

6.5.5.2　密度

当两组分不混溶或互溶性较小时，共混物的密度可按式（6-33）进行估计。但当两组分混溶性较好时，例如 PPO/PS、PVC/NBR 等，其密度可超过计算值的 1%～5%。这是由于两组分间有较大的分子间作用力，使得分子链间的堆砌更加紧密的缘故。

6.5.5.3　电性能和光性能

共混物的电性能主要决定于连续相的电性能。例如聚苯乙烯/聚环氧乙烷共混体系，当聚苯乙烯为连续相时共混物的电性能接近聚苯乙烯的电性能，当聚环氧乙烷为连续相时共混物的电性能则与聚环氧乙烷的电性能接近。

由于多相结构的特点，大多数共混物是不透明的或半透明的。减小分散相颗粒尺寸就可以改善共混物的透明性，但最好的办法是选择折射率相近的组分。若两组分折射率相等，则不论形态结构如何，共混物总是透明的。例如 MBS 的透明性就很好，透明 PVC 塑料已为人们关注，用 MBS 改性的抗冲 PVC 材料具有很好的透明性。

由于两组分折射率的温度系数不同，共混物的透明性与温度有关，常常在某一温度范围透明度达极大值，这时对应两组分折射率最接近的温度范围。

6.6　橡胶增韧塑料的增韧机理

以橡胶作为分散相用以增韧塑料是聚合物共混物的主要品种。重要的品种有高抗冲聚苯乙烯（HIPS），ABS 塑料，以 ABS、MBS、ACR 等增韧的 PVC，增韧聚碳酸酯，橡胶增韧环氧树脂等品种。橡胶增韧塑料的特点是：共混物具有很好的抗冲击性能，比基体树脂的冲击强度提高 5～10 倍。此外，橡胶增韧塑料共混物的抗冲击强度与制备方法有很大关系，因为不同制备方法使两种聚合物组分的界面黏合强度、形态结构等有很大的差异。例如以聚丁二烯增韧聚苯乙烯，制备方法不同，抗冲击强度差别很大，如图 6-44 所示。

6.6.1　增韧机理

橡胶增韧塑料的机理，从 20 世纪 50 年代开始，已提出了许多不同的理论，如 Merz 提出的能量直接吸收理论、Nielsen 提出的次级转变温度理论、Newman 等提出的屈服膨胀理论、Schmitt 提出的裂纹核心理论等。但这些理论往往只注重问题的某个侧面。

当前普遍接受的是银纹-剪切带-空穴理论。该理论认为橡胶颗粒的主要增韧机理包括 3 个方面：①由于橡胶分散相的应力集中，引发和支化大量银纹并桥接裂纹两岸；②引发连续相基体产生剪切形变，形成剪切带；③在橡胶颗粒内部及其表面产生空穴，伴随空穴间聚合物链的伸展和剪切，导致基体的塑性变形。在冲击能作用下的这 3 种机理示于图 6-45。

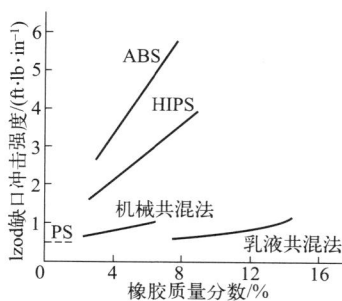

图6-44 不同方法制备的增韧聚苯乙烯抗冲击强度

1 ft · lb · in⁻¹=53.3 J · in⁻¹

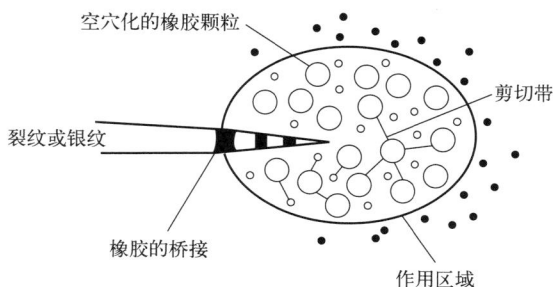

图6-45 橡胶增韧塑料的增韧机理

6.6.1.1 银纹的引发和支化

假定橡胶相与基体有良好的黏合，橡胶颗粒的第一个重要作用就是起到应力集中中心源的作用，诱发大量银纹。如图 6-46 所示，在橡胶颗粒的赤道面上，由于应力集中因子最大，会引发大量银纹。当橡胶颗粒浓度较大时，由于应力场的相互干扰和重叠，在非赤道面上也能引发大量银纹。引发大量银纹就需要消耗大量冲击能，因而可明显提高材料的冲击强度。

橡胶颗粒不但能引发银纹，更重要的是还能支化银纹。根据 Yoff and Griffith 的裂纹动力学理论，银纹或裂纹在介质中扩展的极限速率约为在介质中声速之半；达到极限速率之后，银纹或裂纹继续发展，导致破裂或迅速支化和转向。根据塑料和橡胶的弹性模量可知，银纹在塑料中的极限扩展速率约为 $620 \text{ m} \cdot \text{s}^{-1}$，在橡胶中约为 $29 \text{ m} \cdot \text{s}^{-1}$。

具有两相结构的橡胶增韧塑料体系，如 ABS，在基体中银纹迅速发展，在达到极限速率前碰上橡胶颗粒，扩展速率骤降并立即发生强烈支化，产生更多新的小银纹，消耗更多的能量，从而使共混物的抗冲击强度进一步提高。每个新生成的小银纹又在塑料基体中扩展。根据 Bragaw 的计算，这些新银纹要再度达到极限扩展速率（约 $620 \text{ m} \cdot \text{s}^{-1}$）只需在塑料基体中有约 5 μm 的加速距离，然后再遇到橡胶颗粒并支化，如图 6-47 所示。这一估算为确定橡胶颗粒之间最佳距离和橡胶的最佳用量提供了重要依据。

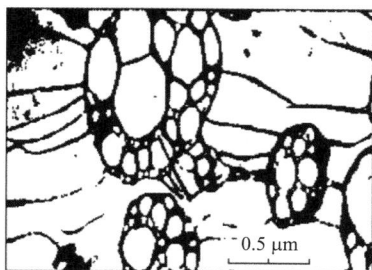

图6-46 HIPS在冲击作用下橡胶颗粒诱发银纹的透射电镜照片

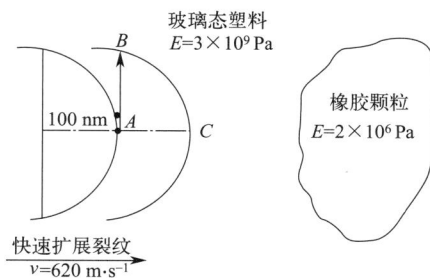

图6-47 银纹在塑料中的运动

当银纹由 A 点运动至 C 点，临近银纹尖端 A 处的一物质元由 A 运动至 B

这种反复支化的结果是增加共混物的能量吸收并降低每个银纹的前沿应力，而使银纹易于终止。由于银纹接近橡胶颗粒时的速率大致为 $620 \text{ m} \cdot \text{s}^{-1}$，一个半径为 100 nm 的裂纹或银纹相当于 10^9 Hz 作用频率产生的影响。根据时-温等效原理，按频率每增加 10 倍 T_g 提高 $6 \sim 7$℃估算，这时橡胶相的 T_g 提高 60℃左右。橡胶相的 T_g 要比室温低 $40 \sim 60$℃才能有显著的增韧效应，因此橡胶相的 T_g 在 –40℃以下比较好，在选择分散相橡胶时这是必须充分考虑的一个因素。另外，如图 6-48 所示，橡胶大分子链跨越裂纹或银纹两岸而形成桥接，从而提高其强度，延缓其发展，这也是提高抗冲击强度的一个因素。

6.6.1.2 剪切带

橡胶颗粒的另一个重要作用是引发剪切带的形成。剪切带可以使基体发生剪切屈服，而基体的强度高，会吸收大量的塑性形变能。剪切带的厚度一般为 1 μm，宽度为 5～50 μm。剪切带又由大量不规则的线簇构成，每条线的厚度约 0.1 μm，如图 6-48 所示。剪切带位置位于最大分剪切应力的平面上，与所施加的张力或压力成 45°左右的角。在剪切带内分子链有很大程度的取向，取向方向为剪切力与拉伸力合力的方向。

图6-48 剪切带的结构

剪切带不仅是消耗能量的重要因素，而且还能终止银纹，使其不至于发展成为破坏性的裂纹。此外，剪切带也可使已存在的小裂纹转向或终止。

（1）银纹与剪切带的相互作用

有以下 3 种可能的方式，如图 6-49 所示：

① 银纹遇上已存在的剪切带而得以愈合、终止。这时由于剪切带内聚合物链高度取向，而限制了银纹的发展。

②在应力高度集中的银纹尖端引发新的剪切带，产生的剪切带反过来又终止银纹的发展。

③ 剪切带使银纹的引发及增长速率下降，并改变银纹发展的动力学模式。

上述总的结果是促进银纹的终止，大幅度提高材料的强度和韧性。

（2）银纹化和剪切屈服所占的比例

主要由以下因素决定：

① 基体的性质。塑料的韧性越大，剪切成分所占的比例就越大。

② 应力场的性质。张力提高银纹的比例，压力提高剪切带的比例。图 6-50 表示了双轴应力作用下聚甲基丙烯酸甲酯的破坏包络线。图中第一象限表示双轴应用都是张力的情况，这时形变主要是银纹化。第三象限为双轴向压力，这时仅发生剪切形变。在第二象限和第四象限内剪切和银纹的破坏包络线相互交叉，使银纹和剪切两种机理同时存在。

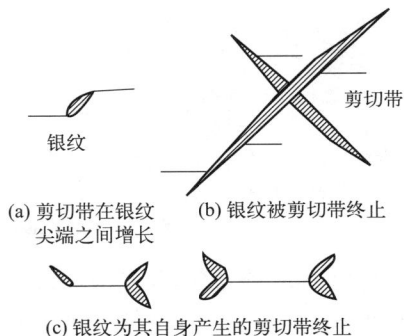

(a) 剪切带在银纹尖端之间增长　(b) 银纹被剪切带终止

(c) 银纹为其自身产生的剪切带终止

图6-49 聚甲基丙烯酸甲酯和聚碳酸酯中银纹与剪切带的相互作用

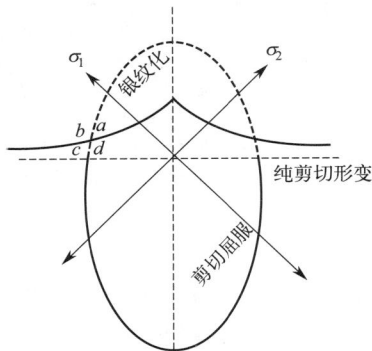

图6-50 室温双轴向应力作用下聚甲基丙烯酸甲酯的破裂包络线

6.6.1.3　空穴作用

在冲击应力作用下，橡胶颗粒内部会发生空穴化作用（cavitation）。这种空穴化作用将裂纹或银纹尖端区基体中的三轴应力转变成平面剪切应力，从而引发剪切带，如图6-51所示。基体的剪切屈服吸收大量能量，从而大幅度提高共混物的抗冲击强度。

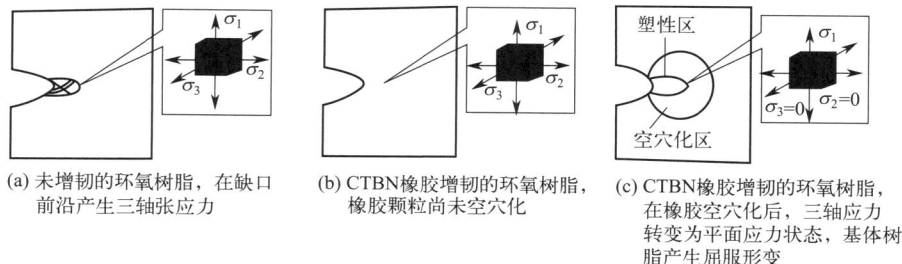

(a) 未增韧的环氧树脂，在缺口前沿产生三轴张应力　　(b) CTBN橡胶增韧的环氧树脂，橡胶颗粒尚未空穴化　　(c) CTBN橡胶增韧的环氧树脂，在橡胶空穴化后，三轴应力转变为平面应力状态，基体树脂产生屈服形变

图6-51　CTBN橡胶增韧环氧树脂带缺口样品变形机理

空穴化即在橡胶颗粒内或其表面产生大量微孔，微孔的尺寸为纳米级。这些微孔的产生使橡胶颗粒体积增加，并引起橡胶颗粒周围基体的剪切屈服，释放颗粒内分子取向和剪切产生的静压力和颗粒周围的热应力，使基体中的三轴应力转变为平面应力，而使基体发生剪切屈服。形成空穴本身并非能量吸收的主要作用，主要作用是因空穴化发生基体的塑性屈服。在裂纹或银纹尖端应力发白区产生的空穴并非随机的，而是结构化的，即存在一定的阵列，每个阵列的厚度为1～4个空穴化橡胶颗粒，长度为8～35个颗粒，如图6-52所示。

空穴化阵列是由橡胶颗粒链产生和发展形成的。在这种颗粒链中，颗粒之间的间隔大致为0.05 μm。空穴化改变局部应力状态，使颗粒体积增大，在基体中形成小的塑性区，此过程反复进行，最终产生大的塑性形变（屈服形变），如图6-53所示。

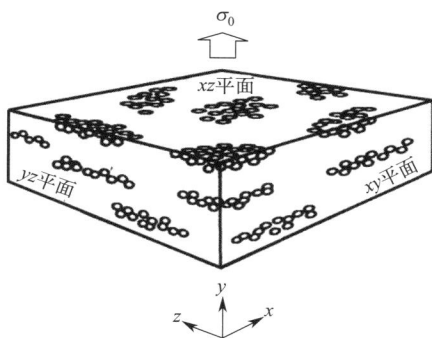

图6-52　空穴化橡胶颗粒阵列模型

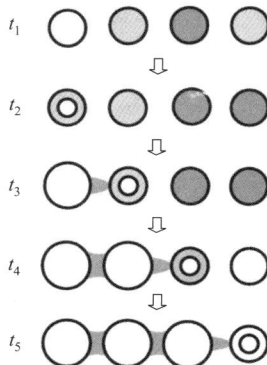

图6-53　空穴化颗粒阵列随时间发展

由橡胶颗粒链产生空穴化阵列，这意味着在共混过程中混合过分的均匀并不一定产生好的效果，而应保持橡胶颗粒一定的聚集结构。例如，当ABS增韧PVC时，混炼的均匀程度与温度有关，混炼温度越高越均匀。采用140℃、160℃、185℃ 3个混炼温度，共混物的混合均匀程度依次增大，而带缺口的简支梁抗冲击强度却依次下降，分别为42 kJ·m⁻²、26 kJ·m⁻²和8 kJ·m⁻²。这表明橡胶颗粒分散某种程度的不均匀性会提高共混物的抗冲击强度。

橡胶颗粒空穴化的原因是：在三轴应力作用下，橡胶大分子链断裂，形成新表面所引起的。根据断裂的力学判据理论，仅当分子链在应力作用下的弹性储能等于或大于形成新表面所需表面能的情况下，才能发生分子链的断裂。

设应力场作用的总能量变化为 $E_总$、弹性形变能量为 $E_弹$、表面能为 $E_表$，在橡胶交联的情况下可忽略分子间的滑动产生的弹性功，则 $E_总 = E_表 + E_弹$，而 $E_弹$ 为负值，于是可得

$$E_总 = -\frac{\pi}{12}K\Delta^2 d_0^3 + (v+\Gamma)\pi\Delta^{\frac{2}{3}}d_0^2 \tag{6-37}$$

式中，K 为橡胶本体模量，Δ 为体积应变，d_0 为橡胶颗粒粒径，v 为橡胶颗粒的表面张力（表面能），Γ 为分子链断裂引起的单位面积能量变化。

产生空穴的临界条件为：$|E_弹| \geqslant E_表$，即式（6-37）为零。$|E_弹| = E_表$，即空穴化的临界条件为

$$(v+\Gamma)\pi\Delta^{\frac{2}{3}}d_0^2 = \frac{\pi}{12}K\Delta^2 d_0^3$$

发生空穴化橡胶颗粒的临界直径为

$$d_{0,临} = \frac{12(v+\Gamma)}{k\Delta^{\frac{4}{3}}} \tag{6-38}$$

由橡胶颗粒空穴化引起的体积应变值 Δ、表面张力、本体模量和断裂能值就可以求出 $d_{0,临}$ 值。计算得到的 $d_{0,临}$ 为 100～200 nm，即 0.1～0.2 μm，这是橡胶颗粒产生空穴化的下限值。根据 Dompas 等对 MBS 增韧 PVC 的研究，产生空穴孔的橡胶粒径临界值为 150 nm，过小的粒径难以产生空穴。

6.6.1.4　脆-韧转变理论

如上所述，橡胶增韧塑料的主要机理是银纹化和塑性形变，而塑性形变（剪切形变）主要是由橡胶颗粒空穴化产生的。对脆性较大的基体如 PS 等的增韧，主要是由于银纹的引发和支化，对 HIPS 和 ABS 的增韧主要是由于银纹化。而对韧性较大的基体，如聚碳酸酯（PC）和尼龙（PA）等工程塑料，增韧的主要机理是空穴化引起的塑性形变，银纹化所占的比例较少。根据银纹化理论，为使银纹有效地支化，橡胶颗粒间距大致为 5 μm，据此可计算出所需橡胶组分用量的最低值。当以剪切形变为主时，如何计算橡胶用量的临界值是脆-韧转变理论研究的核心问题。

压应力和剪切应力都可激发剪切屈服形变（塑性形变）；此外，在一定条件下，厚度小的薄膜比厚度大的更容易产生剪切屈服形变。例如，通过共挤出制成 PC 与 SAN 交互组成的多层薄膜，当层的厚度在 1.3 μm 以下时，剪切带开始向 SAN 层延伸，银纹机理开始向剪切屈服形变转变。这对于了解使 PC 产生明显增韧的橡胶颗粒（或其他颗粒）之间的最小距离是很有帮助的。对橡胶增韧塑料而言，橡胶颗粒之间要接近到一定程度，才开始引发基体的屈服形变，产生显著的增韧作用。此距离称为临界距离，其值与基体的性质有关。若能计算出此临界距离并知道橡胶的粒径，就可计算橡胶的临界用量值。而问题的实质在于橡胶颗粒之间的基体树脂厚度减小到什么程度才使基体开始由脆性向韧性的转变，这是脆-韧转变理论的实质。

脆-韧转变理论是 Wu 等首先提出的，其中心思想是：对韧性较大的基体，橡胶颗粒之间的基体层厚度 τ（称为基体韧带厚度）减小到一定值 τ_C 后，在冲击能作用下，基体开始由脆性向韧性转变，发生屈服形变，表现为宏观的韧性行为。

设两个橡胶颗粒球心之间的距离为 L，则韧带厚度 $\tau = L - d$，如图 6-54 所示。若橡胶颗粒

粒径是均一和等距离的，则每个颗粒周围都会形成一个厚度为 τ 的等应力球环区，如图6-55所示。当 τ 值达到临界值 τ_C 时，即 $L < s$ 时，等应力区的体积达到逾渗阈值，形成逾渗通道，即脆-韧转变区遍及整个基体。橡胶颗粒受冲击作用发生空穴化，释放裂纹扩展张应力，并使橡胶颗粒体积增加，三向轴应力转变为切应力，引起基体韧带的屈服形变，吸收大量冲击能，共混物的冲击强度大幅度提高。这就是脆-韧转变逾渗模型理论的基本内容。

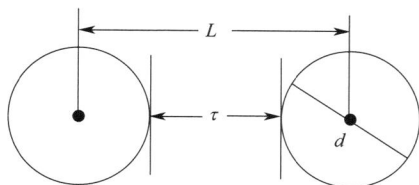

图6-54　基体韧带厚度

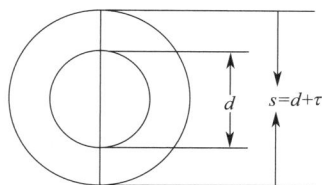

图6-55　体积应力球模型

设橡胶颗粒与基体有良好的黏合且均匀分布于基体中，并设粒径是均一的（若不均一则近似地用其平均粒径），可计算出橡胶的临界用量。若橡胶体积分数 φ 恒定，则可求出橡胶颗粒的临界直径 d_C，也就是使 $\tau \leqslant \tau_C$ 时的粒径：

$$d_C = \tau_C \left[\left(\frac{\pi}{6\varphi} \right)^{\frac{1}{3}} - 1 \right]^{-1} \tag{6-39}$$

上述理论适用于塑性形变（剪切屈服形变）为主的共混体系，即基体韧性较大（通常为工程塑料）的橡胶增韧体系。但 d_C 值是不能任意小的，因为橡胶粒径过小就不能有效地空穴化。因此，在已知橡胶颗粒粒径的前提下就可计算橡胶用量的临界值。

6.6.2　影响增韧性能的主要因素

根据橡胶增韧塑料的主要机理，可从基体特性、橡胶相结构和基体与橡胶相间结合力3个方面讨论影响抗冲击强度的主要因素。

6.6.2.1　树脂基体的影响

橡胶增韧塑料的抗冲击强度随树脂基体的韧性增大而提高。树脂基体的韧性主要决定于树脂大分子链的化学结构和分子量；化学结构决定了树脂的种类和高分子链的柔顺性。在基体种类确定的情况下，基体的韧性主要与基体分子量有关，分子量越大，聚合物链之间的物理缠结点越多，韧性越大。事实上，聚合物的机械强度总是随分子量的增大而提高，其原因与聚合物链间的缠结直接相关。例如，聚合物的拉伸强度 σ_t 与分子量具有如下关系：

$$\sigma_t = \sigma_\infty (1 - \frac{M_0}{M_n}) \tag{6-40}$$

式中，σ_∞ 为聚合物分子量无限大时的拉伸强度；$\overline{M_n}$ 为数均分子量；M_0 为物理缠结点之间的分子量，其值取决于聚合物大分子链的化学结构（即分子链的柔顺性）和结晶性。

抗冲击强度与分子量的关系尚无定量关系，但随分子量的增大而提高。聚合物基体的分子量须大于 $7M_0$ 才会有足够的韧性。在其他条件相同时，基体的韧性越大，橡胶增韧塑料的抗冲击强度越高。考虑到成型加工性能，也并非分子量越大越好。

在上述概念的基础上，Wu 提出聚合物的脆韧行为主要由缠结点密度（单位体积内缠结点数量）V_e 和特征比 C_∞ 决定。C_∞ 定义为：

$$C_\infty = \lim \frac{R_0^2}{n_e l_e^2} \qquad (6\text{-}41)$$

式中，R_0^2 为聚合物链无扰均方末端距，它与聚合物链柔性有关；n_e 为聚合物链统计单元数（即统计链段数）；l_e^2 为统计链段均方长度。

链的缠结点密度 V_e 和链的特征比 C_∞ 间存在如下的定量关系式：

$$V_e = \frac{\rho_a}{3 M_v C_\infty^2}$$

式中，ρ_a 为非晶区的密度，M_v 为统计单元的平均分子量。

根据 V_e 和 C_∞ 值可将聚合物分成两类：脆性聚合物和韧性聚合物。当 $V_e < 0.15$ mmol·cm^{-3}、$C_\infty > 7.5$ 时，聚合物为脆性，如 PS、SAN、PMMA 等，这类聚合物具有较低的银纹引发和增长活化能，断裂机理主要为银纹化过程，缺口冲击强度和无缺口冲击强度都较低；当 $V_e > 0.15$ mmol·cm^{-3}、$C_\infty < 7.5$ 时，聚合物为韧性，如 PC、PA、PPO 等，这类聚合物具有较高的银纹引发和增长活化能，但裂纹增长活化能较低，即对缺口具有敏感性。韧性聚合物的 V_e 值较大，所以断裂机理以剪切屈服形变为主。对于 V_e 和 C_∞ 处在上述划分界线处的基体，如 PVC 等的共混物和 PPO/PS 共混物，则以银纹化和剪切屈服的混合方式为能量耗散机理。表 6-9 列出部分聚合物基体的链参数。因此，对不同的橡胶增韧塑料体系，橡胶粒径及其分布的要求也不同。

■ 表6-9 部分聚合物基体的链参数

聚合物	C_∞	V_e/(mmol·cm^{-3})	聚合物	C_∞	V_e/(mmol·cm^{-3})
PS	23.8	0.00930	POM	7.5	0.490
SAN	10.6	0.00931	PA66	6.1	0.537
PMMA	8.2	0.127	PE	6.8	0.613
PVC	7.6	0.252	PC	2.4	0.672
PPO	3.2	0.295	PET	4.2	0.215
PA6	6.2	0.435			

6.6.2.2　橡胶相的影响

（1）橡胶相含量的影响

橡胶相含量增大，抗冲击强度提高。但对基体韧性较大的增韧塑料，如 ABS 增韧 PVC 基体，橡胶含量存在一最佳值，如图 6-56 所示。

（2）橡胶粒径的影响

橡胶粒径对冲击强度的影响与基体树脂的特性有关。脆性基体断裂时以银纹化为主，较大的粒径对诱发和支化银纹有利，颗粒太小可能被银纹吞没而起不到应有的增韧作用。但粒径也不宜过大，否则在同样橡胶含量下橡胶相的增韧作用就会降低。所以，存在橡胶颗粒最佳粒径范围。例如，在 PS 增韧中银纹厚度为 $0.9 \sim 2.8\ \mu m$，而在 HIPS 中橡胶粒径最佳值为 $2 \sim 3\ \mu m$。

对韧性基体，断裂以剪切屈服形变（即塑性形变）为主，在橡胶颗粒空穴化作用下，发生脆-韧转变。较小的粒径对空穴化有利，即对引发剪切带有利；但粒径过小时，也会影响空穴化作用。所以，存在最佳粒径值，此值要小于脆性基体的情况。例如 ABS 增韧 PVC 体系，橡胶粒径最佳值为 $0.1 \sim 0.2\ \mu m$。此外，粒径分布亦有影响，有时采用双峰分布或三峰分布的橡胶粒径对基体增韧作用有协同效应。

（3）橡胶相与基体树脂混溶性的影响

橡胶相与基体树脂应有适中的互溶性。互溶性过小，相间黏合力不足，粒径过大，增韧效果差；互溶性过大，橡胶颗粒过小，甚至形成均相体系，也不利于抗冲击强度的提高。例如，用 NBR 增韧 PVC 时，NBR 与 PVC 的互溶性与 AN 的含量有关，随着 AN 含量的提高互溶性变好。所以，AN 含量存在一最佳值，如图 6-57 所示。

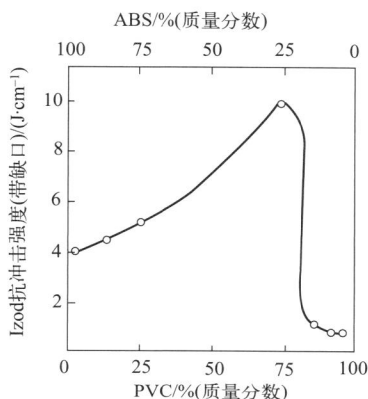

图6-56　共混物PVC/MBS抗冲击
强度与基体组成的关系

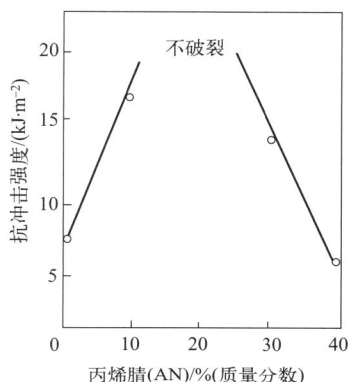

图6-57　AN含量对PVC/NBR抗冲击
强度的影响（PVC/NBR=100/15）

（4）橡胶相玻璃化转变温度的影响

橡胶相玻璃化转变温度（T_g）越低，增韧效果越明显，这是由于在高速冲击作用下橡胶相的 T_g 值会显著提高。通常负载作用频率增大 10 倍，T_g 值提高 $6 \sim 7 ℃$；而在冲击实验中，裂纹发展速率相当于 10^9 Hz 作用频率产生的影响，可使 T_g 值提高 60℃ 左右。因此，橡胶相的 T_g 值应比室温低 $40 \sim 60 ℃$，才能有明显的增韧效果。

（5）橡胶颗粒内树脂包容物含量的影响

橡胶颗粒内树脂包容物使橡胶相的有效体积增大，因而可在相同橡胶质量分数下达到较高的抗冲击强度。但包容物亦不能过多，因为树脂包容物使橡胶颗粒的模量增大，模量过大时减小甚至丧失引发和终止银纹以及产生空穴化的作用。因此，树脂包容物含量亦存在最佳值，如 HIPS 的增韧情况。

（6）橡胶交联度的影响

橡胶交联度亦存在最佳值。橡胶交联度过小，加工时在剪切作用下会变形、破碎，对增韧不利；橡胶交联度过大，T_g 值和模量值都会提高，从而失去橡胶的特性，不但对引发和终止银纹不利，对橡胶颗粒的空穴化作用亦不利。最佳交联度仍依靠实验确定。

6.2.2.3　橡胶相与基体间黏合力的影响

只有当两相间有良好的界面黏合力时，橡胶相才能有效地发挥传递的作用。为增加两相间的结合力，可采用接枝共聚-共混或嵌段共聚-共混等方法，共混时新生成的共聚物起到增容剂的作用，可大大提高共混物的抗冲击强度。但是，这种黏合力未必越强越好，较好的次价结合就足以满足增韧的需要。所以，两相之间有足够的混溶性即可。

6.6.3　耐老化ABS共混物的制备及其结构和性能调控实例研究

深入探究耐老化 ABS 共混物的制备工艺，实现对其结构和性能的有效调控，对拓展 ABS 材料在更多领域的应用意义重大。在用 EPDM 增韧脆性基体 SAN 的体系中，橡胶的含量对 SAN 的增韧效果具有显著影响。实验结果表明，橡胶达到一定含量时，才能有效发挥增韧作用。即使在加入增容剂 AES 的情况下，EPDM 含量的增加仍然是实现脆韧转变的关键因素。

本部分通过一系列具体实验，系统地研究如何优化共混物的配方设计（如调整引发剂过氧化二苯甲酰（BPO）浓度、EPDM 含量、苯乙烯与丙烯腈质量比等参数），以及探索适宜的加工条件。同时，深入分析不同添加剂（如 AES 接枝共聚物）对 ABS 共混物耐老化性能的影响，从微观结构变化到宏观性能表现进行全面剖析，为制备高性能的耐老化 ABS 共混物提供理论依据和实践指导。

采用溶液聚合方法，在三元乙丙橡胶主链上接枝苯乙烯 - 丙烯腈共聚物，以此制备出力学性能优异的 ABS 同系接枝共聚物 AES（acrylonitrile-EPDM-styrene graft copolymer）。在实验过程中，重点考察了聚合反应条件，如引发剂过氧化二苯甲酰（BPO）浓度、EPDM 含量和苯乙烯与丙烯腈质量比对 AES 共聚物接枝率和接枝效率的影响，相关数据结果如图 6-58。

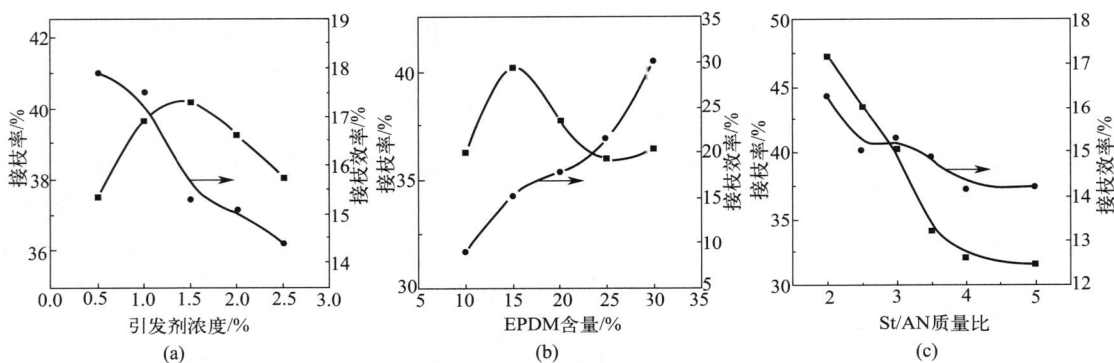

图6-58　引发剂过氧化二苯甲酰（BPO）浓度（a）、EPDM含量（b）和苯乙烯与丙烯腈质量比（c）对AES共聚物接枝率和接枝效率的影响

同时，研究单体接枝率与共聚物特性黏数间的关系，结果如图 6-59。此外，采用 Freeman-Carroll 差减微分法计算了 ABS 和接枝共聚物 AES 的热分解动力学参数，ABS 和 AES 的热分解反应级数 n 分别为 1.26、3.25，热分解表观活化能 ΔE 分别为 129.48kJ/mol、351.86kJ/mol。显然，AES 的 n 和 ΔE 值均明显高于 ABS，这充分说明 AES 接枝共聚物的耐热性能较 ABS 有显著提高。这一结果与 AES 组分中不含有 ABS 组分中聚丁二烯双键的因素密切相关，双键的缺失使 AES 在耐热、耐光、耐氧气和耐臭氧方面具有更好的稳定性，从而延长了使用寿命。

将接枝率为 34.7% 的增容剂 AES 应用于 SAN/EPDM 共混物，以制备具有实际应用价值的三元共混物 SAN/EPDM/AES。在研究 AES 对 SAN/EPDM 共混物增韧效果时，特别对比了 EPDM 含量（质量分数）分别为 10% 和 17.5% 的情况。通过对 SAN/EPDM/AES（质量比为 82.5/17.5/X）共混物冷脆断面进行 SEM 分析，结果如图 6-60。从图中可以直观地观察到

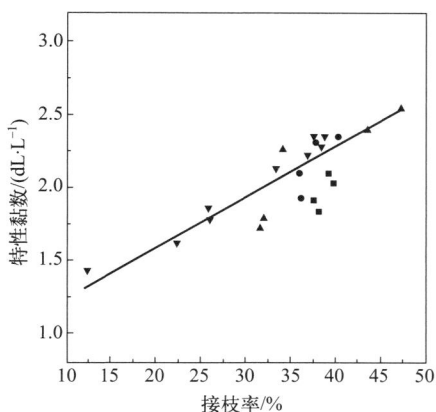

图6-59 单体接枝率与共聚物特性黏数间的关系

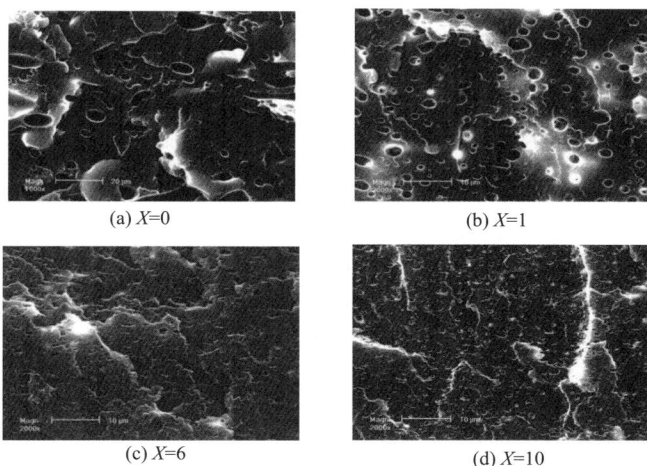

(a) X=0

(b) X=1

(c) X=6

(d) X=10

图6-60 SAN/EPDM/AES（82.5/17.5/X）共混物冷脆断面的SEM图

共混物的微观结构，随着 AES 含量的变化，共混物的结构呈现出明显差异。进一步统计共混物中 EPDM 相的粒径及其分布情况，结果如图 6-61 和图 6-62 所示。图 6-61 表明，随着增容剂 AES 含量的增加，SAN/EPDM/AES 共混物中 EPDM 分散相的粒径尺寸显著减小，而且粒径分布明显变窄。这充分说明了 AES 在 SAN/EPDM 共混物中能够有效降低共混物的界面张力，稳定小粒径橡胶 EPDM 尺寸。为研究橡胶分散相含量对 SAN/EPDM/AES 共混物增韧效果的影响，图 6-61 同时给出了 SAN/EPDM/AES 共混物质量比为 90/10/X 的分散相 EPDM 粒径随 AES 含量的变化规律，发现 AES 对不同比例共混物的 EPDM 粒径影响趋势相似，但增韧效果存在差异。对于 SAN/EPDM 质量比为 90/10（即 EPDM 质量分数为 10%）的体系，加入 AES 后，虽然 EPDM 分散相粒径减小，但增韧效果相对有限；而当 EPDM 含量提升至 17.5%（SAN/EPDM 质量比为 82.5/17.5）时，加入 AES 后，体系冲击强度显著提高。

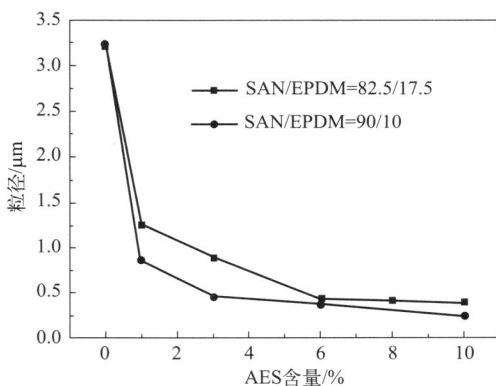

图6-61 SAN/EPDM/AES共混物中分散相EPDM数均粒径随AES含量的变化

SAN/EPDM/AES 共混物力学性能随 AES 含量的变化如图 6-63。由图 6-63（a）可知，随着增容剂 AES 含量的增加，SAN/EPDM/AES 的缺口冲击强度明显增大，尤其当 AES 含量超过 3%（质量分数）后，增韧效果更为显著。从图 6-63（b）可以看出，AES 含量的增加对拉伸性能影响不大。这表明增容剂在不相容 SAN/EPDM 体系中，对分散相 EPDM 粒径的降低

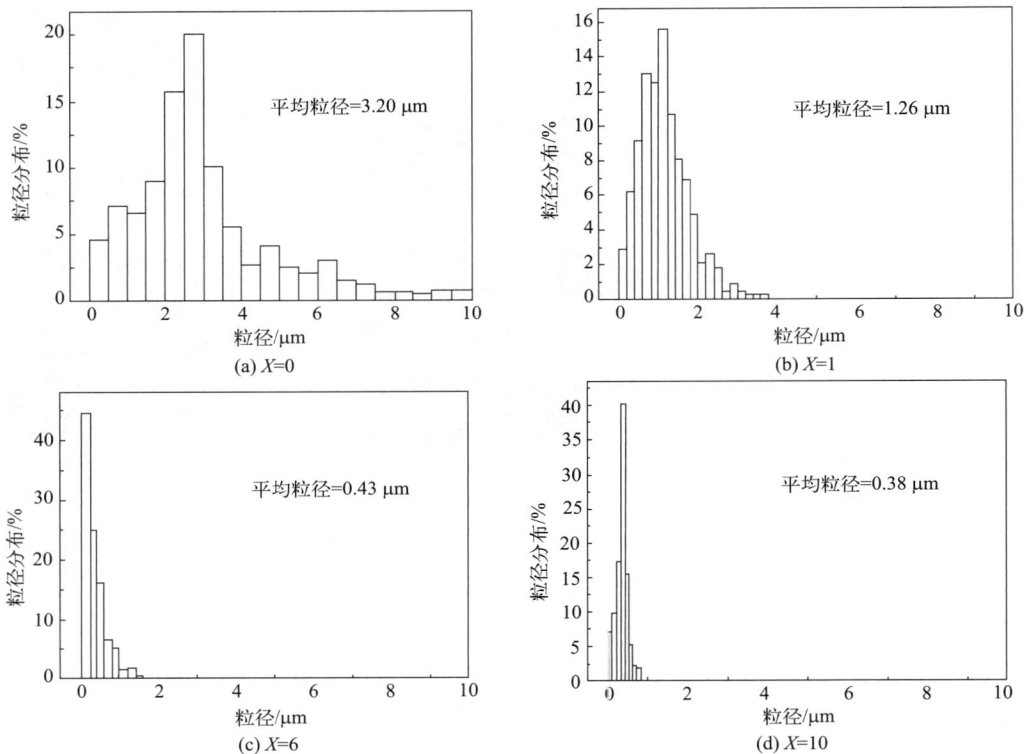

图6-62 SAN/EPDM/AES（82.5/17.5/X）共混物中分散相EPDM颗粒尺寸分布

和稳定作用显著，且能有效提高共混物的韧性，同时对拉伸性能影响较小。然而，AES 对 SAN/EPDM 质量比为 90/10 体系的增韧作用相对有限。

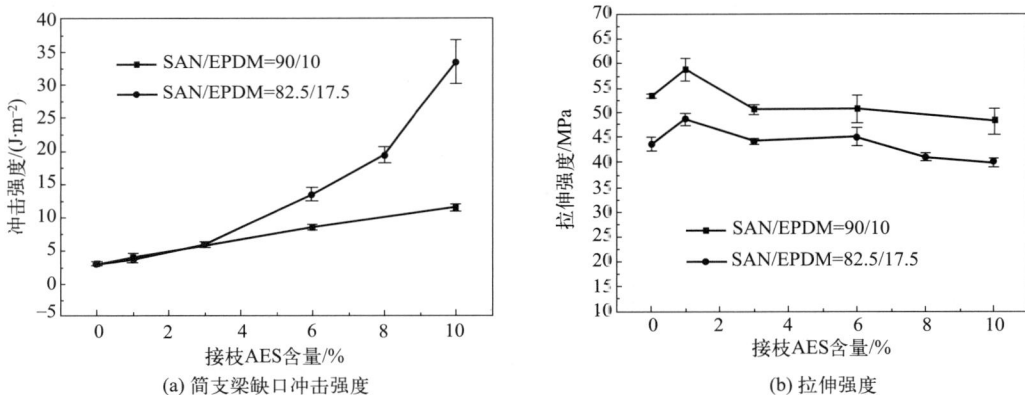

图6-63 SAN/EPDM/AES共混物的力学性能与AES含量的关系

用透射电子显微镜观察经 OsO$_4$ 染色的 SAN/EPDM/AES 质量比为 82.5/17.5/10 的超薄切片样品，结果如图 6-64 所示。共混物呈现出一种共连续结构形态，并具有很好的附着力。这种相互连接的橡胶颗粒网络更有利于增韧相容性不好的共混物，在银纹尖端高浓度小颗粒应力场间的相互作用导致基体 SAN 的剪切屈服，提高 EPDM/SAN/AES 共混物的塑性，阻碍银纹的进一步发展。因此，加入 10% 的 AES 接枝共聚物对 SAN/EPDM（82.5/17.5 质量比）的增韧，并非主要依靠 EPDM 橡胶相粒径的降低，而是由于形貌结构的改变，这也可从 EPDM/SAN/AES（82.5/17.5/10）共混物的冲击断面形貌得到证实，如图 6-65。未增容的 SAN/EPDM 共混物冲击断裂面形貌如图 6-65（a）所示，表现出典型的低冲击强度共混物的形貌——相对光滑、沟槽清晰，颗粒容易被拉出，说明 SAN 基体与 EPDM 橡胶间的黏附性较差。图 6-65（b）~（d）为 SAN/EPDM/AES（82.5/17.5/AES）共混物冲击试验后断裂面形貌随 AES 共聚物含量的变化，随着 AES 用量的增加，共混物的断裂面变得更加粗糙。在图 6-65（d）中，AES 含量为 10%，断口表面的 SEM 显微照片显示了大范围的基体剪切屈服，这是典型的韧性破坏特征，断口表面也未见橡胶颗粒。

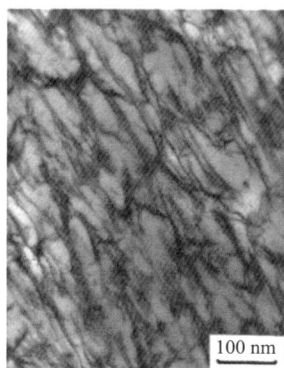

图6-64 OsO₄染色的SAN/EPDM/AES（82.5/17.5/10）超薄切片样品透射电子显微照片

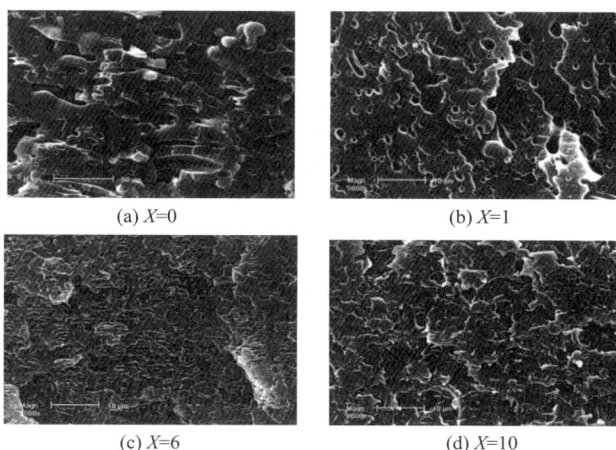

(a) *X*=0 　　　 (b) *X*=1

(c) *X*=6 　　　 (d) *X*=10

图6-65 SAN/EPDM/AES（82.5/17.5/*X*）共混物冲击缺口断面SEM照片

由于塑料相与橡胶相的 T_g 值相差较大，采用玻璃化转变温度 T_g 的测量研究 SAN/EPDM 体系的相容性。通过动态力学分析，绘制 tanδ 随温度变化的图来测量 T_g 值，对应于 tanδ 值最大值的温度即为 T_g。图 6-66 给出了不同 AES 接枝共聚物含量下 SAN/EPDM/AES（82.5/17.5/*X*）共混物损耗因子与测试温度间的关系。图中曲线 a 为 SAN/EPDM 共混物，在 109.2℃ 和 −53.9℃ 温度出现两个独立的 tanδ 峰，分别对应 SAN 富集相和 EPDM 富集相。在 SAN/EPDM 共混物中加入 6% 和 10% 的 AES 接枝共聚物后，富 SAN 相的 tanδ 峰分别降低至 108.6℃ 和 107.5℃（图中曲线 b 和 c）；而富 EPDM 相的 tanδ 峰移至 −46.2℃ 和 −32.0℃，而且 AES 含量分别为 6% 和 10% 时 tanδ 峰的值明显提高。同时，图 6-66 中没有出现新的峰，这说明在 SAN/EPDM/AES 三元共混体系中没有形成新的分散相，AES 接枝共聚物位于 SAN 和

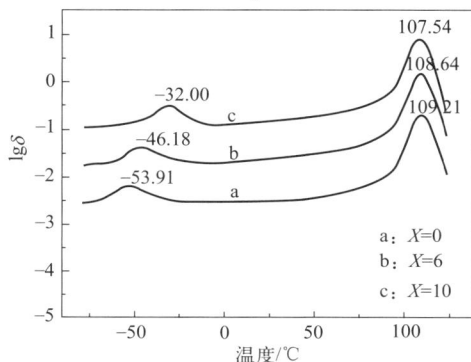

图6-66 SAN/EPDM/AES（82.5/17.5/*X*）共混物损耗因子与温度间的关系

EPDM 的界面。此外，损耗峰的宽度也没有变化，进一步表明 AES 接枝共聚物的加入增加了 SAN 和 EPDM 橡胶之间的相容性。

在用 EPDM 增韧脆性基体 SAN 的体系中，橡胶的含量对 SAN 的增韧是非常重要的，只有橡胶达到一定含量时，才能起到增韧作用。具体而言，SAN/EPDM/AES 共混体系中，当 EPDM 含量为 10%（质量分数）时，冲击强度的提升相对有限，而当 EPDM 含量增加到

拓展阅读
6-2
增容剂及
其聚合物
共混物
6-3
非弹性体
增韧

高分子材料基础
（第四版）

17.5%（质量分数）时，冲击强度显著提高，表明此时橡胶相在体系中形成了有效的增韧网络结构。这一结果与动态力学分析的结论相一致，即随着 EPDM 含量的增加，EPDM 富相的玻璃化转变温度（T_g）显著升高，表明橡胶相与 SAN 基体之间的相容性和黏附性增强，从而提高了体系的韧性和抗冲击性能。即使在加入增容剂 AES 的情况下，EPDM 含量的增加仍然是实现脆韧转变的关键因素。这一结论进一步验证了聚合物共混物相关理论在实际应用中的指导意义，为耐老化 ABS 共混物的制备提供了重要的实验依据。

参 考 文 献

[1] Utracki L. A. Polymer Alloys and Blends：Thermodynamics and Rheology. NewYork·Manich·Vienna：Hanser Publishers，1990.

[2] 张留成．互穿网络聚合物．北京：烃加工出版社，1991.

[3] 吴培熙，张留成．聚合物共混改性．北京：轻工业出版社，1996.

[4] 张留成．材料学导论．保定：河北大学出版社，1999.

[5] Boudi A. In Rheology，Theory and Application. vol 4. Eirich F R，ed. NewYork：Academic Press，1967.

[6] Sperling L H. Polymer Multicomponent Materials. New York：John Wiley & Sons，1997.

[7] Arends C B. ed. Polymer Toughening. New York：Marcel Dekker，1996.

[8] Saccubai S，et al. J Appl Polym Sci，1996，61：577.

[9] Gedde U W. Polymer Physics. London：Champman & Hall，1995.

[10] Ferguson G S，et al. Macromolecules，1993，26：5870.

[11] Cheng C，et al. J Appl Polym Sci，1995，55：1691.

[12] Handerski D，et al. J Appl Polym Sci，1994，52：121.

[13] 李东明，漆宗能．高分子通讯，1989，（3）：32.

[14] 黎学东．塑料，1995，（5）：7.

[15] 王国全，王秀芬．聚合物改性．北京：轻工业出版社，2000.

[16] 胡圣飞．中国塑料，1999，（6）：25.

[17] 尤伟，瞿雄伟，张留成，等．核/壳聚合物改性硬质聚氯乙烯的研究，高分子材料科学与工程，2008，24（9）：88.

[18] Qu X，Shang S，Liu G，et al. Preparation and properties of polyurethane/clay nanocomposites. Journal of Applied Polymer Science，2002，86(2)，428-432.

[19] Qu X，Shang S，Liu G，et al. Effect of clay content on the thermal and mechanical properties of polyurethane nanocomposites. Journal of Applied Polymer Science，2004，91(3)，1685-1697.

[20] Fu N，Li G，Yao Y，et al. Enhanced thermal stability and mechanical properties of polypropylene/graphene oxide composites via in situ polymerization. Materials & Design，2015，87，495-500.

习题与思考题

1. 试述聚合物共混物的主要类型及其制备方法。
2. 列举 3 个已工业化的聚合物共混物改性品种。
3. 简要阐述聚合物间的相容性对聚合物共混改性的影响。

4. 采用"共聚"和"共混"方法进行聚合物改性有何异同点？

5. 简述提高聚合物之间相容性的主要手段。

6. 解释如下术语：

（1）互穿聚合物网络（IPNs）

（2）胶乳-IPNs

（3）增容剂

（4）NG 相分离机理

（5）SD 相分离机理

（6）相逆转

7. 什么是聚合物共混物的相分离程度？

8. 试述 T_g 分析法估计聚合物之间互溶性的原理和方法。

9. 简述聚合物共混物形态结构的主要类型及其测定方法。

10. 简述聚合物共混物界面层的特性及其影响因素。

11. 简述聚合物共混的工艺条件对共混物形态结构及性能的影响。

12. 试述聚合物共混物性能与组成一般关系的规律。

13. 一个由环氧树脂和聚丙烯酸酯组成的共混物，配料比为 60/40（质量），共混物存在高环氧树脂和高聚丙烯酸酯的两个相，并且得到如表 6-10 所示实验数据。此共混物的 T_g 符合 $\dfrac{1}{T_g} = \dfrac{v_1}{T_{g_1}} + \dfrac{v_2}{T_{g_2}}$ 关系式，求每相的组成和每相的体积分数。

■ 表6-10 实验数据

组　　成	T_g/℃	T_g/K
纯聚丙烯酸酯	−40	233
高聚丙烯酸酯相	−10	263
纯环氧树脂	120	393
高环氧树脂相	95	368

环氧树脂和聚丙烯酸酯的体积分数分别为 0.60 和 0.40。

14. 60 体积份的聚苯乙烯（PS）与 40 体积份的聚乙烯基甲醚（PVHE）在 100℃共混，并且已知此体系的相图，如图 6-67 所示。

试计算此时每一相的体积分数。

15. 简要分析橡胶增韧塑料的主要机理。

16. 举 3 个已工业化的橡胶增韧塑料的品种，其主要性能特点有哪些？

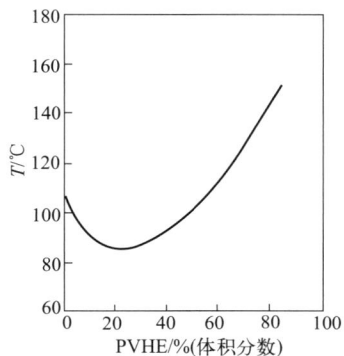

图6-67　PS/PVHE共混物相图

第 **7** 章　聚合物基复合材料

第 1 章已经介绍了复合材料的分类方法和基本类型。随着复合材料理论和实践的发展，也常从分散相尺寸大小的角度将复合材料分为宏观复合材料和微观复合材料。微观复合材料是指分散相至少有一维相的尺寸是在纳米尺度范围，这类材料也常称为纳米复合材料。纳米复合材料可以是金属材料为基体（即连续相）、陶瓷材料为基体或聚合物材料为基体。以聚合物为基体的纳米复合材料即称为聚合物基纳米复合材料。因此，聚合物基复合材料应包括聚合物基宏观复合材料和聚合物基纳米复合材料两类。通常所说的聚合物基复合材料就是指聚合物基宏观复合材料，在以下阐述中，如不特别说明，不加"宏观"两字。鉴于近几年纳米复合材料的发展，本章对聚合物基纳米复合材料也做一简要阐述。

7.1　聚合物基宏观复合材料

7.1.1　概述

7.1.1.1　结构类型

在复合材料中，由于各组分的性质、状态和形态的不同，存在不同结构的复合材料。

复合结构可分为以下 5 种类型，如图 7-1 所示：

① 网状结构。图 7-1（a）为网状结构，属于两柜连续结构，第 6 章中所述的 IPNs 即属于这种结构类型。三维网络增强材料与聚合物形成的复合材料属于这类结构。

② 层状结构。图 7-1（b）为层状结构，也属于两相连续，但两种组分均为二维连续相。这类结构的复合材料在垂直于增强相和平行于增强相的方向上具有不同的力学性能。用二维层状增强材料制造的复合材料属于这类结构。

③ 单向结构。图 7-1（c）为单向结构，它是指纤维单向增强和筒状结构的复合材料。各种纤维增强的单向复合材料属于此类结构。

④ 分散状结构。图 7-1（d）为分散状结构，它是指以不连续的粒状或短纤维为填料的复

合材料。这类结构是单相连续的。

⑤ 镶嵌结构。图 7-1（e）为镶嵌结构，作为结构材料，这种结构不多见。

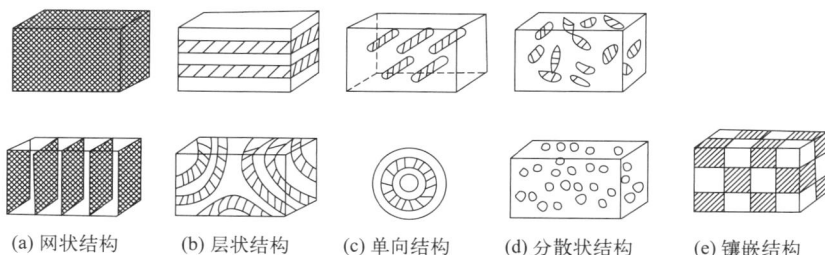

| (a) 网状结构 | (b) 层状结构 | (c) 单向结构 | (d) 分散状结构 | (e) 镶嵌结构 |

图7-1　复合材料的结构类型

本节所讨论的聚合物基复合材料主要指各类纤维状材料增强的聚合物基体。

7.1.1.2　类型及特点

通常聚合物基复合材料是指以有机聚合物为基体、以纤维类材料为增强剂的复合材料，可按聚合物为基础进行分类，也可按增强剂为基础进行分类。按聚合物的特性分类，可分为塑料基复合材料和橡胶基复合材料，塑料基复合材料又可分为热固性塑料基复合材料和热塑性塑料基复合材料。根据增强剂分类，可分为玻璃纤维增强塑料基复合材料、碳纤维增强塑料基复合材料等。

聚合物基复合材料是最重要的聚合物结构材料之一，它有以下几方面的特点：

① 比强度、比模量大。例如，高模量碳纤维/环氧树脂复合材料的比强度为钢的 5 倍、铝合金的 4 倍，其比模量为铜、铝的 4 倍。

② 耐疲劳性能好。金属材料的疲劳破坏常常是没有明显预兆的突发性破坏。而对聚合物基复合材料，纤维与基体的界面能阻止裂纹的扩展，破坏是逐渐发展的，破坏前有明显的预兆。大多数金属材料的疲劳强度极限是其拉伸强度的 30%～50%。而聚合物基复合材料，如碳纤维/聚酯复合材料，其疲劳强度极限可达到拉伸强度的 70%～80%。

③ 减震性好。聚合物基复合材料的基体界面具有吸震能力，因而振动阻尼高。

④ 耐烧蚀性能好。聚合物基复合材料因比热容大、熔融热和汽化热高，高温下能吸收大量热能，是良好的耐烧蚀材料。

⑤ 工艺性好。聚合物基复合材料制品制造工艺简单，并且过载时安全性好。

由于上述的优异性能，在工业领域特别是航空航天工业中得到了广泛应用。自 20 世纪 50 年代，开始研究和开发的聚合物-玻璃纤维复合材料，60 年代发展了碳纤维复合材料，使聚合物基复合材料有了新的突破。70 年代发展起来的聚合物-有机纤维复合材料，由于其质量更轻，受到航空航天工业的重视。

7.1.2　聚合物基复合材料的增强剂

增强剂即指增强材料，是聚合物基复合材料的骨架。它是决定复合材料强度和刚度的主要因素。

7.1.2.1　主要品种

（1）玻璃纤维

玻璃纤维是用得最多的一类增强材料。其外观为光滑圆柱体，横截面为圆形，直径为

$5 \sim 20~\mu m$。

玻璃纤维的主要化学成分为：二氧化硅、三氧化硼以及钠、钾、钙、铝的氧化物。以二氧化硅为主要成分时，称为硅酸盐玻璃纤维；以三氧化硼为主要成分时，称为硼酸盐玻璃纤维。玻璃纤维具有很高的拉伸强度，直径 $10~\mu m$ 以下的纤维强度达 $1.0 \times 10^3~MPa$，超过一般的钢材。但其模量不高，约为 $7.0 \times 10^4~MPa$，与纯铝相近，这是其主要缺点。

玻璃纤维类型很多，根据化学成分有无碱玻璃纤维、有碱玻璃纤维的，根据外观形状有连续长纤维、短纤维、空心纤维、卷曲纤维等，根据其特性还可分为高强度纤维、高模量纤维、耐碱纤维、耐高温纤维等。

玻璃纤维是统称，实际上从拉丝炉出来的玻璃纤维是单丝，单丝经过浸渍槽集束而成原丝，原丝经排纱器缠到绕丝筒上，进行纺织加工制成无捻纱、玻璃布和玻璃布带等。在聚合物基复合材料中常用的有以下几种形式：短切纤维，是把原丝、无捻纱或加捻纱按一定长度（一般为 $0.6 \sim 60~mm$）切断而得；短切纤维毡，是将短切纤维在平面上无序地交叉重叠，再用黏结剂黏结而成；表面毡，是把短切纤维交叉重叠制成的薄纸状制品；以及连续纤维毡、无捻粗纱、无捻粗纱布、玻璃布和玻璃布带、磨碎玻璃纤维等。几种玻璃纤维制品在塑料基复合材料即增强聚合物中的应用列于表 7-1。

■ 表 7-1　几种玻璃纤维制品在增强聚合物中的应用

制品名称	适合的成型方法	用量/%	主要应用
短切纤维	对模模压、注射成型	$15 \sim 50$	电工制品、家具、机器零件、汽车零件
无捻粗纱	缠绕、模压、喷射成型、挤拉、离心成型	$25 \sim 90$	管、钓竿、型材、汽车零件、容器、火箭发动机壳体
短切纤维毡	对模模压、冷压、手糊、挤拉、连续成型	$20 \sim 50$	汽车车身、车辆部件、容器、型材、管子等
连续纤维毡	对模模压、冷压、离心成型	$20 \sim 50$	汽车车身、容器等
加捻纱	缠绕	$50 \sim 90$	缠绕制品
玻璃布和玻璃布带	手糊、真空袋法、加压袋成型、压制、缠绕	$47 \sim 75$	飞机部件、雷达罩、船、容器、绝缘板等

（2）碳纤维

碳纤维是有机纤维在惰性气体中经高温碳化制得的。工业上生产碳纤维的有机纤维主要有聚丙烯腈纤维、黏胶纤维和沥青纤维等。以聚丙烯腈纤维为原料生产的碳纤维质量最好、产量最大；以黏胶纤维为原料生产的碳纤维约占总产量的10%；高性能的沥青类碳纤维处于研究开发阶段，由于沥青价廉、碳化率高（90%），发展前途很大。此外，还发展了以聚丙烯纤维为原料制备碳纤维的方法。

根据性能，碳纤维可分为普通、高模量和高强度等类型，见表 7-2。根据热处理温度又可分为预氧化纤维（在 $300 \sim 500\,^{\circ}\!C$ 热处理）、碳纤维（在 $500 \sim 1800\,^{\circ}\!C$ 碳化）和石墨纤维（在 $2000\,^{\circ}\!C$ 以上石墨化）。预氧化纤维是一种仍为无定形结构的耐焰有机纤维，可在 $200 \sim 300\,^{\circ}\!C$ 长期使用，并且是电绝缘的。碳纤维为石墨晶体的碳结构，耐热性很高，具有导电性。石墨纤维具有类似石墨的结构，耐热性和导电性高于碳纤维，并且有自润滑性。

性能	普通碳纤维	高模量碳纤维	高强度碳纤维	硼纤维	陶瓷纤维	晶须
相对密度	1.75	1.96	1.75	2.60	2.20～4.80	1.66～3.96
直径/μm	10	6	7	100	20～100	3～30
拉伸强度/MPa	1000	1400～2100	2500～3000	2800～3500	2000～6000	14000～20000
拉伸模量/MPa	6.0×10^4	3.8×10^5	2.4×10^5	$3.8 \times 10^5 \sim 4.2 \times 10^5$	$7.0 \times 10^4 \sim 5.0 \times 10^5$	$3.5 \times 10^5 \sim 7.0 \times 10^5$

碳纤维的特点是密度比玻璃纤维小，在2500℃无氧气氛中模量不降低，普通碳纤维的强度与玻璃纤维相近，高模量碳纤维的模量为玻璃纤维的4～6倍。

（3）硼纤维和陶瓷纤维

硼纤维是用还原硼的卤化物生产的。硼纤维的优点除了强度高、耐高温外，更重要的是弹性模量特别高（表7-2）。但硼纤维价格昂贵，应用受到限制。

陶瓷纤维包括碳化硼纤维、氮化硼纤维、氧化锆纤维、碳化硅纤维等，其性能亦列于表7-2。

（4）芳纶纤维

芳纶纤维在我国已实现工业化生产，并获得了广泛的应用。其结构为聚芳酰胺，国外商品牌号为凯芙拉（Kevlar），我国命名为芳纶纤维。芳纶的化学结构可分为两种类型：一种是聚对苯甲酰胺 $\left[NH - \bigcirc - CO \right]_n$，美国称为 Kevlar-49，我国命名为芳纶14；另一种是聚对苯二甲酰对苯二胺 $\left[NH - \bigcirc - NH-CO - \bigcirc - CO \right]_n$，美国称为 Fiber-B，我国常称为芳纶1414。

芳纶纤维的特点是力学性能好、热稳定性高、耐化学腐蚀。单丝强度可达3850 MPa，254 mm 长纤维束的拉伸强度为 2.8×10^3 MPa，约为铝的5倍。其抗冲击强度为石墨纤维的6倍、硼纤维的3倍，其模量介于玻璃纤维和硼纤维之间。芳纶纤维具有较高的断裂伸长率，没有碳纤维、硼纤维那么脆，而且密度小，为增强纤维中密度最小的一类。

（5）其他纤维

用于聚合物基复合材料的增强纤维还有晶须，如金属晶须、陶瓷晶须等。晶须是直径为几微米的针状单晶体，强度可达 2.8×10^4 MPa，是一种高强度材料（表7-2）。

其他金属纤维，特别是不锈钢纤维，也可用作聚合物基复合材料的增强剂。棉、麻、石棉等天然纤维，涤纶、尼龙等合成纤维，也都能用作增强材料。但这类纤维只能用于制备普通的复合材料，较少用于制备高性能结构复合材料。

7.1.2.2 增强材料的表面处理

增强材料的表面处理对提高聚合物基复合材料性能有十分重要的作用。

（1）玻璃纤维的表面处理

这是为了在玻璃纤维抽丝和纺织工序中达到集束、润滑和消除静电吸附等目的。抽丝时，在单丝上涂有一层纺织型浸润剂，一般为石蜡乳剂，它残留在纤维表面上，降低纤维与树脂基体间的粘接力，使复合材料的性能下降。因此，在制造复合材料前必须先将纤维表面的浸润剂除掉；并且为了进一步提高纤维与基体间的粘接性能，还需要采用化学处理剂对纤维表面进行处理。在表面处理剂的分子结构中通常带有两种性质不同的极性基团，一种基团能与玻璃纤维结合，另一种基团能与聚合物基体结合，从而使纤维和基体这两种性质差别很大的材料牢固地粘接在一起。所以，这种表面处理剂亦称为"偶联剂"。

用于玻璃纤维的偶联剂类型已有150多种。按其化学组成主要可分为有机硅烷和有机络合物两种类型。这两类偶联剂都含有一个中心金属原子（硅、铬等），可与玻璃纤维等无机材料表面成键，非金属部分则由能与聚酯、环氧树脂等聚合物起反应的基团（如乙烯基、烯丙基、甲基丙烯酰基等）组成。例如，乙烯基三氯硅烷的结构式为

$$\text{Cl}_3\text{Si}-\text{CH}=\text{CH}_2$$

，它水解后可与玻璃表面形成硅氧键—Si—O—，另一端的乙烯基可与不饱和聚酯共聚，起到偶联作用。

又如甲基丙烯酸铬盐络合物（沃兰）

，分子中的甲基丙烯酰基能与聚合物发生化学反应，含铬部分在水解后能接到玻璃表面的二氧化硅上。一些常用偶联剂及其所适用的聚合物列于表 7-3。

还发展了新型的偶联剂，如钛酸酯型偶联剂、叠氮型硅烷、阳离子硅烷、耐高温型偶联剂、过氧化物型偶联剂等。

■ 表7-3 常用偶联剂

牌号		化学名称	结构式	适用的聚合物	
国内	国外			热固性	热塑性
沃兰	Volan	甲基丙烯酸氯代铬盐		酚醛、聚酯、环氧	PE、PMMA
	A-151	乙烯基三乙氧基硅烷	$CH_2=CHSi(OC_2H_5)_3$	聚酯、硅树脂、聚酰亚胺	PE、PP、PVC
KH-560	A-187 Y-4087 Z-6040 KBM-403	γ-缩水甘油丙基醚三甲氧基硅烷	$CH_2-CH-CH_2-O-(CH_2)_3-Si(OCH_3)_2$ （环氧结构）	聚酯、环氧、酚醛、三聚氰胺	PC、尼龙、PP、PS
KH-570	A-172	乙烯基三（β-甲氧乙氧基）硅烷	$CH_2=CHSi(OC_2H_4OCH_3)_3$	聚酯、环氧	PP
KH-580		γ-巯基丙基三乙氧基硅烷	$HS(CH_2)_3Si(OC_2H_5)_3$	环氧、酚醛	PVC、PS、聚氨酯
KH-590	A-189 Z-6062 Y-5712	γ-巯基丙基三乙氧基硅烷	$HS(CH_2)_3Si(OC_2H_5)_3$	大部分适用	PS
B201		二亚乙基三氨基丙基三乙氧基硅烷	$H_2NC_2H_4NHC_2H_4NH(CH_2)_3Si(OC_2H_5)_3$	酚醛、三聚氰胺	尼龙、PC

（2）碳纤维的表面处理

碳纤维的整体组成主要为 C、H、O、N，表面层只含 C、H、O。氧元素在表面的存在可增加反应性官能团的数量和种类，有利于与聚合物基体的粘接。

为提高碳纤维与聚合物间的界面结合力，可采用表面氧化和表面保护涂层等措施：

① 表面氧化处理。把碳纤维用适当方法进行表面氧化，以增加比表面积和表面反应性官能团的数量。例如，用 60% 硝酸浸泡 24 h，可使碳纤维比表面积由 1 $m^2 \cdot g^{-1}$ 增加至 136

$m^2 \cdot g^{-1}$，同时使表面羧基含量增加，制得复合材料的力学性能有大幅度提高。

② 表面涂层。碳纤维经氧化处理后，常在表面涂覆一层聚合物，以便进一步改善其与聚合物基体的粘接性能。常用的聚合物有聚乙烯醇、聚氯乙烯、聚乙酸乙烯酯、聚氨酯、环氧树脂等。

在玻璃纤维增强复合材料中，通过偶联剂的使用，增加了人们对碳纤维偶联剂涂层的认识。但适用于玻璃纤维的偶联剂并不适用于碳纤维。仅有少数偶联剂，如钛酸酯型偶联剂、二氯二甲基硅烷等，可用于碳纤维表面的处理。

③ 碳纤维表面气相沉积。在碳纤维表面上化学沉积微粒碳，可提高其耐热性，改善与聚合物基体的粘接性能。具体方法是：使 CH_4、C_2H_6O 等碳氢化合物在 1000℃ 左右分解，然后在碳纤维表面上沉积碳微粒。

④ 表面生长晶须。可通过化学气相沉积生长碳化硅晶须等。

此外还有溶液还原法和净化法等表面处理方法，都得到了明显的界面作用效果。

7.1.3 聚合物基复合材料的基体

在复合材料的成型过程中，聚合物基体经过一系列物理和化学变化过程，与增强纤维复合，形成具有一定形状的整体。就纵向拉伸性能而言，主要取决于增强剂，但不可忽视基体的作用，因为聚合物基体将增强纤维粘接成整体，在纤维间传递载荷，并使载荷均衡，从而充分发挥增强材料的作用。至于复合材料的横向拉伸性能、压缩性能、剪切性能、耐热性能等，则与基体关系更为密切。复合材料工艺性、成型方法和成型工艺参数等也主要取决于基体的特性。

根据聚合物的特性，聚合物基体可分为塑料、橡胶等。

7.1.3.1 塑料

塑料的强度大多为 50～70 MPa，超过 80 MPa 的较少；模量为 2000～3500 MPa，超过 4000 MPa 的较少。提高塑料的强度主要依靠复合等方法。用纤维增强后，力学性能可显著提高，拉伸强度可达 1200 MPa，拉伸模量可达 5×10^4 MPa。表 7-4 列出了几种常见材料的力学性能。

■ 表 7-4　几种常见材料的力学性能

材料	密度/ ($g \cdot cm^{-3}$)	拉伸强度/ 10^3 MPa	弹性模量/ 10^5 MPa	比强度/10^7 cm	比模量/10^9 cm
钢	7.8	1.03	2.1	0.13	0.27
铝合金	2.8	0.47	0.75	0.17	0.26
钛合金	4.5	0.96	1.14	0.21	0.25
玻璃纤维复合材料	2.0	1.06	0.4	0.53	0.20
碳纤维/环氧树脂	1.45～1.60	1.5～1.7	1.4～2.4	0.67～1.03	0.97～1.50
有机纤维/环氧树脂	1.4	1.4	0.8	1.0	0.57
硼纤维/环氧树脂	2.1	1.38	2.1	0.65	1.0
硼纤维/铝	2.65	1.0	2.0	0.38	0.57

塑料基复合材料按基体特性可分为热固性塑料基复合材料和热塑性塑料基复合材料。常

用的增强材料有玻璃纤维、碳纤维、硼纤维、陶瓷纤维等。对聚合物基复合材料，如果不特别注明，都是指以塑料为基的复合材料。

热固性塑料基体以热固性树脂为基本成分，此外还含有交联剂和其他一些添加剂助剂。常用的热固性树脂有不饱和聚酯、环氧树脂、酚醛树脂、双马来酰亚胺树脂等。不饱和聚酯主要用于玻璃纤维复合材料，如玻璃钢。酚醛树脂主要用于耐烧蚀复合材料。环氧树脂可用碳纤维增强，制备高性能复合材料。

热塑性树脂基体主要有尼龙、聚烯烃类、苯乙烯烃塑料（AS，ABS，PS）、热塑性聚酯和聚碳酸酯，其次还有聚缩醛、氟塑料、PVC、聚砜、聚苯基氧化物、聚苯硫醚等。

用玻璃纤维增强后的热塑性塑料强度可提高 2～3 倍，耐疲劳性能和抗冲击强度可提高 2～4 倍，抗蠕变性能提高 2～5 倍，热变形温度提高 10～20℃，热膨胀系数降低 50%～70%。

7.1.3.2　橡胶

常用的橡胶基体有天然橡胶、丁苯橡胶、氯丁橡胶、丁基橡胶、丁腈橡胶、乙丙橡胶、聚丁二烯橡胶、聚氨酯橡胶等。橡胶基复合材料所用的增强材料主要是长纤维，常用的有天然纤维、合成纤维、玻璃纤维、金属纤维等；还有晶须增强轮胎用于航空工业。

橡胶基复合材料与塑料基复合材料不同，它除了要具有轻质、高强的性能外，还必须具有柔性和较大的弹性。纤维增强橡胶的主要制品有轮胎、皮带、增强胶管、各种橡胶布等。纤维增强橡胶在力学性能上介于橡胶和塑料之间。纤维在橡胶基复合材料中的用量根据制品的不同而异。例如，雨衣中纤维用量为 60%～70%，橡胶水坝所用的增强橡胶中纤维含量为 30%～40%，汽车轮胎中纤维含量为 10%～15%。

7.1.4　聚合物基复合材料的制造及成型方法

聚合物基复合材料的制造主要包括如下几个过程：预浸料的制造、制件的铺层、固化和制件的后处理与机械加工等。

7.1.4.1　预浸料的制造

预浸料是将树脂体系浸涂到纤维或纤维织物上，根据制品性质的不同，经过一定的处理过程后，贮存备用的半成品。预浸料是总称，根据实际需要，按增强材料的纺织形式有预浸带、预浸布、无纬布等，按纤维类型则分为碳纤维、有机纤维及玻璃纤维预浸料等。预浸料需要在一定温度下贮存，以保证使用时具有合适的黏度、涂覆性和凝胶时间等工艺性能。

以下以无纬布为例说明预浸料的制备过程。无纬布是由平行张紧的纤维组成，在纬向不加纤维，靠基体将其粘在一起，呈布状。制造方法是：从纱团连续引出单纱或丝束，通过浸胶槽浸基体树脂，再经胶辊挤掉多余的树脂，浸渍的纤维在一定张力下通过送纱器使浸有树脂的纱或丝束绕在贴有隔离膜的辊筒上，然后沿辊筒母线切开，即成所需的无纬布。

7.1.4.2　制件成型固化工艺

成型固化工艺包括两方面内容：一是成型，将预浸料根据产品的要求铺置成一定的形状，通常就是产品的形状；二是进行固化，使已铺置成一定形状的预浸料在一定的温度和压力条件下使基体交联，将形状固定，并能达到预定的性能要求。

（1）成型

常见的有以下几种成型方法：

① 手糊成型和喷射成型。手糊成型是在涂好脱模剂的模具上，一边涂刷树脂，一边铺放增强纤维，成纤维制品，然后固化成型。喷射成型是把切断的增强纤维和树脂一起喷到模具表面，然后固化成型。手糊成型和喷射成型是增强塑料的独特成型方法，占有重要地位。

② 缠绕成型。将预浸纱按一定方式缠绕到芯模上再固化成型的方法称为缠绕成型。对于某些环形构件，如压力容器、管件、罐体等，都可用缠绕法成型。图 7-2 是常见的两种缠绕方式。缠绕方式可根据产品的特点进行设计。

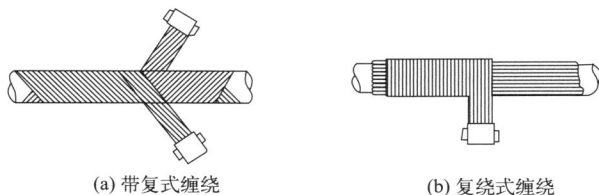

(a) 带复式缠绕　　　　　　　(b) 复绕式缠绕

图7-2　缠绕成型

③ 挤拉成型。对于一些长的棒材、管材、工字梁和其他型材，可采用挤拉成型方法。这种方法是将预浸纤维连续地通过模具，挤出多余的树脂，在牵伸条件下进行固化。这种方法质量好、效率高，适于批量生产。

④ 连续成型。连续成型是把连续纤维不断地浸渍树脂，并通过口模和固化炉固化成棒、板或其他型材。此法生产效率高，制品质量稳定，能连续生产。

⑤ 袋压成型。这种方法是在模具上放置预浸料后，通过软的薄膜施加压力而固化成型。

其他常用的成型方法还有真空浸胶法、对模压法、注射成型法、冷压成型法、离心成型法以及回转成型法等。在这些成型方法中，仍以手糊法所占的比重较大。

热塑性塑料基复合材料成型方法主要是注射成型，其次是模塑成型和回转成型。橡胶基复合材料的制造更接近一般橡胶的加工过程。图 7-3 表示了橡胶基复合材料的制备过程。

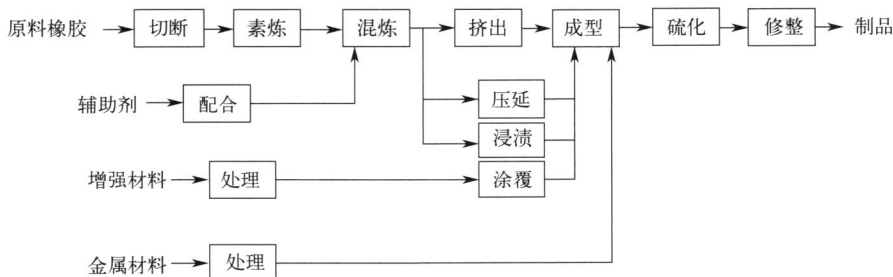

图7-3　橡胶基复合材料的制备过程

（2）固化

热固性树脂预浸料在成型后还要进行固化。同样的配方，固化条件不同，产品性能也有很大差别，所以控制固化工艺条件十分重要。

固化工艺有 3 种类型，即静态固化工艺、动态监控固化工艺和固化模型方法。

静态固化工艺是根据经验和大量试验数据确定时间、温度和压力的固化工艺规范，是常用的固化工艺方法。其缺点是若遇到一些干扰因素，如电源波动引起的温度变化、材料批量的差异等，难以调节工艺规范，造成固化工艺不当，影响产品质量。因此，发展了动态监控固化工艺和固化模型方法。

动态监控固化工艺主要是指利用介电分析技术监测固化过程，用与树脂固化特性相关的介电特性曲线作为选择各种工艺参数的依据，并监控固化过程。

固化模型方法则是通过计算机进行建模和计算，提供合理的固化工艺参数，使复合材料组分的基本参数与编制的固化工艺联系起来。

7.1.5 聚合物基复合材料的界面

聚合物基复合材料是由增强纤维和基体树脂两相组成的，两相之间存在界面，通过界面使纤维与基体结合为一个整体，并产生复合效应，使复合材料具备原两组分所没有的特性。在复合材料中，纤维与基体之间界面的结构和状态对复合材料的性能起着关键的作用。

7.1.5.1 界面的形成与界面结构

（1）界面的形成

界面的形成可分为两个阶段：第一阶段是基体树脂与增强材料的接触与润湿过程。由于增强材料对基体分子中基团或基体中组分的吸附能力不同，它会吸附能降低其表面能的物质，并优先吸附能较多降低其表面能的物质。因此，界面聚合物层在结构上与聚合物本体有所不同。第二阶段是聚合物的固化过程。在此过程中，聚合物通过物理或化学的变化而固化，形成固定的界面。

第二阶段受第一阶段影响，同时第二阶段又直接影响所形成界面的结构。现以热固性树脂的情况说明如下。热固性树脂的交联固化反应可借助固化剂（即交联剂）或靠其本身官能团进行的反应。在借助固化剂交联的过程中，固化剂所在的位置就成为交联反应的中心，固化反应从中心以辐射状向四周延伸，最后形成中心密度大、边缘密度小的非均匀固化结构，密度大的部分称为胶束或胶粒，密度小的称为胶絮。在依靠树脂本身官能团反应的固化过程中也存在类似的情况。在复合材料中，由于增强剂表面的存在和表面的吸附作用，越接近增强剂表面，上述的微胶束排列得越有序。在增强剂表面形成的这种树脂微胶束有序层称为"树脂抑制层"，此抑制层中树脂的力学性能取决于微胶束的密度和有序程度，与树脂本体有很大差别。而这种抑制层的形成及其胶束的密度和有序程度又直接受到基体与增强材料接触和润湿过程影响。

（2）界面结构

关于界面结构，包括以下几个方面：界面的结合力、界面的区域（厚度）和界面的微观结构。关于复合材料的界面已提出了许多理论和观点，但尚有争论，这里仅做概括介绍。

界面结合力存在于两相的界面间，形成两相间的界面强度，并产生复合效应。界面结合力有宏观和微观之分：宏观结合力主要是指材料的几何因素（表面的凹凸不平、裂纹、孔隙等）产生的机械铰合力；微观结合力包括次价键和化学键，这两种键的相对比例依赖组分的性质和组分表面情况而异。化学键是最强的结合，是通过界面化学反应产生的。增强材料的表面处理就是为增大界面结合力。水的存在常使界面结合力大为降低，特别是玻璃极性表面吸附的水，会严重降低树脂与玻璃纤维之间的界面结合力。偶联剂可防止或减小水分的这种作用。

界面及其附近区域的性能、结构都不同于组分本身，因而构成了界面区。界面区是由基体和增强材料形成的界面，再加上基体和增强材料表面的薄层构成。基体表面层厚度是一个变量，它在界面区的厚度对复合材料的力学性能有十分重要的影响。对于玻璃纤维复合材料，界面区还包括处理剂（偶联剂）生成的偶合化合物。基体和增强材料表面原子之间的距离与化学结合力、原子基团大小、界面在固化之后的收缩等因素有关。

关于界面的微观结构，尚不十分清楚。粉状填料复合材料的界面结构研究得较多。以环氧树脂与粉状无机填料的复合材料为例，当有填料存在时，由于界面力的作用，固化剂的分布和固化反应物微胶束的分布受到影响，从而改变了界面层的结构和密度。对于活性无机填料，在界面区形成致密层，在致密层附近形成松散层；对于非活性无机填料，则仅有松散层。即界面层结构可说明如下。活性填料：基体/松散层/致密层/活性填料；非活性填料：基体/松散层/非活性填料。

界面层（即界面区）的厚度取决于聚合物链段的刚度、内聚能密度和填料表面能，而与填料的粒径和含量无关。以纤维为增强剂的复合材料，界面结构有所差别。但从微观结构的总体上看，基本上是一致的。

7.1.5.2 界面的作用

界面的作用可概括为以下几个方面。

① 通过界面使基体与增强材料形成一个整体，并通过它传递应力。若基体与增强材料间的润湿性不好，胶接面结合不完全，那么应力的传递面仅为增强材料总面积的一部分。所以，为使复合材料内部能均匀地传递应力，显示优异的性能，要求在复合材料的制备过程中形成一个完整的界面区。纤维与树脂间界面粘接及应力传递和应力分布如图7-4及图7-5所示。

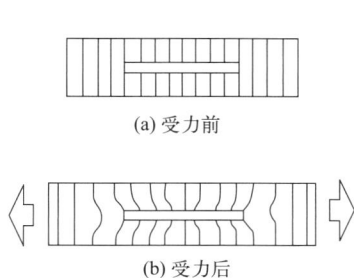

图7-4　复合材料受力前后的变形　　图7-5　复合材料受力时纤维中载荷的应力变化

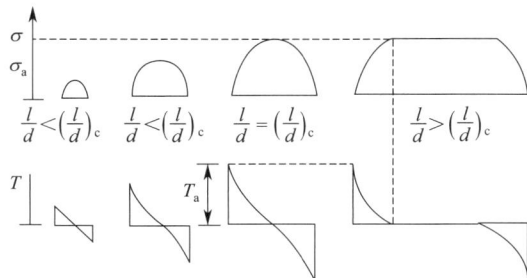

$\left(\dfrac{l}{d}\right)_c$—临界长径比；$\sigma_a$—纤维的拉伸强度；$T_a$—纤维的剪切强度

由于界面粘接作用，复合材料受力后，在树脂中产生复杂的应变，纤维通过界面粘接而对树脂施加影响。纤维中载荷的应力变化示于图7-5。

载荷通过界面上的切变机理传递到纤维上。纤维端部切应力 T 最大，张应力 σ 为零；纤维中部张应力最大，切应力为零。图7-5也说明了纤维长度与复合材料模量和强度间的关系。纤维长径比越大，它所承受的平均应力越大，因而模量和强度也越高。

② 界面的存在有阻止裂纹的扩展和减缓应力集中的作用，在某些情况下又可引发应力集中。例如，如图7-5所示，在纤维端存在高剪切应力时，它是导致裂纹产生的一种原因。

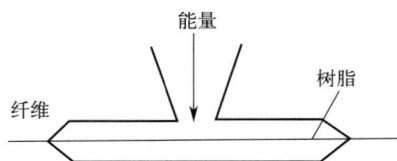

图7-6　裂纹能量在界面流散

另一方面，界面的存在会吸收裂纹扩散的能力，使裂纹能量在界面流散，而使裂纹的扩展受到阻止或支化（图7-6）。流散机理包括聚合物的塑性形变、聚合物链断裂、滑脱和剥离作用等所消耗的能量。

③ 由于界面的存在，复合材料产生物理性能的不连续性、界面摩擦现象以及抗电性、电感应性、耐热性、尺寸稳定性、隔声性、隔热性、耐冲击性等。界面的这些机能效应是复合材料显示优异性能的主要原因。

总之，复合材料复合效应产生的根源就在于界面层的存在。

7.1.5.3　界面的作用机理

界面的作用机理是指界面发挥作用的微观机理。偶联剂等的表面处理剂对界面作用起着关键性的影响。为什么偶联剂能起到这种关键性的作用？这是界面作用机理要讨论的中心问题，也称为偶联剂的作用机理。

关于界面的作用机理，有众多理论，但都未达到完善的程度，这些不同的理论是可以互为补充的。以下做简要介绍。

① 化学键理论。化学键理论认为，偶联剂是双官能团物质，其分子中的一部分能与玻璃纤维表面形成化学键，另一部分能与树脂形成化学键，这样偶联剂就在树脂与玻璃纤维表面之间起到一个化学的媒介作用，从而把它们牢固地连接起来。在无偶联剂存在时，如果基体与增强剂表面能发生化学反应，也能形成牢固结合的界面。这种理论的实质是增加界面的化学结合，这是改进复合材料性能的关键因素。一系列实验事实与这种理论是一致的，它对偶联剂的选择有一定的指导意义。但是，无法解释为什么有的处理剂所带的官能团不能与树脂发生化学反应，却仍有很好的处理效果。

② 物理吸附理论。这种理论认为，两相间的结合属于机械铰合和基于次价键作用的物理吸收，偶联剂的作用主要是促进基体与增强剂表面的润湿。但许多实验表明，偶联剂未必一定促进树脂对玻璃纤维的浸润，有时甚至适得其反。所以，物理吸附理论仅是化学键理论的一种补充。

③ 可变层理论和抑制层理论。基体与纤维的热膨胀系数相差较大，在固化过程中界面上会产生附加应力，导致界面破坏，复合材料性能下降。此外，在载荷作用下界面上会产生应力集中，使界面化学键破裂，产生微裂纹，导致复合材料性能下降。增强材料经表面处理后在界面上形成一层塑性层，能松弛界面应力，降低界面应力，这种理论称为变形层理论。另一种理论认为，处理剂是界面区的组成部分，其模量介于增强材料和树脂基体之间，能起到均匀传递应力，从而减弱界面应力的作用，这种理论称为抑制层理论。该理论未能更详细地说明可变层和抑制层的形成过程和明确结构。

④ 减弱界面局部应力作用理论。这种理论认为，基体和增强材料之间的处理剂提供了一种具有"自愈能力"的化学键，它在负荷下处于不断形成与断裂的动平衡状态。低分子物（主要是水）的应力浸蚀将使界面化学键断裂，同时在应力作用下处理剂能沿增强剂表面滑移，使已断裂的键重新结合。这个变化过程同时使应力得以松弛，使界面的应力集中降低。减弱界面局部应力作用理论综合了上述几种理论的长处，是较适用和完整的理论。

高分子材料基础（第四版）

硅烷处理剂的 R 基团与基体作用后，会生成两种稳定的膜——刚性膜和柔性膜，成为基体的一部分，它们与增强材料之间的界面代表了基体与增强材料的最终界面。聚合物刚性膜和柔性膜与增强材料表面之间的粘接分别示于图 7-7 和图 7-8。

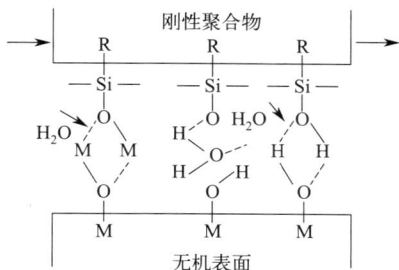

图7-7　聚合物刚性膜与增强材料表面的粘接　　　图7-8　聚合物柔性膜与增强材料表面的粘接

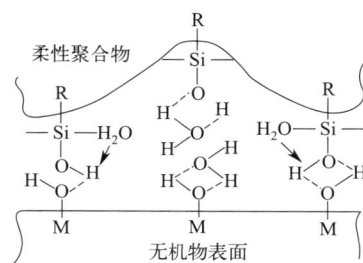

对于刚性膜，处理剂与增强材料表面形成的键水解后，生成的游离硅醇保留在界面上，最终能恢复原来的键，存在上述的动态平衡。其结果是：界面粘接仍保持完好，而且起到降低界面应力的作用。而对于柔性膜则不然，这时增强材料与基体之间的键断裂后不能重新结合，因此会导致强度的显著下降。

关于界面作用机理，除上述理论外还有摩擦理论、静电理论等。界面问题十分复杂，一直是研究的热点，但上述理论已从不同侧面做了简要的概括。

7.1.6　聚合物基复合材料的性能

7.1.6.1　复合效果

由单质材料转化为复合材料，在性能上就产生复合效果。具体可分为以下几种。

（1）组分效果

组分效果是在已知组分的力学性能的情况下，不考虑组分的形状、取向、尺寸等变量的影响，而仅把组成（体积分数、质量分数等）作为变量，来考虑所产生的效果。组分效果又分为加和效果和相补效果两种。加和效果如第 6 章所述简单的混合法则。相补效果是加和效果的特殊情况，是指性质的相互弥补而起到扬长避短的效果，例如涂料中的颜料和载色体、磁带中的磁性材料和基带等。

（2）结构效果

结构效果是指复合材料性能作为组分性能和组成的函数考虑时，必须考虑连续相和分散相的结构形态、取向及尺寸等因素。

结构效果又可分为形状效果、取向效果和尺寸效果 3 种情况。形状效果是指两相的连续性和分散的形状。复合材料的性能主要取决于连续相，而分散相的形态也有重要作用，这在第 6 章中已进行了详细的讨论。取向效果，对纤维增强复合材料就是指纤维的取向产生的影响。尺寸效果，对纤维增强的复合材料主要是指纤维的长度、直径以及长径比等起到的作用。

（3）界面效果

界面效果是复合效果的主要部分。界面区的性能有别于各纯组分的区域，可视为 A 和 B 两相之外的第三相（图 7-9）。如将 A、B 两相以体积分数 ϕ_A 和 ϕ_B 进行复合，不考虑界面区存在时，复合材料某性质 X 的加和规律如式（7-1）：

$$X = \phi_A X_A + \phi_B X_B \qquad (7\text{-}1)$$

由于界面区形成了新的相，设其所占的体积为 ϕ_C，则 ϕ_A 和 ϕ_B 变成了 ϕ'_A 和 ϕ'_B，上式变为

$$X = \phi'_A X_A + \phi'_B X_B + \phi_C X_C \qquad (7\text{-}2)$$

设 A、B 等量混合，则有 $X = \phi_A X_A + \phi_B X_B + \phi_C \triangle X_C$，式中 $\triangle X_C = X_C - \dfrac{X_A + X_B}{2}$，则式（7-2）又可变换为

$$X = \phi_A X_A + \phi_B X_B + K\phi_A \phi_B \qquad (7\text{-}3)$$

此式称为二次复合规律。式中 K 与 C 相有关，即与 $\triangle X_C$ 有关，称为 A、B 两相的相互作用参数。

复合物的性能相对于 ϕ_B 的变化示于图 7-10。由图可见，$K > 0$ 时曲线有极大值，$K < 0$ 时曲线有极小值。这就是说，要使 X 有极大值，必须形成一个界面区，此界面值的性质要超过原组分性质的算术平均值。

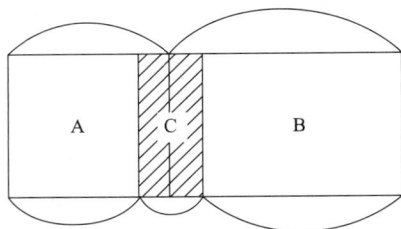

图7-9　界面相C的生成　　　　图7-10　二次复合规律

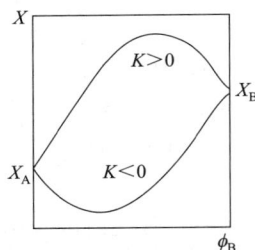

7.1.6.2　弹性模量

大部分纤维增强的复合材料是各向异性的，在不同方向性质亦不同。纤维排列在同一个方向、单轴取向的纤维复合材料有 4 个模量是最重要的，即：纵向杨氏模量 E_L，此时负荷沿纤维取向方向作用；横向杨氏模量 E_T，此时负荷方向垂直于纤维方向；纵向剪切模量 G_{LT}，此时剪切应力是沿纤维方向作用的；横向剪切模量 G_{TT}，此时剪切应力是沿纤维垂直方向作用的。

当纤维很长时（连续纤维），E_L 可由式（7-4）计算：

$$E_L = E_1 \phi_1 + E_2 \phi_2 \qquad (7\text{-}4)$$

式中，E_1、E_2 和 ϕ_1、ϕ_2 分别为基体和纤维的模量及体积分数。

复合材料的模量常用比模量表示，即复合材料的模量 M 与基体模量 M_1 的比值。此比模量 M/M_1 可按式（7-5）计算：

$$M/M_1 = \frac{1 + AB\phi_2}{1 - B\psi\phi_2} \qquad (7\text{-}5)$$

式中，M 可以是杨氏模量、剪切模量或体积模量；常数 A 是考虑到增强剂的几何形状和基体的泊松比引入的；常数 B 为与增强剂和基体的模数比有关的常数，$B = \dfrac{M_2/M_1 - 1}{M_2/M_1 + A}$；$\psi$ 与增强剂的最大堆砌系数 ϕ_m 有关，$\psi \approx 1 + \left(\dfrac{1 - \phi_m}{\phi_m^2}\right)\phi_2$，对纤维类增强剂一般取 $\phi_m = 0.8 \sim 0.9$。表 7-5 列出了不同体系的 A 值。图 7-11 为复合材料的各种比模量与纤维含量的关系。

高分子材料基础（第四版）

复合材料类型	模量	A	复合材料类型	模量	A
单轴取向	E_L	$2L/D$	无规取向（3D）	$L/D=15$ 时的 G	8.38
	E_T	0.5		$L/D=\infty$ 时的 G	∞
	G_{LT}	1.0	条带填充（$W/t=$ 宽度）	E_L	∞
	G_{TT}	0.5		E_T	$2w/t$
无规取向（3D[①]）	$L/D=4$ 时的 G	2.08		E_{TT}	0
	$L/D=8$ 时的 G	3.80		E_{LT}	$\sqrt{6}\,w/t$

① 3D 表示三维。

式（7-1）只适用于长纤维的情况。对于短纤维的情况，E_L 比按式（7-1）的计算值小。图 7-12 表示 E_L/E_1 与纤维长径比 L/D 的关系。要得到最高的强度和模量，L/D 必须在 100 以上。

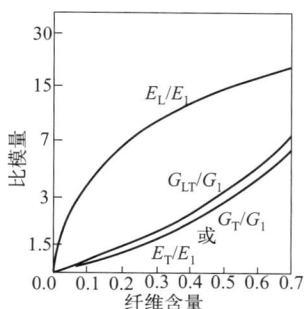

图7-11　单轴取向玻璃纤维增强环氧树脂的比模量与纤维含量的关系

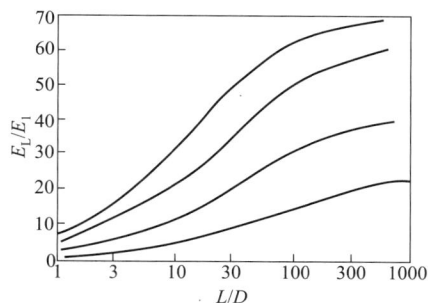

图7-12　E_L/E_1 与纤维长径比 L/D 的关系

若载荷的方向旋转 90°，模量就要产生巨大变化，使 E_L 变为 E_T。负载与纤维方向之间的夹角 θ 对模量 E_θ 的影响示于图 7-13。

单轴取向纤维复合材料仅在一个方向上有很高的模量，为了得到至少在 2 个或 3 个方向上有良好力学性能的复合材料，可使纤维无规取向，或把多层单轴取向的纤维按不同角度重叠起来，制成胶合层积材料。

图 7-14 表示平面内无规取向复合材料和三维无规取向复合材料的杨氏模量 E_{2D} 和 E_{3D} 及剪切模量 G_{2D} 和 G_{3D}。由图可见，无规取向纤维复合材料的模量比基体的大，但比 E_L 低很多。所以，为了提高某一平面内各个方向的模量，就要牺牲一些最大模量 E_L。

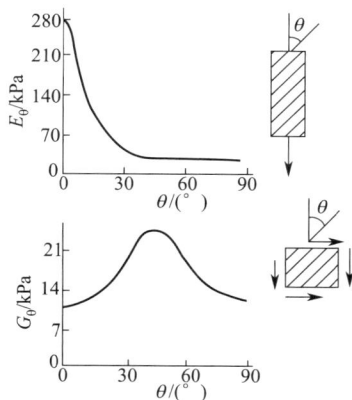

图7-13　硼纤维-环氧树脂复合材料比模量与 θ 值的关系（$\phi_2=0.65$）

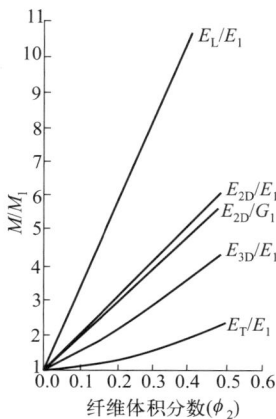

图7-14　单轴取向复合材料及双轴和三轴无规取向复合材料相对模量的比较（$E_2/E_1=25$）

7.1.6.3 强度

（1）纤维单轴取向的复合材料

纤维单轴取向的复合材料至少有 3 种重要的破坏形式和相应的 3 种强度。3 种强度是纵向拉伸强度 σ_{BL}、横向拉伸强度 σ_{BT} 和剪切强度 σ_{BS}。这 3 种强度的相对重要性与载荷的方向有关，当载荷与纤维之间的夹角 θ 为 0°～5° 时 σ_{BL} 是决定破坏形式的主要因素，当 θ 为 5°～45° 时 σ_{BS} 是决定强度和破坏形式的主要因素，当 θ 角大于 45° 时 σ_{BT} 为主要因素。

复合材料的拉伸强度受纤维排列和缺陷影响很大。缠绕成型的复合材料由于缺陷（空穴）很少，其纵向拉伸强度常比其他成型方法获得的复合材料高 1 倍多。

不连续纤维复合材料的强度比连续纤维的低。其原因是：在接近各纤维端部相当长的一段内，载荷不能从基体向纤维传递；纤维的末端起着应力集中的作用，通常使用的短纤维达不到连续纤维那样完全的取向度。在不连续纤维或短纤维的复合材料中，聚合物是唯一的连续相。在聚合物基体中，全部剪切应力是以纵向拉应力形式施加在纤维上的。这种剪切应力以纤维末端附近为最大，随着远离末端逐渐降到零。相反，纤维的拉伸负荷在纤维末端处为零，沿纵向逐渐增大，在纤维中部达到平衡值（参见图 7-5）。所以，纤维末端附近所受的拉伸负荷比纤维中部的小。使纤维中部拉伸负荷达到平衡值或最大值所必需的纤维长度称为临界长度或无效长度 L，相应的长径比称为临界长径比 $(L/D)_c$。

对于黏附性特别好、基体具有塑性屈服特性时，则有

$$L_c = \frac{D\sigma_{B_2}}{2\tau_{B_1}} \quad \text{或} \quad \left(\frac{L}{D}\right)_c = \frac{\sigma_{B_2}}{2\sigma_{B_1}} \tag{7-6}$$

式中，D 为纤维直径，σ_{B_2} 为纤维拉伸强度，σ_{B_1} 为基体剪切强度。

当黏附性差时，界面的力学摩擦代替了黏附，这时临界长度比按上式的计算值大。在纤维长度小于 L_c 时，复合材料的强度随纤维长度的增大而提高。

两相间界面键合的强度是决定复合材料强度的重要因素，特别是它的横向强度。纵向拉伸强度只有在纤维比较短时才受界面黏接强度影响。对于黏附性良好的材料，纤维束缚基体产生双轴应力，使断裂延伸率下降，因此 σ_{BT} 常比 σ_{B_1} 小。而黏附性差的复合材料的横向强度反比黏附性大的材料高。

单轴取向纤维复合材料受到压缩载荷时，纤维发生纵向弯曲，使纵向压缩强度比纵向拉伸强度小。纤维直径越小，越容易弯曲，压缩强度越小。空穴和黏附性差，也使复合材料的压缩强度显著下降。横向压缩强度受到基体强度限制，所以比纵向压缩强度小；但也有相反的情况。层间剪切强度随基体的拉伸强度及剪切强度的增加而提高，随空穴率的增加而下降。

表 7-6 列出了以环氧树脂为基体的单轴取向纤维复合材料的强度。纵向强度随纤维浓度的增大而提高；剪切强度和横向强度则随纤维浓度的增加而下降。

表 7-6　环氧树脂基单轴取向纤维复合材料的强度（单位：$10^7\,Pa$）

纤维	ϕ_2	纵向强度		横向强度		剪切强度
		拉伸	压缩	拉伸	压缩	
硼纤维	0.50	148	137	5.61	18.6	8.51
E-玻璃纤维	0.50	110	71.0	2.81	14.1	4.22
碳纤维（Thornel 25）	0.50	64.7	47.1	0.70	14.8	2.81
碳纤维（Modmor）	0.50	105	91.4	5.62	14.1	7.73

（2）无规取向纤维复合材料和层积材料

纤维在一平面内无规取向，或者制成各个平面层内不同取向的多层层积材料，就可得到平面内各向同性的复合材料。如果纤维在三维方向上都是无规取向的，则三维方向都是同性的。二维和三维无规取向在实际上只能近似达到。表 7-7 和表 7-8 分别列出了无规取向玻璃纤维增强高密度聚乙烯和短玻璃纤维增强聚苯乙烯的力学性能。

■ 表 7-7　无规取向玻璃纤维增强高密度聚乙烯的力学性能

性质	0%（质量分数）玻璃纤维	10%（质量分数）玻璃纤维	20%（质量分数）玻璃纤维	30%（质量分数）玻璃纤维
拉伸强度/10^8 Pa	2.60	4.26	6.21	7.12
弯曲强度/10^8 Pa	2.11	4.51	6.85	8.64
弯曲模量/10^6 Pa	0.86	2.43	4.03	5.48
负载 460 kPa 时的热变形温度 /℃	71	120	128	130
拉伸抗冲击强度/(kJ·m^{-2})	4.6	3.3	2.5	2.1
悬臂梁抗冲击强度（缺口）/(10^2 kJ·m^{-1})	4.6			1.2

■ 表 7-8　无规取向短玻璃纤维增强聚苯乙烯的力学性能

性质	0%（质量分数）玻璃纤维	20%（质量分数）玻璃纤维	30%（质量分数）玻璃纤维	40%（质量分数）玻璃纤维
弯曲强度/10^{10} Pa	5.91	9.07	11.20	12.70
弯曲模量/10^6 Pa	3.03	5.45	6.48	7.52
悬臂梁抗冲击强度（缺口）/(10^2 kJ·m^{-1})	1.1	3.20	4.30	6.60

通过注射成型工艺很难控制纤维取向的种类和程度。而采用层积材料则可控制一个平面内任意方向上的性能。典型的层积材料是各层之间相互错位 90°（正交层）或 60°（准各向同性）叠合起来。正交层积材料的各种强度取决于试验方向，见表 7-9。准各向同性层积材料各个方向上的性能是相同的。层积结构包括轮胎帘子布在内，常使用编织纤维材料。

■ 表 7-9　正交层积材料的模量（70% 硼纤维增强的环氧树脂）

纤维取向与应力方向	杨氏模量/10^6 Pa	压缩模量/10^6 Pa	剪切模量/10^6 Pa
①	275	262	6.9
②	138	138	12.4
③	276	276	82.7

7.1.6.4　其他性能

（1）抗冲击强度

复合材料与聚合物基体材料相比影响抗冲击强度的因素更复杂，除聚合物基体外还有纤维和界面的影响，较难建立起它们间的定量关系。

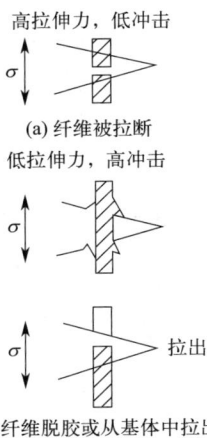

高拉伸力，低冲击

(a) 纤维被拉断

低拉伸力，高冲击

(b) 纤维脱胶或从基体中拉出

图7-15　纤维增强材料裂纹尖端

材料的抗冲击强度主要决定于能量耗散机制。提高材料的抗冲击强度涉及能量向尽可能大的体积耗散并加以吸收的机理。如果能量集中，材料就容易发生脆性破裂，抗冲击强度下降。复合材料中的纤维可从两个方向逸散冲击能：当纤维从基体中拨出时，由于力学摩擦而使能量逸散，同时由于纤维的拉动可减弱应力集中；纤维脱胶，使能量逸散，终止或阻缓裂纹的发展（图7-15）。然而，存在纤维时，有时也会使抗冲击强度减小，因为纤维的存在会使断裂伸长率降低，在纤维末端附近和界面粘接性差的部位以及在纤维相互接触的区域容易产生应力集中。因此，根据具体情况的不同，纤维既可使抗冲击强度提高，也可使抗冲击强度下降。

若冲击负荷与纤维平行，则黏附性差和纤维较短时（约等于无效长度 L_c）可得到最大的抗冲击强度，因为这时从基体拉出纤维和纤维的脱胶可逸散大量的能量。当黏附性好、纤维又长时，则可使强韧性基体的抗冲击强度大幅度下降，这是由于断裂伸长率降低和基体塑性流动下降的缘故。

若冲击负荷与纤维垂直，良好的黏附性能可获得较好的抗冲击强度。横向抗冲击强度比纵向抗冲击强度小，也小于聚合物基体的抗冲击强度，这是因为纤维使材料韧性增大的机理在这个方向上是无效的，仅存在使韧性削弱的机理。引起抗冲击强度增加的因素，如脱胶和纤维的拉出，同时也是使复合材料断裂强度下降的因素。

由表 7-8 可以看出只有缺口悬臂梁抗冲击强度随纤维浓度的增加而提高；而由表 7-7 可知拉伸抗冲击强度随纤维含量的增加而下降。拉伸和落球抗冲击强度反映出添加纤维时断裂伸长率减小；而缺口悬臂梁抗冲击强度反映加入纤维时对裂纹扩展的阻滞作用。采用不同的抗冲击试验方法，测出的性能也不同。因此，应选择适当的抗冲击试验方法。

对脆性聚合物基体，加入纤维可使抗冲击强度提高。例如，含 35% 玻璃纤维的聚苯乙烯缺口抗冲击强度可提高近 10 倍；而在高韧性聚合物基体中填充玻璃纤维时，复合材料的抗冲击强度有时反而显著下降。

由硼纤维和石墨纤维等高模量纤维制得的聚合物基复合材料抗冲击强度不够理想，常常低于玻璃纤维增强的复合材料。为提高高模量纤维复合材料的抗冲击性能，可加入少量低模量的玻璃纤维。采取两种或两种以上纤维与聚合物基体复合，称为混杂复合，所制得的材料称为混杂复合材料。这是聚合物基复合材料的发展领域。

（2）蠕变及疲劳

在聚合物基体中添加纤维可使蠕变大幅度降低，其下降幅度与两种材料（纤维和基体）的模量比成比例。玻璃纤维用偶联剂处理后，复合材料的抗蠕变性有明显改善。实验表明单轴取向纤维复合材料的横向蠕变比纵向蠕变大得多。

疲劳引起的破坏与基体内产生裂纹、纤维脱胶、界面键的破坏等因素有关。韧性基体复合材料的疲劳寿命比脆性基体复合材料长。纤维长径比在 200 以内，复合材料的疲劳寿命随纤维长度的增加而增加。在高频率下，疲劳寿命缩短的主要原因是热积累。正交层积材料的疲劳与单轴取向纤维复合材料不同。层积材料使纤维周围应力场发生变化，裂纹首先发生在纤维与所加应力近似相垂直取向的层内，应力集中在相邻纤维相接触的位置。

（3）热变形温度

纤维的存在使基体的热变形温度升高。影响热变形温度的重要因素是体系的黏度，基体分子量升高、界面黏合键较强等都会使复合材料的热变形温度上升。

（4）热膨胀系数

纤维单轴取向的聚合物基复合材料有 2 个热膨胀系数：纵向热膨胀系数 α_L 由于纤维的力学束缚作用变小；横向热膨胀系数 α_T 则较大。当纤维含量很低时，热膨胀系数甚至比聚合物基体还大，其原因是纤维限制了基体的纵向膨胀，使横向膨胀增加的缘故。

纤维呈无规取向的聚合物基复合材料在 3 个方向的热膨胀系数 α_{3D} 为

$$\alpha_{3D} \approx \frac{1}{3}\,(\alpha_L + 2\alpha_T) \tag{7-7}$$

7.1.7 聚合物基复合材料的应用

聚合物基复合材料的应用已遍及各个工业部门和经济建设的很多领域，现简介如下。

（1）航空和航天

航空和航天领域特别需要比强度高、比模量大并耐高温的材料，而聚合物基复合材料充分显示了这些优点，特别是硼纤维、碳纤维、聚芳酰胺纤维等高模量纤维增强的复合材料，聚合物基复合材料在该领域有了更广阔的应用前景。

在航空方面，纤维增强塑料已用于制造飞机发动机的零部件、叶片翼梁、雷达罩、防弹油箱等。美国波音公司考虑把 45% 的铝合金机翼改用碳纤维增强塑料，这将使飞机的质量减轻 20% 以上。

减轻结构件质量是航天技术的关键。对于固体火箭发动机，结构质量集中在发动机外壳和喷管部位。火箭喷管的喉部曾用特殊石墨制成，随着火箭向大型化方向发展，再用石墨制造就更加困难。现已采用碳纤维增强酚醛树脂复合材料作为喉衬、以玻璃纤维增强聚合物作为结构材料投入生产，例如美国的"大力神""北极星"火箭都采用增强聚合物复合材料；某型导弹发动机使用增强塑料后，质量比使用金属减轻 45%，射程由 1600 km 增加至 4000 km。人造卫星及其运载工具的制造都离不开聚合物基复合材料。纤维增强塑料作为耐烧蚀、隔热部件的应用更为重要。因此，现代航天技术的发展也离不开聚合物基复合材料。

（2）造船

玻璃纤维增强聚合物由于具有质轻、高强、耐海水腐蚀、抗微生物附着性好、能吸收撞击能、设计和成型自由度大等优点，在造船工业上有广泛的应用。美国、日本、英国等都大量使用玻璃钢制造船舶和舰艇，我国也已经批量生产玻璃钢船。在 1962～1972 年期间，美国用增强塑料制造的船舶总数达 55 万多艘。现在美国海军部规定长 16 m 以下的船舰全部采用增强塑料制作。

玻璃钢比强度大，用作深水潜艇的外壳，其潜水深度至少比用钢作外壳增加 80%。玻璃钢也用于制造深水调查船。玻璃钢是非磁性材料，还适于制造扫雷艇。民用玻璃钢船的发展也十分迅速，主要品种是游艇和渔船。此外，玻璃钢还用于制造船舰的许多配件、零部件，如甲板、风斗、油箱、仪表盘、汽缸罩、机棚室、救生圈、浮鼓等。

（3）车辆制造

聚合物基复合材料作为车体结构和内部装饰使用很多。机车都要求安全、高速，也必须减轻质量；而作为内部装饰，材料必须有强度高、刚性大、舒适、防震、隔声、隔热等特性。聚合物基复合材料在这些方面获得了广泛的应用。此外，聚合物基复合材料在铁路客车、货车、冷藏车上的应用日益广泛，主要应用有机车车身、车厢、顶棚及门窗等。在汽车制造方面，增强塑料和增强橡胶的应用也十分广泛，例如轮胎、密封垫等。增强塑料可制造汽车的很多零部件，现在已出现车身全部由增强塑料制成的汽车。

（4）其他

聚合物基复合材料在建筑、电气工业、化工等行业都有广泛应用。例如，许多家电外壳、机械零件、电器零件、化工容器、管道、反应釜、酸洗槽等，都大量使用聚合物基复合材料。

7.2　聚合物基纳米复合材料

纳米科技（纳米科学与纳米技术）是20世纪末兴起的最重要的科技新领域之一。纳米（nanometer）是一个长度单位，以 nm 表示，$1\ nm=10^{-3}\ \mu m=10^{-9}\ m$。通常界定 $1\sim100\ nm$ 为纳米尺寸，此尺寸介于宏观尺寸与微观尺寸之间。

纳米科技是研究尺寸在 $1\sim100\ nm$ 之间的物质组成体系的运动规律以及实际应用中的技术问题，主要包括纳米物理学、纳米化学、纳米生物学、纳米电子学、纳米力学、纳米材料学和纳米加工学 7 个相对独立的领域。聚合物基纳米复合材料是纳米材料科学中的一个重要分支。为对聚合物基纳米复合材料有一个概括性的认识，有必要先熟悉相关的基本概念和基础知识。

7.2.1　概述

7.2.1.1　纳米材料

纳米材料是指在三维空间中至少有一维处于纳米尺寸范围的物质，或者由它们作为基本单元构成的复合材料。

（1）纳米材料分类

按空间维数，纳米材料的基本单元可分为以下 3 类：零维，指空间三维尺度均为纳米尺寸，如纳米颗粒、原子团簇等；一维，指在空间有一维处于纳米尺度，如纳米丝、纳米棒、纳米管等；二维，指两维在纳米尺度范围，如超薄膜、多层膜、超晶格等。

从宏观角度，纳米材料可分为纳米粉、纳米纤维、纳米膜及纳米块体 4 类。宏观上的纳米纤维是指直径在纳米尺度的纤维材料。

根据化学组成，纳米材料可分为纳米金属材料、纳米半导体材料、纳米陶瓷材料和纳米有机材料等。

（2）纳米复合材料

当上述纳米结构单元与其他材料复合时，则构成纳米复合材料。纳米复合材料包括无机-有机复合、无机-无机复合、金属-陶瓷复合以及聚合物-聚合物复合等多种形式。

纳米复合材料按其复合形式可分为以下 4 类：

① 0-0 型复合。即复合材料的两相均为三维纳米尺度的零维颗粒材料，是指将不同成分、不同相或不同种类的纳米粒子复合而成的纳米复合材料。这种复合材料的纳米粒子可以是金

属与金属、金属与陶瓷、金属与聚合物、陶瓷与陶瓷、陶瓷与聚合物等构成的纳米复合体。

② 0-2 型复合。即把零维纳米粒子分散到二维的薄膜材料中。这种 0-2 型复合材料又可分为均匀分散和非均匀分散两大类，均匀分散是指纳米粒子在薄膜中均匀分布，非均匀分散是指纳米粒子随机分散在薄膜基体中。

③ 0-3 型复合。即把零维纳米粒子分散到常规的三维固体材料中。例如，把金属纳米粒子分散到另一种金属、陶瓷、聚合物材料中，或者把陶瓷纳米粒子分散到常规的金属、陶瓷、聚合物基体材料中。

④ 纳米层状复合。即由不同材质交替组成的组分或结构交替变化的多层膜，各层膜的厚度均为纳米级，例如 Ni/Cu 多层膜、Al/Al$_2$O$_3$ 纳米多层膜以及聚合物/聚合物多层膜等。

7.2.1.2　纳米微粒

纳米微粒为球形或类球形（包括多面体形），有时纳米微粒可连成链状。纳米颗粒的表面存在原子台阶，表面原子最近邻数低于体内，非键电子的斥力减小，导致原子间距减小和表面层晶格的畸变。

（1）纳米效应

纳米微粒电子的波性和原子之间的相互作用都与宏观物体不同，表现在热力学性能、磁学性能、电学及光学性能与宏观材料有很大差别，所表现出的独特性能无法用传统的理论解释。

纳米材料的独特性能主要基于以下几种纳米效应：

① 小尺寸效应和表面效应。纳米微粒的尺寸与光波波长、电子运动的德布罗意波长等物理特征尺寸相当或更小，晶体周期性的边界条件被破坏；非晶体纳米微粒表面层附近原子密度减小，使其物理性质和化学性能产生变化，这种效应称为小尺寸效应，例如光吸收的增加和吸收峰的频移、晶体熔点下降等。

与纳米微粒尺寸相关的另一特点是表面效应。随着微粒尺寸的减小，比表面积增大，比表面能提高，位于表面的原子所占比例增大，这就是纳米表面效应。表面效应使表面原子或离子具有高活性，极不稳定，易于进行化学反应。例如，金属纳米颗粒在空气中会燃烧，无机纳米颗粒在空气中会吸附气体并与之发生反应等。

② 量子尺寸效应。量子尺寸效应是指当颗粒状材料的尺寸下降到某一值时，其费米能级附近的电子能级由准连续转变为分立的现象，以及纳米半导体存在不连续的最高占据分子轨道和最低空轨道使能隙变宽现象，即出现能级的量子化。这时，纳米材料能级之间的间距随着颗粒尺寸的减小而增大。当能级间距大于热能、光子能、静电能以及磁能等的平均能级的间距时，就会出现一系列与块体材料截然不同的反常特性，这种效应称为量子尺寸效应。量子尺寸效应将导致纳米颗粒在磁、光、声、热、化学以及超导电性等特性与块体材料的显著不同。例如纳米颗粒具有高的光学非线性及特异的催化性能均属此例。

③ 宏观量子隧道效应　微观粒子具有穿越势垒的能力，称为隧道效应。已发现一些宏观的物理量，如纳米颗粒的磁化强度、量子相干器件中的磁通量以及电荷等，也具有隧道效应，它们可以穿越宏观系统的势垒产生变化，成为宏观量子隧道效应。利用宏观量子隧道效应可以解释在低温下纳米镍粒子继续保持超顺磁性的现象。这种效应和量子尺寸效应一起是微电子器件发展的基础，确定了微电子器件进一步微型化的极限。

（2）纳米微粒的制备方法

纳米微粒的制备方法可分为物理方法和化学方法两类。

① 物理方法 物理方法包括真空冷凝法、机械球磨法、喷雾法和冷冻干燥法等。

a. 真空冷凝法 块体材料在高真空条件下挥发，然后冷凝成纳米颗粒的方法。其过程是在高真空下加热块体材料，加热方法有电阻法、高频感应法等，使金属等块体材料原子汽化成等离子体，然后快速冷却，最终在冷凝管上获得纳米粒子。真空冷凝方法特别适合制备金属纳米粉，通过调节蒸发温度场和气体压力等参数可以控制形成纳米颗粒的尺寸。用这种方法制备纳米颗粒的最小颗粒可达 2 nm。真空冷凝法的优点是纯度高、结晶组织好，粒度可控及其分布均匀，适用于任何可蒸发的元素和化合物；缺点是对技术和设备的要求较高。

b. 机械球磨法 机械球磨法适合制备脆性材料的纳米粉。该方法以粉碎和研磨相组合，利用机械能实现材料粉末的纳米化目的。控制机械球磨法的研磨条件，可以得到单纯金属、合金、化合物和复合材料的纳米超微颗粒。机械球磨法的优点是操作工艺简单，成本低廉，制备效率高，能够制备出常规方法难以获得的高熔点金属合金纳米超微颗粒；缺点是颗粒粒径分布较宽，产品纯度较低。

c. 喷雾法 喷雾法是通过将含有制备材料的溶液雾化制备微粒的方法，适合可溶性金属盐纳米粉的制备。具体过程是：首先制备金属盐溶液，然后将溶液通过物理手段雾化，再经物理、化学途径转变为超细粒子。主要有喷雾干燥法、喷雾热解法等。喷雾干燥法是将金属盐溶液送入雾化器，由喷嘴高速喷入干燥室，溶剂挥发后获得金属盐的微粒，收集后焙烧成超微粒子，如铁氧体的超微粒子可采用此方法制备。通过化学反应还原所得的金属盐微粒，还可以得到该金属纳米粒子。喷雾热解法是以水、乙醇或其他溶剂将原料配成溶液，再通过喷雾装置将反应液雾化并导入反应器内，使溶液迅速挥发，反应物发生热分解，或者同时发生燃烧和其他化学反应，生成与初始反应物完全不同、具有新化学组成的纳米粒子。

d. 冷冻干燥法 这种方法也是首先制备金属盐的水溶液，然后将溶液冷冻，在高真空下使水分升华，原来溶解的溶质来不及凝聚，则可以得到干燥的纳米粉体。粉体的粒径可以通过调节溶液的浓度控制。采用冷冻干燥的方法还可以避免某些溶液黏度过大、无法用喷雾干燥方法制备的问题。

② 化学方法

a. 气相沉积法 气相沉积法是利用金属化合物蒸气的化学反应合成纳米微粒的方法。这种方法获得的纳米颗粒具有表面清洁、粒子大小可控、无黏结、粒度分布均匀等特点，易于制备出从几纳米到几十纳米的非晶态或晶态纳米微粒。该方法适合于单质、无机化合物和复合材料纳米微粒的制备过程。

b. 化学沉淀法 化学沉淀法属于液相法的一种。常用的化学沉淀法可以分为共沉淀法、均相沉淀法、多元醇沉淀法、沉淀转化法和直接转化法等。具体的方法是：将沉淀剂加到包含一种或几种粒子的可溶性盐溶液中，使其发生化学反应，形成不溶性氢氧化物、水合氧化物或盐类，从溶液析出，然后经过过滤、清洗和后处理步骤，就可以得到纳米颗粒材料。

例如纳米 $BaTiO_3$ 的制备：

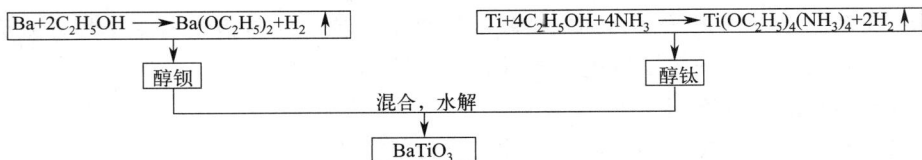

$$Ba+2C_2H_5OH \longrightarrow Ba(OC_2H_5)_2+H_2\uparrow$$

$$Ti+4C_2H_5OH+4NH_3 \longrightarrow Ti(OC_2H_5)_4(NH_3)_4+2H_2\uparrow$$

醇钡

醇钛

混合，水解

$BaTiO_3$

c. 水热合成法　水热法是在高温、高压反应环境中，采用水作为反应介质，使通常难溶或不溶的物质溶解、反应，还可进行结晶操作。水热合成技术具有两个优点：一是其相对低的温度；二是在封闭容器中进行，可避免组分挥发。水热条件下粉体的制备方法有水热结晶法、水热合成法、水热分散法、水热脱水法、水热氧化法和水热还原法等；还发展了电化学水热法和微波水热合成法，前者将水热法与电场结合，后者用微波加热水热反应体系。与一般湿化学法相比，水热法可直接得到分散且结晶好的粉体，不需做高温的灼烧处理，可避免形成的粉体硬团聚；而且在水热过程中，可通过实验条件的调节控制纳米颗粒的晶体结构、结晶形态与晶粒纯度。

d. 溶胶-凝胶法　溶胶-凝胶（sol-gel）法适合于制备金属氧化物纳米粒子。具体方法是：在一定的条件下将前驱物水解成溶胶，再转化成凝胶，经干燥等低温处理后制得所需纳米粒子。前驱物可以用金属醇盐或非醇盐。

例如，以 M 代表金属、R 代表有机基团，金属氧化物纳米微粒的制备过程可表示如下。

水解：　　　　　　　　　　—M—OR+H_2O $\longrightarrow$ —M—OH+ROH　（溶胶）

缩聚：　　　　　　　　　　—M—OH+RO—M— $\longrightarrow$ —M—O—M—+ROH

凝胶化：　　　　　　　　　—M—OH+HO—M— $\longrightarrow$ —M—O—M—+H_2O

生成的凝胶经干燥、焙烧除去有机物，得到纳米微粒粉料。

e. 原位生成法　原位生成法也称模板合成法，是指采用具有纳米孔道的基质材料为模板，在模板空隙中原位合成特定形状和尺寸的纳米颗粒。模板可以分为多孔玻璃、分子筛、大孔离子交换树脂等。这些材料也称为介孔材料。根据所用模板中微孔的类型可以制备出粒状、管状、线状和层状结构等材料，这是其他制备方法所不能做到的。但是，这种方法进行大规模生产时在技术上还有一定难度。

（3）纳米微粒的表面修饰

纳米微粒表面能高、易团聚，为改善其分散性，需要对其进行表面修饰。如为了增加其表面活性、在制备复合材料时改善与其他材料的相容性或为了赋予新的功能，常需进行表面修饰。

进行表面修饰的方法可分为物理法和化学法两种，有时两种方法可同时使用。

① 表面物理修饰法　这是采用异质材料吸附于纳米微粒表面的方法。为防止微粒团聚，采用表面活性剂。另一种方法是表面沉积法，即将某种物质沉积到纳米微粒表面，形成无化学结合的异质包覆层。例如，将 TiO_2 微粒分散于水中，加热至 60℃，用 H_2SO_4 调节 pH=1.5～2.0，加入硫酸铝水溶液，过滤、脱水，制得 TiO_2 表面包覆 Al_2O_3 的复合粒子。又如，将 TiO_2 沉积到 $ZnFeO_3$ 表面，可提高 $ZnFeO_3$ 纳米粒子的光催化效率等。也可采用将聚合物包覆在无机粒子表面等方法。

② 表面化学修饰法　这是通过纳米微粒表面与处理剂间进行化学反应，达到表面修饰的目的。有以下 3 种常用的方法。

a. 偶联剂法　例如，Al_2O_3、SiO_2 等用硅氧烷偶联剂与其表面官能团反应，进行表面改性修饰，提高其与聚合物的相容性。硅氧烷偶联剂对表面具有羟基的无机粒子更有效。

b. 酯化反应法　这是指金属氧化物与醇类的反应。利用酯化反应的表面修饰可使原来亲水疏油的无机粒子表面变成亲油疏水表面。所用醇类中最有效的是伯醇，其次是仲醇，叔醇无效；对弱酸性的无机粒子，如 SiO_2、Fe_2O_3、TiO_2、Al_2O_3、Fe_3O_4、ZnO 等，最为有效。例如，对 SiO_2 粒子，其表面带有羟基，与高沸点醇反应如下：

$$\diagdown \text{Si—OH+HOR} \longrightarrow \diagdown \text{Si—O—R+H}_2\text{O}$$

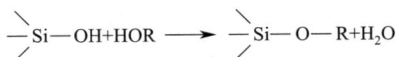

c.表面接枝改性法　这是通过化学反应将聚合物链接枝到无机粒子表面的方法。又分为3种途径。

（ⅰ）适当的单体在引发剂作用下直接从无机粒子表面开始聚合，称为颗粒表面聚合接枝法。

（ⅱ）聚合与表面接枝同时进行，这可用于对自由基有较强捕捉能力的纳米粒子，如炭黑。

（ⅲ）偶联接枝法，即纳米粒子表面官能团与聚合物的直接接枝反应。例如：

$$\text{颗粒—OH+OCN—P} \longrightarrow \text{颗粒—OCONH—P（P 表示聚合物链）}$$
$$\text{颗粒—NCO+HO—P} \longrightarrow \text{颗粒—NHCOO—P}$$

（4）纳米微粒粒径测试方法

① 透射电镜法　这是一种常用的测粒径的方法，可得到平均粒径及其分布。由于是直接观察，采样有局限性，测量结果具有统计性。

② X 射线衍射线宽法　此法只适用于晶态微粒。由于晶粒很小，引起衍射线的宽化。衍射线半峰高强度处的线宽 B 与晶粒尺寸 d 可用谢乐（Scherrer）公式关联：

$$d = \frac{0.89\lambda}{B\cos\theta} \tag{7-8}$$

式中，λ 为 X 衍射线波长，θ 为布拉格（Bragg）衍射角。

③ 比表面积法　通过测定微粒单位质量的比表面积 S_w，由公式 $d=6/\rho S_w$ 求得粒径 d，式中 ρ 为粉体密度。可以用 BET 多层气体吸附法测得 S_w。

④ 小角 X 射线散射法　小角 X 射线散射法（SAXS）的散射角为 $10^{-2} \sim 10^{-1}$ rad。散射光强在入射角方向最大，随散射角的增大而减小，在角度为 ε_0 处为零。ε_0 与波长 λ 和平均粒径有下列关系：

$$\varepsilon_0 = \frac{\lambda}{d} \tag{7-9}$$

由此关系式可测得粒径。

用于测定层状晶体的层间距，X 射线广角衍射法是最常用的方法。例如用于测定蒙脱土晶粒的层间距，根据衍射峰的位置，可利用 Bragg 公式计算出蒙脱土片层之间的距离 d：

$$2d\sin\theta = \lambda \quad 即 \quad d = \frac{\lambda}{2\sin\theta} \tag{7-10}$$

式中，λ 为 X 射线波长，θ 为衍射角。

⑤ 光子相关谱法　这是通过测量微粒在液体中的扩散系数得到粒径及分布。所用仪器为光子相关谱仪（PCS）。

7.2.1.3　聚合物基纳米复合材料的基本类型

严格地讲，聚合物基纳米复合材料与聚合物纳米复合材料这两者不是等同的。聚合物纳米复合材料是更广义的概念，是指各种纳米单元与有机聚合物以各种方式复合制成的复合材料。只要其中某一组成相至少有一维的尺寸处在纳米尺度的范围内，就可称为聚合物纳米复合材料。

聚合物纳米复合材料的结构类型非常丰富。如果以纳米粒子作为结构单元，可以构成0-0 复合型、0-2 复合型、0-3 复合型 3 种结构类型，分别指纳米粉末与聚合物粉末复合成型、与聚合物膜状材料复合成型、与聚合物体形材料复合成型。这是采用最多的 3 种聚合物纳米复合结构。如果以纳米丝作为结构单元，可以构成 1-2 复合型和 1-3 复合型两种结构类型，分别表示为聚合物纳米纤维增强薄膜材料和聚合物纳米纤维增强体形材料，在工程材料中应用较多。如果以纳米膜二维材料作为结构组元，可以构成 2-3 复合型纳米复合材料。此外，还有多层纳米复合材料、介孔纳米复合材料等结构形式。

聚合物基纳米复合材料是指以聚合物为基体的纳米复合材料。按照组分相的化学组成，聚合物基纳米复合材料可按图 7-16 分类。

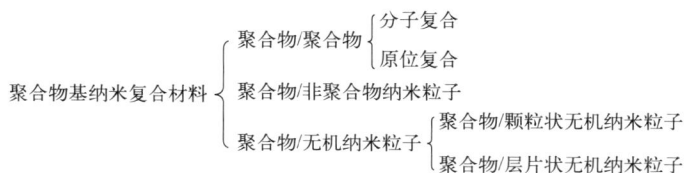

图7-16 聚合物基纳米复合材料类型

聚合物/非聚合物纳米粒子主要指橡胶/炭黑增强体系，之所以归入聚合物基纳米复合材料，是因为炭黑颗粒本身结构就是纳米颗粒。在聚合物/无机物纳米复合材料中，最重要的是近几年发展的聚合物/层片状无机纳米粒子材料，特别是聚合物/蒙脱土纳米复合材料和聚合物/石墨烯纳米复合材料。

聚合物/聚合物纳米复合材料一般归入聚合物共混的范围内，聚合物大分子链均方末端距常常在纳米尺寸范围内。所以，就聚合物尺寸而言，聚合物/聚合物纳米复合材料亦可称为分子复合材料。聚合物/聚合物纳米复合材料至少可包括原位复合和分子复合两种情况。就聚合物/聚合物纳米复合材料的概念而言，也可将一些嵌段共聚物和接枝共聚物归入这类纳米复合材料之列，因为这时的相畴尺寸都是纳米级的，但实际上并不将其列入复合材料范围内。

还有些情况也可归入聚合物纳米复合材料的范畴。例如用微乳液聚合方法制得的聚合物乳液，其乳胶粒径为纳米级。将其与一般的聚合物胶乳共混，即可制得聚合物/聚合物纳米复合材料。

有机物和无机物之间的复合也称为有机/无机混杂复合。有机物包括聚合物，也包括低分子有机物。一种典型的情况是 LB 膜技术制备有机层和无机层交替的有机-无机交替的纳米复合膜。以聚合物为基的有机-无机混杂纳米复合材料主要指在聚合物基体中分散类球形和片状的纳米无机粒子，这是下面主要介绍的内容。

7.2.2 聚合物/无机纳米粒子复合材料

7.2.2.1 类型和用途

聚合物/无机纳米粒子复合材料是指无机纳米粒子分散在聚合物基体中的复合体系。按性能和功能分有两种基本类型：第一类是以改善聚合物力学性能和物理性能为主要目的，主要用于聚合物的增强、增韧和提高热性能；第二类主要是利用无机纳米粒子的某些功能特性，制备功能性复合材料。

（1）塑料增强和增韧

由于纳米尺寸的无机纳米粒子分散相具有很大的比表面积和表面能，并且具有刚性，添加无机纳米微粒的聚合物基纳米复合材料都会比相应的常规复合材料或单独聚合物材料的力学性能好。在聚合物基体中加入纳米粉体后，抗冲击强度、拉伸强度、热变形温度等都有较大幅度的提高。其主要原因是：加入纳米粉体后，在材料内部形成了大量分散的微相结构，形成大量的相界面，粒子与聚合物链物理及化学结合增加，对力学性能的提高提供了结构条件。例如，将粒径为 10 nm 的 TiO_2 粉与聚丙烯熔融共混复合，制得的纳米复合材料抗冲击强度提高 40%，弯曲模量提高 20%，热变形温度提高 70℃。用 5%（质量分数）的 SiC/Si_3N_4 纳米粒子与低密度聚乙烯熔融共混，可使抗冲击强度和拉伸强度提高 1 倍多，而且断裂伸长率也有明显增加。

采用无机纳米粒子改性塑料的最大优点是：可同时提高复合材料的抗冲击强度和拉伸强度，而且模量和热变形温度也能提高。当用橡胶增韧塑料时，增韧塑料的模量和拉伸强度都会下降，这在实际应用中是不希望看到的。作为塑料增韧和增强剂的纳米无机粒子主要有 $CaCO_3$、$MgCO_3$、SiO_2、TiO_2 等。几乎所有的热塑性树脂，包括通用塑料和工程塑料，都可用无机纳米粒子复合改性，在大幅度提高其力学性能和加工性能的同时还可改善制品的尺寸稳定性。当纳米 SiO_2 用 PMMA 修饰，再与 PC 复合后，可使复合材料的抗冲击强度提高 10 倍。用纳米 $CaCO_3$ 微粒改性 PVC 的研究和开发也受到重视。在 PVC/CPE 中加入 5%～12% 的纳米 $CaCO_3$ 微粒，可使缺口冲击强度提高 1 倍，拉伸强度亦有明显提高。将纳米 $CaCO_3$ 粉末用聚丙烯酸酯处理后再与 PVC 复合，可使 PVC 的缺口冲击强度提高 2.3 倍。采用无机纳米粒子对塑料进行复合改性是具有重要应用前景的领域。

（2）功能材料

许多纳米粉体具有特殊的物理和化学特性，但难于加工成型为制品，这时可以聚合物为基体，将纳米粒子分散其中，最大限度地发挥这些纳米粒子的功能特性，制得所需的功能材料。举例如下。

① 聚合物基/无机纳米粒子复合材料的光吸收荧光光谱效应 当半导体粉体粒径尺寸接近或小于电子和空穴的波尔半径时，将产生量子尺寸效应。此时，半导体的有效带隙能增加，相应的吸收光谱和荧光光谱会产生蓝移，能带也逐渐转变为分立的能级，这种现象在单独的半导体粉体中比较常见。研究表明，半导体纳米微粒经表面化学修饰后，不仅有利于与聚合物复合，而且粒子周围的介质可强烈地影响其光电化学性能，表现为吸收光谱和荧光光谱发生红移。例如，将稀土荧光材料与聚合物复合可制成透明性很高的薄膜，这种薄膜具有很高的转光性质，可将有害的紫外线转换成可见光，应用于农膜可大幅度提高蔬菜产量。

许多纳米无机粉粒具有对紫外线和红外线的吸收能力，将其与聚合物复合，可制成吸光膜，例如 TiO_2、Fe_2O_3、Al_2O_3、SiO_2、ZnO 等纳米微粒可制成紫外线吸收膜。这种膜可用作半导体器件中的紫外线过滤器，也可制成防晒化妆品，以及用于制各具有紫外线吸收功能的油漆等。

纳米微粒尺寸远小于红外波长，所以对红外线透过率高、反射小，而且纳米微粒比表面积大，对电磁波吸收强，可红外线吸收材料，在隐身材料方面具有重要的应用前景。人体释放的红外线大多为 4～16 nm 的中红外波，这种红外波的释放很容易被灵敏的监测器发现。将 TiO_2、Al_2O_3、SiO_2 和 Fe_2O_3 纳米复合粉加到纤维中，制成的军服具有隐身效能和保暖作用。利用红外检测器可发现发射红外线的物体，隐身技术就是针对这种检测器的"逃避"技术。

② 纳米复合材料的光致发光效应 光致发光效应是指材料受到入射光（如激光）照射后，吸收的能量仍以光的形式射出的现象。射出的光波长可以不变，但是在大多数情况下会发生变化，通常是波长红移，如荧光现象。但是，作为纳米级光致发光材料，由于纳米效应的存在，发生蓝移发光。例如，液体相的二氧化钛晶体，只有在 77 K 的低温下才能观察到光致发光现象，其最大光强度在 500 nm 波长处；而用自组装技术制备的二氧化钛/有机表面活性剂高度二维有序

层状结构的纳米复合膜，其层厚在 3 nm 时，在室温就可以观察到较强的光致发光现象，而且其发光波长蓝移到 475 nm。在室温下就具有强的光致发光性能，被认为是二氧化钛与表面活性剂分子间相互作用的结果；而发射光谱的蓝移，则是由于二氧化钛粒子的量子尺寸效应所致。

③ 纳米复合材料的透光性质和应用　为了提高聚合物结构材料的性能，往往需要加入增强添加剂，如黏土、炭黑、硅胶等，但是加入这些添加剂会影响其制品的透明性和色彩。如果将这些增强添加材料纳米化，由于颗粒的纳米尺寸低于可见光波长，对可见光有绕射行为，将不会影响光的透射，这样就可以获得既提高产品的力学性能又保持其透明性能良好的聚合物纳米复合材料。

④ 聚合物基纳米复合材料的催化活性及其应用　多相催化剂的催化活性与催化剂的比表面积成正比，而纳米颗粒的高表面能又可以增强其催化能力，因此具有大比表面积和高表面能的纳米复合材料是非常理想的催化剂形式。纳米催化剂与聚合物复合后，既可以保持纳米催化剂的高催化活性，又可以通过聚合物的分散作用提高纳米催化剂的稳定性。聚合物纳米复合催化剂可以用于湿化学反应催化、光化学反应催化，也可以利用其催化活性制备化学敏感器。

⑤ 聚合物基纳米复合材料的生物活性及其应用　很多聚合物基纳米复合材料具有生物活性，其中最重要的有两个方面，即消毒杀菌作用和定向给药作用。例如，很多重金属本身就有抗菌作用，经纳米化后，由于表面积的增加，其杀菌能力会成倍提高，如医用纱布中加入纳米银粒子，就可以具有消毒杀菌作用。二氧化钛是一种光催化剂，当有紫外线照射时，它有催化作用，能够产生杀菌性自由基。而把二氧化钛做成粒径为几十纳米时，只要有可见光，就有极强的催化作用，在它的表面产生自由基，破坏细菌细胞中的蛋白质，从而把细菌杀死。将纳米二氧化钛粉体与不同的聚合物复合，可以得到具有杀菌性能的涂料、塑料、纤维等材料。制成产品后，在可见光照射时，表面上的细菌就会被纳米二氧化钛释放出的自由基杀死。又如，将纳米 Ag 微粒加到袜子中，可杀菌、防脚臭等。

在医学领域中，纳米材料最引人注目的是作为靶向药物载体，用于定向给药，使药物按照一定速率释放于特定器官（器官靶向）、特定组织（组织靶向）和特定细胞（细胞靶向）。靶向药物制剂中最重要的是毫微粒制剂，是药物与聚合物材料的复合物，粒径在 10～1000 nm 之间。其导向机理是纳米微粒与特定细胞的相互作用，为器官靶向，主要富集在肝、脾等器官中。其特点是定向给药，副作用小。载体纳米微粒作为异物被巨噬细胞吞噬，到达网状内皮系统分布集中的肝、脾、肺、骨髓、淋巴等靶部位定点释放。载物纳米粒子的粒径允许肠道吸收，可以做成口服制剂。纳米微粒可以增加对生物膜的透过性，有利于药物的透皮吸收和提高细胞内药物浓度。已在临床应用的微粒制剂还有免疫纳米粒、磁性纳米粒、磷脂纳米粒以及光敏纳米粒。

⑥ 其他　此外，聚合物/无机纳米粒子复合材料在磁性记录材料、磁性液体密封方面也有广泛应用。

7.2.2.2　制备方法

聚合物基体与纳米微粒复合的方法主要有共混法和溶胶-凝胶法。

（1）共混法

共混法是采用聚合物共混物的物理共混方法。常用的方法有溶液共混法、乳液共混法、熔融共混法和机械共混法等，其基本原则与聚合物之间的相应共混方法是类似的。除了机械共混法允许采用非纳米微粒外；其他共混法都需先制备纳米粉料，然后将纳米粉料与聚合物基体进行共混复合。关于纳米粒子的制备方法前面已做介绍。

共混法的主要难点是纳米粒子的分散问题。在共混过程中，除采用分散剂、偶联剂、表面改性剂等手段处理纳米粒子表面外，还可采用超声波进行辅助分散。

纳米粒子比表面积大、比表面能高，团聚问题比常规的粒子严重得多，纳米微粒的团聚问题是制备聚合物基纳米复合材料的主要困难，因此，在共混前常需对纳米粒子表面进行修饰，或者在共混过程中加入相容剂（偶联剂）或分散剂。纳米粒子的表面修饰主要有两种方法：一种是化学方法，即通过化学反应在粒子表面形成一层低表面能物质层，减少团聚趋势；另一种是通过物理稀释方法在粒子表面形成吸附层，被吸附的物质既可以是小分子也可以是聚合物，吸附层在粒子与粒子之间起分隔作用。相容剂或偶联剂其实是一种双亲性分子，分子的一部分与纳米粒子的亲和性好，另一部分与聚合物分子的亲和性好，从而提高纳米微粒与聚合物之间的相容性，减少纳米微粒的团聚倾向。

用于聚合物增强增韧的类球形无机纳米粒子主要有 SiO_2、ZnO、TiO_2、$CaCO_3$ 等。为使这些无机纳米粒子在聚合物基体中达到均匀分散，对其进行表面改性是成功制备聚合物/无机纳米粒子复合材料的关键。不同的纳米粒子采用不同的表面修饰方法。例如 Fe_3O_4 磁性粒子用十二烷基硫酸钠、油酸、柠檬酸等表面活性剂修饰后，可显著降低其团聚倾向；而 SiO_2、TiO_2 等因其表面存在羟基，加入能与羟基反应的偶联剂如 γ-缩水甘油醚丙基三甲氧基硅烷、γ-氨丙基三乙氧基硅烷等进行反应，可大幅度减小其团聚倾向，并提高与聚合物的相容性。

纳米 $CaCO_3$ 粒子常采用硬脂酸作为表面改性剂，发生如下的反应：

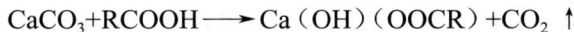

$$CaCO_3 + RCOOH \longrightarrow Ca(OH)(OOCR) + CO_2 \uparrow$$

对无机纳米粒子进行聚合包覆改性的研究备受重视。例如，用聚合物包覆改性 $CaCO_3$ 纳米粒子用于聚丙烯的复合改性，可使复合材料的抗冲击强度提高很多倍，而用硬脂酸改性的 $CaCO_3$ 纳米粒子只能使复合材料的抗冲击强度提高 10%。新近发展了聚合物包覆改性的异相凝聚法和包埋法，异相凝聚法是根据带有相反电荷的微粒会相互吸引、凝聚的原理提出的，包埋法是采用种子乳液聚合方法使聚合物包覆粒子表面的方法。在包埋法中，有时先用偶联剂或表面改性剂对纳米粒子表面进行处理。

（2）溶胶-凝胶法

溶胶-凝胶（sol-gel）法是制备聚合物-无机纳米粒子复合材料的重要方法之一。这种方法与共混法不同，复合产物并不局限于聚合物与无机纳米粒子之间的复合，是一种较为广泛的复合方法。

用溶胶-凝胶法制备聚合物/无机纳米粒子复合材料的过程如下：聚合物＋金属烷氧化物→溶解形成溶液→催化水解形成混合溶胶→蒸发溶剂形成凝胶复合物。

溶胶形成过程和溶胶-凝胶转变过程是关键步骤。在制备溶液的过程中，需要选择前驱物和有机聚合物的共溶剂；完成溶解后，在共溶剂体系中借助催化剂使前驱物水解并缩聚形成溶胶。上述过程是在有机物存在下进行的，条件控制得恰当，在凝胶形成与干燥过程中体系就不会发生相分离，获得在光学上透明的凝胶复合材料。用溶胶-凝胶法制备的聚合物纳米复合材料可应用的聚合物范围很广，既可以是线型的也可以是交联的，既可以是与无机组分不形成共价键的聚合物也可以是能与无机氧化物产生共价键合的聚合物。

溶胶-凝胶法合成聚合物纳米复合材料的特点在于：该方法可以在温和的反应条件下进行，两相分散均匀。控制反应条件和有机、无机组分的比例，可以制备有机-无机材料任意比例的复合材料，得到的产物从加入少量无机材料改性的聚合物，到含有少量有机组分改性的无机材料，如有机陶瓷、改性玻璃等。选择适宜的聚合物作为有机相，可以得到弹性复合物或高模量工程塑料，复合材料形态可以是半互穿网络、全互穿网络、网络间交联等多种形式。采用溶胶-凝胶纳米复合方法，很容易使分散相尺寸控制在纳米范围，甚至可以实现无机-有机材料的分子复合。由于聚合物链贯穿于无机凝胶网络中，分子链和链段的自由运动受到限制，小比例添加物就会使聚合物的玻璃化转变温度（T_g）显著提高。当达到分子复合水平时，T_g 甚至会消失，具有晶体材料的性质。同时，复合材料的软化温度、热分解温度等也比纯聚合物材料有较大提高。

该方法存在的最大问题在于：在凝胶干燥过程中，由于溶剂、小分子、水的挥发，可能导致材料收缩脆裂。尽管如此，溶胶-凝胶法仍是应用最多也是较完善的方法之一，用以制备具有不同性能和满足广泛需求的有机-无机纳米复合材料。溶胶-凝胶法及其所制备的纳米复合材料已越来越广泛地应用到电子、陶瓷、光学、热学、化学、生物学等领域。

此外，还有聚合物-无机纳米复合材料顺序合成法，顺序合成法又可分为有机相在无机凝胶中原位形成和无机相在有机相中原位形成两种情况。有机相在无机凝胶中原位形成包括有机单体在无机干凝胶中原位聚合和有机单体在层状凝胶间嵌插聚合。有机单体在无机干凝胶中原位聚合是把具有互通纳米孔径的纯无机多孔基质（如沸石）浸渍在含有聚合性单体和引发剂的溶液中，然后用光辐射或加热引发，使之聚合，得到大尺寸、可调折射率的透明状材料，应用于光学器件。

7.2.3　聚合物/蒙脱土纳米复合材料

聚合物/蒙脱土纳米复合材料属于纳米插层复合材料。插层材料是指由层状无机物与嵌入物质构成的一类材料，通常层状无机物称为插主（host），嵌入物称为客体（guest）。

层状无机物主要有以下几类：①石墨；②天然层状硅酸盐，如滑石、云母、蒙脱土（黏土、高岭土及泥质石等）和纤蛇纹石、蛭石等；③人工合成层状硅酸盐、云母，如层状沸石、锂蒙脱土和氟锂蒙脱土等；④层状金属氧化物，如 V_2O_5、MoO_3、WO_3 等；⑤其他无机物，如过渡金属二硫化物、硫代亚磷酸盐、磷酸盐，金属多卤化物等。

嵌入物质可以是无机小分子、离子、有机小分子和有机聚合物。当嵌入物质为小分子物质时，该物质常被称为"夹层化合物""嵌入化合物"等。当嵌入物质为小分子时，要利用小分子与夹层的特殊作用，使插主材料附加上一些诸如导电、导热、催化、发光等功能；当嵌入物质为有机聚合物时，通常需要利用聚合物基体与层状插主材料之间的作用，使插层材料能综合插主与客体两者的功能。已开发的一些聚合物插层材料大多是在嵌入成分（聚合物）上附加或改善其某些性能，如强度、耐热性、阻隔性等。

用以制备插层复合材料的方法称为插层法（intercalation）。1987 年日本丰田中央研究院报道了用插层聚合方法制得尼龙 6/蒙脱土纳米复合材料，随后将此种材料用于制造汽车零部件。由于此种材料所表现出的优异的力学、物理性能，这一成就引起了国际上广泛的关注，掀起了研究聚合物/蒙脱土纳米复合材料的热潮，先后研制成功环氧树脂、不饱和聚酯、聚酰亚胺、聚丙烯、聚氨酯、聚丙烯酸酯等一系列热固性树脂和热塑性树脂为基的蒙脱土纳米复合材料。此外，以合成云母、高岭土和石墨为插主的聚合物基纳米复合材料也有很多报道。

由于蒙脱土的特殊结构，它在合成插层材料上具有许多优势。蒙脱土是一种层状硅酸盐，有时也称为黏土，所以蒙脱土和黏土常指同一个意思，都是指可剥离的层状硅酸盐。聚合物/层状硅酸盐纳米复合材料（polymer/layered silicate nanocomposites）、聚合物/蒙脱土纳米复合材料（polymer/montmorillonite nanocomposites）和聚合物/黏土纳米复合材料（polymer/clay nanocomposites）都是指同一个意思，可以记为 PLSN。

插层纳米复合材料的研究涉及两个基本问题：①如何更好、更经济地使黏土类矿物如蒙脱土剥离成纳米级片层状结构；②如何使聚合物基体与纳米片层之间有更好的亲和力。

7.2.3.1　蒙脱土的结构和性质

硅酸盐矿物可分为层状结构硅酸盐和链状-层状结构硅酸盐两种。用作聚合物/蒙脱土纳米复合材料无机分散相的蒙脱土（montmorillonite，MMT）是我国丰产的一种黏土矿物，是一种层状硅酸盐，片层厚约 1 nm，长宽各为 100 nm，每层包含 3 个亚层，两个硅氧四面体亚层夹一个铝氧八面体亚层，亚层之间通过共用氧原子以共价键连接。由于铝氧八面体亚层中的部分铝原子被其他低价原子取代，片层带有负电荷，过剩的负电荷依靠游离于层间的 Na^+、Ca^{2+} 和 Mg^{2+} 等阳离子平衡，这些阳离子容易与烷基季铵盐或其他有机阳离子进行交换反应，生成亲油性的有机化蒙脱土，使层间距离增大。有机蒙脱土片层可进一步使单体插入并聚合，或使聚合物熔体插入而形成纳米复合材料。

蒙脱土硅酸盐片层之间存在碱金属离子，在水中溶胀，故也称为膨润土，即可溶胀的蒙脱土；反之，像滑石、高岭土这类层状硅酸盐，片层间无碱金属，在水中不溶胀，称为非溶胀的蒙脱土。用于制备聚合物/黏土纳米复合材料的黏土主要指可溶胀黏土，即蒙脱土。

蒙脱土粉末是由几十个基本颗粒聚集而成，每个颗粒尺寸为 $10 \sim 50$ μm。颗粒之间存在缺陷，在受到一定外力场作用下可分散成为 $0.1 \sim 10$ μm 的微小颗粒，这些微小颗粒是由厚度为 1 nm 的硅酸盐片层紧密堆砌而成的。蒙脱土的结构单元是 2 : 1 型的片层硅酸盐，其晶体结构是在两层硅氧四面体片之间夹着一层铝（镁）氧（羟基）八面体片结构晶层，晶层中的四面体、八面体可存在异质同晶取代，从而使晶层带净负电荷，晶层间吸收水合阳离子（如 Na^+、Ca^{2+}、Mg^{2+} 等）以抵消这种负电荷。这些水合阳离子可与有机或无机阳离子进行交换，可使分子链插入层间，引起晶格沿 C 轴方向伸展。所以，C 轴方向（d_{001}）的尺寸是不固定的，即层间距是可以大幅度改变的，甚至可使晶层完全分离，即具有二维晶体的特征。这也是插层聚合的依据所在。

聚合物/蒙脱土纳米复合材料中的蒙脱土为钠型膨涠土，其结构如图 7-17 所示，具有如下重要性质：

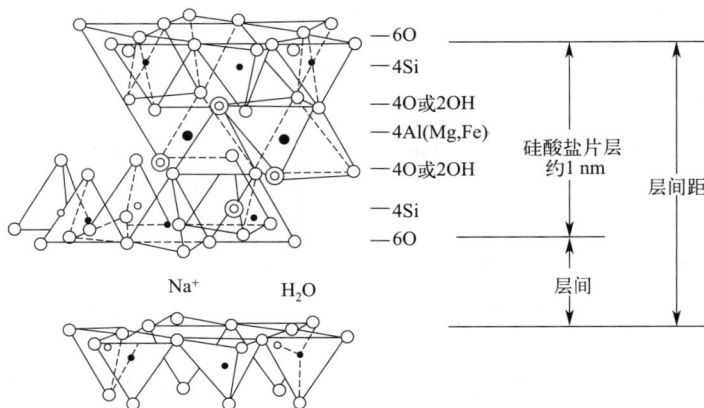

图7-17　蒙脱土的结构

○—O；◎—OH；●—Al，Fe，Mg；○,●—Si

① 膨胀性。可被水溶胀的性质称为膨胀性，可用膨润值表征。

② 晶层之间的阳离子是可交换的，可用无机或有机阳离子进行置换。利用阳离子的可交换性，可通过与其他阳离子交换改变蒙脱土层间的微环境，适应不同的要求。蒙脱土中阳离子可交换能力的大小可用阳离子交换量（CEC 值）表征，它是指 100 g 干土吸附阳离子物质的量。CEC 值是决定蒙脱土矿物能否用于制取聚合物/蒙脱土纳米复合材料的关键。CEC 太低时，不足以提供足够的使片层剥离的推动力；太高时，则极高的层内库仑引力使晶层作用力太大，不利于有机小分子及聚合物的插入，也不利于层片之间的剥离。CEC 值为 60～120 mmol/100 g 的蒙脱土插层效果最好。在实际应用中，蒙脱土与有机阳离子的交换能力是很重要的指标。

③ 蒙脱土矿物颗粒可分离成片层，径/厚比可高达 1000，因此具有极高的比表面积，从而赋予复合材料极优异的增强性能。

7.2.3.2 蒙脱土的有机改性

PLSN 的制备方法可分为插层聚合和插层复合（共混）两类。插层聚合是先使单体嵌入硅酸盐片层之间的坑道中，再进行原位聚合，制得 PLSN。插层复合是聚合物直接嵌入硅酸盐片层的坑道中。不论哪种方法，往往需将蒙脱土预先进行处理，获得有机蒙脱土。

蒙脱土硅酸盐片层及片层之间的坑道都是亲水而疏油的，与多数聚合物及其单体相容性很小。为此，可用有机阳离子（如烷基铵离子、阳离子表面活性剂等）置换蒙脱土硅酸盐片层之间（亦称坑道）原有的水合阳离子，从而使其由亲水性转变为亲油性，该步骤称为蒙脱土的有机化。所用的有机阳离子也称为插层剂，经过表面修饰的蒙脱土称为有机蒙脱土。例如，用十六烷基三甲基溴化铵对无机蒙脱土进行有机化改性的反应可表示为

$$R\!-\!N^+(CH_3)_3Br^- + 蒙脱土\!-\!O^-Na^+ \longrightarrow R\!-\!N^+(CH_3)_3O^-\!-\!蒙脱土 + NaBr$$

选择插层剂应注意以下原则：①应与聚合物或其单体有较大的相互作用，相容性好，有利于聚合物与蒙脱土之间的亲和；②价廉易得。有时单体亦可作为插层剂。插层剂插入硅酸盐片层之间会使片层之间的距离增大，有机基团越长，层间距增加得越多。用碳链有机铵阳离子作插层剂时，碳链要含 12～16 个以上的碳原子。例如，用十六铵盐作插层剂时，硅酸盐片层之间的距离由原来的 1.2 nm 增到 2.2 nm 左右。

插层剂的选择是制备 PLSN 十分关键的环节。根据聚合物种类和 PLSN 制备方法的不同，插层剂也有所不同。

蒙脱土的有机改性主要有以下几种方法。

（1）离子交换法

这是用有机阳离子与硅酸盐片层之间水合阳离子进行离子交换，从而在片层之间引入有机基团，达到有机改性的目的。常用的这类插层剂包括有机铵盐、有机磷盐、氨基酸、吡啶类衍生物等，实际上都是阳离子表面活性剂。

有机铵盐插层剂是应用最多、研究得较成熟的一类有机处理剂。如果有机铵另一端带有可与单体共聚的基团，则效果更好。例如，用乙烯苯基长链季铵盐作插层剂，制得可聚合的改性蒙脱土；当用苯乙烯插层聚合时，可制得剥离型的聚苯乙烯/蒙脱土纳米复合材料。已报道的此类插层剂还有甲基丙烯酰氯苄基二甲基氯化铵和含丙烯酸酯基的季铵盐等。但是，由于烷基铵本身的热稳定性差，在温度较高时（200℃左右）会发生 Hoffman 降解反应，影响复合材料的热稳定性。所以，应用有机磷盐类插层剂也受到重视。

在酸性溶液中，氨基酸的氨基可转变成氨基离子，也可作为蒙脱土改性的插层剂。由氨基酸改性的蒙脱土在制备尼龙 6/蒙脱土纳米复合材料中得到了广泛的应用。例如，用 1,2-氨基月桂酸处理蒙脱土，可制得尼龙 6/蒙脱土剥离型纳米复合材料。此外，也用于聚氨酯、聚己内酯、聚酰亚胺等与蒙脱土插层的纳米复合材料制备。

（2）硅烷偶联剂法

硅烷偶联剂是一类分子中同时具有两种或两种以上反应性基团的有机硅化合物，通式可表示为 $RSiX_3$，X 表示可水解性基团，水解后得到的硅醇基能与蒙脱土表面羟基键合，而 R 为反应性有机基团，能与聚合物结合，这样起到偶联蒙脱土与聚合物的作用。例如：

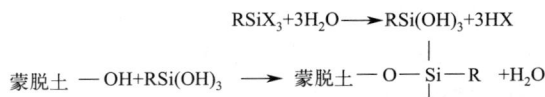

$$RSiX_3 + 3H_2O \longrightarrow RSi(OH)_3 + 3HX$$

$$蒙脱土 \; {-}OH + RSi(OH)_3 \longrightarrow 蒙脱土 \; {-}O{-}\underset{|}{\overset{|}{Si}}{-}R \; + H_2O$$

基团 R 可与聚合物产生较强的次价键或化学键，从而起到偶联剂作用。

用硅烷偶联剂改性的蒙脱土已成功地制得聚苯乙烯/蒙脱土剥离型纳米复合材料。用于制备不饱和聚酯/蒙脱土纳米复合材料，改性蒙脱土用量为 1.5%（质量分数）时，就可使复合材料的冲击强度提高 1 倍。

（3）冠醚改性法

冠醚能与碱金属、碱土金属、镧系金属离子形成稳定的络合物，所以冠醚也能与硅酸盐片层中的碱金属离子形成稳定的络合物，从而达到改性的目的。用冠醚改性的蒙脱土可很好地分散在尼龙 6 基体中，形成纳米复合材料。

（4）单体或活性有机物插层剂法

许多单体亦用作插层剂。这种单体一端必须是阳离子型端基，另一端是可聚合或缩聚的基团。例如，用共聚单体 4,4-二氨基二苯醚作为插层剂改性蒙脱土，然后与 3,3′,4,4′-二苯甲酮四羧酸二酐进行插层聚合，可制得聚酰亚胺/蒙脱土纳米复合材料。此外，用 2-(N-甲基-N,N-二乙基溴化铵)丙烯酸乙酯作为蒙脱土改性剂，得到的改性蒙脱土可与甲基丙烯酸甲酯进行插层共聚，制得聚甲基丙烯酸甲酯/蒙脱土纳米复合材料。活性有机化合物，如 TDI，可作为插层剂改性蒙脱土；利用氯硅烷与蒙脱土片层中的羟基反应，亦可用于改性蒙脱土。

（5）引发剂或催化剂插层剂

将 2,2-偶氮二异丁脒盐酸盐（AIBA）作为蒙脱土的插层改性剂，可引发烯烃单体插层聚合。使用对环氧树脂反应有催化作用的酸性较大的有机阳离子改性蒙脱土，可催化环氧树脂的氨固化，制得剥离型纳米复合材料。

（6）二次插层法

用不同的插层剂对蒙脱土进行插层改性，可提高改性效果。例如，先用十八烷基氯化铵对蒙脱土插层，再用甲基丙烯酸乙酯三甲基溴化铵进行第二次插层；或者先用乙二醇插层，再用其他插层剂进行第二次插层。其他还有用氨基乙酸/十二胺、氨基乙酸/季铵盐、季铵盐/十八胺的组分进行二次插层等。

实际上，并非在所有情况下都需对蒙脱土进行有机改性。对于某些水溶性较大的单体和聚合物，可直接使用钠型蒙脱土制备插层纳米复合材料。例如，可直接用钠型无机蒙脱土制备尼龙/蒙脱土纳米复合材料。采用钠型无机蒙脱土，用悬浮聚合法，可制得聚乙烯醇和聚环氧乙烷等为基体的蒙脱土纳米复合材料；还有用钠型蒙脱土，采用乳液聚合方法，制得聚甲基丙烯酸甲酯/蒙脱土（PMMA/MMT）和聚氯乙烯/蒙脱土（PVC/MMT）纳米复合材料，这样可以简化制备工艺、降低成本，具有实际应用价值。

7.2.3.3 插层热力学及动力学

聚合物的插层过程能否自发进行，取决于该过程的自由焓变化 ΔG 是否小于零。蒙脱土夹层的层间距由原来的 h_0 膨胀到 h，ΔG 变化为

$$\Delta G = G(h) - G(h_0) = \Delta H - T\Delta S \tag{7-11}$$

当 $\Delta G < 0$ 时，插层过程方可自发进行。

以聚合物熔融插层为例。在插层过程中，对蒙脱土先进行有机化改性，得到有机蒙脱土，插层过程的熵变 ΔS 主要来自插层剂和已插层的聚合物。聚合物链由自由的熔融态转变成受限空间内的被约束状态，构象熵将减少（$\Delta S_{聚合物} < 0$）。对于层间的插层剂分子约束链而言，层间距增大，运动空间增大，所以插层剂约束链的熵值（$\Delta S_{链}$）增大。

而 $\Delta S \approx \Delta S_{聚合物} + \Delta S_{链}$。蒙脱土的层间距由 h_0 增至 h 时，$\Delta S_{链} > 0$，而 $\Delta S_{聚合物} < 0$。插层剂链长增加，体积增大，显然有利于 $\Delta S_{链}$ 的提高，因而有利于插层，但通常情况下仍是 $\Delta S \leqslant 0$。

插层过程的焓变 ΔH 主要由插主与嵌入物质（单体或聚合物）之间的亲和程度决定。只有当 $\Delta H < 0$ 且 $|\Delta H| > T|\Delta S|$ 时，插层过程才能自发进行。这就是说，要使 $\Delta G \leqslant 0$，则 $\Delta H \leqslant 0$ 要有较大的绝对值，即插主与客体之间要有较大的亲和力，如产生化学键、氢键或较强的次价键等。熔融插层方法，聚合物与蒙脱土之间只有较弱的范德华力，所以不易得到剥离型插层。而环氧树脂、尼龙6可与蒙脱土形成化学键结合，就能得到剥离型纳米复合材料。

对于单体加聚或缩聚插层，聚合能即聚合热的作用至关重要。蒙脱土为了实现层间剥离，单位面积需消耗的能量为 0.001 J·m⁻²。对于聚合热，例如，对己内酰胺 ΔH 为 -13.4 kJ·mol⁻¹，MMA 为 -13.6 kJ·mol⁻¹，由此可估算出它们在单位面积蒙脱土晶层内聚合时放出的能量为 -0.06 J·m⁻²。所以，单体聚合插层时，关键不在于插层聚合过程放出多少能量，而在于如何将聚合能集中在对蒙脱土晶层的做功上，即如何使单体的聚合集中在片层之间，也就是单体如何扩散到片层坑道中。这就涉及动力学问题。

对熔融插层动力学的研究表明聚合物进入蒙脱土层间的活化能与聚合物熔体在蒙脱土颗粒间扩散活化能相当。因此，插层复合物的形成只需考虑聚合物进入蒙脱土颗粒的传质速率，而无需考虑聚合物在蒙脱土层间的运动速率，采用常规加工设备即可，无需强化搅拌条件等。因为机械搅拌无助于聚合物向蒙脱土层间的扩散；而良好的蒙脱土插层改性剂就可以大幅度提高聚合物向蒙脱土层内扩散。

7.2.3.4 插层方法

（1）聚合物溶液插层法

将改性层状蒙脱土等硅酸盐微粒浸泡在聚合物溶液中加热搅拌，聚合物从溶液中直接插入到层间，将溶剂蒸发脱除后即可形成聚合物纳米复合材料。聚合物溶液直接插层过程分为两个步骤：溶剂分子插层和聚合物与插层溶剂分子间的置换。从热力学角度分析，对于溶剂分子插层过程，溶剂从自由状态变为层间受约束状态，熵变 $\Delta S < 0$，若有机蒙脱土的溶剂化热 $\Delta H < T\Delta S < 0$ 成立，则溶剂分子插层可自发进行；而在聚合物对插层溶剂分子的置换过程中，由于聚合物链受限，减小的构象熵小于溶剂分子解约束增加的熵，则熵

变 $\Delta S > 0$。只有满足放热过程 $\Delta H < 0$ 或吸热过程 $0 < \Delta H < T\Delta S$ 时，聚合物插层才会自发进行。因此，聚合物的溶剂选择应考虑对有机阳离子的溶剂化作用，太弱不利于溶剂分子的插层步骤，太强则得不到聚合物插层产物。温度升高，有利于聚合物插层，而不利于溶剂分子插层，所以在溶剂分子插层步骤要选择较低温度。在聚合物插层步骤要选择较高温度，此时温度升高有利于溶剂分子的蒸发。蒙脱土的改性对于插层成功与否起着关键的作用。例如，在制备聚丙烯/蒙脱土纳米复合材料时，用丙烯酰胺改性的蒙脱土在甲苯中被聚丙烯插层，晶层间距从原来的 1.42 nm 增加到 3.91 nm；而用季铵盐改性的蒙脱土在甲苯中被聚丙烯插层，层间距基本不变。这说明丙烯酰胺的双键在引发剂作用下可以与聚丙烯主链发生接枝反应，这样更有利于硅酸盐晶片分散剥离。XRD 和 TEM 测试结果都证明了这一结果。

聚合物溶液插层复合方法已有很多成功的例子。例如，十二烷基季铵盐改性的蒙脱土可很好地分散在 N,N-二甲基甲酰胺（DMF）溶剂中，而聚酰亚胺及其单体也可溶于 DMF 中，因此聚酰亚胺大分子链可借助溶剂的作用插入蒙脱土层间，加热除去溶剂即制得聚酰亚胺/蒙脱土纳米复合材料。聚环氧乙烷与蒙脱土纳米复合材料也可用此方法制得，此法的关键是当溶剂挥发时要保证聚合物不随之脱掉，但在许多情况下要做到这一点并不容易。

（2）聚合物熔体插层法

熔体插层过程首先是将改性蒙脱土与聚合物混合，再将混合物加热到软化点以上的流动状态，借助混合、挤出等机械剪切力作用将聚合物插入蒙脱土晶层间。在插层过程中，由于部分聚合物链从自由状态的无规线团构象变成受限于层间准二维空间的受限链构象，其熵将减小，$\Delta S < 0$；聚合物链的柔顺性越大，ΔS 的绝对值将越大。根据热力学分析，要使此过程自发进行，必须是放热过程，$T\Delta S < \Delta H < 0$，因此聚合物熔体直接插层是焓变控制的。插层过程是否能够自发进行，取决于聚合物链与蒙脱土分子间的相互作用程度。此相互作用必须强于两个组分自身的内聚作用，并能补偿插层过程中熵的损失才能有效。另外，温度升高不利于插层过程。聚苯乙烯/蒙脱土纳米复合材料已经用这种方法成功制备。研究者将有机改性蒙脱土和聚苯乙烯放入微型混合器中，在 200℃ 下混合反应 5 min，即可得到插层纳米复合材料。XRD 和 TEM 测试表明：蒙脱土晶层均匀分散在聚苯乙烯基体中，形成剥离型纳米复合材料。聚合物熔融挤出插层是利用传统聚合物挤出加工工艺过程制备聚合物/蒙脱土纳米复合材料的新方法，这种方法的显著特点是可以获得较大的机械功，因此有利于插层过程。采用这种方法得到的尼龙 6/蒙脱土纳米复合材料，XRD 测试结果表明蒙脱土层间距由插层前的 1.55 nm 增加到 3.68 nm，说明尼龙 6 聚合物链在熔融挤出过程中已充分插入硅酸盐晶层之间，层间距发生了膨胀，得到的复合材料的力学性能也有很大改善。

由于熔体插层法是焓控制过程，关键是聚合物与蒙脱土片层间要有良好的相互作用。为此，需要对聚合物进行改性。例如，聚丙烯（PP）与蒙脱土片层无亲和性，用马来酸酐（MA）对 PP 进行改性制得 PP-MA 低聚物（马来酸酐改性聚丙烯），把它作为第三组分，起到增容剂的作用，再与聚丙烯和蒙脱土混合。在这些过程中，PP-MA 上的酸酐基团水解产物—COOH 与蒙脱土硅酸盐上的氧原子之间产生较强的氢键作用，弱化层间的次价力，使 PP 插入层间，制得聚丙烯/蒙脱土纳米插层复合材料，蒙脱土的层间距可达 6～7 nm。

（3）单体原位聚合插层法

单体原位聚合插层复合工艺根据有无溶剂参与可以分为单体溶液插层原位溶液聚合和单

体插层原位本体聚合两种。单体溶液插层原位溶液聚合过程是先将聚合单体和有机改性蒙脱土分别分散在同一溶剂中，搅拌一定时间使单体进入硅酸盐晶层间，最后在光、热或引发剂等的作用下发生溶液原位聚合反应，进行后处理后就可形成聚合物纳米复合材料。单体插层原位本体聚合过程是单体本身呈液态，与蒙脱土混合后单体插入层间，再引发单体进行本体聚合反应。

单体溶液插层原位溶液聚合分为两个步骤：首先是溶剂分子和单体分子进入蒙脱土层间，发生插层过程，然后进行原位溶液聚合。溶剂通过对蒙脱土层间有机阳离子和单体二者的溶剂化作用促进插层过程，并为聚合物提供反应介质的双重功能。要求溶剂自身能插层、与单体的溶剂化作用大于与有机阳离子的溶剂化作用。由于溶剂的存在，聚合反应放出的热量得到快速释放，起不到促进层间膨胀的作用，因此通常不能得到剥离型纳米复合材料。

单体插层原位本体聚合过程也包括两个步骤：单体插层和原位本体聚合。单体插层步骤与聚合物熔体插层和溶剂插层过程类似，而对于在蒙脱土层间进行的原位本体聚合反应，在等温、等压条件下，该原位本体聚合反应释放出的自由能将以有效功的形式降低蒙脱土片层间的吸引力而做功，使层间距大幅度增加，形成剥离型聚合物纳米复合材料。在插层过程中，温度升高不利于单体插层。

单体插层聚合方法已经成功用于尼龙/蒙脱土纳米复合材料的制备。例如，将蒙脱土与己内酰胺混合，再用引发剂引发插入的己内酰胺发生聚合反应，即可制得尼龙 6/蒙脱土纳米复合材料。测试表明蒙脱土以 50 nm 尺寸分散在尼龙 6 基体中。当蒙脱土质量分数为 15% 时，其层间距由原来的 1.26 nm 增加到 6.2 nm，因此层间距还与蒙脱土的含量有关。此外，将苯胺、吡咯、噻吩等单体嵌入蒙脱土无机片层间，经化学氧化或电化学聚合生成导电聚合物纳米复合材料，可作为锂离子电池的阳极材料。液晶共聚酯/蒙脱土纳米复合材料也是单体聚合法制备的。

在单体原位聚合插层法中，最好用共聚单体作为蒙脱土插层改性剂。这种改性剂一端带有正电荷，如鎓基，它可与蒙脱土片层上的负电荷结合，另一端含有双键等可聚合基团，这样可大幅度提高复合效率。例如，先用乙烯基苯基三甲基氯化铵通过阳离子交换插入 MMT 层间，再使苯乙烯单体插入并原位聚合，使聚合物链接枝到片层上：

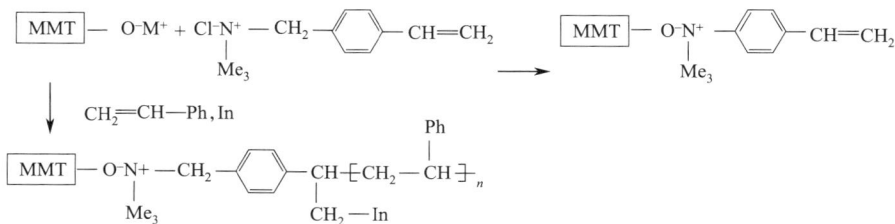

如此制得的聚苯乙烯/蒙脱土纳米复合材料中，每克蒙脱土接枝的聚苯乙烯链达 0.84～2.94 g，层间距为 1.72～2.45 nm。

单体原位聚合插层法也可采用乳液聚合方法或悬浮聚合方法制备。采用乳液聚合方法时，对亲水性较大的单体，有时不需要对蒙脱土进行有机改性，在乳化剂作用下使用钠型无机蒙脱土就可以取得较好的复合效果。

7.2.3.5 结构形态

根据聚合物-蒙脱土插层复合材料中蒙脱土片层在聚合物基体中的分散状态，可将其复合结构分为普通复合（conventional composite）、插层纳米复合（intercalated nanocomposite）和剥离型插层纳米复合（delaminated nanocomposite）3 种。在普通复合中，蒙脱土片层并没有发生层间扩展的结构上的变化，聚合物也未进入片层间，因此类似通常的填充，并非真正的插层复合。在插层纳米复合中，蒙脱土片层间距因大分子链的插入而明显扩大，从原来的 1 nm 增加到 2 nm 甚至更大。由纳米插层复合形成的结构称为插层结构（intercalated structure），如图 7-18（a）所示，这时片层之间仍存在较强的范德华作用力，片层之间排列仍存在有序性。由剥离型插层纳米复合形成的结构称为剥离结构（exfoliated structure），如图 7-18（b）所示，这时蒙脱土片层间作用力消失，片层在聚合物基体中无规分布。

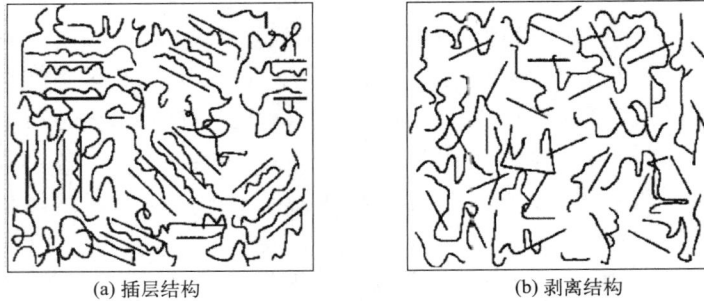

(a) 插层结构   (b) 剥离结构

图7-18　聚合物/蒙脱土纳米复合材料两种理想结构

对于实际的聚合物/蒙脱土纳米复合材料，形态结构常介于这两种理想结构之间，具体的形态结构还受动力学因素和剪切应力场影响。透射电子显微镜和 X 射线衍射技术可以清楚地表征这 3 种材料不同复合效果的结构特征。对于普通复合体系，由于蒙脱土是以原有的晶体粒子分散在聚合物基体中，样品的 X 射线衍射呈现出原有蒙脱土晶体的衍射谱图，其 001 峰所反映的晶胞参数 c 轴尺寸恰好是蒙脱土的层间距离 d。依据蒙脱土产地及类型的不同，所测得的 d 值往往不同，如钙质蒙脱土的 d_{001} 为 $1.52 \sim 1.56$ nm，钠质蒙脱土的 d_{001} 为 $1.24 \sim 1.30$ nm，钠钙质蒙脱土的 d_{001} 介于钙质蒙脱土和钠质蒙脱土之间。用透射电子显微镜观察，在低倍数时，可看到一般无机填充粉末在聚合物基体中分散的特征，如图 7-19 所示；当放大倍数足够大且超薄切片位置合适时，可看到聚合物中蒙脱土的晶层结构，如图 7-20 所示。图中黑线为蒙脱土晶层，空白部分是层与层之间的间隙，晶层尺寸约为 1 nm，层间间隙为 $0.3 \sim 0.5$ nm。

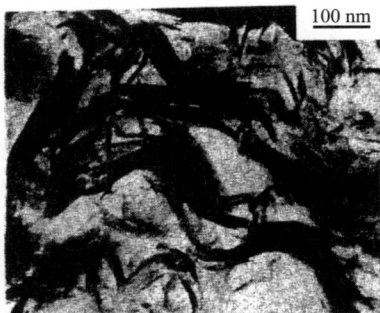

图7-19　普通复合中蒙脱土晶层结构（TEM）
体系：PMMA/MMT

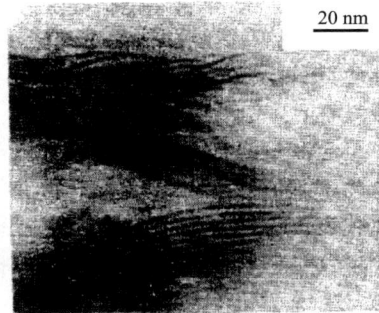

图7-20　纳米插层复合中蒙脱土晶层结构（TEM）
体系：PMMA/MMT

对于插层纳米材料，聚合物在蒙脱土层间的插入使蒙脱土层间距扩大。但是，由于扩大的尺寸往往不到 1 nm，用透射电子显微镜只能估算出层间距尺寸，参见图 7-20。如果图中黑线之间空白部分尺寸大于黑线宽度，则可认为蒙脱土层间距大于 1 nm。若要获得精确的层间距尺寸，则可借助 X 射线衍射进行分析。

在钠质蒙脱土的 X 射线衍射谱图中，001 峰出现在 $2\theta=5.89°$。当蒙脱土夹层中插入任何其他小分子或聚合物而引起层间距扩大后，X 射线衍射的 001 峰将向低角度移动，而且 001 峰形有逐步加宽的趋势。当层间距扩展至大于 2 nm 时，001 峰几乎消失（图 7-21）。这可以认为，当蒙脱土晶层间距大于 2 nm 时，层间作用力基本消失，层与层的排列趋于无序化。蒙脱土层间距小于 2 nm 的插层材料，其层间距的精确尺寸可由 X 射线衍射角度及 X 射线波长（λ）等参数通过布拉格公式精确计算得到。

对于剥离型插层材料，由于蒙脱土层片被聚合物完全撑开，在整个体系中呈无序分散状态，其 X 射线衍射谱图在 $2\theta=1°\sim10°$ 范围内见不到明显的衍射峰，因此继续用这一方法描述体系中蒙脱土片层之间的距离是不合适的。这时，用透射电子显微镜技术描述体系中蒙脱土片层的状态较为适合，通过照片上的测量可统计计算出蒙脱土片层之间的平均间距，如图 7-22 所示。

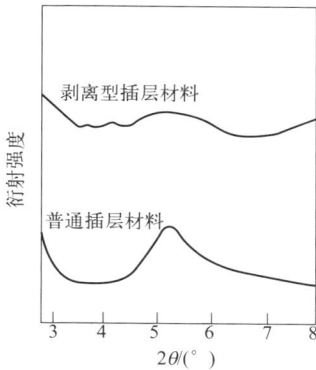

图7-21　普通插层材料及剥离型插层材料　　　图7-22　剥离型纳米复合材料TEM图

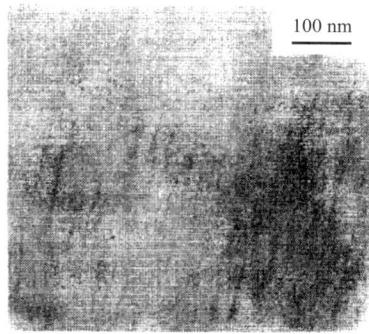

X射线衍射图　　　　　　　　　　　　体系：PMMA/MMT

当超薄切片的方向垂直于蒙脱土片层平面时，在显微镜下看到的是片层的横截面，呈细条纹状。由于蒙脱土片层的尺寸可大至 $100\sim200$ nm 小至 5 nm，并且单层晶片具有一定的"柔性"，在显微镜下可能看到一些长短不一、可弯曲的细条。如果超薄切片的方向恰好平行于蒙脱土片层，并且被剥离的片层存在于 $60\sim70$ nm 厚度的薄片样品中，可通过显微镜观察到蒙脱土片层相互错位、平铺于聚合物基体中的状态。

聚合物与蒙脱土之间相互作用的表征，可通过核磁共振（NMR）、傅里叶变换红外光谱（FTIR）等手段进行测试分析。例如，可根据化学位移随原子核有效电荷密度的增大而增大原理，从 ^{15}N NMR 的化学位移估算尼龙 6 与蒙脱土之间的键合情况；也可通过端基分析法测定，计算出尼龙 6 与蒙脱土片层形成化学键结合的比例。

将插层材料用溶剂进行萃取，并借助红外光谱等分析手段，可以判断聚合物是否与蒙脱土片层形成化学键结合。该方法证实乳液聚合 PMMA/MMT 插层材料中 PMMA/MMT 的化学键合成分较高，也发现在本体聚合 PMMA/MMT 插层材料中同样存在聚合物与蒙脱土的化学键合成分。

插层分子在蒙脱土夹层中所处的状态，可以通过层间空间尺寸与插层分子的尺寸比拟描述。对于 ω-氨基酸/蒙脱土插层体系，当碳数小于 8 时，测得蒙脱土的层间距大致为片层厚度（1 nm）与 ω-氨基酸分子直径（0.35 nm）的和（即 1.35 nm），所以 ω-氨基酸是平躺在蒙脱土片层内。当 ω-氨基酸的碳数等于 11 或更多时，氨基酸分子与夹层平面形成一倾斜角 θ，并符合式（7-12）（参见图 7-23）。

$$\sin\theta = \frac{d-1.0}{L} \tag{7-12}$$

式中，L 为氨基酸分子长度，d 为实测层间距，θ 为氨基酸分子与夹层平面的夹角。当 ω-氨基酸的碳数为 11、12、18 时，θ 值分别为 23.5°、21.5°、42.5°。

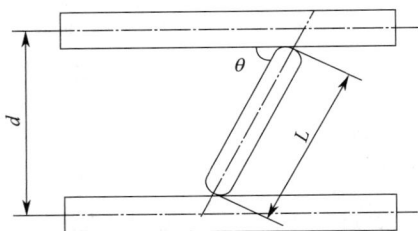

图7-23　蒙脱土夹层内分子状态模型

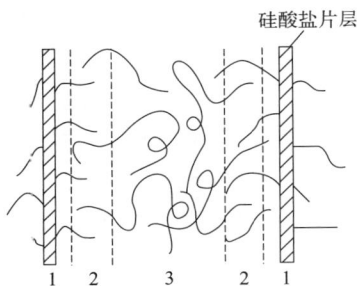

图7-24　聚合物/纳米复合材料区域结构
1—表面区；2—束缚聚合物区；3—未束缚聚合物区

如果蒙脱土层间在大量聚合物分子链作用下呈完全剥离状态，则聚合物分子链在层间的形态是自由的，与其在夹层外的状态相同。因此，在插层纳米材料中聚合物处于受限空间，其玻璃化转变可能消失；而在剥离型插层纳米材料中，聚合物的玻璃化转变仍然存在。

对于剥离型插层材料，蒙脱土在聚合物中的质量分数与蒙脱土片层间距存在一定的函数关系：

$$d = \frac{Rt\rho_c}{\rho_p} + t \tag{7-13}$$

式中，t 为蒙脱土片层厚度，ρ_p、ρ_c 分别为聚合物和蒙脱土密度；R 为聚合物与蒙脱土的质量比值。例如，有机型蒙脱土片层厚度 $t=1.68$ nm，PMMA 密度 $\rho_p=1.18$ g·cm^{-2}，蒙脱土晶体密度 $\rho_c=1.98$ g·cm^{-2}，代入式（7-13），则

$$d = 2.82/R + 1.68 \tag{7-14}$$

若 100 g PMMA 中含有机蒙脱土 5 g，即 $R=20$，则 $d=2.82\times20+1.68=58.08$（nm）。

通过与计算值的比较，可以估算蒙脱土片层的分散情况。测定值小于这个数值，其原因是体系不是完全均匀的；另外，该公式推导过程的假设亦有一定偏差，即有许多聚合物实际上并不是分散在蒙脱土片层间。

聚合物/蒙脱土纳米复合材料中，硅酸盐片层厚度为 1 nm，横向尺寸为 250 nm，径/厚比为 250，比表面积超过 700 m^2·g^{-1}，单个片层可视为分子量在 10^6 以上的刚性聚合物。整个材料是由界面层构成的，聚合物/蒙脱土界面是决定材料性能的基本因素。

此种纳米复合材料围绕硅酸盐片层可区分为如下 3 个区域（图 7-24）：①在靠近硅酸盐片层表面是由表面改性剂（插层剂）或增容剂构成的区域，厚度为 1～2 nm。②第二个区域是束缚聚合物区，可由蒙脱土表面伸展至 50～100 nm。此区域的大小取决于表面改性剂与聚合

高分子材料基础（第四版）

物之间作用力的性质和强度以及聚合物/聚合物之间相互作用力的性质和强度。表面改性剂与聚合物间的作用力越强，此束缚区越大。另外，蒙脱土具有成核作用，也是对此束缚区产生重要影响的因素。③第三个区域是未束缚聚合物区，此区域与原来的聚合物相同。由热力学和动力学因素决定这3个区域的相对大小。对完全剥离型的纳米复合材料，当片层浓度不是特别小时，第三个区域可缩小至零。这3个区域的结构不同，表现出不同的物理性能，宏观物性是由这3个区域的性能共同决定的，例如这3个区域会有不同的扩散系数、渗透系数等。

如上所述，聚合物/蒙脱土纳米复合材料的形态结构包括硅酸盐片层的分散程度和排列的有序性以及聚合物大分子链构象变化，所形成的区域结构决定了此种纳米复合材料结构-性能关系的基本规律，是了解结构与性能关系的基础。

7.2.3.6 性能及应用

聚合物/蒙脱土纳米复合材料的应用可分为两大类，即作为工程材料和气体阻隔材料，分别涉及力学性能和阻隔性能。此种纳米复合材料的拉伸强度、拉伸模量与聚合物基体相比有大幅度提高，这是用一般填料填充的聚合物体系所无法比拟的，同时阻燃性、热变形温度、耐溶剂性能等都有大幅度的提高，因此是优异的工程材料。这类纳米材料的另一特点是具有极高的气体阻隔性能，对某些气体的渗透性可下降1个数量级，蒙脱土的用量仅为1%～5%（质量分数），而且透明性并不受明显影响。

聚合物与蒙脱土进行纳米复合，可使力学性能大幅度增加，使热变形温度和热分解温度明显提高，而热膨胀系数显著下降。表7-10列出了PET/MMT纳米复合材料与纯PET和玻璃纤维增强PET的性能对比。

■ 表7-10　PET/MMT纳米复合材料的性能

性能	PET	PET（玻璃纤维增强，玻璃纤维用量43%）	PET/MMT纳米复合材料	
蒙脱土用量/%（质量分数）	0	—	2	5
弯曲强度/MPa	73	230	87	91
弯曲模量/MPa	2300	1000	3100	3600
Izod抗冲击强度/（J·cm^{-1}）	28	71	56	53
热变形温度（HDT）/℃				
1.86 MPa	71	231	104	110
0.45 MPa	142	246	177	192
收缩率/%	1.2	0.6	0.8	0.7
热膨胀系数/10^{-5}K^{-1}	9.1	3.1	7.6	6.3
扭曲变形/mm	0.6	1.3	0.4	0.4
光泽/%	91.6	82.4	91.2	91.3
再结晶温度/℃	140	134	125	120

在阻燃材料中，常采用添加阻燃剂的方法实现阻燃，但这会使材料的物理性能和力学性能下降，而且一旦燃烧会产生更多的CO和烟雾。而在聚合物/蒙脱土纳米复合材料中，如尼龙6/蒙脱土纳米复合材料，不加阻燃剂，热释放速率下降60%以上，而且不增加CO和烟雾的产生，所以是一种优异的阻燃材料，同时聚合物/蒙脱土纳米复合材料还有优异的自熄性。阻燃和自熄的原因在于：当燃烧时，纳米复合材料结构塌陷，多层碳质-硅酸盐结构提高了碳的阻燃性能。这种富硅酸盐炭质结构是一种传质和传热的阻隔体，阻隔挥发物的产生和聚合物的分解。

聚合物/蒙脱土纳米复合材料由于呈现出良好的综合性能，如热稳定性高、强度高、模量高、气体阻隔性高、热膨胀系数低，而密度仅为宏观复合材料的65%～75%，可广泛应用于航空、汽车、家电、电子等行业，作为高性能工程杦料使用。丰田汽车公司已成功地将尼龙/层状硅酸盐复合材料应用于汽车上。随着研究的深入，越来越多的此种纳米复合材料将应用于食品包装、燃料罐、电子元器件、汽车、航空等方面。由于层状硅酸盐的纳米尺度效应，可以成膜、吹瓶和纺丝，在成膜和吹瓶过程中硅酸盐片层平面取向形成阻隔层，可用于高性能包装和保鲜膜，是开发新型啤酒瓶的理想材料。此外，层状硅酸盐具有较高的远红外反射系数，含5%（体积分数）蒙脱土的尼龙6、PP、PET纤维远红外反射系数＞75%，比市售的"红外发射纤维保健品"的性能好得多，而且成本较低，是一种极具开发前景的产品。随着研究的深入，这种纳米复合材料的应用研究将进一步扩宽。应用的新领域有高性能增强聚合物基结构材料、高性能有机改性陶瓷材料等。总之，聚合物基纳米复合材料优良的综合性能将使其应用越来越广，扩展到国民经济的许多领域。

7.2.3.7　进展与展望

聚合物/层状硅酸盐纳米复合材料的研究主要集中于聚合物/蒙脱土体系，已发表的报道涉及数十种聚合物，包括均聚物和共聚物，例如聚丙烯、聚氯乙烯、EVA、聚丙烯酸乙酯、聚甲基丙烯酸甲酯、聚环氧乙烷、聚丙烯腈、聚氨酯、聚苯胺、聚吡咯、环氧树脂、聚醚酯、聚丙烯酰胺、聚酰亚胺、酚醛树脂、不饱和聚酯、聚对苯二甲酸乙二醇酯、聚对苯二甲酸丁二醇酯、硅橡胶、丁腈橡胶、三元乙丙橡胶、尼龙6、尼龙12、尼龙66等。

整体而言，插层法工艺较为简单，原料来源丰富、价格低廉，具有工业化前景。成功用于极性聚合物基体的例子较多，工业化过程也较顺利。而非极性聚合物基体的插层复合仍存在一些问题。研究涉及改进聚合物基体力学性能、热性能和阻隔性能的较多，但也有不少涉及功能性材料，例如聚氧化乙烯/钠基蒙脱土（PEO/Na$^+$MMT）、聚苯胺/蒙脱土（PAn/MMT）、聚吡咯/蒙脱土（PPy/MMT）等用于电子及光电子材料是有前途的。

由于插层体系同时又是一种纳米复合体系，两相呈纳米级分散，许多纳米尺度效应尚未发掘，可能还有许多性能，特别是光、电、磁等功能特性，尚未进行研究。插层材料在导电材料领域、高性能陶瓷、非线性光学材料等领域也有应用前景。此外，蒙脱土层片具有富余的负电荷，可与客体分子的正电性部分发生作用，提供分子组装的途径，例如将一些天然生物材料（如壳聚糖、明胶等）与之进行分子组装插层。在插层技术方面，可望在应用其他相关学科的理论和技术的基础上开拓新的插层途径。例如，Kyotani 在蒙脱土夹层中合成聚丙烯腈后高温烧蚀，再用氢氟酸处理把蒙脱土除去，得到分子链在二维空间高度取向、高规整度的聚丙烯腈碳纤维，与普通的聚丙烯腈碳纤维相比在结构和性能上有很大的不同。

在插主与客体的选择上也可以扩宽思路，例如石墨作为插主的可能。已有报道，若先在石墨层内插入碱金属，则苯乙烯等可大量插入层内并聚合。插层后石墨片层可被完全剥离，使其分散于 PMMA、PA、PS、PVC 中，制成纳米分散体系。石墨含量只需2%～5%，即可制得电导率可达 0.1～10 S/cm 的纳米复合材料。以下重点关注聚合物/石墨烯纳米复合材料的结构、制备及其性能和应用。

7.2.4　聚合物/石墨烯纳米复合材料

自 2004 年英国曼彻斯特大学盖姆（Geim）和诺奥肖洛夫（Novoselov）从石墨中制备出

单层石墨烯（2010 年获得诺贝尔物理学奖），石墨烯凭借其优异的力学、电学、热学和光学性能，迅速受到材料、化学、物理、能源、生命科学和信息技术等领域的广泛关注，展现出广阔的应用前景。作为石墨烯的重要应用之一，其在增强聚合物性能方面明显优于蒙脱土或炭黑等纳米填料，聚合物/石墨烯纳米复合材料逐渐在现代纳米技术领域扮演重要角色。石墨烯增强的聚合物种类众多，如聚酰胺、聚乙烯、聚丙烯、聚四氟乙烯、聚碳酸酯、聚氨酯、聚乳酸、聚乙烯醇、聚苯胺、聚己内酯、环氧树脂和橡胶等。本节通过介绍石墨烯的结构、性质和聚合物/石墨烯纳米复合材料的制备方法、结构与性能，探讨这类聚合物基纳米复合材料未来的发展和应用方向。

7.2.4.1 石墨烯的结构和性质

单层石墨烯是单原子层紧密堆积的二维晶体，厚约 0.335 nm，比表面积为 2630 $m^2 \cdot g^{-1}$。

在石墨烯平面内，碳原子以正六边形圆环形式周期性排列，每个碳原子与邻近的 3 个碳原子通过 sp^2 杂化结构形成强的 σ 共价键，键角 120°，结构稳定，赋予石墨烯极高的力学性能。已有报道：单层石墨烯的杨氏模量为 1100 GPa，断裂强度高达 130 GPa，是钢铁的 100 倍。另外，碳原子中剩余的一个未参与 sp^2 杂化的电子在垂直的 pz 轨道上与邻近原子的剩余电子形成离域大 π 键，电子可在区域内自由移动，从而使石墨烯具有良好的导电性能。室温下载流子在石墨烯中的迁移率可达 15000 $cm^2 \cdot V^{-1} \cdot s^{-1}$，相当于光速的 1/300，是商用硅片的 10 倍以上，在液氢温度下更是高达 250000 $cm^2 \cdot V^{-1} \cdot s^{-1}$，远超其他半导体材料如锑化铟、砷化镓等。这使得石墨烯中的电子性质与相对论中的中微子相似，电子在晶格中可无障碍移动，不会发生散射，赋予其优良的电子传输性质。石墨烯的电子结构还使其表现出许多独特的电学性质，如室温量子霍尔效应等。同时，这种紧密堆积的二维平面结构也是其他碳材料的基本构成单元，当其卷曲为闭合结构时即形成零维的富勒烯，当其被剪切并卷曲成圆柱形结构时便形成一维的碳纳米管，当其平行、有序地堆叠在一起时可形成三维的石墨，其结构变化如图 7-25 所示。

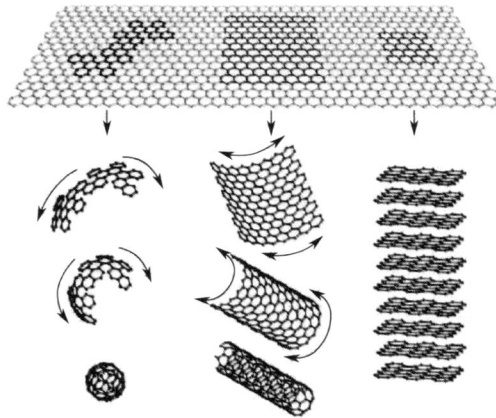

图7-25 石墨烯及其构造的碳同素异形体——富勒烯，碳纳米管和石墨

除了优异的力学性能及导电性外，石墨烯还具有优良的导热性。石墨烯传热主要是靠声子的传递，石墨烯稳定的晶格结构减少了声子散射，因此其热导率高达 5300 $W \cdot m^{-1} \cdot K^{-1}$，优于碳纳米管，更是比一些常见金属如金、银、铜等高 10 倍以上。石墨烯也具备独特的光学性能，单层石墨烯在可见光区的透过率达 97% 以上。石墨烯还具有良好的阻隔性能，其

制备的薄膜可以阻隔氮气分子通过。此外，由于石墨烯边缘及缺陷处有孤对电子，赋予其潜在的磁性能。这些特性使石墨烯在纳米器件、传感器、储氢材料、复合材料、场发射材料等重要领域都有广阔的应用前景。

7.2.4.2 石墨烯的制备及其表面改性

（1）石墨烯的制备

石墨烯的制备方法大体可分为4类：剥离法、化学气相沉降法、外延生长法和氧化还原法。尽管上述方法各有优势，但仍缺少低缺陷、少层或单层石墨烯的大规模可控制备方法，制约了石墨烯工业化的发展。

① 剥离法　石墨是由石墨烯片层有序堆叠而成的层状晶体，层与层之间通过范德华力形成H维结构，层间距较大，相互间作用力较弱，易于在外力作用下出现分离。剥离法正是利用石墨晶体的这一特征，采用机械力（剪切力、摩擦力、拉伸力等）、超声波等外力对石墨片层进行剥离，从而制备出单层或少层石墨烯。

② 化学气相沉积（CVD）法　以碳氢气体化合物为原料，在高温下（约1000℃）使气体混合物分解成碳和氢原子，之后退火，使碳原子在基材底部金属（铜、镍或铂等）表面沉积，形成一层致密、均匀、稳定的固体薄膜，最后用化学腐蚀的方法刻蚀掉基材底部，得到单层石墨烯。

在多晶镍基底上通过对甲醇等碳源进行气相沉积成功合成了单层或少层石墨烯，并通过刻蚀的方法将石墨烯薄膜转移到其他基底如PMMA、PDMS、Si/SiO_2、玻璃等上，但得到的只是多层石墨烯薄膜或不均一的单层石墨烯薄膜。通过CVD法得到的石墨烯质量好，层数也可由温度控制，产率较剥离法也有较大提高，高品质、大尺寸、尺寸均一的石墨烯大多通过CVD法制备。但是，该方法制备出的石墨烯薄膜只有从金属基底上转移到其他基底上才会具有实际应用价值，操作环境比较苛刻（需在高温下），导致生产成本相对较高，这限制了其大规模的应用，只应用在中高端需求领域。

③ 外延生长法　就是碳原子的重构化学反应，是除CVD法外另一种大规模、高质量制备石墨烯的方法。

根据生长基底种类的不同，外延生长法可分为SiC外延生长法和金属衬底表面外延法。

SiC外延生长法是以单晶碳化硅片为原料，利用氢气刻蚀处理后，在高温（1200～1500℃）、高真空（$< 10^{-6}$ Pa）条件下，利用硅原子的升华速度比碳快的原理除去硅原子，剩余的碳在基底表面（0001面）发生重排，形成厚度可控的石墨烯片。利用外延生长法制备石墨烯，可以通过控制温度、时间等条件得到高质量、大面积、均一性较好的石墨烯，其导电性能良好，可用于制备门控晶体管，其电子迁移率能达到5000 $cm^2 \cdot V^{-1} \cdot s^{-1}$。但是，该法制备条件较苛刻，需要在高温、高真空环境以及活泼金属作为催化剂或基底条件下才能进行，而且制得的石墨烯薄膜在退火过程中容易破裂，较难从衬底上分离。

金属衬底表面外延法是在高真空环境中含碳化合物的前驱体在高温下发生裂解，裂解产生的碳原子沉积在［Ru（001）］、［Ni（111）］、［Ir（111）］等单晶金属表面，经原子重排制成石墨烯。特别需要注意的是，金属衬底表面外延法所使用的金属单晶的晶格能要与石墨烯匹配。

④ 氧化还原法 以上介绍的 3 种方法虽然都能制备出高质量的石墨烯，但均遇到了产量低、可加工性差等问题，严重制约了石墨烯在许多领域的应用。使用最广泛也是最有希望实现大规模工业化制备石墨烯的方法是氧化还原法。该法利用氧化石墨烯为前驱体，通过热还原或化学还原将氧化石墨烯表面的含氧基团除去，最后得到石墨烯。这种方法虽然不能得到完美的石墨烯，但石墨烯的本征性能均能实现。同时，相对于其他制备方法，氧化还原法的原料丰富，设备及操作过程简单，制备出的石墨烯可加工性好。

氧化还原法可分为氧化-剥离-还原 3 个步骤，即：通过氧化剂氧化和剥离石墨类材料（如石墨、碳纳米管、碳纤维等）制得氧化石墨烯，再用还原剂（如肼、还原性金属等）还原氧化石墨烯，得到高导电性的石墨烯。常用的氧化方法主要有三种，即 Brodie 法、Hummers 法、Standenmaier 法，均是利用强酸-强氧化剂的组合对石墨进行处理，强质子酸进入到石墨层间，形成石墨插层化合物，随后用强氧化剂对石墨进行氧化，引入大量亲水性含氧官能团到石墨烯表面和边缘，形成氧化石墨烯。由于含氧基团具有较强的亲水性，氧化石墨烯能被完全剥离并分散在水中。还原分为热膨胀还原和化学还原两种。热膨胀还原是指将氧化石墨烯在短时间内快速升温至 1000℃ 以上，高温使氧化石墨烯中的含氧基团迅速分解并释放出二氧化碳等气体，气体释放时产生的压力能使氧化石墨烯片层有效地分离开来。化学还原反应是利用水合肼、硫化氢或 2 价铁离子等还原剂，在碱性条件下将片层氧化石墨烯还原成只含少量氢和氧的片层石墨烯。

⑤ 其他方法 除了上述几种常用的方法外，也不断出现新的制备方法，如超临界流体剥离法、电化学剥离法、有机合成法等。虽然关于石墨烯制备的方法不断出现，但每种方法都有其自身的特点，在未来的发展中大规模、高质量、低成本、绿色无污染制备方法将会成为主流。

（2）石墨烯的表面改性

聚合物/石墨烯纳米复合材料的物理化学性质与石墨烯片层在聚合物基体中的分散情况以及同基体间的相互作用密切相关。结构完整的石墨烯是由不含任何不稳定键的六元环组合而成的二维晶体，化学稳定性高，其表面呈惰性状态，与其他介质（如溶剂等）相互作用较弱，而且石墨烯片层之间存在较强的 π-π 相互作用，容易产生团聚，使其难以分散在水和常见有机溶剂中，限制了石墨烯的研究和应用，其复合材料也不能充分发挥石墨烯优异的性能。因此，常常需要对石墨烯表面进行改性，以提高石墨烯在基体中的分散性及其与基体的相容性。而氧化石墨烯（graphene oxide，GO，图 7-26）表面含有大量的含氧官能团，如羟基、羧基、环氧基等高活性基团，使石墨烯的表面改性与修饰成为可能。利用这些官能团对石墨烯进行接枝、包覆等化学处理，可以阻止石墨烯在基体中的团聚，改善石墨烯的分散性及其与基体的相容性。

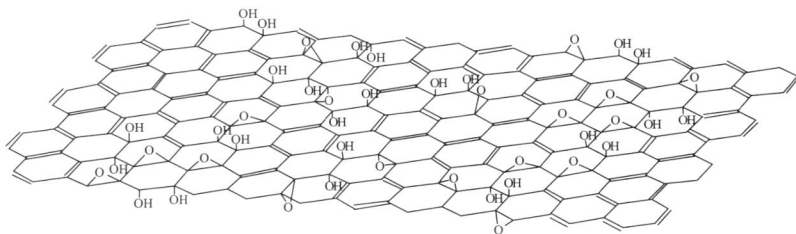

图7-26 氧化石墨烯的结构

石墨烯的表面改性可以通过共价改性和非共价改性的方法实现，连接在石墨烯表面的官能团既可以是氨基、酯基、异氰酸酯等小分子，也可以是离子液体或聚合物链。

共价改性是通过添加适当结构的改性剂，利用石墨烯或石墨烯衍生物的化学反应将改性剂分子或聚合物通过共价键与石墨烯片层连接，将石墨烯中的碳原子由 sp^2 杂化改为 sp^3 杂化，破坏石墨烯的共轭结构，从而改善石墨烯在聚合物中的分散性。具体包括通过亲核取代、亲电取代、缩合等反应实现对石墨烯的共价改性。亲核取代是利用亲核试剂中的孤对电子进攻 GO 的环氧基团实现改性。常用的亲核试剂包括有机改性剂胺（如脂肪胺、芳香胺）、氨基酸、离子液体、低分子量聚合物、硅烷化合物等。亲核取代反应条件较容易实现，在室温或水介质中就可进行，有望实现功能化石墨烯的大规模制备。亲电取代是亲电试剂（通常是氢原子）取代石墨烯片层的基团，从而将亲电试剂接枝到石墨烯表面的反应。缩合反应是石墨烯与异氰酸酯、二异氰酸酯和胺化合物形成酰胺键和氨酯键，伴随着熵损失的一种化学反应。

非共价改性主要利用非共价作用力对石墨烯表面进行改性。非共价作用力主要有 π-π 相互作用、离子键、氢键及静电引力等，具体表现为利用小分子、表面活性剂或聚合物对石墨烯的表面吸附改变石墨烯的表面状态。非共价改性能有效地保留石墨烯的完整结构，改善石墨烯在聚合物中的分散性，从而提高聚合物/石墨烯的导电性。非共价改性的方法主要包括表面活性剂吸附和杂化修饰。表面活性剂能有效阻止石墨烯团聚，提高填料与聚合物基体间的相容性及分散性，从而影响复合物的导电性。通常表面活性剂分为 3 类：非离子表面活性剂（如聚乙二醇辛基苯基醚，POPE）、阴离子表面活性剂（如聚苯乙烯磺酸钠，PSS）和阳离子表面活性剂（如十二烷基三甲基氯化铵）。杂化修饰是石墨烯与有机组分或无机组分通过范德华作用力、含芳香环聚合物链之间的 π-π 堆叠和混杂填料之间的氢键等作用实现，能显著改善石墨烯在聚合物基体中的分散性，提高复合物的导电性。常见的有机组分有树枝状聚合物，以及碳系材料，如富勒烯、碳纳米管等。

经上述表面修饰改性的石墨烯，除与聚合物基体有更好的分散和接触效果外，也会对聚合物/石墨烯纳米复合材料性能产生重要影响。例如，共介改性中，亲电取代较亲核取代更有利于提高复合材料的导电性。石墨烯非共价改性基于范德华力和 π-π 相互作用，不会导致石墨烯片层产生缺陷，更不会破坏石墨烯的表面结构，还能显著提高复合物的导电性。这两种方法相比，非共价改性使石墨烯保留了完整的结构，更有利于聚合物/石墨烯纳米复合材料的导电性。因此，氧化石墨烯是大规模合成石墨烯的起点，也是实现石墨烯功能化最为有效的途径之一，可通过将氧化石墨烯作为新型填料制备功能性聚合物/填料纳米复合材料，以改善聚合物/填料纳米复合材料的力学、导热、导电等综合物理性能。石墨烯的表面改性的研究还在深入，改性后的石墨烯应用于聚合物基体的反应机理还需进一步探索，对于如何移除聚合物/石墨烯纳米复合材料中的改性剂并尽量保留石墨烯完整的结构仍需要做细致的研究工作。

7.2.4.3 聚合物/石墨烯纳米复合材料的制备方法

石墨烯因其超高的比表面积、良好的透光性、卓越的力学和热力学性能以及优良的导电性，被认为是制备聚合物基复合材料的理想材料。大量研究发现，在聚合物基体中复合少量石墨烯即可极大地提高复合材料的导电性能、力学性能、热性能等。聚合物/石墨烯纳米复合材料制备的重点在于使石墨烯材料均匀分散于聚合物基体中，使石墨烯与聚合物充分接触，最大程度地改善复合材料的性能，充分发挥石墨烯的诸多优异性能。但是，由于石墨烯易相互吸附或团聚，使用前需要对其进行表面修饰。聚合物/石墨烯纳米复合材料采用可大量制备的改性石墨烯作为填料，如氧化石墨烯（GO）。

聚合物/石墨烯纳米复合材料较为成熟的制备方法主要有 6 种：熔融共混法、溶液共混法、原位聚合法、胶乳共混法、回填法和於浆法。其中前 3 种较为常用。不同制备方法有不同的特点，并且显著影响石墨烯在聚合物基体中的分散效果，进而对复合材料的性能产生影响。

（1）熔融共混法

也称机械共混法，在合适的温度下将石墨烯、聚合物和添加剂在开炼机或密炼机中进行机械混炼，然后热压制备聚合物/石墨烯纳米复合材料。对于橡胶材料，主要在室温下进行混炼；对于玻璃化转变温度或熔点较高的聚合物，主要在熔融状态下进行共混。

利用高温和机械剪切力分散填料，因聚合物材料黏度大，聚合物与石墨烯间的相互作用力弱，在机械共混过程中石墨烯很难被有效剥离，导致石墨烯分散性差，复合材料的性能提升较为有限；此外，制备的石墨烯粉末是蓬松结构，混炼时如何添加也是需要解决的难题。但是，该方法工艺流程简单、成本低、环保，是工业制备热塑性高分子复合材料的常用技术。

（2）溶液共混法

首先通过超声或搅拌的方式将石墨烯与聚合物和溶剂混合均匀，借助溶剂作用将聚合物插入到片层的石墨烯中，然后通过浇筑成膜、絮凝、静电纺丝或抽滤等方式去除溶剂，制得聚合物/石墨烯纳米复合材料。

这种方法操作简单、易于实现，而且能实现改性石墨烯在复合材料中的均匀分散，是小批量制备聚合物/石墨烯纳米复合材料最常用的方法。但该方法需要的溶剂量大，在大规模制备复合材料时需考虑环保问题。

（3）原位聚合法

将石墨烯、单体或预聚体、催化剂或引发剂等混合均匀，调整反应温度和时间，实现单体的原位聚合反应，制备得到聚合物/石墨烯纳米复合材料。

这种方法的优点是以还原或改性后的 GO 为原料，通过共价键改性在石墨烯表面引入可进一步发生聚合反应的活性基团，然后以该活性基团为中心，通过反应得到接枝聚合物，实现石墨烯在复合材料中的均匀分散。由于石墨烯与聚合物基体间的界面作用较强，有利于负荷转移，赋予材料优异的性能。但是，石墨烯的存在也会增加体系的黏度、影响聚合产物的单分散性，对后续的成型加工产生不利的影响。

图 7-27 是采用上述 3 种方法分别制备的聚氨酯/石墨烯纳米复合材料的透射电镜照片。

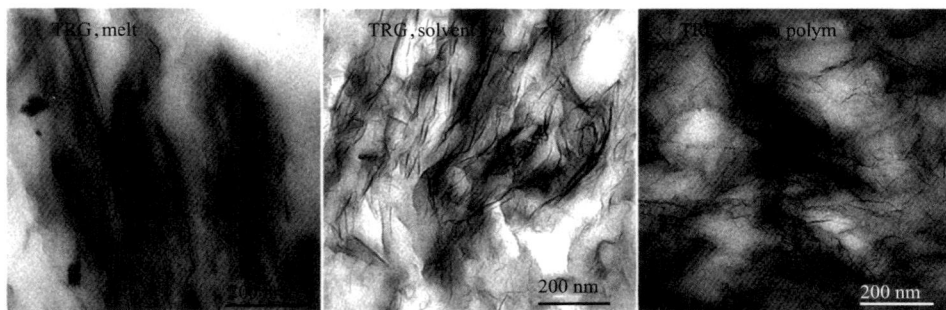

(a) 熔融共混法　　　　(b) 溶液共混法　　　　(c) 原位聚合法

图7-27　不同方法制备的聚氨酯/石墨烯纳米复合材料的透射电镜照片

从图中可以看出，因为加料方式的限制，熔融共混法制备的石墨烯分散性较差，易团聚；与之相比，溶液共混法和原位聚合法制备的复合材料石墨烯的分散效果更好，与聚合物基体的接触面积更大，在改善纳米复合材料性能方面更具优势。

（4）胶乳共混法

该方法通常是先将石墨烯及其衍生物分散在水相中，再与聚合物胶乳混合，经过絮凝、烘干、混炼等工艺制备复合材料。

由于绝大多数橡胶是胶乳，并且 GO 和改性石墨烯能稳定地分散在水中，该方法主要用于橡胶/石墨烯纳米复合材料的制备。该方法操作简单易行，采用水性环保介质，石墨烯分散较为均匀。但是该方法主要适用于橡胶复合材料的制备，在其他品类聚合物中应用较少。

（5）回填法

先通过自组装、电沉积、化学沉积或抽滤等方法将石墨烯制备成三维多孔网状结构，再将聚合物基体渗入，回填到石墨烯的三维网状中制备聚合物/石墨烯纳米复合材料。

这是发展的一种制备导电石墨烯纳米复合材料的新方法。由于在制备过程中优先生成石墨烯的三维网络结构，再将高分子基体填充进入石墨烯网络的间隙中，可大大降低石墨烯的使用量，并在聚合物基体中形成稳定的石墨烯网络，更好地发挥石墨烯在电、热方面的特性，赋予聚合物/石墨烯纳米复合材料良好的电、热性能，并保持较高的机械强度。但该方法要求制备聚合物的小分子单体能渗入回填到石墨烯网络口，再在一定条件下进行聚合和交联固化，应用会受到一定限制。

（6）淤浆法

先制备稳定、高浓度的氧化石墨烯水溶液，并将其浓缩为淤浆，再用低沸点的极性溶剂多次稀释淤浆，从而得到稳定分散在低沸点极性溶剂中的石墨烯淤浆。

该淤浆中虽然仍然有水的存在，但水含量低至可忽略不计（低于 1/10000）。

7.2.4.4　聚合物/石墨烯纳米复合材料的结构及性能

聚合物/石墨烯纳米复合材料的性能改善与石墨烯的特性密切相关，可以分为导电复合材料、导热复合材料、气体阻隔复合材料和阻燃复合材料等。复合材料的性能既受到石墨烯的形貌、层数、尺寸和缺陷等本征结构约束，也受其在聚合物基体中的掺量、分散效果和作用力等因素影响，这是由其制备方法决定的。针对聚合物/石墨烯纳米复合材料的特殊性能，分别介绍如下。

（1）电性能

在石墨烯复合的导电聚合物材料中，材料导电性的增加主要受以下因素影响。

① 石墨烯表面缺陷越少，导电性能越好，其复合材料的导电性也越高。由 CVD 法制备的石墨烯，其表面缺陷少，聚合物基纳米复合材料的电导率较高。另外，氧化石墨烯（GO）表面缺陷多，电导率远低于还原后的石墨烯，因此用于制备导电聚合物纳米复合材料的石墨烯多为还原后的氧化石墨烯（rGO）。

② 复合材料的电导率需要综合考虑石墨烯的电导率和分散性。虽然石墨烯的化学改性可以增加其与基体间的相互作用，促进其分散，但同时会增加石墨烯表面的缺陷，提高电阻率，不利于导电性能的提高。

③ 复合材料的制备方法会影响石墨烯形成逾渗网络的逾渗值，如图 7-28 所示。通过熔

融共混、溶液共混和原位聚合制备的纳米复合材料，溶液共混法中石墨烯的逾渗值只有约0.3%（体积分数），而熔融共混法中石墨烯的逾渗值超过0.5%（体积分数），原位聚合法中石墨烯的逾渗值介于0.3%～0.5%（体积分数）之间。石墨烯在复合材料中分散性顺序为溶液共混法＞原位共混法＞熔融共混法，这表明共混方法影响石墨烯的分散均匀性，进而影响石墨烯形成导电网络的逾渗值。

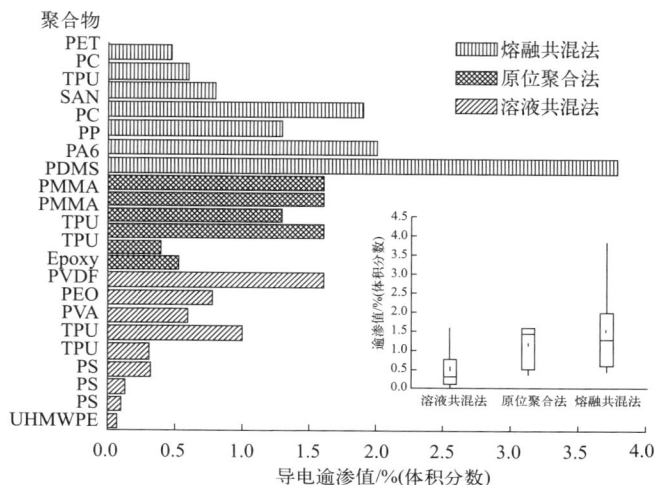

图7-28　不同方法制备的聚合物/石墨烯纳米复合材料的导电逾渗值

④ 聚合物基体的性质也会显著影响复合材料中石墨烯的逾渗值。对石墨烯与导电聚合物这两种都具备离域大π键共轭体系的材料进行复合，一方面可以提高复合材料的导电性，减少重复充放电过程中复合物的体积变化，从而提高整体的电化学性能和循环稳定性，另一方面也可以避免石墨烯纳米片层之间因为相互之间紧密堆叠而失去单层石墨烯的优良特性，提高整体的电容性能。聚合物/石墨烯纳米复合材料为制备超级电容器、高安全性固态聚合物电解质、新型染料敏化太阳能电池提供了新材料。

（2）热性能

聚合物作为有机共价键结合的材料，通常热导率值较小，热分解温度值低，耐热性能差。当采用石墨烯作为填充材料时，通过纳米石墨烯良好的分散和较高的界面结合力，可有效限制分子链间的运动，从而提高聚合物基体的玻璃化转变温度，进而提高复合材料的耐热性能。另外，在聚合物复合材料中热主要依靠声子振动传递，石墨烯具有优异的声子导热性能，聚合物基复合材料的热导率会得到较大提升，是优良的高导热材料，进而成为热界面材料等的理想选择。

在制备导热复合材料时，石墨烯的掺入量会对材料性能产生重要影响，存在逾渗值，当石墨烯含量超过该值时复合材料的导热性明显提高。在逾渗值以下，相邻石墨烯片层之间因为聚合物导致石墨烯片不能充分接触，产生间隙。在逾渗值以上，石墨烯片层之间直接接触，构成良好的导热体系，复合材料的热导率显著上升。如溶液共混法制备的聚乙烯醇/石墨烯纳米复合材料，由于强的界面相互作用和良好的石墨烯分散形貌，0.2%掺量的石墨烯即可将材料的玻璃化转变温度提高20℃，材料的热分解温度提高100℃。

复合材料的制备方法会显著影响复合材料的热导率。溶液共混和乳液共混制备的复合材料热导率明显高于通过直接加工法制备的复合材料，这主要归因于溶液共混和乳液共混方法中石墨烯的分散更加均匀，有利于形成导热网络。此外，填料的取向也会影响复合材料的热传导。通过挤出或浇筑成膜制备的聚合物/石墨烯功能复合材料，其热导率具有各向异性，平行于石墨烯方向的热导率明显高于垂直方向的热导率。

（3）力学性能

与传统的碳纳米管填料相比，石墨烯具有更强的界面结合力、更大的比表面积以及更加出色的物理性能，可满足现今市场对于聚合物复合材料的性能要求。由于石墨烯断裂强度和杨氏模量理论值分别可达 130 GPa 和 1 TPa，聚合物/石墨烯纳米复合材料的杨氏模量随石墨烯含量的增加而增加，但是其模量的增加幅度由于基体材料的不同而有明显差异。例如，在环氧树脂基体中加入 0.1% 石墨烯时，其杨氏模量可提高 31%；而当聚氨酯作为基体时，添加 1% 石墨烯，可使复合材料的杨氏模量增加 120%；在聚硅氧烷泡沫材料中加入 0.25% 石墨烯时，其杨氏模量增加了 200%。

（4）阻隔性能

石墨烯具有极大的比表面积，在聚合物基体材料分散和界面结合后，一方面，片状石墨烯填料可以阻碍气体的直接穿过，扭曲、延长了气体穿过复合材料的路径和通道，进而降低了气体的渗透率，另一方面填料的添加会降低复合材料的自由体积，气体在复合材料中的溶解度降低，从而降低复合材料的气体渗透率，可以极大地延长气体通过聚合物/石墨烯纳米复合材料的通路，进而显著提升聚合物基体的气体阻隔性能。

制备方法也会显著影响聚合物/石墨烯纳米复合材料的气体阻隔性能。图 7-29 为通过熔融共混、溶液共混和原位聚合制备的聚氨酯/石墨烯纳米复合材料对氮气的阻隔性能。采用溶液共混方法，当加入体积分数为 1.5% 的石墨烯时，其氮气阻隔效率即可达 90% 以上。另外，对于掺量 10% 的石墨烯的天然橡胶/改性石墨烯纳米复合材料，乳液共混制备的复合材料气体渗透率降低了 62%，而机械共混制备的复合材料气体渗透率降低了 43%。此外，石墨烯片层的取向排列和高比表面积也可以进一步增加复合材料的气体阻隔性能。

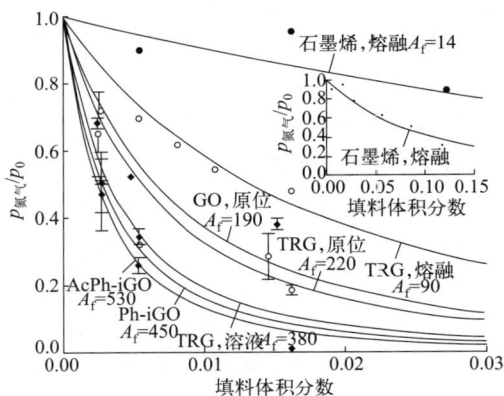

图7-29 不同方法（熔融共混法、溶液共混法和原位聚合法）制备的聚氨酯/石墨烯纳米复合材料的气体阻隔性能

（5）阻燃性能

聚合物燃烧时会分解，产生可燃的小分子，这些小分子气体会在高分子基体中传播，使燃烧过程更为剧烈，因此高分子材料的可燃性和易燃性都较强。当在聚合物材料中加入不易分解的石墨烯后，会形成难以燃烧的网络，阻隔小分子的传播，进而提高聚合物复合材料的阻燃性能。在聚丙烯/石墨烯体系中，石墨烯的加入能显著降低聚丙烯在燃烧过程中的总放热和峰值放热，有效地抑制聚合物复合材料的尺寸变化，起到优良阻燃剂的作用。

7.2.4.5 进展及展望

通过化学、物理、生物和材料等多学科努力，聚合物/石墨烯纳米复合材料的制备及应用已取得瞩目的成就，应用于检测传感、环境处理、储能材料、自修复、形状记忆、生物医用材料等领域，石墨烯材料的性能得到很好发挥。但如何实现大规模制备，使其能在日常生活中得到普遍应用，依然面临很多困难。

首先，大多数聚合物/石墨烯纳米复合材料采用改性石墨烯（氧化石墨烯或其他功能化石墨烯）为填料。一方面，改性过程中通常耗费大量的有机溶剂，效率低、有污染、成本高，不适合工业化生产。另一方面，不论采用什么方法，表面改性得到的石墨烯有很多结构上的缺陷，会丧失石墨烯的一些性能，这样会限制其应用范围。因此，如何大规模制备高质量石墨烯并将其均匀分散在聚合物基体中，是开展大规模应用首先需要解决的难题。

其次，复合材料所用聚合物基体，功能高分子多局限在导电高分子、生物高分子等，种类需要丰富，性能有待进一步提高；此外，不同功能间的协同增强也很有潜力，是未来研究的方向之一。

最后，大多数聚合物/石墨烯纳米复合材料的制备过程较复杂，特别是三维结构的复合材料的制备，通常利用水热法、模板法、化学气相沉积法等，难以大规模制备，亟需拓展更为方便、高效的制备方法。借鉴成熟的聚合物/碳纳米复合材料制备方法，有望成为发展高效制备技术的捷径之一。

未来，在聚合物/石墨烯纳米复合材料性能需求进一步提高的趋势下，瞄准复合材料的应用领域，选用或合成具有特定性能的聚合物品种，并开发特色的制备方法，精确调控石墨烯和功能聚合物之间的协同作用，将能够进一步提高复合材料某些特定的性质和功能，在柔性穿戴、生物医学、智能显示和电化学储能等潜在领域获得更为广阔的应用。

参 考 文 献

[1] ［英］麦克拉姆 N G 著 . 纤维增强塑料科学评述 . 张碧栋等译 . 北京：中国建筑工业出版社，1980.

[2] 宋焕成，赵时熙编 . 聚合物基复合材料 . 北京：国防工业出版社，1986.

[3] Tsai W，Hahn H T. Introduction to Composite Materials. New York：Technomic Publishing，1980.

[4] Short D S. Composites，1979，19（4）：215.

[5] Nielsen L E. Mechanical Properties of Polymers and Composites. New York：Marcel Dekker Inc，1974.

[6] ［美］卡茨 H S 等编 . 塑料用填料及增强剂手册 . 李佐邦，张留成，吴培熙等译 . 北京：化学工业出版社，1985.

[7] ［美］普罗德曼 E P 主编 . 聚合物基体复合材料中的界面 . 上海化工学院玻璃钢教研室译 . 北京：中国建筑工业出版社，1980.

[8] Sperling L H. Polymeric Multicomponent Materials：An Introduction. New York：John Wiley & Sons Inc，1977.

[9] Pinnavaia T J，Beall G W. Polymer-clay Nanocomposites. New York：John Wiley & Sons Inc，2000.

[10] Lyatskaya L，et al. Macromolecules，1998，31：6676.

[11] Okada A，et al. Materials Research Society Proceedings，1990：171.

[12] Heinemann J，et al. Macromol Rapid Commun，1999，20：423.

[13] Shi H，et al. J Chem Mater，1996，8：1584.

[14] Biasic L，et al. Polymer，1994，35：3296.

[15] 宋国君，舒文艺 . 材料导报，1996，（4）：56.

[16] 王新宇，漆宗能，等 . 工程塑料应用，1999，27（2）：1.

[17] Vaia R A，et al. Chem Mater，1996，8：1728.

[18] Lebaron P C，et al. Applied Clay Science，1999，15：11-29.

[19] 张立德，牟季美 . 纳米材料和纳米结构 . 北京：科学出版社，2001.

[20] 张留成等 . 高分子材料进展 . 北京：化学工业出版社，2005.

[21] Qu X，Zhang L，et al. Polymer Composites，2004，25：94-101.

[22] Qu X，Ding H，et al. J Appl Polym Sci，2004，93：2844-2855.

[23] Qu X，Guan T，et al. J Appl Polym Sci，2005，97：348-357.

[24] 高秋菊，夏绍灵，邹文俊，等 . 聚乳酸/石墨烯复合材料的制备及其生物降解性能研究 . 高分子通报，2022，25(9): 87-91.

[25] 孙昭艳，门永锋，刘俊，等 . 基于纳米纤维素的复合材料在柔性电子器件中的应用研究 . 科技导报，2017，35(11): 60-68.

[26] Sun X，Huang C，Wang L，et al. Highly stretchable and conductive hydrogels for wearable electronics. Advanced Materials，2021，33(20)，2001105.

[27] Wang I，Jin X，Li C，et al. Synthesis and characterization of hierarchical porous carbon spheres for supercapacitor applications. Chemical Engineering Journal，2019，370，831-854.

习题与思考题

1. 简要概述聚合物基复合材料的基本类型。

2. 宏观聚合物基复合材料主要的增强剂有哪些类型？

3. 偶联剂在复合材料制备中的作用是什么？作用的机理是什么？举出 3 种常用的偶联剂品种。

4. 聚合物宏观复合材料中的界面有什么特点？界面起什么作用？作用的机理是什么？复合效应的根源主要是什么？

5. 简要分析复合效果在复合材料改性中的作用。

6. 举出 3 种常见的聚合物基复合材料，并说明其性能特点。

7. 简述聚合物基纳米复合材料的主要类型。

8. 简述蒙脱土的结构特征及其层间距的测定方法。

9. 以聚合物为基体，用无机纳米粒子制备聚合物基纳米复合材料有哪些工艺方法？为什么常先对无机纳米粒子进行表面处理？常用的处理方法有哪几种？

10. 简要叙述蒙脱土进行有机改性的主要方法，并举例说明。

11. 简要分析聚合物/蒙脱土纳米复合材料插层热力学及动力学。

12. 插层方法有哪几种？分析每种方法的优缺点及其适用场合。

13. 解释如下术语：

（1）插层结构

（2）剥离结构

14. 简要阐述并分析聚合物/蒙脱土纳米复合材料的性能特点及其应用。

15. 简要分析聚合物/蒙脱土纳米复合材料的进展情况和今后的展望。

高分子材料基础（第四版）

附 录

聚合物英文名称缩写一览表

AAS	丙烯腈-丙烯酸酯-苯乙烯三元共聚物	PA	聚酰胺
ABS	丙烯腈-丁二烯-苯乙烯三元共聚物	PAA	聚丙烯酸
ACS	丙烯腈-氯化聚乙烯-苯乙烯三元共聚物	PAI	聚酰胺-酰亚胺
AK	醇酸树脂	PAN	聚丙烯腈
AMMA	丙烯腈-甲基丙烯酸甲酯共聚物	PAS	聚芳砜
AR	丙烯腈橡胶	PB	聚丁二烯
AS	丙烯腈-苯乙烯共聚树脂	PBAN	丁二烯-丙烯腈共聚物
ASA	丙烯腈-苯乙烯-丙烯酸酯共聚物（以聚丙烯酸	PBI	聚苯并咪唑
	酯为骨架接枝 AS）	PBMA	聚甲基丙烯酸正丁酯
AU	聚酯型聚氨酯橡胶	PBS	丁二烯-苯乙烯共聚物
BR	丁二烯橡胶（或顺丁橡胶）	PBTP	聚对苯二甲酸丁二醇酯
CA	醋酸纤维素	PC	聚碳酸酯
CMC	羟甲基纤维素	PCL	聚己内酰胺
CN	硝酸纤维素	PCTFE	聚三氟氯乙烯
CPA	己内酰胺-己二酸己二酯-癸二酸己二酯三元共	PE	聚乙烯
	聚物	PEG	聚乙二醇
CPE	氯化聚乙烯	PEO	聚环氧乙烷
CPVC	氯化聚氯乙烯	PETP	聚对苯二甲酸乙二醇酯
CR	氯丁橡胶	PF	酚醛树脂
CSM	氯磺化聚乙烯	PI	聚酰亚胺
CTBN	羧基为端基的丁腈橡胶	PMAN	聚甲基丙烯腈
EC	乙基纤维素	PMMA	聚甲基丙烯酸甲酯
ECO	环氧氯丙烷橡胶	PVB	聚乙烯醇缩丁醛
ECTFE	乙烯-三氟氯乙烯共聚物	PVC	聚氯乙烯
EOT	聚乙烯硫醚	PO	聚烯烃
EP	环氧树脂	PP	聚丙烯
EPDM	乙烯-丙烯-二烯烃共聚物	PPI	聚异氰酸酯
EPR	乙丙橡胶	PPO	聚苯醚
EPSAN	乙烯-丙烯-苯乙烯-丙烯腈共聚物	PPS	聚苯硫醚
EPT	乙烯-丙烯三元共聚物	PS	聚苯乙烯
ETFE	乙烯-四氟乙烯共聚物	PTFE	聚四氟乙烯
EU	聚醚型聚氨酯橡胶	PTP	聚对苯二甲酸酯
EVA	乙烯-乙酸乙烯酯共聚物	PU	聚氨酯
FPM	氟橡胶	PVA	聚乙烯醇
HDPE	高密度聚乙烯	PVAc	聚乙酸乙烯酯
HIPS	高抗冲聚苯乙烯	PVCAc	氯乙烯-乙酸乙烯酯共聚物
IIR	异丁橡胶	PVDC	聚偏二氯乙烯
IR	异戊二烯橡胶	PVDF	聚偏氟乙烯
LDPE	低密度聚乙烯	PVF	聚氟乙烯；聚乙烯醇缩甲醛
MABS	甲基丙烯酸甲酯-丙烯腈-丁二烯-苯乙烯共聚	SAN	苯乙烯-丙烯腈共聚物
	共混物	SBR	丁苯橡胶
MBS	甲基丙烯酸甲酯-丁二烯-苯乙烯共聚共混物	SBS	苯乙烯-丁二烯-苯乙烯嵌段共聚物
MF	三聚氰胺-甲醛树脂	SIS	苯乙烯-异戊二烯-苯乙烯嵌段共聚物
NBR	丁腈橡胶	TE	热塑性弹性体
NR	天然橡胶		